21 世纪全国高职高专土建立体化系列规划教材

建设工程合同管理

主　　编　刘庭江

副主编　张仁广　　鲁瑞迎

参　　编　张　靓　　王彬斌

主　　审　赵静夫

北京大学出版社

PEKING UNIVERSITY PRESS

内 容 简 介

　　本书主要介绍建设工程合同、合同管理和索赔管理三方面的知识，其内容包括概述、合同法律制度、建设工程合同管理法律基础、建设工程招标投标管理、建设工程委托监理合同、建设工程勘察设计合同管理、建设工程施工招投标、建设工程施工合同管理、建设工程其他合同管理、FIDIC 合同条件、建设工程施工索赔。

　　本书从建设工程合同管理的实务出发，注重实用性、可操作性和知识体系的完整性。为了加深学生的理解，除第 1 章外，其他各章都配备了复习思考题。

　　本书可以作为高职高专院校中建筑工程技术、工程造价、工程监理及相关专业的教材，也可作为建筑施工企业、工程咨询公司，以及监理公司、建设单位的工程管理人员与技术人员的参考书。

图书在版编目(CIP)数据

建设工程合同管理/刘庭江主编 . —北京：北京大学出版社，2013.6
（21 世纪全国高职高专土建立体化系列规划教材）
ISBN 978-7-301-22612-4

Ⅰ.①建⋯　Ⅱ.①刘⋯　Ⅲ.①建筑工程—经济合同—管理—高等职业教育—教材　Ⅳ.①TU723.1

中国版本图书馆 CIP 数据核字(2013)第 120287 号

书　　　　　名：	建设工程合同管理
著 作 责 任 者：	刘庭江　主编
策 划 编 辑：	赖　青　李　辉
责 任 编 辑：	姜晓楠
标 准 书 号：	ISBN 978-7-301-22612-4/TU · 0331
出 版 发 行：	北京大学出版社
地　　　　　址：	北京市海淀区成府路 205 号　100871
网　　　　　址：	http://www. pup. cn　新浪官方微博:@北京大学出版社
电 子 信 箱：	pup_6@163. com
电　　　　　话：	邮购部 62752015　发行部 62750672　编辑部 62750667　出版部 62754962
印 刷 者：	北京大学印刷厂
经 销 者：	新华书店

787 毫米×1092 毫米　16 开本　24 印张　557 千字
2013 年 6 月第 1 版　2017 年 2 月第 2 次印刷

定　　　　价：46.00 元

北大版·高职高专土建系列规划教材
专家编审指导委员会

主   任：　于世玮（山西建筑职业技术学院）

副 主 任：　范文昭（山西建筑职业技术学院）

委   员：　（按姓名拼音排序）

丁   胜（湖南城建职业技术学院）

郝   俊（内蒙古建筑职业技术学院）

胡六星（湖南城建职业技术学院）

李永光（内蒙古建筑职业技术学院）

马景善（浙江同济科技职业学院）

王秀花（内蒙古建筑职业技术学院）

王云江（浙江建设职业技术学院）

危道军（湖北城建职业技术学院）

吴承霞（河南建筑职业技术学院）

吴明军（四川建筑职业技术学院）

夏万爽（邢台职业技术学院）

徐锡权（日照职业技术学院）

杨甲奇（四川交通职业技术学院）

战启芳（石家庄铁路职业技术学院）

郑   伟（湖南城建职业技术学院）

朱吉顶（河南工业职业技术学院）

特邀顾问：　何   辉（浙江建设职业技术学院）

姚谨英（四川绵阳水电学校）

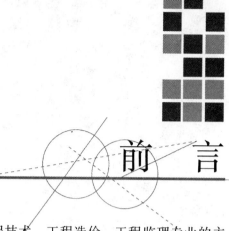

前　言

　　"建设工程合同管理"是高职高专院校建筑工程技术、工程造价、工程监理专业的主要专业课程。本书是根据工程监理专业"建设工程合同管理"大纲要求，并结合全国注册监理工程师考试要求编写的，其目的在于不但培养学生掌握扎实的建设工程合同管理的理论基础，而且也培养学生具备国内、国际建设工程合同管理方面的实用知识和处理经验。

　　本书的主要特点如下。

　　（1）实用性强。"建设工程合同管理"涉及面广，不但融合了相关的法律、法规，而且汇聚了各种专业的合同管理内容。本书以系统的观点，引用了最新的相关法律、法规，吸收了国内建设工程合同管理研究与实践的最新成果，同时介绍了国际上建设工程合同管理的先进方法，全面、系统地阐述了合同法规的基本原理，工程招投标的基本制度、方法和实务，各种专业合同（包括勘察、设计、监理、施工、采购和其他涉及工程建设的合同）和FIDIC合同条件的主要内容。本书在编写过程中，力求做到理论联系实际，将先进的理论与我国建设工程合同管理实际相结合。

　　（2）应用性强。除第1章外，其余各章都配有相应的单项选择和多项选择练习题，其中包括历年的全国注册监理工程师考试真题，以加强学生的理解能力与应用能力。

　　（3）新颖性强。本书均采用最新的法律、法规、司法解释和合同示范文本。

　　（4）与职业证书考核标准接轨。本书的内容及各章后的强化训练部分，充分参照了当前注册监理工程师、注册造价工程师的考核标准，为学生今后取得相应的职业岗位证书奠定坚实的基础。

　　本书由黑龙江农垦科技职业学院刘庭江任主编，黑龙江农垦科技职业学院张仁广、鲁瑞迎任副主编，黑龙江农垦科技职业学院张靓和北京翼翔斌盛企业管理有限公司王彬斌参编。具体分工如下：刘庭江编写第1章、第6章、第7章、第10章，并负责全书的整体结构设计和最终的统稿工作；张仁广编写第2章、第3章、第4章，并负责修改初稿工作；鲁瑞迎编写第8章、第9章，并负责修改初稿工作；张靓编写第11章；王彬斌编写第5章，并提供了相关法律支持和部分案例。全书由黑龙江农垦科技职业学院赵静夫主审。

　　本书在编写过程中参考了大量近年来出版的建设工程合同管理的相关书籍、法律、法规，在此，谨向这些著作的编著者致以诚挚的谢忱和敬意！

　　由于编者的水平有限，书中难免存在不足之处，恳请广大读者批评指正。

编　者

2013年2月

目 录

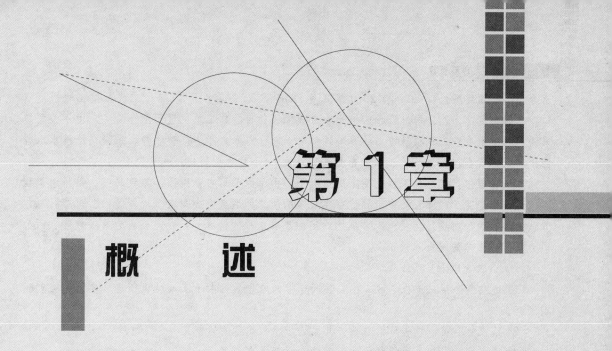

第 1 章

概　述

○ **学习目标**

　　了解建设工程合同管理的基本概念与分类，熟悉建设工程合同管理的任务及方法，掌握建设工程合同体系与合同管理原则，从而让学生对"建设工程合同管理"这门课的内容及重要性有全面的了解。

○ **学习要求**

能力目标	知识要点	权重
了解相关知识	(1) 建设工程合同管理的基本概念 (2) 建设工程合同管理的分类	20%
熟练掌握知识点	(1) 建设工程合同的合同体系与管理原则 (2) 熟悉建设工程合同管理的任务 (3) 掌握建设工程合同管理的方法	50%
运用知识分析案例	建筑企业尤其是中小企业法制观念淡薄、合同法律意识不强的法律后果	30%

 案例分析与内容导读

【案例背景】

　　2010 年 3 月 10 日北京某房地产开发有限公司(以下称甲公司)与江苏省某建筑工程公司(以下称乙公司)签订建设工程施工合同，合同中约定：由甲公司投资开发的某酒店工程项目，由乙公司作为施工总承包单位，承包范围是地下 2 层和地上 24 层的土建工程项目(采暖、给排

水专业工程项目除外)，工期自 2010 年 3 月 26 日至 2012 年 8 月 30 日，工程款按工程进度支付。同时约定，由乙公司对采暖、给排水专业工程项目的施工单位履行配合义务，由甲公司按采暖、给排水专业工程项目竣工结算价款的 2％向乙公司支付总包管理费。采暖、给排水工程由甲公司另行直接发包给了江苏某专业施工单位(以下称丙公司)。

施工过程中，在总包工程已完工的情况下，由于丙公司自身原因，导致采暖、给排水工程不仅迟延不能完工，而且已完工程也存在较多的质量问题。甲公司在多次催促乙公司履行总包管理义务和丙公司履行专业施工合同所约定的要求未果的情况下，以乙公司为第一被告、丙公司为第二被告向法院提起诉讼。

诉讼请求有以下三项。

(1) 请求判令第一被告与第二被告共同连带向原告承担由于工期延误所造成实际损失和预期利润。

(2) 请求判令第一被告与第二被告共同连带承担质量的返修义务。

(3) 请求判令二被告承担案件的诉讼费和财产保全费用。

争议的焦点如下。

本案例的发包人甲公司以施工总承包单位乙公司收取"总包管理费"却没有履行总包管理职责为由，要求乙公司与丙公司共同承担连带责任，而总包单位乙公司则以采暖、给排水专业工程项目的合同当事人并非是乙公司与丙公司所签为由而拒绝承担连带责任，从而产生纠纷。

【解析】

本案例的事实清楚，争议焦点在于乙公司是否负有总承包管理责任。

已经明确的事实如下。

(1) 业主直接发包采暖、给排水工程并与丙公司签订施工合同。

(2) 乙公司收取了总包管理费。

(3) 丙公司未能履行合同导致工程延期和质量问题。

对于焦点问题即乙公司是否负有总承包责任的判定如下。

(1) 乙、丙公司之间没有合同关系且总包管理费由甲公司支付，从这一点事实可以认定丙公司不对乙公司负有合同责任，而是直接对甲公司负责。

(2) 甲、丙公司采暖、给排水工程施工合同约定了乙公司履行施工配合义务，这一点并不合法，因为合同双方非经同意无权设定第三方权利义务。

(3) 如乙公司按照甲、丙公司的施工合同约定收取了总包管理费，应认定其已经认可并同意甲、丙公司为其设定的权利义务，从而以事实履行构成三方之间的特殊合同关系。

(4) 值得注意的是，甲、丙公司的施工合同设定乙公司义务为：履行对采暖、给排水专业工程项目的施工配合义务，而"施工配合义务"与"总包管理义务"是两个不完全一致的概念，前者只负责配合施工工作，后者不仅要配合施工还要负责总包管理，更要承担总承包责任。

(5) 甲、丙公司设定甲公司支付和乙公司收取的是"总包管理费"，它与甲、丙设定并经乙公司同意认可的对应义务"施工配合义务"相对应，两者的表述出现差异，应认定"总包管理费"是费用，而"施工配合义务"是乙公司的合同权利义务和责任。

综上，如非因乙公司履行"施工配合义务"过错，乙公司不承担总承包管理责任，因该责任在乙公司同意认可的甲丙公司有关其义务的条款中没有设定。

因此，应当裁决如下。

（1）裁定丙公司承担工期延误所造成的实际损失和预期利润，驳回对乙公司的该项诉讼请求。

（2）裁定由丙公司承担质量返修义务，驳回对乙公司的该项诉讼请求。

（3）裁定由丙公司承担本案诉讼费和财产保全费用，驳回对乙公司的该项诉讼请求。需要注意的是，由于丙公司作为业主直接发包的施工人造成的工程延期和质量问题，乙公司可以就此向甲公司提起施工索赔，索赔内容如下。

（1）要求其顺延施工工期。

（2）要求其承担工期延误造成的各项经济损失。

（3）要求其责令丙公司返工，以符合工程施工和设计标准。

（4）保留进一步索赔的权利。

【评析】

（1）这是一个很典型的因业主直接发包工程导致工程延期和质量问题的案例。在施工实践中，发包人肆意肢解、直接分包工程或者由发包人指定分包单位，是造成不规范分包、分包失去统一管理的主要原因。承发包双方在签订和履行合同的法律地位是平等的，要求承包人不能擅自分包工程，那么发包人也同样应当尊重承包人，同样不能随意直接分包工程。

（2）合同是人们合作的基础，并且是处理随后出现争执的依据。合同的签订不但要在内容上准确、形式上合法，更要注意对象是否能为。在本书第8章中，对工程分包的有关规定做了详细叙述，如果上述案例中甲公司的项目管理者能熟悉掌握合同管理的相关知识，严格按照合同管理的要求签订、履行合同，就会避免如此大的麻烦和损失，因此，项目管理者应该认识到合同管理在建设工程实施过程中的重要作用。

1.1　建设工程合同概述

1.1.1　建设工程合同的概念与特征

1. 建设工程合同

根据《中华人民共和国合同法》（以下简称《合同法》）第二百六十九条规定，建设工程合同是承包人进行工程建设，发包人支付价款的合同。建设工程合同包括工程勘察、设计、施工合同。《合同法》第二百七十六规定，建设工程实行监理的，发包人应当与监理人采用书面形式订立委托监理合同。

建设工程合同是一种诺成合同，合同订立生效后双方应当严格履行。同时建设工程合同也是一种双务、有偿合同，当事人双方在合同中都有各自的权利和义务，在享有权利的同时必须履行义务。

建设工程合同的双方当事人分别称为承包人和发包人。承包人是指在建设工程合同中负责工程的勘察、设计、施工任务的一方当事人，承包人最主要的义务是进行工程建设，即进行工程的勘察、设计、施工等工作。发包人是指在建设工程合同中委托承包人进行工程的勘察、设计、施工任务的建设单位（或业主、项目法人），发包人最主要的义务是向承包人支付相应的价款。

由于建设工程合同涉及的工程量通常较大，履行周期长，当事人的权利、义务关系复杂，因此，《合同法》第二百七十条明确规定，建设工程合同应当采用书面形式。

在传统民法上，建设工程合同属于承揽合同的一种，德国、日本、法国及中国台湾地区民法均将对建设工程合同的规定纳入承揽合同中。

2. 建设工程合同的特征

建设工程合同与一般承揽合同相比有如下四个特征。

1）合同主体的严格性

建设工程的主体一般只能是法人，发包人、承包人必须具备一定的资格才能成为建设工程合同的合法当事人，否则，建设工程合同可能因主体不合格而导致无效。发包人对需要建设的工程，应经过计划管理部门审批，落实投资计划，并且应当具备相应的协调能力。承包人是有资格从事工程建设的企业，而且应当具备相应的勘察、设计、施工等资质，没有资格证书的一律不得擅自从事工程勘察、设计业务；资质等级低的，不能越级承包工程。

2）形式和程序的严格性

一般合同当事人就合同条款达成一致，合同即告成立，不必一律采用书面形式。建设工程合同履行期限长、工作环节多、涉及面广，应当采取书面形式，双方权利、义务应通过书面合同形式予以确定。此外由于工程建设对于国家经济发展、公民工作生活有重大影响，国家对建设工程的投资和程序有严格的管理程序，建设工程合同的订立和履行也必须遵守国家关于基本建设程序的规定。

3）合同标的的特殊性

建设工程合同的标的是各类建筑产品，建设产品是不动产，与地基相连，不能移动，这就决定了每项工程的合同的标的物都是特殊的，相互间不同并且不可替代。另外，建筑产品的类别庞杂，其外观、结构、使用目的、使用人都各不相同，这就要求每一个建筑产品都需单独设计和施工，建筑产品单体性生产也决定了建设工程合同标的的特殊性。

4）合同履行的长期性

建设工程由于结构复杂、体积大、建筑材料类型多、工作量大，使得合同履行期限都较长。而且，建设工程合同的订立和履行一般都需要较长的准备期，在合同的履行过程中，还可能因为不可抗力、工程变更、材料供应不及时等原因导致合同期限顺延。所有这些情况决定了建设工程合同的履行具有长期性。

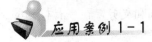

应用案例1-1

案例概况

2011年9月16日，某乡镇甲小学与没有建筑资质的建筑队负责人乙签订了承揽建筑合同，由乙为其建造学校食堂。为方便施工，乙在建筑工地内挖建了一个约 60 厘米深，面积达 20 多平方米的石灰池，石灰池周围无任何标志及防护设施。同年 10 月 13 日下午，工地对面居民李某 7 岁的女儿到工地玩耍，不慎掉落装满了石灰膏的池内，后被人发现救起送医院治疗。经诊断，受害人双目受到烧伤，共用去医药费 7400 多元。事发后，经有关部门调解未果，受害人的法定代理人李某遂向法院提起诉讼，要求甲小学、乙共同赔偿其医药费、护理费等经济损失 9726 元。

争议焦点：原告诉称，造成受害人损害的主要原因是被告甲小学将建房工程交由没有建筑从业资质的乙承揽且乙在挖建石灰池时没有在石灰池周围设置防护栏，这是甲小学与乙的过错，因此，二人应共同承担过错责任。二被告对石灰池周围没有设置防护栏、受害人因掉落石灰池致伤并造成经济损失 9726 元的事实无异议。但被告甲小学认为，自己将房屋发包给甲小学承建，因工程施工造成的任何损害与其无关，请求法院驳回原告要求本人承担责任的诉讼请求。被告乙认为，受害人掉落石灰池致伤是其监护人监护不力造成的，与他人无关，请法院驳回原告的诉讼请求。

法院判决如下。

法院审理认为，当事人各方对甲小学将建房工程发包给没有建筑资质的乙、石灰池周围没有设置防护栏、原告因掉落石灰池致伤并造成经济损失 9726 元的事实无异议，法院依法予以确认。致使原告遭受此损失的主要原因是被告乙在施工过程中疏忽大意，没有按规定在石灰池周围设置明显标志及防范设施所致，这与乙没有相应的建筑资质、不懂施工安全规定有关，因此被告乙应承担主要赔偿责任；被告甲小学将建房工程交由被告乙承建所签订的建筑合同，其性质是承揽合同。被告甲小学是定作人，被告乙是承揽人。

根据《最高人民法院关于审理人身损害赔偿案件适用法律若干问题的解释》第十条的规定，承揽人在完成工作过程中对第三人造成损害或者造成自身损害的，定作人不承担赔偿责任。但是，由于承揽人乙没有取得相应的建筑从业资格且被告甲小学是房屋的受益人，其在选任承揽人上有一定过错，应承担次要民事赔偿责任；原告是一个只有 7 岁的完全无民事行为能力人的幼童，其监护人应时刻注意履行监护职责，防止安全事故发生，但却因疏于管理、监护不力造成原告遭受此伤害，对此损失，其监护人也应承担相应的责任。

为此，判决被告乙赔偿原告经济损失的 60%，即 5835.6 元；被告甲小学赔偿原告经济损失的 20%，即 1945.2 元；原告自己承担 20%，即 1945.2 元。

案例解析

本案例的焦点集中在村镇建房是否一定要由有建筑从业资格的施工队来承建。

建筑是一个高风险的行业，承建单位和从业人员的素质如何将直接影响到施工的安全和工程的质量。因此，要求所有承包建筑工程的单位和个人必须具备相应的资质是十分必要的。《中华人民共和国建筑法》(以下简称《建筑法》)对此也有明确规定。即凡是在中华人民共和国境内进行各类房屋建筑(当然也包括村镇建房)及其附属设施的建造和与其配套的线路、管道、设备的安装活动的，必须遵守建筑法。《建筑法》同时规定，承包建筑工程的单位和从事建筑活动的建筑施工企业以及从事建筑活动的专业技术人员必须取得相应的执业资格证书，并且只能在执业资格证书许可的范围内从事建筑活动。

对发包单位将工程发包给不具有相应资质条件的承包单位和未取得资质证书承揽工程的，

《建筑法》第六十五条也作出了相应的罚则，即发包单位将工程发包给不具有相应资质条件的承包单位的，或者违反该法规定将建筑工程肢解发包的，责令改正，处以罚款。未取得资质证书承揽工程的，予以取缔，并处罚款；有违法所得的，予以没收。

这就是对建筑工程合同主体有条件(资质)限制、国家也强烈干预的原因。

1.1.2　建设工程合同体系及合同管理原则

工程建设是一个极为复杂的社会生产过程，它分别经历可行性研究、勘察、设计、工程施工和运行等阶段；有土建、水电、机械设备、通信等专业设计和施工活动；需要各种材料、设备、资金和劳动力的供应。由于现代的社会化大生产和专业化分工，一个稍大一点的工程，其参加单位就有十几个、几十个，甚至成百上千个，它们之间形成各式各样的经济关系。由于工程中维系这种关系的纽带是合同，所以就有各式各样的合同。工程项目的建设过程实质上又是一系列经济合同的签订和履行过程。

1. 建设工程合同体系

建设工程合同体系如图 1.1 所示。

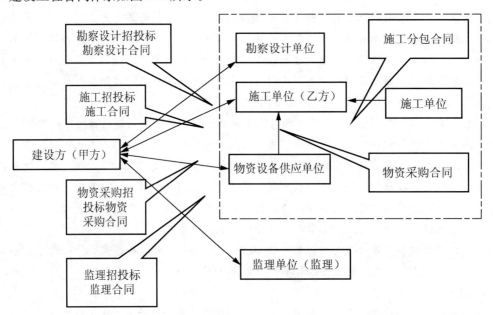

图 1.1　建设工程合同体系

从图 1.1 中可以看出以下几点。

(1) 建设方和施工单位是建设工程合同中的最主要的节点。首先，建设方(甲方)的主要合同关系有勘察设计合同、工程施工合同、物资采购合同、监理合同等。其次，承包商的主要合同关系有施工分包合同、物资采购合同、运输合同、加工合同、租赁合同(设备)、保险合同等。

(2) 建设工程施工合同是最有代表性、最普遍、最复杂的合同类型，是整个建设工程项目管理的重点。

（3）建设工程项目合同体系在项目管理中是一个非常重要的概念。它从一个角度反映了项目的形象，对整个项目管理的运作有很大的影响，具体表现为以下几方面。

① 它反映项目任务的范围和划分方式。

② 它反映了项目所采取的管理模式，例如总包方式或平行承包方式。

③ 它在很大程度上决定了项目的组织形式，因为不同层次的合同常常决定了该合同的实施者在项目组织结构中的地位和作用，例如监理合同与施工合同。

2. 建设工程合同管理的原则

1）合同第一位的原则

（1）在合同所定义的经济活动中，合同是当事人双方的最高行为准则。合同一经签订就成为一个法律文件。双方必须按合同规定承担相应的法律责任，享有相应的法律权利。合同双方都必须用合同规范自己的行为，同时利用合同保护自己。

（2）在工程建设过程中，合同具有法律上的最高优先地位。任何工程问题和争议首先要按照合同解决，只有当法律判定合同无效或争议超过合同范围时候才按相应的法律解决。

2）合同自愿原则

（1）合同自愿构成。合同的形式、内容、范围由双方商定。合同的签订、修改、变更、补充、解释以及合同争议等均由合同双方当事人商定，只要双方当事人意见一致即可，他人不得随便干预。

（2）不得利用权力、暴力或其他手段胁迫对方当事人签订违背其意愿的合同。

3）合同的法制原则

（1）合同不能违反法律也不能与法律相抵触，否则合同无效。

（2）合同自愿原则受法律原则的限制。工程实施和合同管理必须在法律所限定的范围内进行。

（3）法律保护合法合同的签订和实施。

签订合同是一个法律行为，合同一经签订，合同以及合同双方当事人的权益即受法律保护。如果合同一方不履行合同或不正确履行合同致使对方利益受到损害，则必须赔偿对方的经济损失。

4）诚实信用原则

承包商、业主和监理工程师的紧密协作、互相配合、互相信任将使工程建设能够顺利地实施，风险和误解就会较少，工程花费也会较少。

（1）签约时双方应互相了解，尽力让对方正确地了解自己的要求和意图等情况。

（2）双方都应该提供真实的信息，对所提供信息的正确性负责。

（3）不欺诈，不误导。

（4）双方真诚合作。

5）公平合理原则

（1）承包商提供的工程（或服务）与业主支付的价格之间应体现公平的原则。

（2）合同中责任和权利应平衡。

(3) 风险的分担应公平合理。

(4) 工程合同应体现工程惯例。

 应用案例1-2

案例概况

2011年5月6日，甲实业有限责任公司（以下简称甲方）与乙建筑公司（以下简称乙方）签订了建设工程施工合同，由乙方承建甲方名下的多功能酒店式公寓。为确保工程质量优良，甲方与监理公司（以下简称丙公司）签订了建设工程监理合同。

合同签订后，乙方如期开工。但开工仅几天，丙公司监理工程师就发现施工现场管理混乱，当即要求乙方改正。一个多月后，丙公司监理工程师和甲方派驻工地代表又发现工程质量存在严重问题。丙公司监理工程师当即给乙方下达停工通知。

但令甲方不解的是，乙方明明是该省最具实力的建筑企业，所承建的工程多数质量优良，却为何在这项施工中出现上述问题？经过认真调查，甲方和丙公司终于弄清了事实真相。原来，甲方虽然是与乙方签订的建设工程合同，但实际施工人是当地的一支没有资质的施工队。该施工队为了承揽建筑工程挂靠有资质的乙方。为了规避相关法律、法规关于禁止挂靠的规定，该施工队与乙方签订了所谓的联营协议。协议约定，该施工队可以借用乙方的营业执照和公章，以乙方的名义对外签订建设工程合同；合同签订后，由该施工队负责施工，乙方对工程不进行任何管理，不承担任何责任，只提取工程价款6%的管理费。甲方签施工合同时，见对方（实际是该施工队的负责人）持有乙方的营业执照和公章便深信不疑，因而导致了上述结果。

甲方认为乙方的行为严重违反了诚实信用原则和相关法律规定，双方所签订的建设工程合同应为无效，要求终止履行合同。但乙方则认为虽然是施工队实际施工，但合同是甲方与乙方签订的，是双方真实意思的表示，合法有效，双方均应继续履行合同；而且继续由施工队施工，加强对施工队的管理。对此，甲方坚持认为乙方的行为已导致合同无效，而且已失去了对其的信任，所以坚决要求终止合同的履行。双方未能达成一致意见，甲方遂诉至法院。

法院经审理查明后认为，被告乙方与没有资质的某施工队假联营真挂靠，并出借营业执照、公章给施工队与原告签订合同的行为违反了《建筑法》、《合同法》等相关法律规定，原告甲方与被告乙方签订的建设工程合同应当认定无效。

案例解析

上述案例认定建设工程施工合同无效的基本依据是《合同法》第五十二条第五项的规定，"违反法律、行政法规的强制性规定"的合同无效。

行为人具有相应的民事行为能力、意思表示真实、不违反法律和社会公共利益，是合同生效的一般要件，同样也是衡量建设工程施工合同是否生效的基本标准。基于建设工程施工合同的复杂性以及对社会的重要性，依照法律、行政法规的规定，建设工程施工合同的生效对合同主体要求有具体规定，其中建设工程施工合同的承包人应具有承包工程的施工资质。

《建筑法》第二十六条第二款规定，"禁止建筑施工企业超越本企业资质等级许可的业务范围或者以任何形式用其他建筑施工企业的名义承揽工程。禁止建筑施工企业以任何形式允许其他单位或者个人使用本企业的资质证书、营业执照，以本企业的名义承揽工程。"

《最高人民法院关于审理建设工程施工合同纠纷案件适用法律问题的解释》第一条第（一）、（二）项规定，承包人未取得建筑施工企业资质或者超越资质等级的；没有资质的实际施工人借用有资质的建筑施工企业名义的，建设工程施工合同无效。

1.2　建设工程合同的分类

按不同的标准，建设工程合同会有不同分类，下面介绍几种常见的分类。

1.2.1　按照工程建设阶段分类

按照工程建设阶段进行分类，建设工程合同可分为建设工程勘察合同、建设工程设计合同和建设工程施工合同。

1. 建设工程勘察合同

建设工程勘察合同是承包方进行工程勘察，发包人支付价款的合同。建设工程勘察单位称为承包方，建设单位或者有关单位称为发包方（也称为委托方）。

建设工程勘察合同的标的是为建设工程需要而做的勘察成果。工程勘察是工程建设的第一个环节，也是保证建设工程质量的基础环节。为了确保工程勘察的质量，勘察合同的承包方必须是经国家或省级主管机关批准、持有《勘察许可证》、具有法人资格的勘察单位。建设工程勘察合同必须符合国家规定的基本建设程序，勘察合同由建设单位或有关单位提出委托，与勘察部门协商，双方取得一致意见即可签订，任何违反国家规定的建设程序的勘察合同均是无效的。

2. 建设工程设计合同

建设工程设计合同是承包方进行工程设计，委托方支付价款的合同。建设单位或有关单位为委托方，建设工程设计单位为承包方。

建设工程设计合同的标的是为建设工程需要而做的设计成果。工程设计是工程建设的第二个环节，是保证建设工程质量的重要环节。工程设计合同的承包方必须是经国家或省级主要机关批准、持有《设计许可证》、具有法人资格的设计单位。只有具备了上级批准的设计任务书，建设工程设计合同才能订立；小型单项工程必须具有上级机关批准的文件方能订立。如果单独委托施工图设计任务，应当同时具有经有关部门批准的初步设计文件方能订立。

3. 建设工程施工合同

建设工程施工合同是工程建设单位与施工单位（也就是发包方与承包方），以完成商定的建设工程为目的、明确双方相互权利义务的协议。建设工程施工合同的发包方可以是法人，也可以是依法成立的其他组织或公民，而承包方必须是法人。

1.2.2　按照计价方式分类

按计价方式进行分类，建设工程合同又可以分为总价合同、单价合同、成本加酬金合同。

1. 总价合同

总价合同适用于工程量不太大且能精确计算，工期较短，技术不太复杂，风险不大，设计图纸准确、详细的工程。总价合同又分为固定总价合同与可调总价合同。

固定总价合同指承包整个工程的合同价款总额已经确定，在工程实施中不再因物价上涨、工程量的变化而变化，工期一般不超过一年。

可调总价合同指合同条款中双方商定由于通货膨胀引起工料成本增加或达到某一限度时，合同总价相应调整，在工程全部完成后以竣工图的工程量最终结算工程总价款。由于项目工期一般较长，各项单价在施工实施期间不因价格变化调整，而在每月（或每阶段）工程结算时根据实际完成的工程量结算，在工程全部完成后以竣工图的工程量最终结算工程总价款。

2. 单价合同

单价合同适用于招标文件已列出分部、分项工程量，但合同整体工程量界定由于建设条件限制尚未最后确定的情况，签订合同时采取估算工程量，估算时采用实际工程量结算的方法。

单价合同又分为固定单价合同和可调单价合同。其中固定单价合同指单价不变、工程量调整时按单价追加合同价款、工程全部完工时按竣工图工程量结算工程款。

可调单价合同指签约时因某些不确定性因素存在暂定某些分部、分项工程单价，实施中根据合同约定调整单价；另根据约定，如在施工期内物价发生变化等，单价可做调整。在合同中签订的单价，根据约定，如在施工期内物价发生变化等，可做调整。有的工程在招标或签约时，因某些不确定性因素而在合同中暂定某些分部、分项工程的单价，在工程结算时再根据实际情况和合同约定对合同单价进行调整，确定实际结算单价。

3. 成本加酬金合同

成本加酬金合同适用于双方约定业主承担全部费用和风险、向承包方支付工程项目的实际成本、支付方式事先约定的情况。

1.2.3 按建设工程承包合同的主体分类

按建设工程承包合同的主体进行分类，建设工程合同可以分为国内工程承包合同和国际工程承包合同。

（1）国内工程承包合同。国内工程承包合同是指合同双方都属于同一国的建设工程合同。

（2）国际工程承包合同。国际工程承包合同是指一国的建筑工程发包人与他国的建筑工程承包人之间为承包建筑工程项目就双方权利义务达成一致的协议。

国际工程承包合同的主体一方或双方是外国人，其标的是特定的工程项目，如道路建设，油田、矿井的开发，水利设施建设等。合同内容是双方当事人依据有关国家的法律和国际惯例、依据特定的为世界各国所承认的国际工程招标投标程序确立的，为完成本项特定工程的双方当事人之间的权利义务。这一合同又可分为工程咨询合同、建设施工合同、工程服务合同以及提供设备和安装合同。

1.2.4　与建设工程有关的其他合同

与建设工程有密切相关的其他合同包括以下几种。

1. 建设工程委托监理合同

建设工程委托监理合同也简称为监理合同，是指工程建设单位聘请监理单位代其对工程项目进行管理，明确双方权利、义务的协议。建设单位称委托人，监理单位称受托人。

2. 建设工程物资采购合同

建设工程物资采购合同是指具有平等主体的自然人、法人、其他组织之间，为实现建设工程物资的买卖设立的变更、终止相互权利义务关系的协议，它属于买卖合同，依照协议，出卖人转移建设工程物资的所有权于买受人，买受人接受建设工程物质并支付价款。

建设工程物资采购合同一般分为材料采购合同和设备采购合同。它具有买卖合同一般特点，即以转移财产的所有权为目的，以支付价款为结价；是双务、有偿合同；是诺成合同；是不要正式合同。

3. 建设工程保险合同

建设工程由于涉及的法律关系较为复杂，风险也较为多样，因此，建设工程涉及的险种也较多。狭义的工程险则是针对工程的保险，只有建筑工程一切险(及第三者责任险)和安装工程一切险(及第三者责任险)，其他险种并非专门针对工程的。

4. 建设工程担保合同

工程担保是指担保人受合同一方的委托(申请)向另一方保证如果被担保人未能履行其对债权人的责任和义务使债权人遭受损失则担保人承担继续履行合同或偿付所有可能发生的费用(在一定的担保金额和担保期限内)。

1.3　建设工程合同管理的任务与方法

1.3.1　建设工程合同管理的任务

建筑工程合同管理的任务是指在合同目的的指导下落实合同中需要实现的各项任务，从而确保自己利益的最大化。具体任务就是如何使合同目的细化，如果说合同的目的是为了使合同的成立有一个明确的方向，那么合同的具体任务则是使合同成立的一个具体的路线图。通过明确合同管理的具体任务，使开发各方更能明确开发行为中的各项细节问题，保证在签订合同时万无一失。

1. 推行各项科学管理制度

改革开放以来，我国的建筑企业同发达国家的建筑企业的一个重要差距就是在管理模式上不科学、不规范、水平低，不能激发员工的积极性，防范风险能力差，不能保证企业的长久发展，因此合同的管理的第一要务就是要健全并落实各项科学管理制度，具体来说就是项目法人制度、招标投标制度、工程监理和合同管理制度。这些制度在国际建筑市场上已经被普遍运用。实践证明，这些制度的运用对于保证开发项目顺利进行、保证工程质量、防范开发风险起到了强有力的保驾护航作用。

2. 提高工程建设管理水平

建筑市场经济是我国社会主义市场经济中的重要组成部分，培育和发展建筑市场经济是一项科学、复杂并艰巨的经济活动。建筑市场行政监督管理关系、建筑市场主体地位关系、建筑市场商品交易关系、建筑市场主体行为关系等都直接决定着建筑市场经济关系的健康发展和壮大。

建筑市场经济是一项综合的系统工程，其中的合同管理只是一项子工程。但是建设工程合同管理是建筑行业科学管理的重要组成部分和特定的法律形式。它贯穿于建筑市场交易活动的全过程，众多的建设工程合同的规范、全面履行是建立一个完善的建筑市场的基本规范和法律保护措施。因此，加强建设工程合同的科学管理，全面提高工程建设管理水平，必将在建立统一的、开放的、现代化的、机制健全的社会主义建筑市场经济体制中发挥重要的作用。

3. 控制项目工程质量、进度和造价

质量控制、进度控制和造价控制是工程项目的"三大控制"。质量控制要求运用科学管理方法和质量保证措施，严格约束承包方按照图纸和技术规范中写明的各项指标、精度、要求进行科学施工，消除隐患，防止事故发生。进度控制则要求发包人接到承包人提交的工程施工进度计划后，对进度计划进行认真的审核，检查计划是否合理，是否符合合同的工期规定。合同管理中的投资造价控制则要求对开发项目中的各项费用加强监督与管理，此外，还要按照合同的约定，制定工程计量与支付程序，使工程各项费的支出都有明确的规则可以遵循。

4. 避免和克服建筑领域中经济违法和犯罪

腐败的产生是法律法规和各方面的制度的不健全以及监管不力造成的，健全的法律法规是避免和治理腐败的首要条件。建设工程周期长，涉及的工程项目多、人员多、资金多，如果没有科学、严谨、全面的合同作为保障，就不可避免地会在工程建设过程中产生贪污、腐败现象。因此，避免和克服建筑领域中经济违法和犯罪是建设工程合同管理任务中的一项重要任务。

 知识拓展

从 2009 年 7 月开始，在不到一年的时间里，有关部门共查处工程建设领域中的违纪违法

案件 9900 多件。《中华人民共和国招标投标法实施条例》(以下简称《招标投标法实施条例》)已经于 2011 年 11 月 30 日国务院第 183 次常务会议通过，自 2012 年 2 月 1 日起施行，提出下一步将积极推进"整顿和规范建筑市场"，推进"诚信体系建设"等一系列改革措施。

1.3.2　建设工程合同管理的方法

1. 健全建设工程合同管理法规，依法管理建筑行业

市场经济健康发展的必要条件是要有健全的法律法规并充分发挥和运用法律手段来调整和促进建筑市场的正常运行。

在工程建设管理活动中，要确保工程建设项目可行性研究、工程项目报建、工程建设项目招标投标、工程建设项目承发包、工程建设项目施工和竣工验收等活动纳入法制轨道。增强发包方和承包方的法制观念，保证工程建设项目的全部活动依据法律和合同办事。

 知识拓展

《建筑法》和《合同法》是我国经济法的重要组成部分。它是我国国民经济支柱产业之一的建筑业基本法。制定和颁布《建筑法》，从而建立、健全我国工程建设法规体系，完善工程建设各项合同管理法规，是培育和发展我国建筑市场经济的客观要求和法律保障。

2. 建立和发展有形建筑市场

有形建筑市场必须具备三个基本功能，及时收集、存贮和公开发布各类工程信息，为工程交易活动(包括工程招标、投标、评标、定标和签订合同)提供服务，以便于政府有关部门行使调控、监督的职能。

建立和发展有形建筑市场也是对我国社会主义市场经济体制的完善和补充，从而保证我国的建筑行业中建设工程发包承包活动健康发展。

3. 建立建设工程合同管理评估制度

合同管理制度是合同管理活动及其运行过程的行为规范，合同管理制度是否健全是合同管理的关键所在。因此，建立一套对建设工程合同管理制度有效性的评估制度是十分必要的。

建设工程合同管理评估制度的主要项目是：①合法性，指工程合同管理制度符合国家有关法律、法规的规定；②规范性，指工程合同管理制度具有规范合同行为的作用，对合同管理行为进行评价、指导、预测，对合法行为进行保护奖励，对违法行为进行预防、警示或制裁等；③实用性，指建设工程合同管理制度能适应建设工程合同管理的要求，以便于操作和实施；④系统性，指各类工程合同的管理制度是一个有机结合体，互相制约、互相协调，在建设工程合同管理中能够发挥整体效应的作用；⑤科学性，指建设工程合同管理制度能够正确反映合同管理的客观经济规律，保证人们运用客观规律进行有效的合同管理。

4. 推行合同管理目标制

合同管理目标是各项合同管理活动应达到的预期结果和最终目的。建设工程合同管理的目的是项目法人通过自身在工程项目合同的订立和履行过程中所进行的计划、组织、指挥、监督和协调等工作，促使项目内部各部门、各环节互相衔接、密切配合，验收合格的工程项目。同时，它也是保证项目经营管理活动的顺利进行，提高工程管理水平，增强市场竞争能力，从而达到高质量、高效益，满足社会需要，更好地发展和繁荣建筑业市场经济。

 知识拓展

合同目标管理的过程是一个动态过程，是指工程项目合同管理机构和管理人员为实现预期的管理目标运用管理职能和管理方法对工程合同的订立和履行行为施行管理活动的过程。全过程包括合同订立前的管理、合同订立中的管理、合同履行中的管理和合同纠纷管理。

5. 合同管理机关严肃执法

当前，建筑市场中利用签订建设工程合同进行欺诈的违法活动时有发生，其主要表现形式是：无合法承包资格的一方当事人与另一方当事人签订工程承发包合同，骗取预付款或材料费；虚构建筑工程项目预付款；本无履约能力、弄虚作假蒙骗他人签订合同或是约定难以完成的条款，当对方违约之后向其追偿违约金等。对因上述违法行为引发的严重工程质量事故或造成其他严重经济损失的，应依法追究责任者的经济责任、行政责任，构成犯罪的依法追究其刑事责任。

特别提示

建设工程合同主管机关和工商、税务行政管理机关应当依据《合同法》、《建筑法》、《中华人民共和国招标投标法》(以下简称《招标投标法》)、《中华人民共和国反不正当竞争法》(简称《反不正当竞争法》)、《建筑市场管理规定》等法律、行政法规严肃执法，整顿建筑市场秩序，严厉打击工程承发包活动中的违法犯罪活动。

第 2 章
合同法律制度

学习目标

学习合同、要约与承诺的概念及特征，了解合同的终止、违约责任、合同争议的解决方式，熟悉合同的订立、合同效力、合同的履行的基本原则，掌握合同的生效、无效合同、可变更或可撤销的合同、合同的变更和转让的适用范围，以及仲裁、诉讼的程序，从而培养学生掌握合同法律制度的基础知识，为下一步学习建设工程合同管理知识打下坚实的基础。

学习要求

能力目标	知识要点	权重
了解相关知识	(1) 合同、合同法的概念及特征 (2) 要约、要约邀请、承诺的概念及特征	20%
熟练掌握知识点	(1) 合同的订立、合同效力、合同的履行的基本原则 (2) 合同的生效、无效合同 (3) 可变更或可撤销的合同、合同的变更和转让的适用范围 (4) 仲裁、诉讼的程序	50%
运用知识分析案例	(1) 可变更或可撤销的合同 (2) 合同的变更和转让的适用	30%

案例分析与内容导读

【案例背景】

某省 A 市甲建材经销商看市场上岩棉板脱销，就向新疆乙建材厂发出一份传真："因我市岩棉板脱销，不知贵方能否供货。如有充足货源，我方欲购两个列车皮量的岩棉板。望能及时回电与我方联系协商相关事宜。"乙建材厂因岩棉板积压，正愁没有销路，接到传真后喜出望外，立即组织两个车皮货物给甲建材经销商发去并随即回电："两个车皮的货已发出，请注意查收。"在乙建材厂发出传真后、甲建材经销商回电前，外地岩棉板大量涌入，价格骤然下跌。接到乙建材厂来电后，甲建材经销商立即复电："因市场发生变化，贵方发来的货我方不能接收，望能通知承运方立即停发。"但因货物已经起运，乙建材厂不能改卖他人。为此，甲建材经销商拒收，乙建材厂将甲建材经销商起诉到法院，请求判甲建材经销商违约。

【分析】

（1）本案例的纠纷是谁的原因导致？为什么？

（2）此案例应如何处理？

【解析】

（1）本案例中的纠纷是因乙建材厂所导致。

因为甲建材经销商的传真属于要约邀请，不是要约。乙建材厂应先告知甲建材经销商岩棉板价格、数量、运费承担，即先向甲建材经销商发出要约，待甲建材经销商承诺后，合同才成立，乙建材厂才可发货。

（2）驳回乙建材厂的诉讼请求。

本案例涉及的相关知识是"要约"和"要约邀请"，本书将在2.2节中进行详细讲述。

2.1 合同法概述

2.1.1 合同的概念

《中华人民共和国民法通则》(简称《民法通则》)第八十五条规定：合同是当事人之间设立、变更、终止民事关系的协议。依法成立的合同受法律保护。《合同法》第二条规定：合同是平等主体的自然人、法人、其他组织之间设立、变更、终止民事权利义务关系的协议。各国的合同法规范的都是债权合同，它是市场经济条件下规范财产流转关系的基本依据。因此，合同是市场经济中广泛进行的法律行为。广义的合同还包括婚姻、收养、监护等有关身份关系的协议以及劳动合同等，这些合同由其他法律进行规范，不属于《合同法》中规范的合同。

在市场经济中，财产的流转主要依靠的是合同。特别是在工程项目中，其标的大、履行时间较长、协调关系众多，因此合同就显得尤为重要。在建筑市场中的各方主体，包括建设单位、勘察设计单位、施工单位、咨询单位、监理单位、材料设备供应单位等都需要依靠合同来确立相互之间的关系。

合同作为双方当事人的一种协议，究其本质是一种合意，因此，必须是由两个以上主体意思表示一致的民事法律行为。合同的缔结也必须由双方当事人协商一致才能成立。合同当事人作出的意思表示必须合法，这样才能具有法律效力。

 **特别提示**

合同中所确立的权利义务必须是当事人依法可以享有的权利和能够承担的义务，这是合同具有法律效力的前提。

2.1.2 《合同法》的基本原则

1. 平等原则

平等原则是指当事人法律地位平等、机会平等、适用合同规则上平等，即享有民事权利和承担民事义务的资格是平等的，一方不得将自己的意志强加给另一方。

2. 自愿原则

自愿原则是指当事人依法享有自愿订立合同的权利，任何单位和个人不得非法干预。

《合同法》对自愿原则有以下含义：当事人依法享有在缔结合同、选择相对人、决定合同内容以及在变更和解除合同、选择合同补救方式等方面的自由。合同自愿原则是合同法的最基本的原则。

3. 公平原则

公平原则是指当事人应当遵循公平原则确定各方的权利和义务，主要体现为以下 3 方面。

（1）当事人在订立合同时应当按照公平合理的标准确定合同权利和义务。

（2）当事人发生纠纷时，法院应当按照公平原则对当事人确定的权利和义务进行价值判断，以决定其法律效力。

（3）当事人变更、解除合同或者履行合同应体现公平精神，不能有不公平行为。

4. 诚实信用原则

诚实信用原则是指合同当事人行使权利、履行义务应当遵循诚实信用的原则。也就是说当事人在从事民事活动时，应诚实守信，以善意的方式履行其义务，不得滥用权利及规避法律或合同规定义务，这是市场经济中形成的道德准则。

5. 合法和公序良俗的原则

合法和公序良俗的原则是指合同的订立、履行应当遵循法律、行政法规和公序良俗的原则。公序良俗就是公共秩序和善良风俗。善良风俗是以道德为核心的。

6. 法律约束力原则

法律约束力原则是指依法成立的合同对当事人具有法律约束力并受法律保护，当事人应当按照约定履行自己的义务而不得擅自变更或者解除合同的原则。

 知识拓展

《合同法》是调整平等主体的自然人、法人、其他组织之间在设立、变更、终止合同时所发生的社会关系的法律规范总称。《合同法》是 1999 年 3 月 15 日第九届全国人大第二次会议通过的，于 1999 年 10 月 1 日起施行。《合同法》由总则、分则和附则 3 部分组成，总则 8 章，分则将合同分为 15 类。

2.1.3 合同的分类

1. 合同的基本分类

我国合同法分则部分将合同分为 15 类：买卖合同；供用电、水、气、热力合同；赠与合同；借款合同；租赁合同；融资租赁合同；承揽合同；建设工程合同；运输合同；技术合同；保管合同；仓储合同；委托合同；行纪合同；居间合同。这可以认为是《合同法》对合同的基本分类，《合同法》对每一类合同都作了较为详细的规定。

2. 其他分类（表 2-1）

表 2-1　合同的其他分类

名称	分类标准	特别提示
计划（合同）与普通合同	计划合同是依据国家有关经济计划签订的合同 普通合同亦称非计划合同，不以国家计划为合同成立的前提	中国经济体制改革以来，计划合同日趋减少。在社会主义市场经济条件下，计划合同已被控制在很小范围之内。公民间订立的合同是典型的非计划合同，是当事人根据市场需求和自己的意愿订立的合同
双务合同与单务合同	双务合同是当事人双方相互享有权利和相互负有义务的合同，双方的义务与权利相互关联、互为因果的合同 单务合同指仅由当事人一方负担义务，而他方只享有权利的合同	如买卖合同、承揽合同等是典型的双务合同 如赠与、无息借贷、无偿保管等合同为典型的单务合同
诺成合同与实践合同	诺成合同是当事人意思表示一致即可成立的合同 实践合同则要求在当事人意思表示一致的基础上，还必须交付标的物或者其他给付义务的合同	这种合同分类的目的在于确立合同的生效时间

名称	分类标准	特别提示
主合同与从合同	凡不以他种合同的存在为前提而能独立成立的合同称为主合同。凡必须以他种合同的存在为前提才能成立的合同称为从合同，例如债权合同为主合同	主合同的无效、终止将导致从合同的无效、终止，但从合同的无效、终止不能影响主合同
有偿合同与无偿合同	有偿合同是指合同当事人双方任何一方均须给予另一方相应权益方能取得自己利益的合同 无偿合同的当事人一方无须给予相应权益即可从另一方取得利益，故又称恩惠合同	前者如买卖、互易合同等，后者如赠与合同等
要式合同与不要式合同	法律要求必须具备一定形式和手续的合同称为要式合同。反之，法律不要求具备一定形式和手续的合同称为不要式合同	—

2.2　合同的订立

2.2.1　合同的形式和内容

1. 合同形式的概念和分类

合同形式是指当事人意思表示一致的外在表现形式。

《合同法》第十条规定：当事人订立合同，有书面形式、口头形式和其他形式。

根据合同形式的产生依据合同形式可划分为法定形式和约定形式。建设工程合同属于法定形式。

知识拓展

书面形式是指合同书、信件和数据电文(包括电报、传真、电子数据交换和电子邮件)等可以有形地表现所载内容的形式。口头形式是以口头语言形式表现合同内容的合同。其他形式则包括公证、审批、登记等形式。

2. 合同形式的原则

《合同法》在合同形式上的要求是以不要式为原则的。当然，这种合同形式的不要式原则并不排除对于一些特殊的合同，法律、行政法规规定采用书面形式的，应当采用书面形式。当事人约定采用书面形式的，应当采用书面形式。比如建设工程合同。

《合同法》采用合同形式的不要式原则的理由如下。

（1）合同本质对合同形式不作要求。

（2）市场经济要求不应对合同形式进行限制。

（3）国际公约要求不应对合同形式进行限制。

（4）电子技术对合同形式的影响。

3. 合同形式欠缺的法律后果

《合同法》规定的合同形式的不要式原则的一个重要体现还在于：即使法律、行政法规规定或当事人约定采用书面形式订立合同，当事人未采用书面形式，但一方已经履行了主要义务且对方接受的，该合同成立。

特别提示

采用合同书形式订立合同的，在签字盖章之前，当事人一方已经履行主要义务，对方接受的，该合同成立。

4. 合同的内容

《合同法》规定了合同一般应当包括的条款如下。

1）当事人的名称或者姓名和住所

当事人是合同权利和合同义务的承受者，没有当事人合同权利义务就失去了存在的意义，给付和受领给付也无从谈起。因此，订立合同必须有当事人这一条款。

知识拓展

当事人由其名称或者姓名及住所加以特定化、固定化，所以，具体合同条款的草拟必须写清当事人的名称或者姓名和住所。

2）标的

标的是合同当事人双方权利和义务共同指向的对象。

特别提示

标的的表现形式为物、劳务、行为、智力成果、工程项目等。

3）数量

数量是衡量合同标的多少的尺度，以数字和计量单位表示。数量必须严格按照国家规定的法定计量单位填写，以免当事人产生不同的理解。

特别提示

施工合同中的数量主要体现的是工程量的大小。

4）质量

质量是标的的内在品质和外观形态的综合指标。合同对质量标准的约定应当准确而具体，对于技术上较为复杂的和容易引起歧义的词语、标准应当加以说明和解释。对于强制性的标准，当事人必须执行，合同约定的质量不得低于该强制性标准。对于推荐性的标准，国家鼓励采用。当事人没有约定质量标准，如果有国家标准，则依国家标准执行；如果没有国家标准，则依行业标准执行；没有行业标准，则依地方标准执行；没有地方标准，则依企业标准执行。

 **特别提示**

由于建设工程中的质量标准大多是强制性的质量标准，当事人的约定不能低于这些强制性的标准。

5）价款或者报酬

价款或者报酬是当事人一方向交付标的的另一方支付的货币。

 **特别提示**

合同条款中应写明有关银行结算和支付方法的条款。

6）履行的期限、地点和方式

履行的期限是当事人各方依照合同规定全面完成各自义务的时间。履行的地点是指当事人交付标的和支付价款或酬金的地点。它包括标的的交付、提取地点；服务、劳务或工程项目建设的地点；价款或劳务的结算地点。施工合同的履行地点是工程所在地。履行的方式是指当事人完成合同规定义务的具体方法，包括标的的交付方式和价款或酬金的结算方式。

 知识拓展

履行的期限、地点和方式是确定合同当事人是否适当履行合同的依据。

7）违约责任

违约责任是促使当事人履行债务、使守约方免受或少受损失的法律措施，对当事人的利益关系重大，合同对此应予以明确。例如，明确规定违约致损的计算方法、赔偿范围等，对将来及时地解决违约问题很有意义。

 知识拓展

违约责任是法律责任，即使合同中没有违约责任条款，只要未依法免除违约责任，违约方仍应承担违约责任。

8）解决争议的方法

解决争议的方法是指有关解决争议运用什么程序、适用何种法律、选择哪家检验或鉴定机构等的内容。当事人双方在合同中约定的仲裁条款、选择诉讼法院的条款、选择检验或鉴定机构的条款、涉外合同中的法律适用条款、协商解决争议的条款等，均属于解决争议的方法的条款。

知识拓展

如果当事人希望把仲裁作为解决争议的最终方式，则必须在合同中约定仲裁条款，因为仲裁是以自愿为原则的。

特别提示

具备以上这些条款不是合同成立的必要条件。

2.2.2 要约与承诺

当事人订立合同时要采用要约、承诺方式。合同的成立需要经过要约和承诺两个阶段。

1. 要约

1）要约的概念和要件

要约是希望和他人订立合同的意思表示。提出要约的一方为要约人，接受要约的一方为被要约人。

要约应当具有以下要件。

（1）要约是由特定人作出的意思表示。

（2）要约必须具备合同成立的全部必要条款。

（3）要约的内容必须具体、确定。

（4）要约人明确表明自己受要约的拘束。

2）要约邀请

要约邀请是希望他人向自己发出要约的意思表示。要约邀请并不是合同成立过程中的必经过程，它是当事人订立合同的预备行为，在法律上无须承担责任。这种意思表示的内容往往不确定，不含有合同得以成立的主要内容，也不含相对人同意后受其约束的表示。

知识拓展

《合同法》第十五条规定，寄送的价目表、拍卖公告、招标公告、招股说明书、商业广告等为要约邀请。商业广告的内容符合要约规定的，视为要约。

3）要约的撤回和撤销

要约撤回是指要约在发生法律效力之前，欲使其不发生法律效力而取消要约的意思表示。要约人可以撤回要约，撤回要约的通知应当在要约到达受要约人之前或与要约同时到达受要约人。

要约撤销是要约在发生法律效力之后，要约人欲使其丧失法律效力而取消该项要约的意思表示。要约可以撤销，撤销要约的通知应当在受要约人发出承诺通知之前到达受要约人，但有下列情形之一的，要约不得撤销。

（1）要约人确定承诺期限或者以其他形式明示要约不可撤销。

（2）受要约人有理由认为要约是不可撤销并已经为履行合同做了准备工作。

要约的撤回和要约撤销二者区别在于：①要约撤回在要约生效之前，要约撤销在要约生效之后；②要约撤回对受要约人不会产生损害，要约撤销有可能损害受要约人。

2．承诺

1）承诺的概念和条件

承诺是受要约人同意要约的意思表示。

承诺必须具有以下条件。

（1）承诺必须由受要约人向要约人作出。受要约人或其授权代理人可以作出承诺，除此以外的第三人即使知道要约的内容并作出同意的意思表示，也不是承诺。承诺是对要约的同意，承诺只能由受要约人向要约人本人或其授权代理人作出，才能导致合同成立；如果由受要约人以外的其他人作出的意思表示，不是承诺。

（2）承诺应在要约规定的期限内作出。要约以信件或者电报作出的，承诺期限自信件载明的日期或者电报交发之日开始计算。信件未载明日期的，自投寄该信件的邮戳日期开始计算。要约以电话、传真等快速通信方式作出的，承诺期限自要约到达受要约人时开始计算。

📖 **特别提示**

只有在规定的期限到达的承诺才是有效的。

（3）承诺的内容应当与要约的内容一致。受要约人对要约的内容作出实质性变更的，视为新要约。有关合同标的、数量、质量、价款和报酬、履行期限和履行地点和方式、违约责任和解决争议方法等的变更是对要约内容的实质性变更。承诺对要约的内容作出非实质性变更的，除要约人及时反对或者要约表明不得对要约内容作任何变更以外，该承诺有效，合同以承诺的内容为准。

（4）承诺的方式必须符合要约要求。《合同法》第二十二条规定："承诺应当以通知的方式作出，但根据交易习惯或者要约表明可以通过行为作出承诺的除外。"

所谓以行为承诺，如果要约人对承诺方式没有特定要求，承诺可以明确表示，也可由受要约人的行为来推断。所谓的行为通常是指履行的行为，比如预付价款、装运货物或在工地上开始工作等。

📖 **特别提示**

在建设工程合同订立过程中，招标人发出中标通知书的行为是承诺。

2）承诺的期限

承诺应当在要约确定的期限内到达要约人。

要约没有确定承诺期限的，承诺应当依照下列规定到达。

（1）要约以对话方式作出的，应当即时作出承诺，但当事人另有约定的除外。

（2）要约以非对话方式作出的，承诺应当在合理期限内到达。

3）承诺的期限的起点

《合同法》第二十四条规定，要约以信件或者电报作出的，承诺期限自信件载明的日期或者电报交发之日开始计算。信件未载明日期的，自投寄该信件的邮戳日期开始计算。要约以电话、传真等快速通信方式作出的，承诺期限自要约到达受要约人时开始计算。

4）迟到的承诺

超过承诺期限到达要约人的承诺按照迟到的原因不同，《合同法》第二十八条和第二十九条对承诺的有效性作出了不同的区分。

（1）受要约人超过承诺期限发出的承诺。除非要约人及时通知受要约人该承诺有效，否则该超期的承诺视为新要约，对要约人不具备法律效力。

（2）非受要约人责任原因延误到达的承诺。受要约人在承诺期限内发出承诺，按照通常情况能够及时到达要约人，但因其他原因承诺到达要约人时超过了承诺期限。对于这种情况，除非要约人及时通知受要约人因承诺超过期限不接受该承诺，否则承诺有效。

5）承诺的撤回

承诺的撤回是承诺人阻止或者消灭承诺发生法律效力的意思表示。承诺可以撤回。

特别提示

撤回承诺的通知应当在承诺通知到达要约人之前或者与承诺通知同时到达要约人。

3. 要约和承诺的生效

要约和承诺的生效在世界各国有三种规定，即投邮主义、到达主义和了解主义。

《合同法》第十六条规定，要约到达受要约人时生效。

采用数据电文形式订立合同、收件人指定特定系统接收数据电文的，该数据电文进入该特定系统的时间，视为到达时间；未指定特定系统的，该数据电文进入收件人的任何系统的首次时间，视为到达时间。

《合同法》第二十六条规定，承诺通知到达要约人时生效。承诺不需要通知的，根据交易习惯或者要约的要求作出承诺的行为时生效。

4. 合同的成立

1）不要式合同的成立

不要式合同的成立是指合同当事人对合同的标的、数量等内容协商一致。如果法律法规和当事人对合同的形式、程序没有特殊的要求，则承诺生效时合同就成立。

2）要式合同的成立

当事人采用合同书形式订立合同的，自双方当事人签字或者盖章时合同成立。

特别提示

合同书的表现形式是多种多样的，在很多情况下双方只要具备签字、盖章其中的一项即可。双方签字或者盖章的地点为合同成立的地点。

当事人采用信件、数据电文等形式订立合同的，可以在合同成立之前要求签订确认书。签订确认书时合同成立。

 应用案例2-1

案例概况

某市政府办公楼计划室内维修，需购买550桶多乐士涂料，便向甲建筑装饰材料经销公司（简称甲公司）发出传真，要求以每桶820元的价格购买550桶18L的多乐士涂料，并要求甲公司在5日内送货上门。传真发出后，该市政府收到了乙装饰材料经销公司（简称乙公司）的广告，其价格比甲公司的价格低6%并且能马上送货上门。于是，该市政府立即要求乙公司送货上门。收货后，该市政府想起自己曾发过传真购买甲公司的涂料，便立即打电话联系退货。因电话没有打通，便派专人到甲公司联系退货事宜。该市政府派出的人刚走，甲公司发来一传真，称同意该市政府要求，5日内按时送货。该市政府派出的人到甲公司后，甲公司的人表示不能退货。5日后，甲公司的货送到该市政府，可是该市政府拒收货物。于是甲公司提起诉讼，要求确认合同成立并生效。

分析

甲公司的诉讼是否能够得到支持？说明依据。

案例解析

甲公司的诉讼能够得到支持，合同成立并生效。该市政府向甲公司发出的传真属于要约，甲公司发来的传真属于承诺，本案例中的要约和承诺均已生效，合同已经成立，该市政府不能单方面解除合同。

2.2.3 合同示范文本

《合同法》第十二条第八项规定，当事人可以参照各类合同的示范文本订立合同。合同示范文本并不是法律法规，它是将各类合同的主要条款、式样等制定出规范的、指导性的文本，在全国范围内积极宣传和推广，引导当事人采用示范文本签订合同，以实现合同签订的规范化。推行合同示范文本的实践证明，示范文本使当事人订立合同更加认真和更加规范，对于双方当事人在订立合同时明确各自的权利义务、减少合同约定缺款少项、防止合同纠纷起到了积极作用。

在建设工程领域，由建设部（原）和国家工商行政管理总局联合颁布了《建设工程施工合同（示范文本）》、《建设工程勘察合同（示范文本）》、《建设工程设计合同（示范文本）》、《建设工程委托监理合同（示范文本）》，这些文本的推广和使用对于完善建设工程合同管理、提高企业的管理水平起到了极大的推动作用。

2.2.4 格式合同条款

1. 格式条款的定义、要求及解释

格式条款是指当事人为了重复使用而预先拟定并在订立合同时未与对方协商即采用的条款。格式条款既可以是合同的部分条款，也可以是合同的所有条款为格式条款。

采用格式条款订立合同的，提供格式条款的一方应当遵循公平原则确定当事人之间的权利和义务并采取合理的方式提请对方注意免除或者限制其责任的条款，按照对方的要求对该条款予以说明。

特别提示

对格式条款的理解发生争议的，应当按照通常理解予以解释。对格式条款有两种以上解释的，应当作出不利于提供格式条款一方的解释。格式条款和非格式条款不一致的，应当采用非格式条款。

2. 格式条款的无效情况

格式条款具有以下情形之一的或者提供格式条款一方免除其责任、加重对方责任、排除对方主要权利的，该条款无效。

（1）一方以欺诈、胁迫的手段订立合同，损害国家利益。

（2）恶意串通，损害国家、集体或者第三人利益。

（3）以合法形式掩盖非法目的。

（4）损害社会公共利益。

（5）违反法律、行政法规的强制性规定。

（6）造成对方人身伤害的。

（7）因故意或者重大过失造成对方财产损失的。

2.2.5 缔约过失责任

1. 缔约过失责任的概念

缔约过失责任是指在合同订立过程中一方因违背诚实信用原则产生的义务而致另一方的信赖利益的损失，应承担损害赔偿责任。缔约过失责任既不同于违约责任，也有别于侵权责任，是一种独立的责任，具有独特和鲜明的特点，它只能产生于缔约过程之中；是对依诚实信用原则所负的先合同义务的违反；是造成他人信赖利益损失所负的损害赔偿责任；是一种弥补性的民事责任。

2. 缔约过失责任的构成

缔约过失责任是针对合同尚未成立时应当承担的责任。

1）此种责任发生于合同订立阶段

此时当事人为订立合同而进行接触、磋商，已由一般民事主体间的关系进入特定的权利义务关系。判断当事人是否进入这一关系的标准主要是看当事人之间是否有缔结合同的意图。如果在合同履行阶段，一方当事人存在履行不能、拒绝履行、瑕疵履行或者延期履行等情况，这不构成缔约过失，应构成违约。

2）一方当事人违反了依诚实信用原则所担负的义务

违反诚实信用原则的义务是指当事人一方欺诈或者重大过失等不诚信行为。依照

《合同法》规定，一般过失不构成缔约过失责任。

3）另一方的信赖利益因此而受到损失

信赖利益的减少既包括为订立合同而支出的必要费用，也包括因此而失去的商机。

4）缔约当事人的过错行为与该损失之间有因果关系

缔约当事人的过错行为与该损失之间有因果关系，即该损失是由违反先合同义务引起的。

3. 缔约过失责任的适用

缔约过失责任适用于以下情形。

（1）假借订立合同，恶意进行磋商而给对方造成损失的。

（2）故意隐瞒与订立合同有关的重要事实或者提供虚假情况，造成对方损失的。

（3）泄露或者不正当使用在订立合同的过程中知悉的商业秘密的。

（4）因一方当事人的过错，致使合同被宣告无效或被撤销的。

（5）在订立合同过程中的其他违背诚实信用原则的行为而造成对方损失的，这在实践中主要有以下几类。

① 违反初步协议或许诺。

② 未尽保护、照顾等附随义务。

③ 违反强制缔约义务，比如出租车司机无正当理由拒载。

④ 无权代理若未被被代理人追认，又不构成表见代理的，应由行为人承担缔约过失责任。

2.3 合同的效力

2.3.1 合同的生效

1. 合同生效应当具备的条件

合同生效是合同对双方当事人的法律约束力的开始。当合同成立后并不意味着合同也立即生效，只有合同具备相应法律条件的时候才能生效，否则是无效的合同。合同生效应当具备以下条件。

1）当事人具有相应的民事权利能力和民事行为能力

订立合同的人必须具备一定的独立表达自己的意思和理解自己的行为的性质和后果的能力，即合同当事人应当具有相应的民事权利能力和民事行为能力。

 知识拓展

在建设工程合同中，合同当事人一般都应当具备法人资格，并且承包人应当具备相应的资质等级，否则，当事人就不具有相应的民事权利能力和民事行为能力，其所订立的建设工程合同是无效的。

2）意思表示真实

合同是当事人意思表示一致的结果，所以，当事人的意思表示必须真实。意思表示真实是合同的生效条件而非合同的成立条件。意思表示不真实包括意思与表示不一致、不自由的意思表示两种。含有意思表示不真实的合同是不能取得法律效力的。如一方采用欺诈、胁迫的手段订立的合同就是意思表示不真实的合同，这样的合同就欠缺生效的条件。

3）不违反法律或者社会公共利益

不违反法律或者社会公共利益是就合同的目的和合同内容而言的，是合同有效的重要条件。不违反法律或者社会公共利益，实质上是对合同自由的限制。

2. 合同的生效时间

1）合同生效时间的一般规定

在一般情况，依法成立的合同自成立时就生效。具体地讲：口头合同自受要约人承诺时生效；书面合同自当事人双方签字或者盖章时生效。法律规定应当采用书面形式的合同，当事人虽然未采用书面形式但已经履行全部或者主要义务的，可以视为合同有效。合同中如果有违反法律或社会公共利益条款的，当事人取消或改正后，不影响合同其他条款的效力。

 特别提示

法律、行政法规规定应当办理批准、登记等手续生效的，依照其规定。

2）附条件和期限合同的生效时间

当事人可以对合同生效约定附条件或者约定附期限。附条件的合同包括附生效条件的合同和附解除条件的合同两类。附生效条件的合同自条件成就时生效；附解除条件的合同自条件成就时失效。当事人为了自己的利益不正当阻止条件成就的，视为条件已经成就；不正当促成条件成就的，视为条件不成就。附生效期限的合同自期限截止时生效；附终止期限合同，自期限届满时失效。

知识拓展

附条件合同的成立与生效不是同一时间，合同成立后虽然并未开始履行，但是任何一方不得撤销要约和承诺，否则就应承担缔约过失责任，赔偿对方因此而受到的损失；在合同生效后，当事人双方必须忠实履行合同约定的义务。如果不履行或未正确履行义务，应当按照违约责任条款的约定追究其责任。一方不正当地阻止条件成就，视为合同已生效，同样要追究其违约责任。

3. 合同效力与仲裁条款的独立性

合同成立后，合同中的仲裁条款是独立存在的。仲裁条款的独立性也称为仲裁条款的可分割性或可分离性。它是指作为主合同的一个条款，尽管仲裁条款依附于主合同，但其效力与主合同的其他条款可以分离而独立，即仲裁条款不因主合同的无效而无效，也不因主合同被撤销而失效，仲裁机构仍然可以依照该仲裁条款取得和行使仲裁管辖权，在该仲裁条款所确定的提交仲裁的争议事项范围内解决当事人之间的纠纷。

 知识拓展

《中华人民共和国仲裁法》(简称《仲裁法》)第十九条规定：仲裁协议独立存在，合同的变更、解除、终止或者无效，不影响仲裁协议的效力。

4. 效力待定的合同

效力待定合同是指合同一方当事人签订的合同已经成立，但因其不完全符合有关合同生效要件的规定，其法律效力能否发生尚未确定，一般须经有权人表示承认方能生效的合同。

1) 限制民事行为能力人订立的合同

无民事行为能力人是不能订立合同，限制行为能力人一般情况下也不能独立订立合同。限制民事行为能力人订立的合同，经法定代理人追认后，该合同有效，但纯获利益的合同或者与其年龄、智力、精神健康状况相适应而订立的合同，不必经法定代理人追认。

特别提示

相对人可以催告法定代理人在1个月内予以追认。法定代理人未作表示的，视为拒绝追认。合同被追认之前，善意相对人有撤销的权利。撤销应当以通知的方式作出。

2) 无代理权人订立的合同

行为人没有代理权、超越代理权或者代理权终止后以被代理人的名义订立的合同未经被代理人追认，对被代理人不发生效力，由行为人承担责任。相对人可以催告被代理人在1个月内予以追认。被代理人未作表示的，视为拒绝追认。合同被追认之前，善意相对人有撤销的权利，撤销应当以通知的方式作出。

特别提示

行为人没有代理权、超越代理权或者代理权终止后以被代理人的名义订立的合同，相对人有理由相信行为人有代理权的，该代理行为有效。

3) 表见代理人订立的合同

表见代理是指善意相对人通过被代理人的行为足以相信无权代理人具有代理权的代理。基于此项信赖，该代理行为有效。善意第三人与无权代理人订立合同进行的交易行为，其后果由被代理人承担。

表见代理一般应当具备以下条件。

(1) 表见代理人并未获得被代理人的书面明确授权，是无权代理。

(2) 客观上存在让相对人相信行为人具备代理权的理由。

(3) 相对人善意且无过失。

4）法定代表人、负责人越权订立的合同

法定代表人、负责人依法享有相应的权利订立的合同是有效的；只有在相对人知道或者应当知道法定代表人、负责人超越权限时，才属无效。

5）无处分权人处分他人财产订立的合同

当事人订立合同处分财产时应当享有财产处分权，否则合同无效。但是法律规定，无处分权的人处分他人的财产，经权利人追认或者无处分权的人订立合同后取得处分权的，该合同有效。

2.3.2　无效合同

1. 无效合同的概念

所谓无效合同是相对于有效合同而言的，它是指合同虽然已经成立，但因其在内容和形式上违反了法律、行政法规的强制性规定和社会公共利益，国家不承认其效力、不给予法律保护的合同。无效合同从订立之时起就没有法律效力，不论合同履行到什么阶段，合同被确认无效后，这种无效的确认要溯及合同订立时。例如，当事人订立的非法买卖物品的合同等属于违法的无效的合同。

2. 合同无效的法定情形

1）无效合同

（1）一方以欺诈、胁迫的手段订立，损害国家利益的合同。

（2）恶意串通，损害国家、集体或第三人利益的合同。

（3）以合法形式掩盖非法目的的合同。

（4）损害社会公共利益的合同。

（5）违反法律、行政法规的强制性规定的合同。

2）合同免责条款的无效

合同免责条款是指当事人约定免除或者限制其未来责任的合同条款。《合同法》规定，合同中的下列免责条款无效。

（1）造成对方人身伤害的。

（2）因故意或者重大过失造成对方财产损失的。

3. 确认无效合同的机关

无效合同的确认权归人民法院或者仲裁机构，合同当事人或其他任何机构都无权认定合同无效。

2.3.3　可变更或可撤销的合同

1. 可变更或可撤销合同的概念和种类

可变更或可撤销的合同，是指合同欠缺生效条件，但一方当事人可依照自己的意思使合同的内容变更或者使合同的效力归于消灭的合同。如果合同当事人对合同的可变更或可撤销发生争议时，只有人民法院或者仲裁机构有权变更或者撤销合同。

 **特别提示**

可变更或可撤销的合同不同于无效合同，当事人提出请求是合同被变更、被撤销的前提，人民法院或者仲裁机构不得主动变更或者撤销合同。当事人如果只要求变更，人民法院或者仲裁机构不得撤销其合同。

有下列情形之一的，当事人一方有权请求人民法院或者仲裁机构变更或者撤销其合同。

（1）因重大误解而订立的。重大误解是指由于合同当事人一方本身的原因，对合同主要内容发生误解，产生错误认识。这里的重大误解必须是当事人在订立合同时已经发生的误解，如果是合同订立后发生的事实且一方当事人订立时由于自己的原因而没有预见到，则不属于重大误解。

（2）在订立合同时显失公平的。合同一方当事人利用自己的优势或者利用对方没有经验，致使在合同中约定的双方权利与义务明显违反公平原则的，可以认定为显失公平。

（3）一方以欺诈、胁迫等手段或者乘人之危，使对方在违背真实意思的情况下订立的合同，受损害方有权请求人民法院或者仲裁机构变更或者撤销。

2. 合同撤销权的消灭

《合同法》第五十五条规定，有下列情形之一的，撤销权消灭。

（1）具有撤销权的当事人自知道或者应当知道撤销事由之日起一年内没有行使撤销权。

（2）具有撤销权的当事人知道撤销事由后明确表示或者以自己的行为放弃撤销权。

 应用案例2-2

案例概况

甲建筑公司与乙建筑钢材经销公司签订了一份螺纹钢买卖合同。由于甲公司的新业务员丙对螺纹钢型号不太熟悉，在签订合同时，将甲公司想买的B型号螺纹钢写成了A型号螺纹钢。虽然乙公司提供的型号不是甲公司原想购买的B型号螺纹钢，但A型号螺纹钢销量也不错。甲公司按照合同约定提货并支付了货款。

分析

如何认定此次买卖行为？如果甲又反悔，可以退回A型号螺纹钢要回货款吗？

案例解析

甲公司不能再行使撤销权。根据《合同法》第五十五条的有关规定，具有撤销权的当事人知道撤销事由后明确表示或者以自己的行为放弃撤销权的，撤销权消灭。本案中，甲公司在明知螺纹钢型号有错的情况下，因考虑到A型号螺纹钢的各项指标也符合施工设计要求，仍按合同约定提货并支付货款，应视为以自己的行为放弃了撤销权。

2.3.4 合同无效或被撤销的法律后果

合同被确认无效或被撤销后，合同规定的权利义务即为无效或被撤销。履行中的合同应当终止履行，尚未履行的不得继续履行。对因履行无效或被撤销合同而产生的财产后果应当依法进行以下处理。

1. 返还财产

由于无效合同自始没有法律约束力，因此，退还财产是处理无效合同的主要方式。合同被确认无效后，当事人依据该合同所取得的财产应当返还给对方；不能返还或者没有必要返还的，应当折价补偿。

2. 赔偿损失

合同被确认无效后，有过错的一方应当赔偿对方因此所受到的损失，双方都有过错的，应当各自承担相应的责任。

3. 追缴财产，收归国有

当事人恶意串通，损害国家、集体或者第三人利益的，因此取得的财产收归国家所有或者返还集体、第三人。

特别提示

无效合同不影响善意第三人取得的合法权益。

2.3.5 当事人名称或者法定代表人变更对合同效力的影响

《合同法》第七十六条中规定，当事人名称或者法定代表人变更不会对合同的效力产生影响。因此，合同生效后，当事人不得因姓名、名称的变更或者法定代表人、负责人、承办人的变动而不履行合同义务。

2.3.6 当事人合并或分立后对合同效力的影响

在现实的经济活动中，经常出现由于资产的优化或重组而产生法人的合并或分立，但不应影响合同的效力。按照《合同法》的规定，订立合同后当事人与其他法人或组织合并，合同的权利和义务由合并后的新法人或组织继承，合同仍然有效。

订立合同后分立的，分立的当事人应及时通知对方，并告知合同权利和义务的继承人，双方可以重新协商合同的履行方式。如果分立方没有告知或分立方的该合同责任归属通过协商对方当事人仍不同意，则合同的权利义务由分立后的法人或组织连带负责，即享有连带债权，承担连带债务。

2.4 合同的履行、变更和转让

2.4.1 合同的履行

1. 合同履行的概念

合同履行是指合同当事人双方依据合同条款的规定，实现各自享有的权利并承担各自负有的义务。合同的履行就其实质来说，是合同当事人在合同生效后全面和适当地完成合同义务的行为。

2. 合同履行的原则

《合同法》第六十条规定：当事人应当按照约定全面履行自己的义务并应当遵循诚实信用原则，根据合同的性质、目的和交易习惯履行通知、协助、保密等义务。

合同当事人履行合同时，应遵循以下原则。

1）全面、适当履行的原则

当事人应当按照约定全面履行自己的义务，即按合同约定的标的、价款、数量、质量、地点、期限、方式等全面履行各自的义务。按照约定履行自己的义务，既包括全面履行义务，也包括正确适当履行合同义务。

合同有明确约定的，应当依约定履行。但是，合同约定不明确并不意味着合同无须全面履行或约定不明确的部分可以不履行。

合同生效后，当事人就质量、价款或者报酬、履行地点等内容没有约定或者约定不明的，可以协议补充。不能达成补充协议的，按照合同有关条款或者交易习惯确定。按照合同有关条款或者交易习惯确定，一般只能适用于部分常见条款欠缺或者不明确的情况，因为只有这些内容才能形成一定的交易习惯。如果按照上述办法仍不能确定合同如何履行的，适用下列规定进行履行。

（1）质量要求不明的，按国家标准、行业标准履行，没有国家、行业标准的，按通常标准或者符合合同目的的特定标准履行。作为建设工程合同中的质量标准，大多是强制性的国家标准，因此，当事人的约定不能低于国家标准。

（2）价款或报酬不明的，按订立合同时履行地的市场价格履行；依法应当执行政府定价或政府指导价的，按规定履行。在建设工程施工合同中，合同履行地是不变的，肯定是工程所在地。因此，约定不明确时，应当执行工程所在地的市场价格。

（3）履行地点不明确的，给付货币的在接收货币一方所在地履行；交付不动产的，在不动产所在地履行；其他标的在履行义务一方所在地履行。

（4）履行期限不明确的，债务人可以随时履行，债权人也可以随时要求履行，但应当给对方必要的准备时间。

（5）履行方式不明确的，按照有利于实现合同目的的方式履行。

（6）履行费用的负担不明确的，由履行义务一方承担。

 知识拓展

合同在履行中既可能是按照市场行情约定价格，也可能是执行政府定价或政府指导价。如果是按照市场行情约定价格履行，则市场行情的波动不应影响合同价，合同仍执行原价格。如果执行政府定价或政府指导价的，在合同约定的交付期限内政府价格调整时，按照交付时的价格计价。逾期交付标的物的，遇价格上涨时按照原价格执行；遇价格下降时，按新价格执行。逾期提取标的物或者逾期付款的，遇价格上涨时，按新价格执行；价格下降时，按原价格执行。

2）遵循诚实信用的原则

诚实信用原则是《民法通则》的基本原则，也是《合同法》的一项十分重要的原则，它贯穿于合同的订立、履行、变更、终止等全过程。因此，当事人在订立合同时，要讲诚实，要守信用，要善意，当事人双方要互相协作，合同才能圆满地履行。

3）公平合理，促进合同履行的原则

合同当事人双方自订立合同时起，直到合同的履行、变更、转让以及发生争议时对纠纷的解决，都应当依据公平合理的原则，按照《合同法》的规定，根据合同的性质、目的和交易习惯，善意地履行通知、协助和保密等附随义务。

4）当事人一方不得擅自变更合同的原则

合同依法成立即具有法律约束力，因此，合同当事人任何一方均不得擅自变更合同。《合同法》在若干条款中根据不同的情况对合同的变更，分别作了专门的规定。这些规定更加完善了我国的合同法律制度，并有利于促进我国社会主义市场经济的发展和保护合同当事人的合法权益。

3. 合同履行中的抗辩权

抗辩权是指在双务合同的履行中，双方都应当履行自己的债务，一方不履行或者有可能不履行时，另一方可以据此拒绝对方的履行要求。

1）同时履行抗辩权

当事人互负债务、没有先后履行顺序的，应当同时履行。一方在对方履行之前有权拒绝其履行要求。一方在对方履行债务不符合约定时，有权拒绝其相应的履行要求。

同时履行抗辩权的适用条件如下。

（1）由同一双务合同产生互负的对价给付债务。

（2）合同中未约定履行的顺序。

（3）对方当事人没有履行债务或者没有正确履行债务。

（4）对方的对价给付是可能履行的义务。

 知识拓展

所谓对价给付是指一方履行的义务和对方履行的义务之间具有互为条件、互为牵连的关系，并且在价格上基本相等。

2）不安抗辩权

我国合同法上的不安抗辩权是指当事人互负债务，有先后履行顺序的，先履行的一方有确切证据表明后履行一方丧失履行债务能力时，在后履行方没有履行或者没有提供担保之前，有权中止合同履行的权利。规定不安抗辩权是为了切实保护当事人的合法权益，防止借合同进行欺诈，促使对方履行义务。

应当先履行合同的一方有确切证据证明对方有下列情形之一的，可以中止履行。

（1）经营状况严重恶化。

（2）转移财产、抽逃资金，以逃避债务的。

（3）丧失商业信誉。

（4）有丧失或者可能丧失履行债务能力的其他情形。

先履行当事人中止履行合同的，应当及时通知对方。对方提供适当的担保时应当恢复履行。中止履行后，对方在合理的期限内未恢复履行能力并且未提供适当的担保，中止履行一方可以解除合同。当事人没有确切证据就中止履行合同的应承担违约责任。

3）顺序履行抗辩权

顺序履行抗辩权也称先履行抗辩权，是指当事人互负债务，有先后履行顺序的，先履行一方未履行之前，后履行一方有权拒绝其履行请求，先履行一方履行债务不符合约定的，后履行一方有拒绝其相应的履行请求的权力。

 知识拓展

在传统民法上，有同时履行抗辩权和不安抗辩权的理论，却无先履行抗辩权的概念。《合同法》第六十七条首次明确规定了这一抗辩权。先履行抗辩权发生于有先后履行顺序的双务合同中，基本上适用于先履行一方违约的场合，这些都是它不同于同时履行抗辩权之处。

根据《合同法》第六十七条的规定，构成顺序履行抗辩权须符合以下条件。

（1）须双方当事人互负债务。

（2）双方债务须有先后履行顺序，至于该顺序是当事人约定的，还是法律直接规定的，在所不问。

（3）先履行一方未履行债务或履行债务不符合约定。先履行一方未履行债务，既包括先履行一方在履行期限届至或届满前未予履行的状态，又包含先履行一方于履行期限届满时尚未履行的现象。履行债务不符合约定，在这里是指迟延履行、瑕疵履行等。

顺序履行抗辩权的成立并行使产生后履行一方可一时中止履行自己债务的效力，对抗先履行一方的履行请求，以此保护自己的期限利益、顺序利益；在先履行一方采取了补救措施、变违约为适当履行的情况下，顺序履行抗辩权消失，后履行一方须履行其债务。可见，顺序履行抗辩权属一时的抗辩权。顺序履行抗辩权的行使不影响后履行一方主张违约责任。

 应用案例 2-3

案例概况

甲公司在建室内体育馆过程中与在本市开发区的乙水泥厂签订了一份水泥供销合同。合同中规定甲公司在要求乙公司发每批水泥前，要将货款提前打到乙水泥厂的账户上。

甲公司在要第三批水泥时候，通过乙水泥厂内部的财务人员得知，乙水泥厂经营状况严重恶化，且有转移财产、抽逃资金，以逃避债务的情况。于是甲公司提出货到后付款或乙水泥厂提供担保后甲公司可以先付款。乙水泥厂均都拒绝，并将甲公司告到法院，请求法院判甲公司违约。

分析

（1）甲公司是否违约？请说明理由。

（2）乙水泥厂的诉求是否能得到法院的支持？

案例解析

（1）甲公司的行为不构成违约。理由：甲公司行使的是不安抗辩权。

不安抗辩权是指当事人互负债务，有先后履行顺序的，先履行的一方有确切证据表明后履行一方丧失履行债务能力时，在后履行方没有履行或者没有提供担保之前，有权中止合同履行的权利。

规定不安抗辩权是为了切实保护当事人的合法权益，防止借合同进行欺诈，促使对方履行义务。

甲公司在发现乙水泥厂经营状况严重恶化，转移财产、抽逃资金，且不提供担保也不先履行，而中止合同履行，完全符合不安抗辩权行使的法定要件，符合民法中的诚实信用原则和公平原则。

（2）乙水泥厂的诉求不能得到法院的支持。

4. 合同不当履行的处理

1）因债权人致使债务人履行困难的处理

合同生效后当事人不得因姓名、名称的变更或法定代表人、负责人、承办人的变动而不履行合同义务。债权人分立、合并或者变更住所都应当通知债务人。如果没有通知债务人，会使债务人不知向谁履行债务或者不知在何地履行债务，致使履行债务发生困难。出现这些情况，债务人可以中止履行或者将标的物提存。

2）提前或者部分履行的处理

提前履行是指债务人在合同规定的履行期限到来之前就开始履行自己的义务。部分履行是指债务人没有按照合同约定履行全部义务而只履行了自己的一部分义务。提前或者部分履行会给债权人承受权利带来困难或者增加费用。

债权人可以拒绝债务人提前或部分履行债务，由此增加的费用由债务人承担。但在不损害债权人利益且债权人同意的情况除外。

3）合同不当履行中的保全措施

保全措施是指为防止因债务人的财产不当减少而给债权人的债权带来危害时，允许债权人为确保其债权的实现而采取的法律措施。这些措施包括代位权和撤销权两种。

（1）代位权。代位权是指因债务人怠于行使其到期债权，对债权人造成损害，债权人可以向人民法院请求以自己的名义代位行使债务人的债权。如建设单位拖欠施工单位工程款，施工单位拖欠施工人员工资，而施工单位不向建设单位追讨，同时也不给施工人员发放工资，则施工人员有权向人民法院请求以自己的名义直接向建设单位追讨。

但该债权专属于债务人时不能行使代位权。代位权的行使范围以债权人债权为限，其发生的费用由债务人承担。

（2）撤销权。撤销权是指因债务人放弃其到期债权或者无偿转让财产，对债权人造成损害的，债权人可以请求人民法院撤销债务人的行为。债务人以明显不合理低价转让财产，对债权人造成损害的，并且受让人知道该情形的，债权人可以请求人民法院撤销债务人的行为。撤销权的行使范围以债权人债权为限，其发生的费用由债务人承担。撤销权自债权人知道或者应当知道撤销事由之日起1年内行使。自债务人的行为发生之日起5年内没有行使撤销权的，该撤销权消灭。

2.4.2 合同的变更

合同变更是指当事人对已经发生法律效力但尚未履行或者尚未完全履行的合同进行修改或补充所达成的协议。

法律、行政法规规定变更合同应当办理批准、登记等手续的，依照其规定。

有效的合同变更必须要有明确的合同内容的变更。当事人对合同变更的内容约定不明确的，推定为未变更。合同变更后，当事人须按变更后的合同履行。

 知识拓展

《合同法》第七十七条规定，当事人协商一致可以变更合同。合同的变更一般不涉及已履行的内容。

2.4.3　合同履行中的债权转让和债务转移

在订立合同时，双方当事人可以约定，履行过程中债权人可以指示债务人向第三人履行债务或由第三人向债权人履行债务，但合同当事人之间的债权和债务关系并不因此而改变。

1. 债务人向第三人履行债务

在合同内可以约定由债务人向第三人履行部分义务，其特点表现为以下几方面。

（1）债权的转让在合同内有约定，但不改变当事人之间的权利义务关系。

（2）在合同履行期限内．第三人可以向债务人请求履行，债务人不得拒绝。

（3）对第三人履行债务原则上不能增加履行的难度和履行费用，否则增加费用部分应由合同当事人的债权人给予补偿。

（4）债务人未向第三人履行债务或履行债务不符合约定，应向合同当事人的债权人承担违约责任，即仍由合同当事人依据合同追究对方的违约责任，第三人没有此项权利，他只能将违约的事实和证据提交给合同的债权人。

2. 由第三人向债权人履行债务

合同内可以约定由第三人向债权人履行部分义务。其特点表现为以下几方面。

（1）部分义务由第三人履行属于合同内的约定，但当事人之间的权利义务关系并不因此而改变。

（2）在合同履行期限内，债权人可以要求第三人履行债务，但不能强迫第三人履行债务。

（3）第三人不履行债务或履行债务不符合约定，仍由合同当事人的债务方承担违约责任，即债权人不能直接追究第三人的违约责任。

2.4.4　合同的转让

合同的转让是指合同当事人一方将其合同的权利和义务全部或部分转让给第三人的行为。合同转让包括以下几个方面的含义：首先，合同的转让仅指合同主体的变更，一般是一方当事人将自己在合同中的权利或义务全部或部分转让给第三人。第二，合同转让不是合同内容的改变，不改变合同约定的权利义务。第三，合同转让是合法行为，《合同法》

允许合同转让行为，当事人只要符合《合同法》及有关法律、法规的规定进行转让，其行为即受法律保护。第四，合同转让应经对方当事人同意或通知对方，否则转让不发生法律效力。第五，法律、行政法规规定转让权利或者转移义务应当办理批准、登记等手续的，应当办理批准、登记手续。

1. 合同权利转让

合同权利转让是指不改变合同权利的内容，由债权人将合同权利的全部或者部分转让给第三人的行为。《合同法》第七十九条规定，债权人可以将合同的权利全部或部分转让给第三人。这里转让权利的人称为让与人，接受权利的人称为受让人。合同权利全部转让的，原合同关系消灭，受让人取代原债权人的地位成为新的债权人，原债权人脱离合同关系。合同权利部分转让的，受让人作为第三人加入到合同关系中，与原债权人共同享有债权。债权人转让主权利时附属于主权利的从权利也一并转让，受让人在取得债权时也取得与债权有关的从权利，但该从权利从属于债权人自身的除外。

下列三种情形，债权人不得转让合同权利。

1）根据合同性质不得转让

根据合同性质不得转让的权利，主要是指合同是基于特定当事人的身份关系订立的，合同权利转让给第三人会使合同的内容发生变化或者使合同难以履行，动摇合同订立的基础，违反了当事人订立合同的目的，使当事人的合法利益得不到保护。因此这类合同权利不能转让。

 知识拓展

根据合同性质不能转让的合同权利有以下几种：一是根据当事人之间信任关系而发生的债权，如委托合同中委托人对受托人的信任、雇用合同中雇用人对受雇人的信任。二是以选定的债权人为基础发生的合同权利，如以某个特定演员的演出活动为基础订立的演出合同。三是合同内容中包括了针对特定当事人的不作为义务，如禁止某人在转让某项权利后再将该权利转让给他人、禁止某人使用某项财产等。四是从权利，从权利是附属于主权利的权利，从权利随主权利的转移而转移，随主权利的消灭而消灭，主权利无效，从权利也无效，因此，从权利不得与主权利相分离而单独转让。

2）按照当事人约定不得转让

当事人在订立合同时，可以对权利的转让作出特别的约定，禁止债权人将权利转让给第三人。这种约定只要是当事人真实的意思表示并且不违反法律规定和社会公德，就产生法律效力，对当事人就有法律约束力。但这种约定只能在合同转让之前作出，如果在合同转让之后再作出，则不能影响合同转让的效力。同时，此种约定不得约束第三人，如果一方当事人违反约定，将合同权利转让给善意第三人，则善意第三人可以取得该项权利。

3）依照法律规定不得转让

我国一些法律中对某些权利的转让作出了禁止性规定，如《中华人民共和国担保法》（简称《担保法》）规定，最高额抵押的主合同债权不得转让。对于这些规定当事人应严格遵守，不得违反法律规定，擅自转让法律禁止转让的权利。

债权人转让权利不需要经债务人同意，但应当通知债务人。未经通知，该转让对债务人不发生效力。债务人接到债权转让通知后，债权让与行为就生效，如果债务人对让与人享有债权，并且债务人的债权先于转让的债权到期或同时到期的，债务人可以向受让人主张抵销。债务人对让与人的抗辩，可以向受让人主张。债权人转让权利的通知不得撤销，但经受让人同意的除外。

2. 合同义务转移

合同义务转移是指在不改变合同义务的前提下，经债权人同意，债务人将合同的义务全部或者部分转移给第三人。

债务人将合同的义务全部或者部分转移给第三人，应当经债权人同意；否则债务人转移合同义务的行为对债权人不发生效力，债权人有权拒绝第三人向其履行，同时有权要求债务人履行义务并承担不履行或迟延履行合同的法律责任。

合同义务的全部转移指债权人或债务人与第三人之间达成转移债务的协议，由第三人取代原债务人承担全部债务。债务人全部转移合同义务时，新的债务人完全取代了原债务人的地位，承担全面履行合同义务的责任。合同义务的部分转移指原债务人并没有脱离合同关系，而第三人加入合同关系，并与债务人共同向同一债权人承担债务。债务人部分转移合同义务时，新的债务人加入到原债务中，和原债务人一起向债权人履行义务。

> **特别提示**
>
> 法律、行政法规规定转移义务应当办理批准、登记等手续的，应当办理批准、登记手续。

合同义务的转移，可以产生如下法律后果。

（1）新债务人成为合同一方当事人，如不履行或不适当履行合同义务，债权人可以向其请求履行债务或承担违约责任。

（2）新债务人享有基于原合同关系的对抗债权人的抗辩权。《合同法》规定，债务人转移义务的，新债务人可以主张原债务人对债权人的抗辩。

（3）从属于主债务的从债务，随主债务的转移而转移。

（4）原第三人向债权人提供的担保，若担保人未明确表示继续承担担保责任，则担保责任因债务转移而消灭。《担保法》规定，保证期间，债权人许可债务人转让债务的，应当取得保证人书面同意，保证人对未经其同意转让的债务不再承担保证责任。

3. 合同权利义务的一并转让

当事人一方经对方同意，可以将自己在合同中的权利和义务一并转让给第三人。

合同关系的一方当事人将权利和义务一并转让时，除了应当征得另一方当事人的同意外，还应当遵守《合同法》有关转让权利和义务转移的其他规定：不得转让法律禁止转让的权利；转让合同权利和义务时，从权利和从债务一并转让，受让人取得与债权有关的从权利和从债务，但该从权利和从债务专属于让与人自身的除外；转让合同权利和义务不影响债务人抗辩权的行使；债务人对让与人享有债权的，可以依照有关规定向受让人主张抵销；法律、行政法规规定应当办理批准、登记手续的，应当依照其规定办理。

当事人订立合同后合并的，由合并后的法人或者其他组织行使合同权利，履行合同义务。当事人订立合同后分立的，除债权人和债务人另有约定外，由分离的法人或其他组织对合同的权利和义务享有连带债权，承担连带债务。

2.5 合同的终止

2.5.1 合同终止概述

合同权利义务终止是指依法生效的合同，因具备法定情形和当事人约定的情形，合同债权、债务归于消灭，债权人不再享有合同权利，债务人也不必再履行合同义务，合同当事人双方终止合同关系，合同的效力随之消灭。

按照《合同法》的规定，有下列情形之一的，合同的权利义务终止。

(1) 债务已经按照约定履行。

(2) 合同解除。

(3) 债务相互抵销。

(4) 债务人依法将标的物提存。

(5) 债权人免除债务。

(6) 债权债务同归于一人。

(7) 法律规定或者当事人约定终止的其他情形。

2.5.2 债务已按照约定履行

债务已经按照约定履行是指债务人按照约定的标的、质量、数量、价款或报酬、履行期限、履行地点和方式全面履行。债务按照合同约定得到履行，一方面可以使合同债权得到满足，另一方面也可以使合同债务归于消灭，产生合同的权利义务终止的后果。清偿是合同的权利义务终止的最主要和最常见的原因。

以下情况也属于合同按照约定履行的范围。

(1) 当事人约定的第三人按照合同内容履行，产生债务消灭的后果。

(2) 债权人同意以他种给付代替合同原定给付。有时实际履行债务在法律上或者事实上不可能，如标的物灭失无法交付或者实际履行费用过高，这时经债权人同意，可以采用替代物履行的办法，达到债务消灭的目的。

(3) 当事人以外的第三人接受履行。当事人约定债务人向第三人履行，第三人已接受履行的，债务归于消灭。

2.5.3　合同解除

合同解除是指合同有效成立后，因主客观情况发生变化，使合同的履行成为不必要或不可能，根据双方当事人达成的协议或一方当事人表示提前终止合同效力。合同解除有约定解除和法定解除两种情况。

1. 约定解除

根据合同自愿原则，当事人在法律规定范围内享有自愿解除合同的权利。当事人约定解除合同包括两种情况。

（1）协商解除：指合同生效后、未履行或未完全履行之前，当事人以解除合同为目的，经协商一致，订立一个解除原来合同的协议，使合同效力消灭的行为。由于协商解除是双方的法律行为，应当遵循合同订立的程序，即双方当事人应当对解除合同意思表示一致。协议未达成之前，原合同仍然有效。如果协商解除违反了法律规定的合同有效成立的条件，如损害了国家利益或社会公共利益，则解除合同的协议就不能发生法律效力，原有的合同仍要履行。

特别提示

如依法必须获得有关部门批准才能解除的合同，当事人不得擅自协商解除。

（2）约定解除：指当事人在合同中约定，合同履行过程中出现某种情况，当事人一方或双方有解除合同的权利。解除权可以在订立合同时约定，也可以在履行合同的过程中约定，可以约定一方解除合同的权利，也可以约定双方解除合同的权利。行使约定的解除权应当以该合同为基础。

特别提示

约定解除权必须符合合同生效的条件，不得违反法律、损害国家利益和社会公共利益。根据法律规定必须经有关部门批准才能解除的合同，当事人不得按照约定擅自解除。

2. 法定解除

法定解除是指在合同成立后、没有履行或没有完全履行完毕之前，当事人一方或双方在法律规定的解除条件出现时，行使解除权而使合同关系消灭。

《合同法》规定：有下列情形之一的，当事人可以解除合同。

（1）因不可抗力致使不能实现合同目的。不可抗力是指不能预见、不能避免并不能克服的客观情况。属于不可抗力的情况有自然灾害、战争、社会异常事件、政府行为等。

特别提示

只有不可抗力致使合同目的不能实现时，当事人才可以解除合同。

（2）在履行期限届满之前，当事人一方明确表示或者以自己的行为表明不履行主要债务。

（3）当事人一方迟延履行主要债务，经催告后在合理期限内仍未履行。

（4）当事人一方迟延履行债务或者有其他违约行为致使不能实现合同目的。其他违约行为主要包括完全不履行合同、履行质量与约定严重不符、部分履行合同等。

（5）法律规定的其他情形。例如，因行使不安抗辩权而中止履行合同，对方在合理期限内未恢复履行能力，也未提供适当担保的，中止履行的一方可以请求解除合同。

知识拓展

《最高人民法院关于适用〈中华人民共和国合同法〉若干问题的解释（二）》第二十六条规定："合同成立以后客观情况发生了当事人在订立合同时无法预见的、非不可抗力造成的不属于商业风险的重大变化，继续履行合同对于一方当事人明显不公平或者不能实现合同目的，当事人请求人民法院变更或者解除合同的，人民法院应当根据公平原则，并结合案件的实际情况确定是否变更或者解除。"

3. 合同解除的法律后果

当事人一方依照法定解除的规定主张解除合同的，应当通知对方。合同自通知到达对方时解除。对方有异议的，可以请求人民法院或者仲裁机构确认解除合同的效力。法律、行政法规规定解除合同应当办理批准、登记等手续的，则应当在办理完相应手续后解除。

合同解除后，尚未履行的，终止履行；已经履行的，根据履行情况和合同性质，当事人可以要求恢复原状、采取其他补救措施并有权要求赔偿损失。

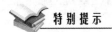

特别提示

合同的权利义务终止，不影响合同中结算和清理条款的效力。

2.5.4 债务相互抵销

债务相互抵销是指两个人彼此互负债务，各以其债权充当债务的清偿，使双方的债务在等额范围内归于消灭。债务抵销可以分为约定债务抵销和法定债务抵销两类。

1. 法定债务抵销

法定债务抵销是指当事人互负到期债务，该债务标的物的种类、品质相同的，任何一方可以将自己的债务与对方的债务抵销。法定债务抵销的条件是比较严格的，要求必须是互负到期债务且债务标的物的种类、品质相同。符合这些条件的互负债务，除了法律规定或者合同性质决定不能抵销的以外，当事人都可以主张互相抵销。

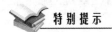

特别提示

当事人主张抵销的，应当通知对方，通知自到达对方时生效。抵销不得附条件或者附期限。

2. 约定债务抵销

约定债务抵销是指当事人经协商一致而发生的抵销。约定债务抵销的债务要求不高，标的物的种类、品质可以不相同，但要求当事人必须协商一致。

按照有关法律规定，下列债务不能抵销。

1）按合同性质不能抵销

有些合同不实际履行就不能达到订立合同的目的，如债务标的为劳务的合同，如咨询、培训、医疗合同。

2）按照约定应当向第三人给付的债务

如果双方当事人在订立合同时已约定债务人应向第三人履行义务，则债务人不得以对合同对方当事人享有债权而主张抵销该义务，否则将损害第三人的利益。

3）因故意实施侵权行为产生的债务

这种债务是对被害人的赔偿，如允许抵销，则意味着可以用金钱补偿对债务人的人身和财产权利的任意侵犯，是有悖社会正义的。

4）法律规定不得抵销的其他情形

例如，被人民法院查封、扣押、冻结的财产，当事人已无处分权，不能用来抵销债务。

2.5.5 债务人依法将标的物提存

提存是指由于债权人的原因，债务人无法向其交付合同标的物而将该标的物交给提存机关，从而消灭债务、终止合同的制度。

债务的履行往往需要债权人的协助，如果债权人无正当理由拒绝受领或者不能受领，债权人虽应负担受领迟延的责任，但债务人的债务却不能消灭，债务人仍得随时准备履行。因此，法律规定在一定情形下，债务人可以通过提存标的物终止合同。

《合同法》规定，有下列情形之一的，难以履行债务的，债务人可以将标的物提存。

（1）债权人无正当理由拒绝受领：指债务人依照约定履行债务，债权人有能力也有义务领受标的物，却无正当理由拒绝领受。如在仓储合同中，存储期届满，仓单持有人不提取仓储物，保管人催告其在合理期限内提取货物后逾期仍不提取的，保管人可以提存该货物。

（2）债权人下落不明：包括债权人失踪，其财产尚无人代管、债权人不清、地址不详、无法查找等。

（3）债权人死亡未确定继承人或者丧失民事行为能力未确定监护人，此时债权人的财产没有合法的管理人，债务人无法交付。

（4）法律规定的其他情形。如《担保法》规定，抵押人转让抵押物所得的价款，应当向抵押权人提前清偿所担保的债权或者向与抵押权人约定的第三人提存；出质人转让股票所得的价款应当向质权人提前清偿所担保的债权或者向与质权人约定的第三人提存。

标的物提存后，除债权人下落不明的以外，债务人应当及时通知债权人或者债权人的继承人、监护人。标的物不适于提存或者提存费用过高的，债务人依法可以拍卖或者变卖标的物，提存所得的价款。

提存期间，标的物的孳息归债权人所有，提存费用由债权人负担。标的物提存后，毁损、灭失的风险由债权人承担。债权人可以随时领取提存物，但债权人对债务人负有到期债务的，在债权人未履行债务或者提供担保之前，提存部门根据债务人的要求应当拒绝其领取提存物。

特别提示

债权人领取提存物的权利，自提存之日起5年内不行使而消灭，提存物扣除提存物费用后归国家所有。

2.5.6 债权人依法免除债务

债务的免除是指合同没有履行或未完全履行，权利人放弃自己的全部或部分权利，从而使合同义务减轻或使合同终止的一种形式。

债务免除分为单方免除和协议免除两种。单方免除是享有权利的一方单独向对方当事人作出意思表示，免除对方的义务。协议免除是合同双方通过协商达成一致，债权人免除债务人的义务。协议免除可以附条件和期限。

债权人免除债务人部分或者全部债务的，合同的权利义务部分或者全部终止。免除债权，债权的从权利，如从属于债权的担保权利、利息权利、违约金请求权等也随之消灭。

2.5.7 混同

混同，即债权债务同归于一人。由于某种事实的发生，使一项合同中原本由一方当事人享有的债权和由另一方当事人负担的债务统归于一方当事人，使得该当事人既是合同的债权人，又是合同的债务人，合同的履行就失去了实际意义，合同的权利义务终止。例如，由于甲、乙两企业合并，甲、乙企业之间原先订立的合同中的权利义务同归于合并后的企业，债权债务关系自然终止。再如，当债权人继承了债务人或者债务人继承了债权人时，债权债务也同归于一人，合同终止。

知识拓展

关于混同有一种情况例外，《合同法》规定，债权和债务同归于一人的，合同的权利义务终止，但涉及第三人利益的除外。例如：当债权为他人质权的标的时，为了保护质权人的利益，不得使债权因合并而消灭。

2.5.8 法律规定或者当事人约定终止的其他情形

《合同法》规定，委托人或者受托人死亡、丧失民事行为能力或者破产的，委托合同终止。《民法通则》规定，代理人死亡、丧失民事行为能力，作为被代理人或代理人的法人终止，委托代理终止。当事人也可以约定合同的权利义务终止的情形，如当事人订立的附解除条件的合同，当解除条件成就时，债权债务关系消灭，合同的权利义务终止。

2.5.9 合同权利义务终止的法律后果

合同权利义务终止所产生的法律后果，主要有以下几个方面。

（1）合同失效，即合同的终止解除了双方当事人履行和接受履行的义务，双方当事人不必继续履行合同义务。

（2）合同项下的从权利和从义务一并消灭，如债务的担保、违约金和利息的支付等也一并消灭。

（3）负债字据的返还。负债字据是债权债务关系的证明，债权人应当在合同关系消灭后，将负债字据返还债务人。

（4）在合同当事人之间发生后合同义务。《合同法》规定，合同的权利义务终止后，当事人应当遵循诚实信用原则，根据交易习惯履行通知、协助、保密等义务。合同终止后，一方当事人应当将有关情况及时通知另一方当事人，如：债务人将标的物提存的，应当通知债权人标的物的提存地点和领取方式。当事人应当协助对方处理与合同有关的事务，如：对需要保管的标的物协助保管。当事人应当保守国家秘密、商业秘密和合同约定的不得泄露的事项。

（5）合同中关于解决争议的方法、结算和清理条款继续有效，直至结算和清理完毕。《合同法》规定，合同无效、被撤销或者终止的，不影响合同中独立存在的有关解决争议方法的条款的效力。合同的权利义务终止，不影响合同中结算和清理条款的效力。

2.6 违 约 责 任

2.6.1 违约责任的概念

违约责任是指当事人任何一方不履行合同义务或者履行合同义务不符合合同约定而应当承担的法律责任。

违约行为的表现形式包括不履行和不适当履行。不履行是指当事人不能履行或者拒绝履行合同义务；不适当履行则包括不履行以外的其他所有违约情况。

对于违约产生的后果，并非一定要等到合同义务全部履行后才追究违约方的责任，按照《合同法》的规定对于预期违约的，当事人也应当承担责任。所谓"预期违约"，指在履行期限届满之前，当事人一方明确表示或者以自己的行为表明不履行合同的义务，对方可以在履行期限届满之前要求其承担违约责任。这是《合同法》严格责任原则的重要体现。

特别提示

违约责任制度在合同法中具有重要地位：首先，加强合同当事人履行合同的责任心；其次是保护当事人的合法权益；再次是预防和减少违反合同规定现象的发生。

2.6.2 承担违约责任的条件和原则

1. 承担违约责任的条件

按照《合同法》规定，承担违约责任的条件采用严格责任原则，只要当事人有违约行为，即当事人不履行合同或者履行合同不符合约定的条件，就应当承担违约责任。

严格责任原则还包括，当事人一方因第三人的原因造成违约时，应当向对方承担违约责任。承担违约责任后，与第三人之间的纠纷再按照法律或当事人与第三人之间的约定解决。如施工过程中，承包人因发包人委托设计单位提供的图纸错误而导致损失后，发包人应首先给承包人以相应损失的补偿，然后再依据设计合同追究设计承包人的违约责任。

特别提示

当事人承担违约责任的前提，必须是违反了有效的合同或合同条款的有效部分。

2. 承担违约责任的原则

《合同法》规定的承担违约责任是以补偿性为原则的。补偿性是指违约责任旨在弥补或者补偿因违约行为造成的损失。对于财产损失的赔偿范围，《合同法》规定，赔偿损失额应当相当于因违约行为所造成的损失，包括合同履行后可获得的利益。但是，违约责任在有些情况下也具有惩罚性。例如合同约定了违约金，违约行为没有造成损失或者损失小于约定的违约金；约定了定金，违约行为没有造成损失或者损失小于约定的定金等。

2.6.3 承担违约责任的方式

1. 继续履行

继续履行是指违反合同的当事人不论是否承担了赔偿金或者其他形式的违约责任，都必须根据对方的要求，在自己能够履行的条件下，对合同未履行的部分继续履行。特别是金钱债务，违约方必须继续履行，因为金钱是一般等价物，没有别的方式可以替代履行。

当事人一方不履行非金钱债务或者履行非金钱债务不符合约定的，对方也可以要求继续履行，但有下列情形之一的除外。

(1) 法律上或者事实上不能履行。

(2) 债务的标的不适于强制履行或者履行费用过高。

(3) 债权人在合理期限内未要求履行。

特别提示

当事人就迟延履行约定违约金的，违约方支付违约金后，还应当继续履行债务。

2. 采取补救措施

这主要发生在履行合同质量不符合约定的情况下，是由违反合同一方依照法律规定或者约定采取修理、更换、重新制作、退货、减少价格或者报酬等措施，以给权利人弥补或者挽回损失的责任形式。

 **特别提示**

建设工程合同中，采取补救措施是施工单位承担违约责任常用的方法。

3. 赔偿损失

当事人一方不履行合同义务或者履行合同义务不符合约定给对方造成损失的，应当赔偿对方的损失。

损失赔偿额应当相当于违约行为所造成的损失，包括履行合同后可获得的利益，但不得超过违反合同一方订立合同时应当预见的因违反合同可能造成的损失。

 **特别提示**

当事人一方违约后，对方应当采取适当措施防止损失的扩大，没有采取措施致使损失扩大的，不得就扩大的损失请求赔偿。当事人因防止损失扩大而支出的合理费用，由违约方承担。

4. 支付违约金

当事人可以约定一方违约时应当根据违约情况向对方支付一定数额的违约金，也可以约定因违约产生的损失额的赔偿办法。约定违约金低于造成损失的，当事人可以请求人民法院或仲裁机构予以增加；约定违约金过分高于造成损失的，当事人可以请求人民法院或仲裁机构予以适当减少。

 知识拓展

违约金与赔偿损失不能同时采用。如果当事人约定了违约金，则应当按照支付违约金承担违约责任。

5. 定金罚则

当事人可以约定一方向对方给付定金作为债权的担保。债务人履行债务后定金应当抵作价款或收回。给付定金的一方不履行约定债务的，无权要求返还定金；收受定金的一方不履行约定债务的，应当双倍返还定金。

当事人既约定违约金，又约定定金的，一方违约时对方可以选择适用违约金或定金条款。但是，这两种违约责任不能合并使用。

2.6.4 因不可抗力无法履约的责任承担

因不可抗力无法履约的责任承担有以下情况。

（1）因不可抗力不能履行合同的，根据不可抗力的影响，可以部分或全部免除责任。

（2）当事人延迟履行后的不可抗力，不能免除责任。

（3）当事人因不可抗力不能履行合同的，应当及时通知对方并在合理的期限内提供证明。

 **特别提示**

当事人可以在合同内约定不可抗力的范围。

 应用案例2-4

案例概况

甲建筑工程有限责任公司(简称甲公司)与某水泥厂订立一份水泥供销合同，双方约定由水泥厂在2个月内向甲公司供应水泥500吨，每吨单价350元。在合同履行期间，乙建筑工程有限责任公司(简称乙公司)找到水泥厂表示愿意以每吨380元的单价购买400吨水泥，水泥厂见其出价高，就将400吨本来准备运给甲公司的水泥卖给了乙公司，致使只能供应100吨水泥给甲公司。甲公司要求水泥厂按照合同的约定供应剩余的400吨水泥，水泥厂表示因水泥的原料涨价而无法按照原合同的条件供货，并要求解除合同。甲公司不同意，坚持要求水泥厂履行合同。

分析

（1）在合同事先没有明确约定的情况下，甲公司是否有权要求水泥厂继续履行合同？有无法律依据？

（2）水泥厂能否只赔偿损失或者只支付违约金而不继续履行合同？

案例解析

（1）有法律依据。依据《合同法》的规定，甲公司有权要求水泥厂继续供货。《合同法》第一百零七条规定："当事人一方不履行合同义务或者履行合同义务不符合约定的，应当承担继续履行、采取补救措施或者赔偿损失等违约责任。"

（2）订立合同的目的就在于通过履行合同获取预定的利益，合同生效后当事人不履行合同义务，对方就无法实现权利。如果违约方有履行合同的能力，对方(受损害方)认为实现合同权利对自己是必要的，有权要求违约方继续履行合同。违约方不得以承担了对方的损失为由拒绝继续履行合同，受损害方在此情况下，可以请求法院或者仲裁机构强制违约方继续履行合同。所以供销社不能只赔偿损失或者只支付违约金而不继续履行合同。

2.7 合同争议的解决

2.7.1 解决合同争议的方法

合同争议也称合同纠纷，是指合同当事人对合同规定的权利和义务产生了不同的理解。合同争议的方式有和解、调解、仲裁、诉讼四种。

在解决争议的方式中，和解与调解的结果没有强制执行的法律效力，要靠当事人的自觉履行。此时的和解与调解是狭义的，它不包括仲裁和诉讼程序中在仲裁庭和法院主持下的和解和调解。

1. 和解

和解是指合同纠纷当事人在自愿友好的基础上，互相沟通、互相谅解，从而解决纠纷的一种方式。合同纠纷时，当事人应首先考虑通过和解解决纠纷，因为和解解决纠纷有如下优点。

(1) 简便易行，能经济、及时地解决纠纷。

(2) 有利于维护合同双方的合作关系，使合同能更好地得到履行。

(3) 有利于和解协议的执行。

2. 调解

调解是指合同当事人对合同所约定的权利义务发生争议，不能达成和解协议时，在合同管理机关或有关机关、团体的主持下，通过对当事人进行说服教育，促使双方互相作出适当的让步，平息争端，自愿达成协议，以求解决合同争议的方法。

以上两种方法都有其优缺点。

优点如下。

(1) 简便易行，能经济及时地解决纠纷。

(2) 有利于维护合同双方的友好合作关系，使合同能够更好得到履行。

(3) 有利于和解协议的执行。

缺点：没有强制执行力。

3. 仲裁

仲裁一般是当事人根据他们之间订立的仲裁协议，自愿将其争议提交由非官方身份的仲裁员组成的仲裁庭进行裁判，并受该裁判约束的一种制度。仲裁活动和法院的审判活动一样，关乎当事人的实体权益，是解决民事争议的方式之一。民事争议通常可以采取向法院起诉和申请仲裁机构审理两种方法，仲裁机构和法院不同。法院行使国家所赋予的审判权，向法院起诉不需要双方当事人在诉讼前达成协议，只要一方当事人向有审判管辖权的法院起诉，经法院受理后，另一方必须应诉。仲裁机构通常是民间团体的性质，其受理案件的管辖权来自双方协议，没有协议就无权受理。

4. 诉讼

诉讼是指合同当事人依法请求人民法院行使审判权，审理双方之间发生的合同争议，作出由国家强制保证实现其合法权益、从而解决纠纷的审判活动。

2.7.2　仲裁

1. 仲裁的基本原则

1) 自愿原则

自愿原则是仲裁制度中的基本原则，它是仲裁制度赖以存在与发展的基石。当事人采用仲裁方式解决纠纷，应当贯彻双方自愿原则，达成仲裁协议。如有一方不同意进行仲裁的，仲裁机构即无权受理合同纠纷。

2）公平合理原则

仲裁的公平合理是公正处理民事经济纠纷的根本保障，是解决当事人之间的纠纷所应当依据的基本准则，是仲裁制度的生命力所在。这原则要求仲裁机构要充分收集证据，听取纠纷双方的意见。仲裁应当根据事实，同时仲裁也应当符合法律规定。

3）仲裁依法独立进行原则

《仲裁法》第八条规定："仲裁依法独立进行，不受行政机关、社会团体和个人的干涉。"这是法律赋予仲裁机构和仲裁员的权力，也体现出仲裁机构的独立性职能。仲裁的独立性表现在仲裁机构不隶属于任何行政机关；仲裁庭享有独立的仲裁权，仲裁委员会不作干预；法院对仲裁的监督只是事后监督，不能事前干预。

4）一裁终局原则

由于仲裁是当事人基于对仲裁机构的信任作出的选择，因此其裁决是立即生效的。裁决作出后，《仲裁法》第九条规定："裁决作出后，当事人就同一纠纷再申请仲裁或者向人民法院起诉的，仲裁委员会或者人民法院不予受理。"

2. 仲裁委员会

仲裁委员会可以在直辖市和省、自治区人民政府所在地的市设立，也可以根据需要在其他区的市设立，不按行政区划层层设立。

仲裁委员会由主任 1 人、副主任 2～4 人和委员 7～11 人组成。仲裁委员会的主任、副主任和委员由法律、经济贸易专家和有实际工作经验的人员担任。仲裁委员会的组成人员中，法律、经济贸易专家不得少于三分之二。

 知识拓展

仲裁委员会独立于行政机关，与行政机关没有隶属关系。仲裁委员会之间也没有隶属关系。

3. 仲裁协议

1）仲裁协议的内容

仲裁协议是纠纷当事人愿意将纠纷提交仲裁机构仲裁的协议，它应包括以下内容。

（1）请求仲裁的意思表示。

（2）仲裁事项。

（3）选定的仲裁委员会。

在以上 3 项内容中，选定的仲裁委员会具有特别重要的意义。因为仲裁没有法定管辖，如果当事人不约定明确的仲裁委员会，仲裁将无法操作，仲裁协议将是无效的。至于请求仲裁的意思表示和仲裁事项则可以通过默示的方式来体现，可以认为在合同中选定仲裁委员会就是希望通过仲裁解决争议，同时，合同范围内的争议就是仲裁事项。

2）仲裁协议的作用

（1）它是双方当事人在发生争议时以仲裁方式解决争议的依据，双方须受仲裁协议的约束。

（2）它是仲裁机构和仲裁员取得对有关争议案件的管辖权的依据。

（3）有仲裁协议可以排除法院对有关争议案件的管辖权，任何一方不应再向法院起诉。

以上三个方面的作用是相互联系而不可分开的，但是最重要的一点是排除法院的管辖权。这就是说，双方当事人有了仲裁协议，任何一方就不能把争议向法院提起诉讼，如果有一方当事人违反仲裁协议向法院提交诉讼，另一方当事人有权依据仲裁协议要求法院停止司法诉讼程序，把有关争议归还仲裁机构或仲裁员审理。

 知识拓展

有些西方国家法律规定，双方当事人订立的仲裁条款不能完全排除法院的管辖权。

4. 仲裁庭的组成

仲裁庭的组成有两种方式。

1）当事人约定由3名仲裁员组成仲裁庭

当事人如果约定由3名仲裁员组成仲裁庭，应当各自选定或者各自委托仲裁委员会主任指定1名仲裁员，第3名仲裁员由当事人共同选定或者共同委托仲裁委员会主任指定。第3名仲裁员是首席仲裁员。

2）当事人约定由1名仲裁员组成仲裁庭

仲裁庭也可以由1名仲裁员组成。当事人如果约定由1名仲裁员组成仲裁庭的，应当由当事人共同选定或者共同委托仲裁委员会主任指定仲裁员。

5. 开庭和裁决

1）开庭

仲裁应当开庭进行。当事人协议不开庭的，仲裁庭可以根据仲裁申请书、答辩书以及其他材料作出裁决，仲裁不公开进行。

申请人经书面通知，无正当理由不到庭或者未经仲裁庭许可中途退庭的，可以视为撤回仲裁申请。被申请人经书面通知，无正当理由不到庭或者未经仲裁庭许可中途退庭的，可以缺席裁决。

2）证据

当事人应当对自己的主张提供证据。仲裁庭对专门性问题认为需要鉴定的，可以交由当事人约定的鉴定部门鉴定，也可以由仲裁庭指定的鉴定部门鉴定。

3）辩论

当事人在仲裁过程中有权进行辩论。

4）裁决

裁决应当按照多数仲裁员的意见作出，少数仲裁员的不同意见可以记入笔录。仲裁庭不能形成多数意见时，裁决应当按照首席仲裁员的意见作出。仲裁庭仲裁纠纷时，其中一部分事实已经清楚，可以就该部分先行裁决。对裁决书中的文字、计算错误或者仲裁庭已经裁决但在裁决书中遗漏的事项，仲裁庭应当补正；当事人自收到裁决书之日起 30 日内，可以请求仲裁补正。

特别提示

裁决书自作出之日起发生法律效力。

6. 申请撤销裁决

当事人提出证据证明裁决有下列情形之一的，可以向仲裁委员会所在地的中级人民法院申请撤销裁决。

（1）没有仲裁协议的。

（2）裁决的事项不属于仲裁协议的范围或者仲裁委员会无权仲裁的。

（3）仲裁庭的组成或者仲裁的程序违反法定程序的。

（4）裁决所根据的证据是伪造的。

（5）对方当事人隐瞒了足以影响公正裁决的证据的。

（6）仲裁员在仲裁该案时有索贿受贿、徇私舞弊、枉法裁决行为的。

人民法院经组成合议庭审查核实裁决有前款规定情形之一的，应当裁定撤销。当事人申请撤销裁决的，应当自收到裁决书之日起 6 个月内提出。人民法院应当在受理撤销裁决申请之日起 2 个月内作出撤销裁决或者驳回申请的裁定。

人民法院受理撤销裁决的申请后，认为可以由仲裁庭重新仲裁的，通知仲裁庭在一定期限内重新仲裁并裁定中止撤销程序。仲裁庭拒绝重新仲裁的，人民法院应当裁定恢复撤销程序。

裁决被人民法院依法裁定撤销或者不予执行的，当事人就该纠纷可以根据双方重新达到的仲裁协议申请仲裁，也可以向人民法院起诉。

7. 执行

仲裁裁决的执行：仲裁委员会的裁决作出后，当事人应当履行。由于仲裁委员会本身并无强制执行的权力，因此，当一方当事人不履行仲裁裁决时，另一方当事人可以依照《中华人民共和国民事诉讼法》（简称《民事诉讼法》）的有关规定向人民法院申请执行，接受申请的人民法院应当执行。

2.7.3 诉讼

如果当事人没有在合同中约定通过仲裁解决争议，则只能通过诉讼作为解决争议的最终方式。人民法院审理民事案件．依照法律规定实行合议、回避、公开审判和两审终审制度。

1. 建设工程合同纠纷的管辖

建设工程合同纠纷的管辖，既涉及地域管辖，也涉及级别管辖。

1）级别管辖

级别管辖是指不同级别人民法院受理第一审建设工程合同纠纷的权限分工。级别管辖从纵向划分上、下级人民法院之间受理第一审民事案件的权限和分工，解决某一民事案件应由哪一级人民法院管辖的问题。

2）地域管辖

地域管辖是指同级人民法院在受理第一审建设工程合同纠纷的权限分工。对于一般的合同争议，由被告住所地或合同履行地人民法院管辖。《民事诉讼法》也允许合同当事人在书面协议中选择被告住所地、合同履行地、合同签订地、原告住所地、标的物所在地人民法院管辖。

 **特别提示**

对于建设工程合同一般都适用不动产所在地的专属管辖，由工程所在地人民法院管辖。

2. 诉讼中的证据

证据指证明待证事实是否客观存在的材料。证据在民事诉讼中有着极其重要的意义，它既是人民法院认定事实的根据，也是人民法院作出裁判的基础。我国民事诉讼法规定的证据种类见表2-2。

表2-2 我国民事诉讼法规定的证据种类

证据种类	定义	特别提示
书证	指以文字、符号所记录或者表示的以证明待证事实的文书	如书信、文件、票据、合同等
物证	指用物品的外形、特征、质量等说明待证事实的一部分或者全部的物品	如质量不合格的家具、被撞坏的汽车等
视听资料	指用录音、录像的方法记录下来的有关案件事实的材料。比如，用录音机录制的当事人的谈话，用录像机录制的人物形象及其活动，用电子计算机储存的数据和资料等	视听资料是随着科学技术的发展进入证据领域的
证人证言	指证人以口头或者书面方式向人民法院所作的对案件事实的陈述。证人所作的陈述，既可以是亲自听到、看到的，也可以是从其他人、其他地方间接得知的	证人证言是民事诉讼中广泛应用的一种证据，大部分民事案件都要依据证人证言来认定事实

续表

证据种类	定义	特别提示
当事人陈述	指案件的直接利害关系人向人民法院提出的关于案件事实和证明这些事实情况的陈述	对当事人的陈述必须进行严格的审查，应该结合案件中的其他证据，以其他证据作为旁证，最终审查确定当事人陈述是否真实可信，是否能成为案件事实的证据
鉴定结论	指人民法院指定的专门机关对民事案件中出现的专门性问题，通过技术鉴定作出的结论。比如医学鉴定、指纹鉴定、产品质量鉴定、文书鉴定、会计鉴定等	鉴定结论是应用专门知识所作出的鉴别和判断，具有科学性和较强的证明力，往往成为审查和鉴别其他证据的重要手段
勘验笔录	指人民法院对能够证明案件事实的现场或者不能、不便拿到人民法院的物证，就地进行分析、检验、勘查后作出的记录	勘验笔录是客观事物的书面反映，是保全原始证据的一种证据形式

 知识拓展

当事人的陈述是我国行政诉讼证据中一种独立的证据形式。当事人陈述能否成为证据种类以及作为证据对于裁判的影响力，与当事人在诉讼中的地位息息相关。随着历史时期的变革，司法制度和诉讼模式的不断变化，当事人陈述作为证据种类的价值也不断改变。到了今天，伴随着现代民事诉讼模式的建立和民事审判方式的改革，将当事人陈述仍作为独立的证据种类已经与司法改革的方向相悖，也给在司法实践中贯彻各项改革措施带来了很多问题。

人民法院必须全面、客观、实事求是地审查证据的真实性和合法性，同时也应当对各种证据之间的相互联系以及它们与待证事实的关系进行审查。只有经过人民法院认真、细致地调查和分析，查证属实后，以上证据才能作为认定事实的根据。

复习思考题

一、单项选择题

1. 合同是发生法律上效果的(　　)。

A. 事实行为　　　　B. 单方民事行为　　　　C. 双方民事行为　　　　D. 非法律行为

2. 下列属于双务合同的有(　　)。

A. 买卖　　　　B. 免除　　　　C. 赠与　　　　D. 抵销

3. 下列不属于可撤销合同类型的有(　　)。

A. 恶意串通损害国家、集体或第三人利益的合同

B. 显失公平的合同

C. 重大误解的合同

D. 乘人之危订立的合同

4. 下列符合继续性合同定义的是(　　)。

A. 买卖合同 　　　　B. 租赁合同 　　　　C. 赠与合同 　　　　D. 互易合同

5. 当事人在租赁合同中约定，"承租人未经出租人同意，擅自将房屋转租他人的，出租人享有解除权"。合同法称此理论为(　　)。

A. 协议解除 　　　　B. 约定解除 　　　　C. 法定解除 　　　　D. 双方解除

6. 下列既可以构成要约，也可以构成要约邀请的是(　　)。

A. 寄送的价目表 　　　B. 拍卖公告 　　　C. 招标公告 　　　D. 商业广告

7. 下列违约责任形式必须由合同约定的是(　　)。

A. 实际履行 　　　　B. 违约金 　　　　C. 修理、重做、更换 　　　D. 损害赔偿

8.《合同法》规定，当事人一方违约后，对方应当采取适当措施防止损失的扩大；没有采取适当措施致使损失扩大的，不得就扩大的损失要求赔偿。该规定被称为减轻损害规则，它体现的是合同法的(　　)。

A. 合同自由原则 　　　B. 合法原则 　　　C. 诚实信用原则 　　　D. 鼓励交易原则

9. 下列违约责任形式中要求必须以实际发生损害为前提的是(　　)。

A. 违约金 　　　　B. 实际履行 　　　　C. 定金 　　　　　D. 损害赔偿

10.《合同法》规定的合同归责原则是(　　)。

A. 严格责任为一般，过错责任为特殊的归责原则

B. 过错责任为一般，严格责任为特殊的归责原则

C. 严格责任和过错责任都为一般原则的归责原则

D. 严格责任和过错责任都为特殊原则的归责原则

11.《合同法》是否反映了我国市场经济现实需要的一个重要标准就在于其是否在内容上确立了(　　)。

A. 合同自由原则 　　　B. 诚实信用原则 　　　C. 合法原则 　　　　D. 鼓励交易原则

12. 既是《合同法》的重要目标，也是合同法基本原则的是(　　)。

A. 合同自由 　　　　B. 诚实信用 　　　　C. 合法 　　　　　D. 鼓励交易

13. 当事人约定由第三人向债权人履行债务的，第三人不履行债务或者履行债务不符合约定，应当向债权人承担违约责任的主体是(　　)。

A. 债务人 　　　　　　　　　　　　B. 第三人

C. 债务人和第三人 　　　　　　　　D. 先第三人，后债务人

14. 对于清偿费用，法律无明文规定，当事人又无约定时，费用负担主体应是(　　)。

A. 债权人 　　　　B. 债务人 　　　　C. 债权人和债务人 　　　D. 第三人

15. 下列有关提存的表述正确的是(　　)。

A. 提存仅具有私法关系的因素

B. 提存仅具有公法关系的因素

C. 提存既具有私法关系的因素，也具有公法关系的因素

D. 提存主要是公法关系

16. 标的物提存后，毁损、灭失风险承担的主体是（　　）。

A. 债权人　　　　　　　　　　　　　B. 债务人

C. 提存机关　　　　　　　　　　　　D. 债权人和债务人

17. 有关建设工程合同的问题，如果合同法没有专门规定的，可以适用（　　）。

A. 承揽合同　　　　B. 买卖合同　　　　C. 技术合同　　　　D. 委托合同

18. 债权人转让权利的，应当通知债务人，未经通知的（　　）。

A. 转让合同不成立　　　　　　　　　B. 该转让对债务人不发生效力

C. 该转让对受让人不发生效力　　　　D. 转让合同无效

19. 法律规定应当采用书面形式的合同，当事人未采用书面形式，但已履行主要义务的，该合同（　　）。

A. 成立　　　　　B. 可变更可撤销　　　　C. 无效　　　　　D. 可解除

20. 不动产买卖合同未办理转移登记的，后果是（　　）。

A. 合同不成立　　　　　　　　　　　B. 合同不生效

C. 标的物不能履行　　　　　　　　　D. 标的物所有权不发生转移

二、多项选择题

1. 下列有关格式条款的表述中，错误的有（　　）。

A. 格式条款是经双方协商采用的标准合同条款

B. 提供格式条款方设置排除对方主要权利的条款无效

C. 当格式条款与非格式条款不一致时，应采用非格式条款

D. 如果对争议条款有两种解释时，应作出有利于提供格式条款方的解释

E. 如果对争议条款有两种解释时，应作出不利于提供格式条款方的解释

2. 依据《合同法》规定，（　　）的合同属于无效合同。

A. 恶意串通损害第三人利益

B. 以欺诈手段，使对方违背真实意思情况下订立

C. 订立合同时显失公平

D. 以合法形式掩盖非法目的

E. 损害公共利益订立

3. 下列情况中，（　　）的合同属于效力待定合同。

A. 无处分权人处分他人财产　　　　　B. 以胁迫手段订立

C. 因重大误解订立　　　　　　　　　D. 表见代理人订立

E. 限制民事行为能力人订立

4. 甲公司将与乙公司签订的合同中的义务转让给丙公司。依据《合同法》规定，下列关于转让的表述中正确的有（　　）。

A. 合同主体不变，仍为甲乙公司

B. 转让必须征得乙公司同意

C. 丙公司只能对甲公司行使抗辩权

D. 甲公司对丙公司不履行合同的行为不承担责任

E. 丙公司应承担与主债务有关的从债务

5. 当债务人履行合同的行为可能对债权人造成损害时，债权人可以依法行使撤销权，债务人的这类行为包括（　　）。

    A. 放弃对其他人的到期债权　　　　　B. 无偿转让财产

    C. 怠于行使其到期债权　　　　　　　D. 未按合同提供担保

    E. 未按约定投保工程险

6. 按照《合同法》的规定，属于要约邀请的包括（　　）。

    A. 价目表的寄送　　　　　　　　　　B. 招标公告

    C. 递送投标书　　　　　　　　　　　D. 无价格的商业广告

    E. 发出中标通知书

7. 缔约过失责任的构成必须具备的条件包括（　　）。

    A. 缔约一方受有损失　　　　　　　　B. 缔约一方有违约行为

    C. 缔约当事人有过错　　　　　　　　D. 合同尚未成立

    E. 合同已经成立

8. 在施工合同中，（　　）的合同属于无效合同。

    A. 施工企业依靠资质等级证书签订　　B. 招标人与投票人串通签订

    C. 施工企业的违约责任明显过高　　　D. 建设单位的违约责任明显过高

    E. 约定的质量标准低于强制性标准

9. 施工合同双方当事人对合同是否可撤销发生争议，可向（　　）请求撤销合同。

    A. 建设行政主管部门　　　　　　　　B. 仲裁机构

    C. 人民法院　　　　　　　　　　　　D. 设计单位

    E. 工程师

10. 合同履行中，承担违约责任的方式包括（　　）等。

    A. 继续履行　　　　　　　　　　　　B. 采取补救措施

    C. 赔偿损失　　　　　　　　　　　　D. 返还财产

    E. 追缴财产，收归国有

11. 在《担保法》规定的担保方式中，不能作为抵押的财产包括（　　）。

    A. 土地使用权　　　　　　　　　　　B. 社会团体的教育设施

    C. 土地所有权　　　　　　　　　　　D. 抵押人所有的交通工具

    E. 依法被监管的财产

12. 法人应当具备（　　）等条件。

    A. 依法成立　　　　　　　　　　　　B. 有必要的财产或者经费

    C. 能够独立承担民事责任　　　　　　D. 有自己的名称、组织机构和场所

    E. 经上级行政主管机关批准

13. 仲裁协议应包括的内容有（　　　）。

    A. 仲裁事项　　　　　　　　　　　　　B. 法定仲裁管辖

    C. 是否可提起诉讼　　　　　　　　　　D. 选定的仲裁委员会

    E. 请求仲裁的意思表示

14. 发生涉及工程造价问题的施工合同纠纷时，如果仲裁庭认为需要进行证据鉴定，可以由（　　　）鉴定部门鉴定。

    A. 申请人指定的　　　　　　　　　　　B. 政府建设主管部门指定的

    C. 工程师指定的　　　　　　　　　　　D. 当事人约定的

    E. 仲裁庭指定的

15. 《合同法》规定的无效合同条件包括（　　　）。

    A. 一方以胁迫手段订立合同，损害国家利益

    B. 损害社会公共利益

    C. 在订立合同时显失公平

    D. 恶意串通损害第三人利益

    E. 违反行政法规的强制性规定

16. 《合同法》规定，应当先履行债务的当事人有确切证据证明对方有（　　　）情况时，可以中止履行。

    A. 经营状况严重恶化　　　　　　　　　B. 转让财产

    C. 丧失商业信誉　　　　　　　　　　　D. 没有履行债务能力

    E. 没有提供担保

17. 《合同法》规定可以解除合同的条件有（　　　）。

    A. 不可抗力发生

    B. 在履行期限届满之前，当事人明确表示不履行主要债务

    C. 当事人迟延履行主要债务

    D. 当事人违约使合同目的无法实现

    E. 在履行期限届满之前，当事人以自己行为表明不履行主要债务

18. 《合同法》规定合同应具备的条款中，（　　　）属于合同法律关系三个构成要素中"内容"的范畴。

    A. 当事人　　　　　　　　　　　　　　B. 标的

    C. 数量　　　　　　　　　　　　　　　D. 违约责任

    E. 解决合同争议的方法

19. 合同法定解除的一般事由有（　　　）。

    A. 履行期限届满之前，当事人一方明确表示或者以自己的行为表明不履行主要义务

    B. 当事人在合同中约定的解除条件，该条件成就

    C. 当事人一方迟延履行主要义务，催告后在合理期限内仍未履行

    D. 当事人一方迟延履行主要义务，或者有其他违约行为致使不能实现合同主要目的

    E. 当事人在合同中约定失效期限，该期限届满时

20. 在合同订立阶段，依据诚实信用原则，订约当事人负有（   ）。

A. 忠实义务　　　　　　　　　　B. 保密义务

C. 协作义务　　　　　　　　　　D. 告知义务

E. 给付义务

三、案例分析题

甲乙两公司签订空心砖购买合同，合同约定：乙公司向甲公司提供空心砖，总价款100万元。甲公司预支价款300万元。在甲公司即将支付预付款前，得知乙公司因经营不善无法交付空心砖并有确切证据证明。于是，甲公司拒绝支付预付款，除非乙公司能提供一定的担保，乙公司拒绝提供担保。为此，双方发生纠纷并诉至法院。

问题

（1）甲公司拒绝支付预付款是否合法？

（2）甲公司的行为若合法，法律依据是什么？

（3）甲公司行使的是什么权利？若行使该权利必须具备什么条件？

第 3 章

建设工程合同管理法律基础

学习目标

学习建设工程合同管理相关的法律基础知识，了解建设工程合同管理相关法律体系，熟悉担保的概念、特征及担保方式，掌握建筑工程涉及的主要险种、合同的公证程序、合同公证与鉴证的异同点，从而培养学生运用建设工程合同管理相关法律基础知识解决实践中的具体问题的能力。

学习要求

能力目标	知识要点	权重
了解相关知识	(1) 建设工程合同管理相关法律体系 (2) 合同法律关系的构成 (3) 合同法律关系的产生、变更与消灭	20%
熟练掌握知识点	(1) 担保的概念及特征及担保方式 (2) 建筑工程涉及的主要险种 (3) 合同的公证程序 (4) 合同公证与鉴证的异同点	50%
运用知识分析案例	(1) 分析引起民事法律关系产生、变更和消灭的原因 (2) 建筑工程涉及主要险种的作用	30%

 案例分析与内容导读

【案例背景】

张某为工程设备经销商，因急事临时出国，将尚未出售的两台挖掘机委托好友王某暂时保管。

王某因进货缺钱急需向李某借款，李某要求其提供担保，王某遂将张某的两台挖掘机出质于李某。而李某将两台挖掘机委托于赵某保管，费用 1000 元。不久张某回来发现此事，遂引起纠纷。

【分析】

(1) 李某对两台挖掘机是否享有质权？为什么？

(2) 保管费 1000 元由谁承担？为什么？

【解析】

(1) 李某对两台挖掘机享有质权。

依《担保法》的规定，质权适用于善意取得制度，李某对两台挖掘机是善意取得的质权。

本案例中，张某为财产的所有人，王某为财产的保管人，王某本无权利将张某的两台挖掘机出质于李某，但李某不知王某无权出质两台挖掘机，王某将两台挖掘机出质于李某，李某可因善意而取得对两台挖掘机的质权。

(2) 保管费 1000 元由王某承担。当事人对质物的保管费用有约定的，依照其约定；无约定时，质权人享有费用返还请求权。依照《担保法》第六十七条的规定，在质权关系存续期间内，质物需要保管的，保管费用有约定时依照其约定，无约定时由出质人承担。故保管费用 1000 元由王某承担。

本案例所涉及的是质押担保的法律规定，本书将在 3.2 节中做详细讲述。

3.1　合同法律关系

3.1.1　建设工程合同管理相关法律体系

建设工程项目的管理应严格按照法律和合同进行。目前我国关于规范建设工程合同管理的法律体系已基本完善。主要涉及建设工程合同管理的法律主要有以下几个。

1.《民法通则》

它是调整平等主体的公民之间、法人之间、公民与法人之间的财产关系和人身关系的基本法律。合同关系也是一种财产（债）关系，因此《民法通则》对规范合同关系作了原则性的规定。

2.《合同法》

它是规范我国市场经济财产流转关系的基本法，建设工程合同的订立和履行也要遵守其基本规定。在建设工程合同的履行过程中，由于会涉及大量的其他合同，如头卖合同等，也要遵守《合同法》的规定。

3.《招标投标法》

它是规范建筑市场竞争的主要法律。招标投标是通过竞争择优确定承包人的主要方式，能够有效地实现建筑市场的公开、公平、公正的竞争。有些建设项目必须通过招标投标确定承包人。

4. 《建筑法》

它是规范建筑活动的基本法律。建设工程合同的订立和履行也是一种建筑活动,合同的内容也必须遵守《建筑法》的规定。

5. 其他法律

其他建设工程合同的订立和履行中涉及的法律主要有《担保法》、《中华人民共和国保险法》、《中华人民共和国劳动法》、《仲裁法》、《民事诉讼法》等。

6. 合同文本

《建设工程施工合同(示范文本)》、《建设工程委托监理合同(示范文本)》等多种涉及建设工程合同的示范文本,这些合同的示范文本虽然不属于法律法规,但却是推荐使用的文件,为了对建设工程合同在订立和履行中有可能涉及的各种问题给出较为公正的解决方法,能够有效减少合同的争议。

3.1.2 合同法律关系的构成

1. 合同法律关系的概念

合同法律关系是指由合同法律规范所调整的在民事流转过程中所产生的权利义务关系。合同法律关系包括合同法律关系主体、客体、内容三个要素。

2. 合同法律关系主体

合同法律关系的主体是指参加合同关系法律关系、依法享有权利、承担义务的当事人,包括自然人、法人和其他组织。

1) 自然人

自然人即生物学意义上的人,是基于自然规律出生而取得民事主体资格的人。

自然人包括公民,外国人和无国籍人。

 知识拓展

自然人要成为民事合同法律关系主体必须具备相应的民事权利能力和民事行为能力。

2) 法人

法人是具有民事权利能力和民事行为能力,依法独立享有民事权利和承担民事义务的组织,是社会组织在法律上的人格化。

法人应当具备以下条件。

(1) 依法成立。即法人必须是经国家政府主管机关认可的社会组织。在我国,成立法人主要有两种方式:一是根据法律法规或行政审批而成立,如机关法人一般都是由法律法规或行政审批而成立的。二是经过核准登记而成立,如工商企业、公司等经工商行政管理部门核准登记后,成为企业法人。

（2）有必要的财产和经费。法人必须拥有独立的财产，作为其独立参加民事活动的物质基础。独立的财产是指法人对特定范围内的财产享有所有权或经营管理权，能够按照自己的意志独立支配，同时排斥外界对法人财产的行政干预。

（3）有自己的名称、组织机构和场所。法人的名称是其区别于其他社会组织的标志符号。名称应当能够表现出法人活动的对象及隶属关系。经过登记的名称，法人享有专用权。法人的组织机构即办理法人一切事务的组织，被称作法人的机关，由自然人组成。法人的场所是指从事生产经营或社会活动的固定地点。法人的主要办事机构所在地为法人的住所。

（4）能够独立承担民事责任。指法人对自己的民事行为所产生的法律后果承担全部法律责任。除法律有特别规定外，法人的组成人员及其他组织不对法人的债务承担责任，同样，法人也不对除自身债务外的其他债务承担民事责任。

法人以活动性质为标准可以分为企业法人和非企业法人两大类，非企业法人包括行政法人、事业法人、社团法人。企业法人依法经工商行政管理机关核准登记后取得法人资格。企业法人分立、合并，它的权利和义务由变更后的法人享有和承担。

3）其他组织

法人以外的其他组织也可以成为合同法律关系主体，主要包括法人的分支机构，不具备法人资格的联营体、合伙企业、个人独资企业等。

 知识拓展

其他组织是不具备法人资格的组织，与法人相比它的复杂性在于民事责任的承担较为复杂。

3. 合同法律关系的客体

合同法律关系客体是指参加合同法律关系的主体享有的权利和承担的义务所共同指向的对象。合同法律关系客体主要包括物、行为和智力成果。

1）物

法律意义上的物是指可为人们控制并且有经济价值的生产资料和消费资料。货币作为一般等价物也是法律意义上的物，可以作为合同法律关系的客体，如借款合同。

2）行为

法律意义上的行为是指人的有意识的活动。

3）智力成果

智力成果是通过人的智力活动所创造出的精神成果，包括知识产权、技术秘密及在特定情况下的公知技术，如专利权、工程设计等。

4. 合同法律关系的内容

合同法律关系的内容是指合同约定和法律规定的权利和义务。合同法律关系的内容是合同的具体要求，决定了合同法律关系的性质，它是连接主体的纽带。

合同法律关系的内容包括两个方面。

（1）权利。权利是指合同法律关系主体在法定范围内、按照合同的约定有权按照自己的意志作出某种行为。权利主体也可要求义务主体作出一定的行为或不作出一定的行为，以实现自己的有关权利。当权利受到侵害时，有权得到法律保护。

（2）义务。义务是指合同法律关系主体必须按法律规定或约定承担应负的责任。义务和权利是相互对应的，相应主体应自觉履行相对应的义务。否则，义务人应承担相应的法律责任。

3.1.3　合同法律关系的产生、变更与消灭

1. 民事法律关系的产生、变更和消灭的概念

1）民事法律关系的产生

民事法律关系的产生是指由于一定客观情况的出现和存在，民事法律关系主体之间形成一定的权利义务关系。

2）民事法律关系的变更

民事法律关系的变更是指已形成的民事法律关系由于一定客观情况的出现而引起民事法律关系的主体、客体或内容的变化。

3）民事法律关系的消灭

民事法律关系的消灭是指民事法律关系主体之间的权利义务关系不复存在。法律关系的消灭可以是因为主体履行了义务、实现了权利而消灭；也可以是因为双方协商一致而消灭；可以因发生不可抗力而消灭；还可以因主体的消亡、停业、转产、严重违约等原因而消灭。

2. 引起民事法律关系产生、变更和消灭的原因——法律事实

由民事法律规范确认并能够引起民事法律关系产生、变更或消灭的客观情况即法律事实。法律事实包括行为和事件。

1）行为

行为是指法律关系主体有意识的活动，能够引起法律关系发生变更和消灭的行为包括作为和不作为两种表现形式。

作为即积极的行为，是指以积极的身体举动实施法律所禁止的行为，也包括利用他人、利用物质工具、利用动物乃至利用自然力实施的举动。

不作为即消极的行为，是指不实施其依法有义务实施的行为。

2）事件

事件是指不以民事法律关系主体的主观意志为转移的一种客观事实。

事件包括自然事件和社会事件。自然事件是指由于自然现象所引起的、不以任何人的主观意志为转移的客观事实。社会事件是指社会上发生的不以民事主体个人意志为转移的、难以预料的重大事变等客观事实。

3.1.4 代理关系

1. 代理的概念和特征

《民法通则》第六十三条第二款规定：代理是代理人在代理权限内，以被代理人的名义实施民事法律行为。被代理人对代理人的代理行为承担民事责任。代理涉及三方当事人：①在设定、变更或者终止民事权利义务关系时需要得到别人帮助的人，即被代理人或称本人；②能够给予被代理人帮助，代替他实施意思表示或者受领意思表示的人，即代理人；③代理关系之第三人。

 知识拓展

自然人和法人均可充当代理人，但法律有特别规定的商事代理，非经商业登记不得从事该项代理。例如证券买卖代理，非有证券业务资格的商事特别法人，不得从事该业务。代理有狭义、广义之分：狭义代理仅指代理人以本人的名义进行的代理，即直接代理，也称显名代理；广义的代理还包括间接代理，即代理人以自己名义实施民事法律行为，尔后将该行为效果间接归于本人的代理，也称隐名代理。《民法通则》规定的是直接代理，但《合同法》在"委托合同"一章中又规定了间接委托，间接承认了隐名代理。

代理具有以下特征。

(1) 代理人必须在代理权限范围内实施代理行为。

(2) 代理人以被代理人的名义实施代理行为。

(3) 代理人在被代理人的授权范围内独立地表现自己的意志。

(4) 代理行为所产生的法律效果直接由被代理人承担。

2. 代理的种类

根据代理权产生的依据不同，可将代理分为委托代理、法定代理和指定代理，见表3-1。

表3-1 代理的种类

种类	概念
委托代理	基于被代理人的委托而发生的代理
法定代理	根据法律的规定而产生的代理
指定代理	根据人民法院和有关单位的指定而发生代理权的代理

 知识拓展

委托代理是实践中最主要、最常见的代理，也是运用最为广泛的一种代理。委托代理产生于委托授权而不是委托合同，委托授权是被代理人以其单方意思表示授予代理人代理权的民事法律行为。根据《民法通则》的规定，授予代理权的形式可以是书面形式，也可以是口头形式。

超出授权范围的行为则应当由行为人自己承担。如果授权范围不明确，则应当由被代理人（单位）向第三人承担民事责任，代理人负连带责任，但是代理人的连带责任是在被代理人无法承担责任的基础上承担的。

法定代理的宗旨在于保证无民事行为能力和限制行为能力人能够通过代理行为顺利地参加民事活动，享有民事权利，承担民事义务。它主要是为未成年人和精神病患者而设立的代理方式。

指定代理只在没有委托代理人和法定代理人的情况下适用。

3. 无权代理

无权代理是指行为人不具有代理权而以他人名义进行民事、经济活动。无权代理有广义和狭义之分。无权代理包括以下几种情况。

（1）没有代理权而为代理行为。

（2）超越代理权限为代理行为。

（3）代理权终止为代理行为。

只有经过被代理人的追认，被代理人才承担民事责任。未经追认的行为，由行为人承担民事责任。本人知道他人以本人名义实施民事行为而不作否认表示的，视为同意。

知识拓展

无权代理有效与否，法律不仅要考虑本人的利益，还要考虑善意相对人的利益。所以，法律对无权代理区别对待：对于表见代理，趋向于保护相对人，定为有效代理；对表见代理以外的狭义无权代理，赋予本人追认权，故狭义无权代理属于效力未定之行为。所谓狭义无权代理，是指行为人不仅没有代理权，也没有使第三人信其有代理权的表征，而以本人的名义所为之代理。

应用案例3-1

案例概况

2011年3月，某房地产开发公司与著名雕塑家赵某签订了一份委托创作一批建筑小品合同。双方约定，赵某在2011年10月以前交付房地产开发公司10个作品，房地产开发公司支付赵某200000元报酬。2011年4月，赵某因不慎跌倒致使右臂受伤，不能创作，于是他委托自己的学生代为创作10个建筑小品，以此交付房地产开发公司，房地产开发公司支付了全部报酬。但是不久房地产开发公司感到作品风格与赵某不同，经过多方了解，结果发现属他人作品。

分析

赵某的学生是否有代理权？

案例解析

《民法通则》第六十三条规定："依照法律规定或者按照双方当事人约定，应当由本人实施的民事法律行为，不得代理。"本案例中合同既约定由赵某创作全部10个建筑小品，而建筑小品的创作具有很强的人身属性，必须由本人亲自实施，是不得代理的行为，因此，赵某的学生无代理权。

3.2 合同担保

3.2.1 担保的概念及特征

1. 担保的概念

《担保法》规定的担保是债权担保，通常认为是督促债务人履行债务、保障债权实现的一种法律手段。具体地说，债权担保是指债权人与债务人或与第三人根据法律规定或相互间的约定，以债务人或第三人的特定财产或以第三人的一般财产（包括信誉）担保债务人履行债务、债权清偿的法律制度。这种债权担保是为保障债权清偿而设立的特殊的担保制度，不同于一般担保，它是以债务人或第三人的特定财产和第三人的一般财产为特定债权所做的担保，前者为物的担保，后者为人的担保。债权担保依照法律规定或当事人约定而产生。

2. 担保合同的特征

1) 担保具有从属性

所谓担保的从属性是指担保从属于主债，即担保的成立、变更和终止均依附于主债。即担保合同是被担保合同的从合同，被担保合同是主合同，主合同无效，从合同也无效。担保合同另有约定的，按照约定。

特别提示

债务人、担保人、债权人都有过错的，应当根据其过错各自承担相应的民事责任。

2) 担保具有自愿性

所谓自愿性是指担保在大多数情况下依据担保人、债权人、债务人三方的自愿合意成立，只有少数情况下依据法律规定而成立。债的关系成立后，担保是否设立、形式如何、担保人是否愿意提供担保等，都由担保人、债权人、债务人平等协商，遵循平等、自愿、公平、诚实信用的原则来订立担保合同。

特别提示

如果担保人被欺骗、强迫提供担保，担保合同无效。

3) 担保责任的承担具有或然性

所谓或然性是指担保合同成立后，担保人最终是否承担担保责任具有不确定性。只有主合同债务人不履行、不完全履行或不适当履行义务时，债权人在担保有效期内主动请求担保人履行担保义务的，担保人才承担担保责任。

特别提示

如果主合同债务人已经履行、正在履行或有不履行的合法抗辩理由，或者债权人不主动行使担保请求权或不是在担保期间提出请求权的，担保人就不负担保责任。

4）担保具有财产权性

所谓财产权性是指担保权本质上是一种财产权，反映的是财产权关系。担保的财产权性可分为物权性和债权性两种。

特别提示

保证和定金是一种债权，抵押、质押和留置是一种担保物权，所以，财产性是债权担保的共性。

5）担保具有变价性

所谓变价性是指作为一种价值权的担保权，是通过对担保物的变价受偿而并不要求其实体用意来实现债权。

3.2.2 担保方式

我国《担保法》第二条规定，担保的方式为保证、抵押、质押、留置和定金。

1. 保证

1）保证的概念

保证是指保证人和债权人约定，当债务人不履行债务时，由保证人按照约定向债权人履行债务或者承担责任的行为。

特别提示

保证法律关系至少有三方参加，即保证人、被保证人（债务人）和债权人。

2）保证的方式

保证的方式有两种，即一般保证和连带责任保证。在具体合同中，担保方式由当事人约定。

（1）一般保证。一般保证是指当事人在保证合同中约定，债务人不能履行债务时，由保证人承担保证责任的保证。《担保法》第十七条规定，一般保证的保证人在主合同纠纷未经审判或者仲裁并就债务人财产依法强制执行仍不能履行债务前，对债权人可以拒绝承担保证责任。但是，有下列情形之一的除外。

① 债务人住所变更，致使债权人要求其履行债务发生重大困难的。

② 人民法院受理债务人破产案件，中止执行程序的。

③ 保证人以书面形式放弃前款规定的权利的。

一般保证的保证人与债权人未约定保证期间的，保证期间为主债务履行期届满之日起6个月。

（2）连带责任保证。连带责任保证是指当事人在保证合同中约定保证人与债务人对债务承担连带责任的保证。《担保法》第十八条规定，连带责任保证的债务人在主合同规定的债务履行期届满没有履行债务的，债权人可以要求债务人履行债务，也可以要求保证人在其保证范围内承担保证责任。

 知识拓展

《担保法》第十九条规定，当事人对保证方式没有约定或者约定不明确的，按照连带责任保证承担保证责任。连带责任保证的保证人与债权人未约定保证期间的，债权人有权自主债务履行期届满之日起 6 个月内要求保证人承担保证责任。在合同约定的保证期间和前款规定的保证期间，债权人未要求保证人承担保证责任的，保证人免除保证责任。

3）保证人的资格

具有代为清偿债务能力的法人、其他组织或者公民可以作为保证人。但是以下组织不能作为保证人。

（1）企业法人的分支机构、职能部门。企业法人的分支机构有书面授权的，可以在授权范围内提供保证。

（2）国家机关。经国务院批准为使用外国政府或者国际经济组织贷款进行转贷的除外。

（3）学校、幼儿园、医院等以公益为目的的事业单位和社会团体。

4）保证责任

保证担保的范围包括主债权及利息、违约金、损害赔偿金及实现债权的费用。保证合同另有约定的，按照约定。

特别提示

保证期间债权人与债务人协议变更主合同或者债权人许可债务人转让债务的，应当取得保证人的书面同意，否则保证人不再承担保证责任。保证合同另有约定的按照约定。

2. 抵押

1）抵押的概念

抵押是指债务人或者第三人向债权人以不转移自己占有财产的方式，将该财产作为债权的担保。债务人不履行债务时，债权人有权依照法律规定以该财产折价或者在拍卖、变卖该财产的价款中优先受偿。

其中，债务人或者第三人称为抵押人，债权人称为抵押权人，提供担保的财产为抵押物。

2）抵押物

由于抵押物是不转移占有的，因此能够成为抵押物的财产必须具备一定的条件。这类财产轻易不会灭失且其所有权的转移应当经过一定的程序。下列财产可以作为抵押物。

（1）抵押人所有的房屋和其他地上定着物。

（2）抵押人所有的机器、交通运输工具和其他财产。

（3）抵押人依法有权处置的国有土地使用权、房屋和其他地上定着物。

（4）抵押人依法有权处置的国有机器、交通运输工具和其他财产。

（5）抵押人依法承包并经发包方同意抵押的荒山、荒沟、荒丘、荒滩等荒地的土地使用权。

（6）依法可以抵押的其他财产。

下列财产不得抵押。

（1）土地所有权。

（2）耕地、宅基地、自留地、自留山等集体所有的土地使用权。

（3）学校、幼儿园、医院等以公益为目的的事业单位，社会团体的教育设施，医疗卫生设施和其他社会公益设施。

（4）所有权、使用权不明或者有争议的财产。

（5）依法被查封、扣押、监管的财产。

（6）依法不得抵押的其他财产。

当事人以土地使用权、城市房地产、林木、航空器、船舶、车辆等财产抵押的，应当办理抵押物登记，抵押合同自登记之日起生效；当事人以其他财产抵押的，可以自愿办理抵押物登记，抵押合同自签订之日起生效。当事人未办理抵押物登记的，不得对抗第三人。

3）抵押的效力

抵押担保的范围包括主债权及利息、违约金损害赔偿金和实现抵押权的费用。抵押合同另有约定的按照约定。

4）抵押权的实现

债务履行期届满抵押权人未得到清偿的，可以与抵押人协议以抵押物折价或者以拍卖、变卖该抵押物所得的价款受偿；协议不成的，抵押权人可以向人民法院提起诉讼。抵押物折价或者拍卖、变卖后，其价款超过债权数额的部分归抵押人所有，不足部分由债务人清偿。

3. 质押

1）质押的概念

质押是指债务人或者第三人将其动产或权利移交债权人占有，将该动产或权利作为债权的担保。当债务人不能履行到期债务时，债权人有权依法就该动产或权利折价或者以拍卖、变卖该动产的价款优先得到清偿。

债务人或者第三人为出质人，债权人为质权人，移交的动产或权利为质物。质权是一种约定的担保物权，以转移占有为特征。

 知识拓展

《担保法》第六十四条规定，出质人和质权人应当以书面形式订立质押合同。质押合同自质物移交于质权人占有时生效。

2）质押的分类

质押可分为动产质押和权利质押，见表3-2。

表3-2　质押的分类

类别	特点
动产质押	债务人或者第三人将其动产移交债权人占有，将该动产作为债权。债务人不履行债务时，债权人有权依照法律规定以该动产折价或者以拍卖、变卖该动产的价款优先受偿的法律行为
权利质押	出质人将其法定的可以质押的权利凭证交付质权人，以担保质权人的债权得以实现的法律行为

 知识拓展

权利质押一般是将权利凭证交付质押人的担保。可以质押的权利包括以下4种。

（1）汇票、支票、本票、债券、存款单、仓单、提单。

（2）依法可以转让的股份、股票。

（3）依法可以转让的商标专用权、专利权、著作权中的财产担保。

（4）依法可以质押的其他权利。

4. 留置

留置是指债权人按照合同约定占有债务人的动产，债务人不按照合同约定的期限履行债务的，债权人有权依照法律规定留置该财产，以该财产折价或者以拍卖、变卖该财产的价款优先受偿。

留置权以债权人合法占有对方财产为前提，并且债务人的债务已经到了履行期限。留置物折价或者拍卖、变卖后，其价款超过债权数额的部分归债务人所有，不足部分由债务人清偿。

 知识拓展

依《担保法》规定，能够留置的财产仅限于动产，而且只有因保管合同、运输合同、承揽合同发生的债权债权人才有可能实施留置。

📖 **特别提示**

由于留置是一种比较强烈的担保方式，必须依法行使，不能通过合同约定产生留置权，但当事人可以在合同中约定不得留置的物。

5. 定金

定金是指当事人双方为了保证债务的履行，约定由当事人一方先行支付给对方一定数额的货币作为债权的担保。债务人履行债务后，定金应当抵作价款或者收回。给付定金的一方不履行约定的债务的，无权要求返还定金；收受定金的一方不履行约定的债务的，应当双倍返还定金。

 知识拓展

定金的数额由当事人约定，但不得超过主合同标的额的20%。定金合同要采用书面形式并在合同中约定交付定金的期限。

 **特别提示**

定金合同从实际交付定金之日起生效。

 应用案例 3-2

案例概况

据报道，某年长春30余名工人因所在施工单位拖欠薪水，将施工单位抵押给他们的一辆奔驰轿车用绳索拉走，当街叫卖。

分析

这些工人有无权利将该车出卖？说明理由。

案例解析

这些工人无权利将该车出卖。他们强行私下行使抵押权是违法行为。

本案例涉及抵押权问题，所谓抵押权是指债权人对于债务人或第三人提供的作为债务履行担保的财产，于债务人不履行债务时得就其卖得价金优先受偿的权利。

在本案例中，施工单位拖欠工人工资，施工单位是债务人，工人是债权人。施工单位与工人约定，将施工单位所有的奔驰车抵押给工人。此时，工人是抵押权人。但工人并没有获得该车的所有权。即使在施工单位到期不履行债务时，工人也不能获得奔驰车的所有权，仅享有就该车卖得价金优先受偿的权利。

所以，施工单位到期不履行债务时，工人可以依法将该车拍卖、变卖；也可与抵押人协议以抵押物折价，取得该车所有权。

3.2.3 保证在建设工程中的应用

在工程建设的过程中，保证是最为常用的一种担保方式。保证这种担保方式必须由第三人作为保证人，由于对保证人的信誉要求比较高，建设工程中的保证人往往是银行，也可能是信用较高的其他担保人，在建设工程中习惯把银行出具的保证称为保函，而把其他保证人出具的书面保证称为保证书。

1. 施工投标保证

施工项目的投标担保应当在投标时提供。担保方式可以是由投标人提供一定数额的保证金；也可以提供第三人的信用担保(保证)，一般是由银行或者担保公司向招标人出具投标保函或者投标保证书。在下列情况下可以没收投标保证金或要求承保的担保公司或银行支付投标保证金。

(1) 投标人在投标有效期内撤销投标书。

(2) 投标人在业主已正式通知他的投标已被接受中标后，在投标有效期内未能或拒绝按"投标人须知"规定，签订合同协议或递交履约保函。

特别提示

投标保证的有效期限一般是从投标截止日起到确定中标日止。

2. 施工合同的履约保证

施工合同的履约保证，是为了保证施工合同的顺利履行而要求承包人提供的担保。

履约保函或者保证书是承包人通过银行或者担保公司向发包人开具的保证，是在合同执行期间按合同规定履行其义务的经济担保书。

履约保证的有效期限从提交履约保证起到项目竣工并验收合格止。

3. 施工预付款保证

发包人一般应向承包人支付预付款，帮助承包人解决前期施工资金周转的困难。预付款担保是承包人提交的、为保证返还预付款的担保。预付款担保都是采用由银行出具保函的方式提供。

知识拓展

预付款保证的有效期从预付款支付之日起至发包人向承包人全部收回预付款之日止。担保金额应当与预付款金额相同，预付款在工程的进展过程中每次结算工程款(中间支付)分次返还时，经发包人出具相应文件担保金额也应当随之减少。

3.3 工程保险

3.3.1 保险概述

1. 保险的概念

保险是指投保人根据合同约定向保险人支付保险费，保险人对于合同约定的可能发生的事故因其发生所造成的财产损失承担赔偿保险金责任，或者当被保险人死亡、伤残、疾病或者达到合同约定的年龄、期限时承担给付保险金责任的商业行为。

2. 保险合同的概念

保险合同是指投保人与保险人约定保险权利义务关系的协议。投保人是指与保险人订立保险合同并按照保险合同负有支付保险费义务的人。保险人是指与投保人订立保险合同并承担赔偿或者给付保险金责任的保险公司。

3. 保险合同的分类

按照不同的标准，保险合同分为以下几类，见表3-3。

表3-3 保险合同的分类

标准	类别	特点
标的不同	人身保险	以人的生命或身体作为标的的保险：以生命为标的的保险——人寿保险，以身体为标的的保险——健康保险或者意外伤害保险
	财产保险	以财产和有关的利益作为标的：利益可以是现有的、期待的、责任（依法承担的民事赔偿责任）的利益
实施形式的不同	自愿保险	商业保险以自愿为基本原则，投保人是否投保、承保人是否承保都是自愿的
	强制保险	只有极少数险种实施强制，如：机动车辆第三者责任险
保险人承担责任的次序不同	原保险	投保人与保险人建立起来的保险关系
	再保险	保险人承保以后，基于风险管理的需要，可能会把承保的一定比例分给其他的保险公司，分出去的这部分对保险人来讲叫分出保险，对于接受的保险公司来讲叫分入保险，分出保险和分入保险统称为再保险
保险人人数的不同	单保险	此类保险与前面的三类保险不同，单保险与复保险是财产保险当中特有的分类，面对着危险只向一个保险公司进行投保，建立起来了保险合同关系
	复保险	指投保人面对同一标的、同一保险利益、同一保险事故分别向两个以上的保险人进行的投保

特别提示

建筑工程一切险和安装工程一切险属财产保险合同。

知识拓展

原保险与再保险在保险的责任期间、承保的责任范围上都是完全一致的。但是保险都建立在合同基础之上，合同讲究相对性，原保险的被保险人或者受益人不得向再保险接受人提出赔偿或者给付保险金的请求，再保险接受人不得向原保险的投保人要求支付保险费。作为原保险当中的保险人也不能以再保险的接受人拒绝承担责任为由对抗原保险当中的被保险人或者受益人。

3.3.2　建筑工程涉及的主要险种

建设工程由于涉及的法律关系较为复杂，风险也较为多样，因此，建设工程涉及的险种也较多。但狭义的工程险则是针对工程的保险，只有建筑工程一切险(及第三者责任险)和安装工程一切险(及第三者责任险)，其他险种并非专门针对建筑工程的。

1. 建筑工程一切险

建筑工程一切险是承保各类民用、工业和公用事业建筑工程项目，包括道路、桥梁、水坝、港口等，在建造过程中因自然灾害或意外事故而引起的一切损失的险种。

建筑工程一切险往往还加保第三者责任险。第二者责任险是指凡在工程建设期间的保险有效期内，因在工地上发生意外事故造成在工地及邻近地区的第三者人身伤亡或财产损失，依法应由被保险人承担的经济赔偿责任。

1) 投保人与被保险人

《建设工程施工合同(示范文本)》规定，工程开工前，发包人应当为建设工程办理保险，支付保险费用。因此，采用《建设工程施工合同(示范文本)》签订的合同，应当由发包人投保建设工程一切险。

建筑工程一切险的被保险人范围较宽，所有在工程进行期间对该项工程承担一定风险的有关各方(即具有可保利益的各方)均可作为被保险人。如果被保险人不止一家，则各家接受赔偿的权利以不超过其对保险标的的可保利益为限。被保险人可以包括以下3类。

(1) 业主或工程所有人。

(2) 承包人或者分包人。

(3) 技术顾问，包括业主聘用的建筑师、工程师及其他专业顾问。

2) 保险责任

保险责任是指保险人承担的经济损失补偿或人身保险金给付的责任，即保险合同中约定由保险人承担的危险范围，在保险事故发生时所负的赔偿责任，包括损害赔偿、责任赔偿、保险金给付、施救费用、救助费用、诉讼费用等。

被保险人签订保险合同并交付保险费后，保险合同条款中规定的责任范围即成为保险人承担的责任。在保险责任范围内发生财产损失或人身保险事故，保险人均要负责赔偿或给付保险金。保险人赔偿或给付保险金的责任范围包括：损害发生在保险责任内，保险责任发生在保险期限内，以保险金额为限度。

(1) 保险人对下列具体原因造成的损失和费用负责赔偿。

① 自然事件，指地震、海啸、雷电、飓风、台风、龙卷风、风暴、暴雨、洪水、水灾、冻灾、冰雹、山崩、雪崩、火山爆发、地面下陷下沉等，以及其他人力不可抗拒的破坏力强大的自然现象。

② 意外事故，指不可预料的以及被保险人无法控制并造成物质损失或人身伤亡的突发性事件，包括火灾和爆炸。

(2) 除外责任。除外责任又称责任免除，是指保险合同中规定保险人不负给付保险金责任的范围的条款。责任免除大多采用列举的方式，即在保险条款中明文列出保险人不负赔偿责任的范围。一般的保险责任中包括的事件很多，难以一一列尽，所以保险合同条款一般是先规定保险责任，然后再把不属于保险责任的那一小部分事件规定为责任免除，从中剔除。这样一来，什么属于保险责任，什么属于责任免除，就一目了然了。当某一事件发生时，人们先看它是否属于保险责任，如果不属于保险责任，保险人就不用负责；如果属于保险责任，人们再看它是否属于责任免除，如果属于责任免除，保险人也不用负责；如果不属于责任免除，保险人就要负责给付保险金。

 知识拓展

之所以要设置除外责任，是由保险产品的性质决定的。从保险原理看，保险是众多的投保人为分散风险设立的基金，保险公司支出的一切赔款和成本均来自于投保人所缴纳的保险费及其产生的投资收益。保险费是保险公司所承保风险的价格，保险公司并非对保险标的的所有损失都负责赔偿而只对保险合同约定保险范围内的损失负责。所以对于某一种特定的保险产品，保险责任和责任免除共同决定了这种产品保障的风险范围，保险公司据此确定此种保险产品的费率。如果没有责任免除，保险公司拟定保险费率的依据也就发生了变化，保险费可能会大幅增加，甚至会出现保险公司因为无法评价潜在风险而拒绝承保，这显然是有违保险产品设计初衷的。

保险人对下列各项原因造成的损失不负赔偿责任。

① 设计错误引起的损失和费用。

② 自然磨损、内在或潜在缺陷、物质本身变化、自燃、自热、氧化、锈蚀、渗漏、鼠咬、虫蛀、大气(气候或气温)变化、正常水位变化，或其他渐变原因造成的保险财产自身的损失和费用。

③ 因原材料缺陷或工艺不善引起的保险财产本身的损失以及为换置、修理或矫正这些缺陷或错误所支付的费用。

④ 非外力引起的机械或电气装置的本身损失或施工用机具、设备、机械装置失灵造成的机械或装置本身损失。

⑤ 维修保养或正常检修的费用，但是外来原因引起的机器损失保险人仍负责赔偿。

⑥ 档案、文件、账簿、票据、现金、各种有价证券、图表资料及包装物料的损失。

⑦ 盘点时发现的短缺。

⑧ 领有公共运输行驶执照的或已由其他保险予以保障的车辆、船舶和飞机的损失。

⑨ 除非另有约定，在保险工程开始以前已经存在或形成的位于工地范围内或其周围的属于被保险人的财产损失。

⑩ 除非另有约定，在保险期限终止以前，保险财产中已由工程所有人签发完工验收证书或验收合格、实际占有、已经使用、已经接收的部分。

（3）第三者责任部分的除外责任。

① 保险单物质损失项下或本应在该项下予以负责的损失及各种费用。

② 由于震动、移动或减弱支撑而造成的任何财产、土地、建筑物的损失及由此造成的任何人身伤害和物质损失。

③ 工程所有人、承包人或其他关系方或他们所雇用的在工地现场从事与工程有关工作的职员、工人，以及他们的家庭成员的人身伤亡或疾病。

④ 工程所有人、承包人、其他关系方或他们所雇用的职员，工人所有的，或由其照管、控制的财产发生的损失。

⑤ 领有公共运输行驶执照的车辆、船舶、飞机造成的事故。

⑥ 被保险人根据与他人的协议应支付的赔偿或其他款项。

（4）既适用于物质损失部分又适用于第三者责任部分的除外责任。

① 战争、类似战争行为、敌对行为、武装冲突、恐怖活动、谋反、政变引起的任何损失，费用和责任。

② 政府命令或任何公共当局的没收、征用、销毁或毁坏。

③ 罢工、暴动、民众骚乱引起的任何损失，费用和责任。

④ 被保险人及其代表的故意行为或重大过失引起任何损失，费用和责任。

⑤ 核裂变、核聚变、核武器、核材料、核辐射及放射性污染引起的任何损失，费用和责任。

⑥ 大气、土地、水污染及其他各种污染引起的任何损失，费用和责任。

⑦ 工程部分停工或全部停工引起的任何损失、费用和责任。

⑧ 罚金、延误、丧失合同及其他后果造成的损失。

⑨ 保险单明细表或有关条款中规定的应由被保险人自行负担的免赔额。

3）第三者责任险

建筑工程一切险如果加保第三者责任险，则保险人对下列原因造成的损失和费用负责赔偿。

（1）在保险期限内，因发生与所保工程直接相关的意外事故引起工地内及邻近区域的第三者人身伤亡、疾病或财产损失。

（2）被保险人因上述原因而支付的诉讼费用以及事先经保险人书面同意而支付的其他费用。

4）赔偿金额

保险人对每次事故引起的赔偿金额以法院或政府有关部门根据现行法律裁定的应以被保险人偿付的金额为准，但在任何情况下均不得超过保险单明细表中对应列明的每次事故赔偿限额。在保险期限内，保险人经济赔偿的最高赔偿责任不得超过本保险单明细表中列明的累计赔偿限额。

5）保险期限

建筑工程一切险的保险责任自保险工程在工地动工或用于保险工程的材料、设备运抵工地之时起始，至工程所有人对部分或全部工程签发完工验收证书或验收合格，工程所有人实际占用、使用、接受该部分或全部工程之时终止，以先发生者为准。但在任何情况下，保险人承担损害赔偿义务的期限不超过保险单明细表中列明的建筑期保险终止日。

2. 安装工程一切险

安装工程一切险属于技术险种，其目的在于为各种机器的安装及钢结构工程的实施提供尽可能全面的专门保险。

安装工程一切险承保安装各种机器、设备、储油罐、钢结构、起重机、吊车，以及包含机械。

1）保险人对下列原因造成的损失和费用负责赔偿

（1）自然事件：指地震、海啸、雷电、飓风、台风、龙卷风、风暴、暴雨、洪水、水灾、冻灾、冰雹、山崩、雪崩、火山爆发、地面下陷下沉等，以及其他人力不可抗拒的破坏力强大的自然现象。

（2）意外事故：指不可预料的以及被保险人无法控制并造成物质损失或人身伤亡的突发性事件，包括火灾和爆炸。

2）除外责任

安装工程一切险的除外责任与建筑工程一切险的除外责任条件相同。

3）保险期限

安装工程一切险的保险期限，通常应以整个工期为保险期限。一般是从被保险项目被卸至施工地点时起生效到工程预计竣工验收交付使用之日止。如验收完毕先于保险单列明的终止日，则验收完毕时保险期也终止。

 应用案例 3-3

案例概况

2007 年 11 月 21 日，某保险公司承保深圳某广场建筑工程一切险，扩展"有限责任保证期条款"，保险金额 1.5 亿元，建筑期从 2007 年 11 月 21 日至 2009 年 12 月 31 日，保证期 12 个月，从 2010 年 1 月 1 日至 2010 年 12 月 31 日。2010 年 1 月 16 日下午，施工人员在进行土建切割钢筋时，不慎将火星溅落到可燃物上引发重大火灾，造成工程重大损失。后经分析，确认起火原因是施工人员在第 16 层楼气焊切割螺纹钢筋头时，产生的高温金属熔珠飞溅到防护网上，因当天风力较大火势蔓延成灾，属意外火灾事故。2010 年 2 月 21 日，被保险人（业主）就受火灾损失的玻璃幕墙工程向保险公司提出索赔。但经调查核定最终净损失额 1100 万元，本保险单明细表中列明的累计赔偿限额为 1200 万，事故发生时实际工程造价 26000 万元。

分析

本案例中应该如何赔付并说明原因。

案例解析

针对上述案例，应该赔偿 1100 万元。不能在赔付上让被保险人或者受益人得到额外的收益。在保险期限内，保险人经济赔偿的最高赔偿责任不得超过本保险单明细表中列明的累计赔偿限额。

不管造价是多少，都只在保险金额的范围内以实际损失额赔付。如果实际损失超过保险金额的，超出部分保险公司不负责赔偿。但是，事故发生后，被保险人为了减少损失而支付的必要的、合理的费用，保险公司也要承担。

3.3.3 保险合同的管理

1. 投保决策

保险决策主要表现在两个方面：是否投保和选择保险人。

针对建设工程的风险，可以自留也可以转移。在进行这一决策时，需要考虑期望损失与风险概率、机会成本、费用等因素。例如：期望损失与风险发生的概率高，则尽量避免风险自留；如果机会成本高，则可以考虑风险自留。当决定将建设工程的风险进行转移后，还需要决策是否投保。风险转移的方法包括保险风险转移和非保险风险转移。在比较风险自留的损失和保险的成本时，可以采用定量的计算方法。

知识拓展

在进行选择保险人的决策时，一般至少应当考虑安全、服务、成本这三项因素。在进行决策时应当选择安全性高、服务质量好、保险成本低的保险人。

2. 保险合同当事人的管理义务

保险合同订立后，当事人双方必须严格、全面地按保险合同订明的条款履行各自的义务。在订立保险合同前，当事人双方均应履行告知义务。在保险事故发生后，投保人有责任采取一切措施避免扩大损失并将保险事故发生的情况及时通知保险人。保险人对保险事故所造成的保险标的损失或者引起的责任应当按照保险合同的规定履行赔偿或给付责任。对于损坏的保险标的，保险人可以选择赔偿或者修理。如果选择赔偿，保险事故发生后，保险人已支付了全部保险金额并且保险金额相等于保险价值的，受损保险标的的全部权利归于保险人；保险金额低于保险价值的，保险人按照保险金额与保险时此保险标的的价值取得保险标的的部分权利。

3. 保险索赔

对于投保人而言，保险的根本目的是发生灾难事件时能够得到补偿，而这一目的必须通过索赔实现，具体要求如下。

（1）工程投保人在进行保险索赔时，必须提供必要的、有效的证明作为索赔的依据。

（2）投保人应当及时提出保险索赔。

（3）要计算损失大小。

3.4　合同的公证和鉴证法律制度

3.4.1　合同的公证

1. 合同公证的概念和原则

经济合同的公证是指国家公证机关对法人之间、法人与个体工商户、专业户、承包经营户、农户之间，根据当事人的申请，依照法定程序，证明他们之间所签订的经济合同是否真实、合法并使其具有法律效力的一种非诉讼活动。我国的公证机关是公证处。

经济合同的公证，从全国范围来说，除法律另有规定者外，一般实行自愿原则。任何一份经济合同是否需要公证，一般不是法定的必经程序。因此，经济合同法中并未作出具体规定。当事人双方愿意公证的，可以申请公证；当事人一方要求公证的，也可以进行公证；当事人双方不要求公证的，也可以不做公证。依法签订的经济合同与公证后的经济合同具有同等的法律效力。经过鉴证的经济合同，没有必要再作公证。但是，当事人要求公证的也可以给予公证。

经济合同是否需要给予公证，除贯彻自愿原则外，还应当以相应的法律规定为标准。法律规定某些经济合同必须办理公证的，当事人只有办理公证后合同才能生效。如经国务院批准，由中国银行发布的《中国银行对外商投资企业贷款办法》，中国工商银行发布的《中国工商银行抵押贷款管理暂行办法》，中国建设银行制定的《建设银行借款合同担保办法（试行）》等，都对借款和担保合同问题作出了必须办理公证的规定。有些省、自治区、直辖市人民政府，对企业承包、租赁、拍卖、招标、投标、土地有偿使用，以及涉外经济活动等事项也作出了必须办理公证的规定。

知识拓展

在建设工程领域，除了证明合同本身的合法性与真实性外，在合同的履行过程中有时也需要进行公证。如承包人已经进场，但在开工前发包人违约而导致合同解除，承包人撤场前如果双方无法对赔偿达成一致，则可以对承包人已经进场的材料设备数量进行公证，即进行证据保全为以后纠纷解决留下证据。

2. 合同的公证程序

1）申请

法人之间、法人与个体工商户、专业户、承包经营户、农户之间依法签订的经济合同均可向有管辖权的公证机关提出申请，当事人申请公证，应当由法定代表人或委派代表人到公证处。代表人应持有代表权的委托书。当事人申请公证时，必须提交经济合同一式3份以及其他有关材料。

知识拓展

申请的形式可以采用口头和书面两种。口头申请时，公证机关应制作书面纪录；书面申请时，应按照一定格式填写申请表。

2）审查

依法审查经济合同应包括以下主要内容。

（1）当事人是否具有合法资格；当事人是法人的，要审查其是否具有法人资格；当事人是专业户、个体户时，要审查其是否在工商行政管理机关已进行注册登记、是否持有营业执照。

（2）合同内容是否符合国家法律、法令、现行政策规定和国家计划的要求。

（3）在签订合同时是否贯彻了平等互利、协商一致，等价有偿的原则。

（4）合同条款是否齐备，合同的主要条款应包括标的、数量、质量、价款或酬金、履行期限、地点和方式，违约责任等。

（5）签订合同的手续是否完备。

通过公证人员的审查，认为当事人提供的证明材料不完备或者有疑义时，可以要求当事人在接到公证处的通知后，作出必要的补充。公证人员也可以向有关单位、个人进行调查，索取有关证明和材料。如果公证人员认为经济合同不真实、不合法，公证处可予以拒绝办理公证。公证员应当用口头或书面形式向当事人说明拒绝公证的理由和申诉程序。当事人不服公证处的拒绝或认为公证员处理不当的，可以向公证处所在地的市、县司法行政机关申诉，由受理申诉的机关作出决定。如果公证人员认为应予公证时，应制作公证文书。

3）制作公证文书

公证人员认为符合法定条件准予公证时，应该按照国家有关规定或批准的格式制作公证文书。公证文书的主要内容包括申请事项、单位名称(全称)、公证书编号、办理公证时间、公证员签名和公证机关印章。经济合同公证，一般不写实体证词，只证明双方当事人在合同上签字、印章属实。

特别提示

公证文书要制成正本两份，一份由公证处存档备案；另一份交给当事人。根据要求，还可以制成若干份副本。

4）缴纳公证费用

当事人办理公证事务应按照司法部规定的收费办法缴纳费用。

特别提示

经济合同经过公证以后，具有证明的效力、强制执行的效力和具有法律行为成立要件的效力。

3.4.2　合同的鉴证

1. 合同鉴证的概念和原则

合同鉴证是指合同管理机关根据当事人双方的申请对其所签订的合同进行审查，以证明其真实性和合法性并督促当事人双方认真履行的法律制度。我国的鉴证机关是县级以上工商行政管理局。

特别提示

我国的合同鉴证实行的是自愿原则，合同鉴证根据双方当事人的申请办理。

2. 合同鉴证的管辖和鉴证审查的内容

合同鉴证应当审查以下主要内容。

(1) 不真实、不合法的合同。

(2) 有足以影响合同效力的缺陷且当事人拒绝更正的。

(3) 当事人提供的申请材料不齐全，经告知补正而没有补正的。

(4) 不能即时鉴证而当事人又不能等待的。

(5) 其他依法不能鉴证的。

3. 合同鉴证的作用

(1) 经过鉴证审查可以使合同的内容符合国家的法律、行政法规的规定，有利于纠正违法合同。

(2) 经过鉴证审查可以使合同的内容更加完备，预防和减少合同纠纷。

(3) 经过鉴证审查便于合同管理机关了解情况，督促当事人认真履行合同，提高履约率。

3.4.3 合同公证与鉴证的异同点

1. 合同公证与鉴证的相同点

(1) 合同公证与鉴证除另有规定外，都实行自愿申请原则。

(2) 合同鉴证与公证的内容和范围相同。

(3) 合同鉴证与公证的目的都是为了证明合同的合法性与真实性。

2. 合同公证与鉴证的区别

1) 合同公证与鉴证的性质不同

公证属于一种司法证明活动，是对民事、经济活动进行监督调控的法律手段，鉴证是一种行政行为，是对经济活动的行政监督手段。

2) 合同公证与鉴证的效力不同

经过公证的合同其法律效力高于经过鉴证的合同。经过公证的法律行为、法律文书和事实，人民法院作为认定事实的依据，但有相反证据足以推翻公证证明的除外。对于追偿债款、物品的债权文书，经过公证后该文书还有强制执行的效力，而经过鉴证的合同则没有这样的效力，在诉讼中仍需要对合同进行质证，人民法院应当辨别真伪，审查确定其效力。

3) 法律效力的适用范围不同

公证作为司法行政行为，按照国际惯例，在我国域内和域外都有法律效力。而鉴证作为行政管理行为，其效力只能限于我国国内。

复习思考题

一、单项选择题

1. 某房地产开发商与某工程设计院签订合同，购买该设计院已完成设计的图纸，该合同法律关系的客体是（　　）。

A. 物　　　　　　B. 财　　　　　　C. 行为　　　　　　D. 智力成果

2. 合同法律关系（　　）是参加合同法律关系，享有相应权利、承担相应义务的当事人。

A. 主体　　　　B. 客体　　　　C. 内容　　　　D. 事实

3. 下列关于代理的表述中正确的是（　　）。

A. 无权代理行为的后果由被代理人决定是否有效

B. 无权代理在被代理人追认前，"代理人"可以撤销其"代理"行为

C. 无权代理的法律后果由"代理人"承担

D. 代理人只能在代理权限内实施代理行为

4. 委托代理是基于被代理人对代理人的委托授权行为而产生的代理。下列关于委托代理的说法中正确的是（　　）。

A. 委托授权是代理人和被代理人双方的民事法律行为，需要双方的意思表示

B. 委托授权必须采用书面形式

C. 委托书授权不明的，被代理人应当向第三人承担民事责任，代理人不承担责任

D. 委托书授权不明的，被代理人应当向第三人承担民事责任，代理人负连带责任

5. 业主委托监理单位进行招标的行为属于（　　）。

A. 委托代理　　　B. 法定代理　　　C. 指定代理　　　D. 委托监理

6. 法人成立进行注册登记时，应当以（　　）为住所。

A. 主要办事机构所在地　　　　　　B. 主要经营场所所在地

C. 主要合同履行地　　　　　　　　D. 董事长的户口所在地

7. 某施工企业委托设计院进行图纸设计并订立了合同。该设计院将设计任务交由自己的分公司实施，施工单位支付了定金后，分公司未能按时完成设计任务，施工单位应向（　　）主张索赔权利。

A. 监理单位　　　B. 分公司　　　C. 建设单位　　　D. 设计院

8. 定金是指当事人双方为了保证债务的履行，约定由当事人一方先行支付给对方一定数额的货币作为担保。其数额由双方约定，但不得超过主合同标的额的（　　）。

A. 10%　　　　B. 20%　　　　C. 25%　　　　D. 30%

9. A公司授权其采购员甲到B公司购买一批钢材并交给甲已经盖公司公章的空白合同书，甲用此合同书与B公司订立了购买一批水泥的合同，发生纠纷后，应当（　　）。

A. 要求甲支付水泥的货款

B. A 公司向 B 公司无偿退货

C. 由 B 公司交付钢材，A 公司支付钢材的货款

D. 由 B 公司交付水泥，A 公司支付水泥的货款

10. 根据《合同法》的有关规定，下列情形的要约可以撤销。（　　）

A. 主要约已经到达受要约人

B. 要约人确定了承诺期限

C. 要约人明示要约不可撤销

D. 受要约人有理由认为要约是不可撤销的并已经为履行合同作了准备工作

11. 合同生效后，当事人对合同价款约定不明确的，也无法通过其他方法确定，可以按照（　　）价格履行。

A. 订立合同时订立地的市场　　　　　　B. 订立合同时履行地的市场

C. 履行合同时订立地的市场　　　　　　D. 履行合同时履行地的市场

12. 当事人既约定违约金，又约定定金的，一方违约时，（　　）承担赔偿责任。

A. 未违约方只能依据定金条款要求对方

B. 违约方有权选择适用的违约金或定金条款

C. 未违约方有权选择适用的违约金或定金条款要求对方

D. 未违约方采用违约金条款加定金条款计算之和要求对方

13. 当事人提出证据证明裁决所根据的证据是伪造的，可以向（　　）申请撤销裁决。

A. 该仲裁委员会　　　　　　　　　　B. 仲裁委员会所在地的行政机关

C. 仲裁委员会所在地的基层人民法院　　D. 仲裁委员会所在地的中级人民法院

14. 监理工程师在履行合同义务时工作失误，给施工单位造成损失，施工单位应当要求（　　）赔偿损失。

A. 建设单位　　　　B. 监理单位　　　　C. 监理工程师　　　　D. 项目经理

15. 下列哪些财产可以抵押？（　　）

A. 土地所有权

B. 抵押人依法承包但未经发包人同意的荒山的土地使用权

C. 抵押人所有的房屋

D. 有争议的财产

16. 下列关于合同公证与鉴证的相同点与区别的说法中正确的是（　　）。

A. 公证一般实行自愿申请原则，鉴证反之

B. 鉴证属于行政管理行为，公证则属于司法行政行为

C. 公证与鉴证的效力等同

D. 公证和鉴证在我国域内和域外都有法律效力

17. 可撤销的建设工程施工合同，当事人应当请求（　　）撤销。

A. 建设行政主管部门　　　　　　　　B. 设计单位

C. 监理单位　　　　　　　　　　　　D. 人民法院

18. 在下列几种情形中，（　　）合同是可变更的合同。

A. 损害公共利益的

B. 以合法活动掩盖非法目的的

C. 恶意串通，损害国家、集体或第三人利益的

D. 以欺诈、胁迫等手段，使对方在违背真实意思的情况下订立的

19. 在下列解决合同纠纷的方式中，（　　）是不以双方自愿为前提的。

A. 协商　　　　　B. 调解　　　　　C. 仲裁　　　　　D. 诉讼

20. 在仲裁中，申请人经书面通知，无正当理由不到庭或者未经仲裁庭许可中途退庭的，可以（　　）。

A. 视为撤回仲裁申请　　　　　B. 视为无仲裁协议

C. 缺席裁决　　　　　D. 移交人民法院判决

二、多项选择题

1. 以代理权产生的依据不同，可将代理分为（　　）。

A. 委托代理　　　　　B. 间接代理

C. 法定代理　　　　　D. 直接代理

E. 指定代理

2. 在下列财产中，（　　）不能质押。

A. 工程　　　　　B. 汇票

C. 邮票　　　　　D. 地产

E. 专利权中的财产权

3. 下列关于要约的撤回和撤销的说法中，不正确的是（　　）。

A. 要约的撤回和撤销的区别在于要约是否已经发生法律效力

B. 撤回要约的通知必须在要约到达受要约人之前到达受要约人

C. 撤回要约的通知可以在要约到达受要约人的同时到达受要约人

D. 撤销要约的通知应当在受要约人发出承诺通知之前到达受要约人

E. 撤销要约的通知可以在受要约人发出承诺通知的同时到达受要约人

4. 下列关于合同不当履行中的保全措施的说法正确的有（　　）。

A. 保全措施包括代位权和撤销权两种

B. 代位权是指债权人可以向人民法院请求以自己的名义代位行使债务人的债权

C. 代位权是指债权人可以向人民法院请求以债务人的名义代位行使债务人的债权

D. 债权人请求人民法院撤销债务人的行为的前提是债务人以明显不合理低价转让财产，对债权人造成损害的，并且受让人知道该情形

E. 撤销权自债权人知道或者应当知道撤销事由之日起2年内行使

5. 投标单位有以下行为时，（　　）招标单位可视其为严重违约行为而没收投标保证金。

A. 通过资格预审后不投标　　　　　B. 不参加开标会议

C. 中标后拒绝签订合同　　　　　D. 开标后要求撤回投标书

E. 不参加现场考察

6. 委托人在监理合同中的委托工作内容可以是（　　）。

A. 完成设计任务　　　　　B. 拟定特殊工艺的质量标准

C. 编制施工组织设计 D. 监督工程施工质量

E. 负责采购设备

7.《建设工程施工合同(示范文本)》由( )组成。

A. 协议书 B. 中标通知书

C. 通用条款 D. 工程量清单

E. 专用条款

8. 合同法律关系的客体是合同主体权利与义务所指向的对象,下列可以成为合同法律关系客体的是( )。

A. 借款合同的货币

B. 建设工程施工安装合同中约定提交的建筑物

C. 技术转让合同的专利权

D. 当权利受到侵害时,依法得到法律保护的权利

E. 双务合同中当事人应承担的义务

9. 公民、法人可以通过代理人实施民事法律行为,下列关于代理的表述中,不正确的是( )。

A. 代理人在代理权限内,有权斟酌情况且须与被代理人商定后进行意思表示

B. 代理人在代理权限内所实施的一切代理行为,其法律后果由被代理人承担

C. 代理实施的是民事法律行为,在授权范围内可以独立表现自己的意志

D. 只要被代理人对无合法授权的代理行为予以追认,被代理人仍应对该代理行为承担民事责任

E. 委托代理的授权必须采用书面形式

10. 甲乙签订一份试用买卖合同,但没有约定试用期。之后,双方对是否购买标的物没有达成协议。下列哪些说法是正确的?( )

A. 试用买卖合同没有约定试用期的,应适用法律规定的 6 个月试用期

B. 试用买卖合同没有约定试用期的,如果不能按照合同法的规定加以确定,应由出卖人确定

C. 试用期间届满,买受人对是否购买标的物未作表示的,视为购买

D. 试用期间,买受人没有对质量提出异议的,则应当购买标的物

E. 该合同管辖法院一定是被告所在地法院

11. 下列行为中属于委托代理的法律行为有( )。

A. 施工企业任命项目经理作为施工项目的负责人

B. 监理单位指派总监理工程师作为项目监理机构的负责人

C. 施工企业的法定代表人作为工程项目投标的负责人

D. 建设单位授权招标代理单位负责工程项目招标事宜

E. 总监理工程师分配专业监理工程师负责本专业范围内的监理工作

12. 公民甲与乙书面约定甲向乙借款 5 万元,未约定利息,也未约定还款期限。下列说法哪些是正确的?( )

A. 借款合同自乙向甲提供借款时生效

B. 乙有权随时要求甲返还借款

C. 乙可以要求甲按银行同期同类贷款利率支付利息

D. 经乙催告，甲仍不还款，乙有权主张逾期利息

E. 该法律关系的内容是借款行为

13. 甲企业借给乙企业 20 万元，期满未还。丙欠乙 20 万元货款也已到期，乙曾向丙发出催收通知书。乙、丙之间的供货合同约定，若因合同履行发生争议，由 Y 仲裁委员会仲裁。下列哪些选项是错误的？（　　）

A. 甲对乙的 20 万元债权不合法，故甲不能行使债权人代位权

B. 乙曾向丙发出债务催收通知书，故甲不能行使债权人代位权

C. 甲应以乙为被告、丙为第三人提起代位权诉讼

D. 代位权诉讼中的标的物是货款

E. 乙、丙约定的仲裁条款不影响甲对丙提起代位权诉讼

14. 甲于 2 月 3 日向乙借用一台彩电，乙于 2 月 6 日向甲借用了一部手机。到期后，甲未向乙归还彩电，乙因此也拒绝向甲归还手机。关于乙的行为，下列哪些说法是错误的？（　　）

A. 是行使同时履行抗辩权　　　　B. 是行使不安抗辩权

C. 是行使留置权　　　　　　　　D. 是行使抵销权

E. 是先行属履行抗辩权

15. 在下列给出的有关情形中，属于法律事实行为范畴的是（　　）。

A. 施工合同履行过程中业主提出的设计变更

B. 施工合同履行过程中发生影响合同履行的不可抗力

C. 接受合同主体的申请，仲裁机构对合同争议的裁决

D. 施工过程中遇到地下障碍物，导致施工过程不能正常进行

E. 施工合同履行过程中

16. 甲大学与乙公司签订建设工程施工合同，由乙为甲承建新教学楼。经甲同意，乙将主体结构的施工分包给丙公司。后整个教学楼工程验收合格，甲向乙支付了部分工程款，乙未向丙支付工程款。下列哪些表述是错误的？（　　）

A. 乙、丙之间分包合同有效

B. 甲可以撤销与乙之间的建设工程施工合同

C. 丙可以乙为被告诉请支付工程款

D. 丙可以甲为被告诉请支付工程款，但法院应当追加乙为第三人

E. 乙、丙之间分包合同无效

三、案例分析题

甲公司和乙公司签订了一份原材料买卖合同，双方约定由甲公司向乙公司提供用于生产施工器械的原材料 500 箱，货款 25 万元，原材料的质量标准以封存样品为准。为了保证合同的有效履行，双方约定由丙公司为甲提供保证，乙分两次付款给甲。在履行期间，

乙先付第一笔货款 10 万元，甲收到货款后即将第一批 250 箱原材料运送到乙处。乙在收到货物后认为不合格，但未及时向甲提出，所生产出的器械一部分无法使用。在甲交付第二批货物时，由于供货市场出现问题，该批原材料紧俏，甲于是找到乙协商，以不能提供全部货物为由希望将合同标的换为品质稍差一些的另外一种原材料。乙考虑到自己的生产计划，于是同意了甲的要求。甲、乙之间的协商一直没有通知丙。后来，甲仍然不能履行自己的供货义务，于是甲背着乙与丁达成协议，由丁向乙提供不足的部分。最终，甲、丁提供了全部的货物，但已经超过了合同约定的时间。乙接受了履行，但是以甲没有按照约定时间履行合同为由行使抗辩权，拒绝履行付款义务。

问题

（1）本案中合同规定原材料的质量应该如何确定？

（2）本案中乙收到第一批货物后，合同能否解除？

（3）甲、乙双方达成的将合同标的换为品质稍差一些的另外一种原材料的协议是否有效？其后果是什么？

（4）甲、丁公司达成的协议是否有效？

第 4 章

建设工程招标投标管理

学习目标

学习建设工程招标、投标的概念及性质，招标方式、招标程序；了解政府行政主管部门对招标投标的监督，招标方式；熟悉掌握勘察设计招标投标管理、公开招标程序、建设工程监理招标投标管理、施工招标投标管理的相关知识，从而培养学生掌握不同招标投标管理的能力。

学习要求

能力目标	知识要点	权重
了解相关知识	政府行政主管部门对招标投标的监督，招标方式	20%
熟练掌握知识点	(1) 勘察设计招标投标管理 (2) 公开招标程序 (3) 建设工程监理招标投标管理 (4) 施工招标投标管理	50%
运用知识分析案例	(1) 勘察设计招标文件与设计标书的评审 (2) 招标公告及资格审查 (3) 开标、评标和定标	30%

 案例分析与内容导读

【案例背景】

某大学第二餐饮中心的建设项目概算已获上级有关部门批准，项目已列入地方年度固定资产投资计划并得到规划部门批准，根据有关规定采用公开招标，在招标过程中出现了以下事件。

事件1：在资格预审时，A单位满足资格预审文件规定的必要合格条件和附加合格条件，但评定分略低于预先确定的最低分数线，但招标人考虑到曾经与A单位合作过，信誉很好，所以予以通过。

事件2：招标人对部分投标人所提的问题回答后，又以书面形式将提问者的单位、所提问题、招标人的答复发送给了每一位投标人，以确保招标的公开和公平。声明如果书面解答的问题与招标文件中的规定不一致时，以招标文件为准。

事件3：B单位投标文件中的投标函未加盖投标人企业及企业法定代表人印章。

事件4：C、D两个单位组成联合体投标，但投标文件未附联合体各方共同投标协议。

事件5：由地方建设管理部门指定有经验的专家与本单位人员共同组成评标委员会。为得到有关领导支持，各级领导占评标委员会的1/2。

事件6：评标后，评标委员会将中标结果直接通知了中标单位。

【分析】

以上事件中当事人的做法是否正确？说明依据。

【解析】

事件1：招标人的做法不正确，A单位不能通过资格预审。

按规定，资格预审合格的条件是投标人首先必须满足资格预审文件规定的必要合格条件和附加合格条件，其次评定分还必须在预先确定的最低分数线以上。

事件2：招标人的做法不正确。

招标人对任何一位投标人所提问题的回答都必须发送给每一位投标人，以确保招标的公开和公平，但招标人不必说明问题的来源。回答函件作为招标文件的组成部分，如果书面解答的问题与招标文件中的规定不一致，以函件的解答为准。

事件3：B单位投标文件应当作为无效投标文件。

按规定，投标文件中的投标函未加盖投标人的企业及企业法定代表人印章，或者企业法定代表人委托代理人没有合法、有效的委托书（原件）及委托代理人印章的，应当作为无效投标文件，不再进入评标。

事件4：C、D两个单位投标文件应当作为无效投标文件。

按规定，组成联合体投标的，投标文件未附联合体各方共同投标协议，应当作为无效投标文件，不再进入评标。

事件5：做法不正确。评标专家从专家库中抽取，技术与经济专家之和占总人数的2/3。

事件6：评标委员会将中标结果直接通知了中标单位的做法不正确。

按照招标程序规定，评标委员会必须将中标结果报请建设主管部门批准后，才能将中标结果通知中标单位。

本案例涉及的是招标程序的相关知识，本书将在4.1节中做详细讲述。

4.1 建设工程招标投标法律制度概述

4.1.1 建设工程招标、投标的概念及性质

1. 招标投标的概念

建筑工程招标是指建设单位对拟建的工程发布公告，通过法定的程序和方式吸引建设

项目的承包单位竞争并从中选择条件优越者来完成工程建设任务的法律行为。

建设工程投标是工程招标的对称概念，指具有合法资格和能力的投标人根据招标条件，经过初步研究和估算，在指定期限内填写标书、提出报价并等候开标决定能否中标的经济活动。

 知识拓展

在我国从保护国有资产的原则出发，将国家机关、国有企业事业单位及其控股的企业作为招标主体的招投标活动，已被各种招标投标法规所规定。

2. 招标投标的性质

（1）招标行为的法律性质是要约邀请。依据合同订立的一般原理，招标人发布招标通告或投标邀请书的直接目的在于邀请投标人投标，投标人投标之后并不当然要订立合同，因此，招标行为仅仅是要约邀请，一般没有法律约束力。

（2）投标行为的法律性质是要约行为。投标文件中包含有将来订立合同的具体条款，只要招标人承诺（宣布中标）就可签订合同。作为要约的投标行为具有法律约束力，表现在投标是一次性的，同一投标人不能就同一投标进行一次以上的投标；各个投标人对自己的报价负责；在投标文件发出后的投标有效期内，投标人不得随意修改投标文件的内容和撤回投标文件。

（3）确定中标人行为的法律性质是承诺行为。招标人一旦宣布确定中标人，就是对中标人的承诺。招标人和中标人各自都有权利要求对方签订合同，也有义务与对方签订合同。另外，在确定中标结果和签订合同前，双方不能就合同的内容进行谈判。

3. 招标投标的意义、目的

工程建设实施招投标制度是目前国际上广泛使用的分派建设任务的主要交易方式。招投标制度是我国从计划经济过渡到社会主义市场经济的必然产物，其既不同于那种单纯地用行政手段分配建设任务的方法，也不同于建设单位自行寻找施工企业，把经国家批准的工程任务，自行委托施工单位的"自行联系"的方法。招投标行为，本质上是一种法律行为。招标投标工作能鼓励竞争，防止垄断。在招标工作中应坚持依法办事，平等互利，协商一致，诚实信用的原则。鼓励投标单位以技术水平，管理水平，社会信誉和合理报价等优势开展竞争，不受地区、部门限制。

工程建设招标投标的目的是为了适应社会主义市场经济体制的需要，是建设单位和施工企业进入建设工程市场，进行公平交易、平等竞争，从而达到确保工程质量，控制施工周期，降低工程造价，提高投资效益的目的。

我国在实行招标投标制度以前，国内的工程建设项目也有按发包制来进行的，当时的承发包制是指一个建设单位甲方将其承担的某项目工程发包给一个施工单位乙方，但甲方和乙方不是买卖关系，而是由有关上级部门布置任务，施工单位接受任务，不存在竞争，这样订立出来的合同称之为计划内合同，它是计划经济的产物。计划合同的订立和履行有强制性，有悖于平等互利、协商一致的合同订立原则。而招标投标制度则和以上所说的承发包制是有很大的区别，它是发生在业主和投标人（承包人）之间的一种平等买卖行为，且具有商业上激烈竞争的特点，要经过公布价格条件—开价—磋商和讨价还价—成交签订合同的过程。

 知识拓展

建设项目招标投标活动包含的内容十分广泛，具体说包括建设项目强制招标的范围、建设项目招标的种类与方式、建设项目招标的程序、建设项目招标投标文件的编制、标底编制与审查、投标报价，以及开标、评标、定标等。所有这些环节的工作均应按照国家有关法律、法规规定认真执行并落实。

4.1.2 政府行政主管部门对招标投标的监督

1. 依法必须采用招标方式选择承包单位的建设项目

依据《招标投标法》第三条规定以及国家计划委员会（原）颁布的《工程建设项目招标范围和规模标准规定》，要求各类工程项目的建设活动达到下列与建设有关的设备、材料采购等总体范畴及标准之一者，必须进行招标。

（1）大型基础设施、公用事业等关系社会公共利益与公众安全的项目。

（2）全部或者部分使用国有资金投资或者国家融资的项目。

（3）使用国际组织或者外国政府贷款、援助资金的项目。

（4）施工单项合同估算价在 200 万元人民币以上的项目。

（5）重要设备、材料等货物的采购，单项合同估算价在 100 万元人民币以上。

（6）勘察、设计、监理等服务的采购，单项合同估算价在 50 万元人民币以上。

特别提示

前（1）、（2）、（3）项所列项目的具体范围和规模标准，由国务院发展计划部门会同国务院有关部门制订，报国务院批准。法律或者国务院对必须进行招标的其他项目的范围有规定的依照其规定。

为了防止将应该招标的工程项目化整为零规避招标，即使单项合同估算价低于上述第（4）、（5）、（6）项规定的标准，但项目总投资在 3000 万元人民币以上的勘察、设计、施工、监理，以及与建设工程有关的重要设备、材料等的采购也必须采用招标方式委托工作任务。

符合下列情况之一者可以不进行招标。

（1）涉及国家安全、国家秘密的工程。

（2）抢险救灾工程。

（3）利用扶贫资金实行以工代赈、需要使用农民工等特殊情况。

（4）建筑造型有特殊要求的设计。

（5）采用特定专利技术、专有技术进行勘察、设计或施工。

（6）停建或者缓建后恢复建设的单位工程，且承包人未发生变更的。

（7）施工企业自建自用的工程，且该施工企业资质等级符合工程要求的。

（8）在建工程追加的附属小型工程或者主体加层工程，且承包人未发生变更的。

（9）法律、法规、规章规定的其他情形。

2. 招标备案

《招标投标法》第四十七条规定，依法必须进行招标的项目，招标人应当自确定中标人之日起十五日内，向有关行政监督部门提交招标投标情况的书面报告。

1）前期准备应满足的要求

（1）建设工程已批准立项。

（2）向建设行政主管部门履行了报建手续并取得批准。

（3）建设资金能满足建设工程的要求，符合规定的资金到位率。

（4）建设用地已依法取得并领取了建设工程规划许可证。

（5）技术资料能满足招标投标的要求。

（6）法律、法规、规章规定的其他条件。

2）对招标人的招标能力要求

利用招标方式选择承包单位属于招标单位自主的市场行为，因此《招标投标法》第十二条规定：招标人有权自行选择招标代理机构，委托其办理招标事宜。任何单位和个人不得以任何方式为招标人指定招标代理机构。招标人具有编制招标文件和组织评标能力的，可以自行办理招标事宜，任何单位和个人不得强制其委托招标代理机构办理招标事宜。

依法必须进行招标的项目，招标人自行办理招标事宜的，应当向有关行政监督部门备案。

招标机构必须符合下列条件。

（1）有与招标工作相适应的经济、法律咨询和技术管理人员。

（2）有组织编制招标文件的能力。

（3）有审查投标单位资质的能力。

（4）有组织开标、评标、定标的能力。

3）招标代理机构的资质条件

（1）有从事招标代理业务的营业场所和相应资金。

（2）有能够编制招标文件和组织评标的相应专业能力。

（3）专家应当从事相关领域工作满八年并具有高级职称或者具有同等专业水平，由招标人从国务院有关部门或者省、自治区、直辖市人民政府有关部门提供的专家名册，或者招标代理机构的专家库内的相关专业的专家名单中确定。一般招标项目可以采取随机抽取方式，特殊招标项目可以由招标人直接确定。

 知识拓展

依法必须进行招标的建筑工程项目，在发布招标公告或者发出招标邀请书之前必须持相关资料到县级以上地方人民政府建设行政主管部门进行备案。

3. 对招标有关文件的核查备案

1）对投标人资格审查文件的核查

（1）不得以不合理条件限制或排斥潜在投标人。

（2）不得对潜在投标人实行歧视待遇。

（3）不得强制投标人组成联合体投标。

2）对招标文件的核查

（1）招标文件的组成是否包括招标项目的所有实质性要求和条件，以及拟签订合同的主要条款能使投标人明确承包工作的范围和责任，投标人据此能够合理预见风险而编制投标文件。

（2）招标项目需要划分标段时，承包工作范围的合同界限是否合理。

（3）招标文件是否有限制公平竞争的条件。主要核查是否有针对外地区或外系统设立的不公正评标条件。在文件中不得要求或标明特定的生产供应商以及含有倾向或排斥潜在投标人的其他内容。

4. 对招投标活动的监督

《招标投标法》第七条规定，招标投标活动及其当事人应当接受依法实施的监督。这就十分明确地表明，依法必须招标的国有投资建设项目及对社会公共安全有影响的建设项目均应接受政府职能部门的监督，这是政府管理社会公共事务的应尽职责和义务。

招投标活动的基本程序为：发布招标信息—编制招标文件—投标企业资格审查—投标人编制投标文件，招标人编制标底—投标、开标、评标、决标—签订工程合同。在这一过程中，政府职能部门应对招投标活动监督的主要阶段及内容见表4-1。

表4-1　政府职能部门对招投标活动监督的主要阶段及内容

顺序	主要阶段	监督内容
1	发布招标信息阶段	（1）项目是否具备了招标条件 （2）招标人是否具有自行招标的能力 （3）根据实际情况核准招标方式，确定公开招标或邀请招标

续表

顺序	主要阶段	监督内容
2	编制招标文件阶段	(1) 招标人有无以不合理的条件限制或排斥潜在投标人 (2) 标段划分是否合理、科学，是否存在肢解发包现象 (3) 提出的工期要求是否符合实际 (4) 有是否其他对投标人不公平的条件
3	投标人资格审查阶段	招标人是否公开、公平、公正地选择投标人
4	投标、开标、评标、决标阶段	(1) 是否按规定截标时间送达投标文件 (2) 开标程序是否正确 (3) 投标文件是否有效 (4) 是否有串标、漏标等现象 (5) 是否有排斥或倾向某投标人的现象 (6) 评标办法是否合理，是否按规定从专家库中抽取评标专家、评标专家组成是否合理，是否公平、公正地进行评标 (7) 决标是否公平、公正、合理
5	签订工程合同阶段	(1) 工程合同是否按照招投标确定的原则签订 (2) 工程造价及规模有否改变等

通过以上各项监督来规范招投标双方的行为，维护建设市场的正常秩序。

5. 查处招标投标活动中的违法行为

各省市的相关部门根据《招标投标法实施条例》以及《工程建设项目招标投标中违纪违法行为纪律处分的暂行规定》，加大了建设工程招标投标活动的监督管理力度，严肃查处招标投标活动中的违纪违法行为。

 应用案例 4—1

案例概况

2011 年 10 月，A 市一建设工程在市建设工程交易中心公开开评标。赵某、张某、王某、李某等四位专家在对投标文件商务标的评审过程中，未按招标文件的要求进行评审，以"投标文件中工程量清单封面没有盖投标单位及法人代表章"为由，将两家投标单位随意废标(两家投标单位的投标函和标书封面均已盖投标单位及法人代表章、相关造价专业人员也已签字盖章)，导致评标结果出现重大偏差，该项目因而不得不重新评审，严重影响了招标人正常招标流程和整个项目的进度。

处理结果

为严肃评标纪律、端正评标态度、维护招投标评审工作的科学性与公正性，A 市建设委员会根据《招标投标法实施条例》，以及《工程建设项目招标投标中违纪违法行为纪律处分的暂行规定》，作出了"给予赵某、张某、王某、李某等四位专家警告并进行通报批评"的行政处理决定。

请用相关知识对上述处理结果进行解析。

案例解析

上述案例中，有一个重要的事实是"两家投标单位的投标函和标书封面均已盖投标单位及法人代表章、相关造价专业人员也已签字盖章"。根据《建设工程工程量清单计价规范》和A市招投标的相关规定，"投标函和标书封面已盖投标单位及法人代表章、相关造价专业人员也已签字盖章"的投标文件，实质上已经响应了招标文件的第十九条第三款"投标文件封面、投标函均应加盖投标人印章并经法定代表人或其委托代理人签字或盖章"的要求，属于有效标书。评审过程中4位专家在明知"投标文件商务报价书和投标函均已盖投标单位及法人代表章、相关造价专业人员也已签字盖章"的前提下，仍随意将两家投标单位废标的行为是草率和不负责任的。由此导致的项目重评，既影响了项目的正常开工，给招标单位带来了损失，也引发了多家投标单位的质疑和投诉，在社会上产生了一些负面影响。

《招标投标法》第四十四条第一款规定："评标委员会成员应当客观、公正地履行职务，遵守职业道德，对所提出的评审意见承担个人责任。"作为评标专家这一特殊的群体，赵某等4人的行为已违反了《招标投标法》第四十四条第一款的相关规定，应该为自己的行为承担责任。

4.1.3 招标方式

建筑工程的招标一般采取公开招标和邀请招标两种方式，在较大或较复杂的工程中，这两种方式也有分别使用的情况。

1. 公开招标

招标人通过新闻媒体发布招标公告，凡是具备相应资质符合招标条件的法人或组织均不受地域和行业限制，都可申请投标。

2. 邀请招标

招标人向预先选择好的若干家具备相应资质、符合招标条件的法人或组织发出招标邀请函，请他们来参加投标竞争。邀请对象的数目一般以5～7家为宜，但不应当少于3家。

公开招标与邀请招标主要的优缺点见表4-2。

表4-2 公开招标与邀请招标的优缺点

方式	公开招标	邀请招标
优点	(1) 有利于开展真正意义上的竞争，最充分地展示公开、公正、公平竞争的招标原则，防止和克服垄断 (2) 能有效地促使承包商在增强竞争实力修炼内功，努力提高工程质量，缩短工期，降低造价，求得节约和效率，创造最合理的利益回报 (3) 有利于防范招标投标活动操作人员和监督人员的舞弊现象	(1) 节约了招标费用和时间，因为招标人不需要发布招标公告和设置资格预审程序 (2) 由于招标人对投标人以往的业绩和履约能力比较了解，所以减小了合同履行过程中承包方违约的风险

续表

方式	公开招标	邀请招标
缺点	(1) 参加竞争的投标人越多，每个参加者中标的机率将越小，白白损失投标费用的风险也越大 (2) 招标费用支出比较多	(1) 由于邀请范围较小、选择面窄，可能排斥了某些在技术或报价上有竞争实力的潜在投标人 (2) 竞争激烈程度相对于公开招标差些

 知识拓展

应该肯定公开招标的优点是主要的，缺点是次要的，因而在实践中大力提倡公开招标，使公开招标迅速成为建设工程招标的主要方式，是符合工程交易发展潮流的。公开招标有利有弊，但优越性十分明显。

有下列情形之一的，经批准可以进行邀请招标。

(1) 项目技术复杂或有特殊要求，只有少量几家潜在投标人可供选择的。

(2) 受自然地域环境限制的。

(3) 涉及国家安全、国家机密或者抢险救灾，适宜招标但不宜公开招标的。

(4) 法律、法规规定不宜公开招标的。国家重点建设项目的邀请招标应当经国家国务院发展计划部门批准；地方重点建设项目的邀请招标应当经各省、自治区、直辖市人民政府批准。

全部使用国有资金投资或者国有资金投资占控股或者主导地位的并需要审批的工程建设项目的邀请招标应当经项目审批部门批准，但项目审批部门只审批立项的由有关行政监督部门审批。

4.1.4 招标程序

按照招标人和投标人参与程度，可将招标过程划分成招标准备阶段、招标投标阶段和决标成交阶段。

1. 招标准备阶段的主要工作

该阶段的工作由招标人单独完成，主要包括以下三个方面。

1) 选择招标方式

(1) 根据工程特点和招标人的管理能力确定发包范围。

(2) 依据工程建设总进度计划确定项目建设过程中的招标次数和每次招标的工作内容。

(3) 按照每次招标前准备工作的完成情况，选择合同的计价方式。

(4) 依据工程项目的特点、招标前准备工作的完成情况、合同类型等因素的影响程度，最终确定招标方式。

2) 办理招标备案

招标人应向建设行政主管部门办理申请招标手续，在获得认可后才可以开展招标的相关工作。招标备案文件应说明下列内容。

（1）招标工作范围。

（2）招标方式。

（3）计划工期。

（4）对投标人的资质要求。

（5）招标项目的前期准备工作的完成情况。

（6）自行招标还是委托代理招标。

3）编制招标有关文件

需要编制招标有关文件一般包括下列内容。

（1）招标广告。

（2）资格预审文件。

（3）招标文件。

（4）合同协议书。

（5）资格预审和评标的方法。

2. 招标阶段的主要工作内容

招标投标阶段是指公开招标时从发布招标公告开始，邀请招标则从发出投标邀请函开始，到投标截止日期为止的期间。

1）发布招标公告

招标公告的作用是让有意愿参与投标的投标人获得招标信息，以便确定是否参与竞争。招标公告的内容一般包括招标单位的名称；建设项目资金来源；工程项目概况和本次招标工作范围的简要介绍；购买资格预审文件的地点、时间和价格等有关事项。

2）资格预审

（1）资格预审的目的。一是保证参与投标的法人或组织在资质和能力等方面能够满足完成招标工程的要求；二是通过预审优选出综合实力较强的一批投标申请人，再请他们参加投标竞争，以减小评标的工作量。

（2）资格预审程序。

① 招标人依据项目的特点编写资格预审文件。资格预审文件分为资格预审须知和资格预审表两大部分。

② 资格预审表是以应答方式给出的调查文件。所有申请参加投标竞争的投标人都可以购买资格预审文件，由投标人按要求填报后作为投标人的资格预审文件。

③ 招标人依据工程项目特点和发包工作性质划分评审的各个方面，如资质条件、企业信誉等、设备和技术能力、工程经验、人员能力、财务状况并分别给予不同权重。

④ 资格预审合格的条件。投标人首先必须满足资格预审文件规定的必要合格条件和附加合格条件，其次评定分必须在预先确定的最低分数线以上。

 知识拓展

目前采用的合格标准有两种方式：一种是限制投标人的合格者数量，以便减小评标的工作量(如5家)，招标人按得分高低次序向预定数量的投标人发出邀请招标函并请他们予以确认，如果某1家放弃投标则由下1家递补维持预定数量；另一种是不限制投标人合格者数量，凡满足80％以上分数的投标人均视为合格，以保证投标的公平性和竞争性。

（3）投标人必须满足的基本资格条件。

在资格预审须知中投标人要明确列出投标人必需满足的最基本条件，可分为必要合格条件和附加合格条件两类。

① 必要合格条件通常包括法人地位、资质等级、财务状况、企业信誉、分包计划等具体要求，是投标人应满足的最低标准。

② 附加合格条件视招标项目是否对投标人有特殊要求决定有无。附加合格条件是为了保证承包工作能够保质、保量、按期完成，按照项目特点设定而不是针对外地区或外系统投标人，因此不违背《招标投标法》的有关规定。招标人可以针对工程所需的特别措施或工艺的专长、专业工程施工资质、环境保护方针和保证体系、同类工程施工经历、项目经理资质要求、安全文明施工要求等方面设立附加合格条件。

3）招标文件

招标文件是招标人根据招标项目特点和需要而编制的文件，它是投标人编制投标文件和报价的依据，因此招标文件应当包括招标项目的所有实质性要求和条件。招标文件通常分为投标须知、合同条件、技术规范、图纸和技术资料，以及工程量清单五大部分内容。

4）现场考察

设置现场考察程序的目的，一方面是让投标人了解工程项目的现场情况、自然条件、施工条件以及周围环境条件，以便于投标人编制投标书；另一方面也是要求投标人通过自己的实地考察确定投标的原则和策略，避免合同履行过程中投标人以不了解现场情况为理由推卸应承担的合同责任。

5）解答投标人的质疑

招标人对任何一位投标人所提问题的回答都必须发送给每一位投标人，以确保招标的公开和公平，但招标人不必说明问题的来源。回答函件作为招标文件的组成部分，如果书面解答的问题与招标文件中的规定不一致，以函件的解答为准。

3. 决标成交阶段的主要工作内容

1）开标

公开招标和邀请招标都应举行开标会议来体现招标的公平、公正和公开原则。在投标须知规定的时间和地点由招标人主持开标会议，所有投标人都应参加，同时邀请项目建设有关部门代表出席。开标时，由招标人或其推选的代表检验投标文件的密封情况。在确认无误后，工作人员当众拆封，宣读投标人名称、投标价格和投标文件中的其他主要内容。所有在投标致函中提出的附加条件、替代方案、优惠条件、补充声明等都应宣读，如果有

标底也应公布。开标过程应当记录并存档备查。开标后，不允许任何投标人更改投标书的内容和报价，也不允许投标人再增加优惠条件。投标书一经启封后招标人不得再更改招标文件中说明的评标、定标办法。

 知识拓展

在开标时，如果发现投标文件出现下列情形之一，应当作为无效投标文件，不再进入评标。

（1）投标文件未按照招标文件的要求予以密封。

（2）投标文件中的投标函未加盖投标人的企业及企业法定代表人印章，或者企业法定代表人委托代理人没有合法、有效的委托书(原件)及委托代理人印章。

（3）投标文件的关键内容字迹模糊、无法辨认。

（4）投标人未按照招标文件的要求提供投标保证金或者投标保函。

（5）组成联合体投标的，投标文件未附联合体各方共同投标协议。

2）评标

（1）评标委员会。评标委员会应由招标人的代表和有关技术、经济等方面的专家组成，成员人数为5人以上单数，其中招标人以外的专家不得少于成员总数的2/3。

（2）评标工作程序。大型工程项目的评标通常分成初评和详评两个阶段进行。

① 初评。评标委员会以招标文件为依据审查各投标书是否为响应性投标，确定投标书的有效性。

投标文件对招标文件实质性要求和条件响应的偏差分为重大偏差和细微偏差两类。未作实质性响应的重大偏差包括以下内容。

a. 没有按照招标文件要求提供投标担保或者所提供的投标担保有瑕疵。

b. 没有按照招标文件要求由投标人授权代表签字并加盖公章。

c. 投标文件记载的招标项目完成期限超过招标文件规定的完成期限。

d. 明显不符合技术规格、技术标准的要求。

e. 投标文件记载的货物包装方式、检验标准和方法等不符合招标文件的要求。

f. 投标附有招标人不能接受的条件。

g. 不符合招标文件中规定的其他实质性要求。

按规定所有存在重大偏差的投标文件都属于初评阶段应该淘汰的投标书。

投标文件存在细微偏差是指投标文件基本上符合招标文件要求，但在个别地方存在漏项或者提供了不完整的技术信息和数据等情况，并且补正这些遗漏或者不完整不会对其他投标人造成不公平的结果。因此，对于存在细微偏差的投标文件经投标人补正漏项、不完整的技术信息和数据后仍属于有效投标书。

如果投标书存在细微偏差的，在不超出投标文件的范围或者改变投标文件的实质性内容的前提下，招标人可以书面要求投标人在评标结束前予以澄清、说明或者补正。

在商务标中出现投标文体中的大写金额和小写金额不一致，以及总价金额与单价金额不一致的情况时，由评标委员会对投标书中的错误加以修正后请该标书的投标授权人予以签字确认，作为详评比较的依据。如果投标人拒绝签字，则按投标人违约对待，不仅投标无效而且没收其投标保证金。修正错误的原则是：投标文体中的大写金额和小写金额不一致的，以大写金额为准；总价金额与单价金额不一致的，以单价金额为准，但单价金额小数点明显错误的除外。

② 详评。评审时不应当再采用招标文件中要求投标人考虑因素以外的任何条件作为标准。设有标底的，评标时应参考标底。

由于工程项目的规模不同、各类招标的标的也不同，评审方法可以分为定性评审和定量评审两大类。大型工程应当采用"综合评分法"或者"评标价法"对投标书进行科学的量化比较。

综合评分法是指将评审内容分类后分别赋予不同权重，评标委员将依据评分标准对各类内容细分的小项进行相应的打分，最后的累计分值反映投标人的综合水平，以得分最高的投标书为最优。

评标价法是指评审过程中以该标书的报价为基础，将报价之外需要评定的要素按预先规定的折算办法换算为货币价值。根据对招标人有利或不利的原则在投标报价上增加或扣减一定金额，最终构成评标价格。因此"评标价"既不是投标价也不是中标价，只是用价格指标作为评审标书优劣的衡量方法，评标价最低的投标书为最优。定标签订合同时，仍以报价作为中标的合同价。

（3）评标报告。评标报告是作为定标的主要依据。它是评标委员会经过对各投标书评审后向招标人提出的结论性报告。评标报告应包括评标情况说明、对每个合格投标书的评价、推荐合格的中标候选人等内容。如果评标委员会经过评审认为所有的投标都不符合招标文件的要求，可以否决所有投标。出现这种情况后，招标人应认真分析招标文件的有关要求以及招标过程，对招标工作范围或招标文件的有关内容作出实质性修改后再重新进行招标。

3）定标

（1）定标程序。确定中标人之前，招标人不得与投标人就投标价格、投标方案等实质性内容进行谈判。招标人应当根据评标委员会提出的评标报告和推荐的中标候选人确定中标人，也可以授权评标委员会直接确定中标人。

中标通知发出后的30天内，双方应当按照招标文件和投标文件订立书面合同，但不得对招标文件和投标文件作实质性的修改。

招标人确定中标人后15天内，应向有关行政监督部门提交招标投标情况的书面报告。

（2）定标原则。《招标投标法》规定，中标人的投标应当符合下列条件之一。

① 能够最大限度地满足招标文件中规定的各项综合评价标准。

② 能够满足招标文件各项要求并经评审的价格最低，但投标价格低于成本的除外。

 应用案例 4-2

案例概况

某重点工程项目计划于2011年12月28日开工，由于工程复杂，技术难度高，一般施工队伍难以胜任，业主自行决定采取邀请招标方式，于 2011 年 9 月 8 日向通过资格预审的 A、B、C、D、E 五家施工承包企业发出了投标邀请书。该五家企业均接受了邀请，并于规定时间 9 月 20—22 日购买了招标文件。招标文件中规定，10 月 18 日下午 4 时是招标文件规定的投标截止时间，11 月 10 日发出中标通知书。

在投标截止时间之前，A、B、D、E 四家企业提交了投标文件，但 C 企业于 10 月 18 日下午 5 时才送达，原因是中途堵车；10 月 21 日下午由当地招投标监督管理办公室主持进行了公开开标。

评标委员会成员共有 7 人组成，其中当地招投标监督管理办公室 1 人，公证处 1 人，招标人 1 人，技术经济方面专家 4 人。评标时发现 E 企业投标文件虽无法定代表人签字和委托人授权书，但投标文件均已有项目经理签字并加盖了公章。评标委员会于 10 月 28 日提出了评标报告。B、A 企业分别综合得分第一名和第二名。由于 B 企业投标报价高于 A 企业，11 月 10 日招标人向 A 企业发出了中标通知书并于 12 月 12 日签订了书面合同。

分析

(1) 企业自行决定采取邀请招标方式的做法是否妥当？说明理由。

(2) C 企业和 E 企业投标文件是否有效？说明理由。

(3) 指出开标工作的不妥之处，说明理由。

(4) 指出评标委员会成员组成的不妥之处，说明理由。

案例解析

(1) 本案例业主自行对省重点工程项目决定采取邀请招标的做法是不妥的。

根据《招标投标法》第十一条规定，省、自治区、直辖市人民政府确定的地方重点项目中不适宜公开招标的项目，要经过省、自治区、直辖市人民政府批准，方可进行邀请招标。

(2) C 企业的投标文件应被拒收。E 企业的投标文件应作废标处理。

根据《招标投标法》第二十八条规定，在招标文件要求提交投标文件的截止时间后送达的投标文件，招标人应当拒收。本案例 C 企业的投标文件送达时间迟于投标截止时间，因此该投标文件应被拒收。

根据《招标投标法》和国家计委(原)、建设部(原)等发布的《评标委员会和评标方法暂行规定》，投标文件若没有法定代表人签字和加盖公章属于重大偏差。本案 E 企业投标文件没有法定代表人签字，项目经理也未获得委托人授权书，无权代表本企业投标签字，尽管有单位公章，仍属存在重大偏差，应作废标处理。

(3) 根据《招标投标法》第三十四条规定，开标应当在招标文件确定的提交投标文件的截止时间的同一时间公开进行，本案例中招标文件规定的投标截止时间是 10 月 18 日下午 4 时，但迟至 10 月 21 日下午才开标，是不妥之一。

根据《招标投标法》第三十五条规定，开标应由招标人主持，本案例中由属于行政监督部门的当地招投标监督管理办公室主持，是不妥之二。

(4) 根据《招投标法》等规定，评标委员会应由招标人或其委托的招标代理机构熟悉相关业务的代表以及有关技术、经济等方面的专家组成，同时规定项目主管部门或者行政监督部门的人员不得担任评标委员会委员。显然招投标监督管理办公室人员和公证处人员担任评标委员会成员是不妥的。

《招投标法》还规定评标委员会技术、经济等方面的专家不得少于成员总数的 2/3。本案例中技术、经济等方面的专家比例为 4/7，低于规定的比例要求。

按规定，招标人和中标人应当自中标通知书发出之日起 30 天内，按照招标文件和中标人的投标文件订立书面合同，本案例中 11 月 10 日发出中标通知书，迟至 12 月 12 日才签订书面合同，两者的时间间隔已超过 30 天，违反了《招标投标法》的相关规定。

4.2 建设工程施工招标投标管理

施工招标的特点是发包的工作内容明确、具体，各投标人编制的投标书在评标时易于进行横向对比。虽然投标人按招标文件的工程量表中既定的工作内容和工程量编标报价，但价格的高低并非是确定中标人的唯一条件，投标过程实际上是各投标人完成该项任务的技术力量、经济实力、管理水平等综合能力的竞争。为此，《招标投标法》和《工程建设项目施工招标投标办法》作了明确规定。

4.2.1 施工招标的管理

1. 施工招标应具备的条件

依法必须招标的工程建设项目，应当具备下列条件才能进行施工招标。
（1）招标人已经依法成立。
（2）初步设计及概算应当履行审批手续的，已获批准。
（3）招标范围、招标方式和招标组织形式等应当履行核准手续的，已获核准。
（4）有相应的资金或资金来源已经落实。
（5）有招标所需的设计图纸及技术资料。

2. 合同数量的划分

根据工程特点和现场条件划分合同包的工作范围时，主要应考虑以下因素的影响。
1）施工内容的专业要求

将土建施工和设备安装分别招标。土建施工采用公开招标，设备安装工作由于专业技术要求高，可采用邀请招标选择有能力的中标人。

2）施工现场条件

在划分合同包时要充分考虑施工过程中几个独立承包人同时施工可能发生的交叉干扰，以利于监理对各合同的协调管理。基本原则是现场施工应当尽可能避免平面或不同高程作业的干扰。

3）对工程总投资影响

合同数量划分的多与少对工程总造价的影响不可一概而论，应当根据项目的具体特点进行客观分析。只发一个合同包时，便于投标人的施工，其人工、机械、临时设施均可以统一使用，在划分合同数量较多时，各投标书的报价中均要分别考虑动员准备费、施工机械闲置费、施工干扰的风险费等。但大型复杂项目的工程总承包，由于有能力参与竞争的投标人较少且报价中往往计入分包管理费，会导致中标的合同价较高。

4）其他因素影响

工程项目的施工是一个很复杂的系统工程，有很多的因素影响着合同包的划分，如筹措建设资金的计划到位时间、施工图完成的计划进度等条件。

3. 编制招标文件

因为招标文件中的很多文件将来要作为合同的有效组成部分，所以，招标文件应当尽可能完整、详细，这不仅能使投标人对项目的招标有充分的了解也有利于投标竞争。由于招标文件的内容繁多，必要时可以分卷、分章编写。

特别提示

施工招标范本中推荐的招标文件组成结构包括以下内容。

第一卷 投标须知、合同条件及合同格式
    第一章 投标须知
    第二章 合同通用条件
    第三章 合同专用条件
    第四章 合同格式
第二卷 技术规范
    第五章 技术规范
第三卷 投标文件
    第六章 投标书及投标书附录
    第七章 工程量清单与报价单
    第八章 辅助资料表
    第九章 资格审查表（有资格预审的不再采用）
第四卷 图　纸
    第十章 图　纸

4. 对潜在投标人或投标人的资格预审

资格预审主要侧重于对承包人企业总体能力是否适合招标工程的要求进行的审查，是在招标阶段对申请投标人的第一次筛选。

1）资格预审的主要内容

在一般情况下，对中小型工程的资格预审内容可适当简单，但对大型复杂工程承包人的能力应当进行全面资格预审。因此，资格预审表的内容应根据招标工程项目的大小及对投标人的要求来确定。

大型工业项目的资格预审表的主要内容如下。

（1）法人资格和组织机构。

（2）财务报表。

（3）人员报表。包括公司的人员数量（其中的技术人员、管理人员、行政人员、工人和其他人员的数量），主要管理人员和技术人员的情况介绍，目前各类、各级别可调用人员的数量。

（4）施工机械设备情况。包括为完成招标工程项目的施工，已有、新购、租赁设备情况调查。对已有设备按种类、型号分别填写数量、出产期和现值；对与招标工程施工有关的本企业目前闲置设备进行调查。

（5）分包计划。

（6）近5年完成同类工程项目调查，包括项目名称、类别、合同金额、投标人在项目中参与的百分比、合同是否圆满完成等。

（7）在建工程项目调查。

（8）近2年涉及的诉讼案件调查。

（9）其他资格证明。由承包人自由报送所有能表明其能力的各种书面材料。

2）资格预审方法

（1）必须满足的条件包括必要合格条件和附加合格条件，见表4-3。

表4-3　资格预审必须满足的条件

必要合格条件		附加合格条件
要求	内容	
营业执照	允许承接施工工作范围符合招标工程要求	（1）根据招标工程的施工特点设定的具体要求，并非每个招标项目都必须设置的条件 （2）不一定与招标工程的实施内容完全相同，只要与本项工程的施工技术和管理能力在同一水平即可 （3）对于大型复杂工程或有特殊专业技术要求的施工招标，通常在资格预审阶段需考察申请投标人是否具有同类工程的施工经验和能力
资质等级	达到或超过项目要求标准	
财务状况	通过开户银行的资信证明来体现	
流动资金	不少于预计合同价的百分比（例如5%）	
分包计划	主体工程不能分包	
履约情况	没有毁约被驱逐的历史	

（2）加权打分量化审查。

对满足上述条件申请投标人的资格预审文件采用加权打分法进行量化评定和比较。权重的分配应当依据招标工程特点和对承包人的要求来配设。在打分过程中应注意对承包人报送的资料进行分析。

4.2.2　施工投标的管理

1. 建设工程投标单位应具备的基本条件

投标人是响应施工招标、参与投标竞争的企业法人或者其他组织。投标人应具备的条件包括两方面。

（1）投标人应当具备承担招标项目的能力。

（2）投标人应当符合招标文件规定的资格条件。

2. 建设工程投标程序

建设工程投标一般应遵循如下程序。

（1）投标报价前期的调查研究，收集信息资料。

（2）对是否参加投标做出决策。

（3）研究招标文件并制定施工方案。

（4）工程成本估算。

（5）确定投标报价的策略。

（6）编制投标文件。

（7）投递投标文件。

（8）参加开标会议。

（9）投标文件澄清与陈述。

（10）若中标，签订工程合同。

3. 建设工程投标文件

投标人应当按照招标文件的要求编制投标文件。投标文件应当包括下列内容。

（1）投标函及投标函附录。

（2）法定代表人身份证明或附有法定代表人身份证明的授权委托书。

（3）联合体协议书（如工程允许采用联合体投标）。

（4）投标保证金。

（5）已标价工程量清单。

（6）施工组织设计。

（7）项目管理机构。

（8）拟分包项目情况表。

（9）资格审查资料。

（10）其他材料。

4. 建设工程投标策略

投标策略是指承包商在投标竞争中的系统工作部署及其参与投标竞争的方式和手段。投标策略作为投标取胜的方式、手段和艺术。常用的投标策略主要有以下几种。

1）不平衡报价法

一个工程项目总报价基本确定后，通过调整内部各个项目的报价，以期既不提高总报价、不影响中标，又能在结算时得到更理想的经济效益。

2）多方案报价法

如果发现招标文件规定的工程范围不很明确、条款不清楚或很不公正、或技术规范要求过于苛刻时，则要在充分估计投标风险的基础上，先按原招标文件报一个价，然后再提出如某某条款做某些变动，报价可降低多少，由此可报出一个较低的价。这样可以降低总价，吸引业主。

3）增加建议方案法

如果招标文件规定可以增加建议方案，即可以修改原设计方案，提出投标者的方案。投标者应抓住机会，组织一批有经验的设计和施工工程师，对原招标文件的设计和施工方案仔细研究，提出更为合理的方案以吸引业主，促成自己的方案中标。

4）无利润算标

缺乏竞争优势的承包商，在不得已的情况下，只好在算标中根本不考虑利润去夺标。

5. 决策树法在投标决策中的应用

1）决策树的概念

决策树是以方框和圆圈为结点并由直线连接而成的一种像树状的结构图形，其中方框"□"代表决策点，圆圈"○"代表机会点；从决策点画出的每条直线代表一个方案，叫做方案枝，从机会点画出的每条直线代表一种自然状态，叫做概率枝；树枝的末端叫做结果点。

2）利用决策树法进行投标决策

在投标决策时，如果能够知道每一种投标方案的中标概率和各种自然状态发生的概率，就可以首先绘制决策树，计算每一种投标方案的损益期望值，然后根据每一种投标方案的损益期望值的大小比较各个方案的优劣，从中选择投标方案。因此，应用决策树法进行投标决策可分为：绘制决策树、计算损益期望值和选择投标方案等步骤。

6. 不平衡报价与资金时间价值原理在投标决策中的应用

不平衡报价法的基本原理是在估价（总价）不变的前提下，调整分项工程的单价，所谓"不平衡报价"是相对于单价调整前的"平衡报价"而言。通常对前期工程、工程量可能增加的工程（由于图纸深度不够）、计日工等，可将原估单价调高，反之则调低。其次，要注意单价调整时不能畸高畸低，一般来说，单价调整幅度不宜超过±10％。

在应用不平衡报价法进行投标决策时，必须正确运用资金时间价值的计算公式和现金流量图，定量计算不平衡报价法所取得的收益。因此，要能熟练运用计算中涉及两个现值公式，即

$$一次支付现值公式 \quad P = F(P/F, i, n)$$
$$等额年金现值公式 \quad P = A(P/A, i, n)$$

上述两公式的具体计算式应掌握，应能使用计算器计算。

4.2.3 开标、评标和定标

1. 开标

开标应当在招标文件确定的提交投标文件截止时间的同一时间公开进行，开标地点应当为招标文件中确定的地点。开标由招标人或招标人委派的代表负责，邀请所有投标人参加。开标时，先由开标人检查投标文件截止时间前收到的所有投标文件的密封和标记情

况，经确认无误后，由开标人当众拆封投标函，宣读投标人名称和投标函的其他主要内容，并做好备查记录。

特别提示

采用资格后审的开标程序参照施工招标的资格后审开标方式进行。

2. 评标

1）综合评分法

在施工招标中需要评定的要素比较多，而且各项内容的单位又都不一致，因此综合评分法可以较全面地反映投标人的素质。评标是对各承包人实施工程综合能力的比较，在大型复杂工程评标时为了利于评委控制打分标准而减小随意性，评分标准最好设置几级评分目标。评分的指标体系和权重应当根据招标工程项目的具体特点设定。报价部分的评分又分为以标底衡量、以复合标底衡量及无标底比较衡量三大类。

（1）以标底衡量报价得分的综合评分法。评标委员会首先以预先确定的允许报价浮动范围（例如±5%）确定入围的有效投标，然后按照评标规则计算各项得分，最后以累计得分比较投标书的优劣。

应当特别注意，若某投标书的总分不低，但其中某一项得分值低于该项及格分时，也应当充分考虑授标给此投标人实施过程中可能的风险。

（2）以复合标底值作为报价评分衡量标准的综合评分法。以标底作为报价评定标准时，有可能出现报价分的评定不合理。其原因是投标人有可能因编制的标底没有反映出较为先进的施工技术水平和管理水平而导致，为了弥补这一缺陷，采用标底的修正值作为衡量标准。其具体步骤如下。

① 计算各投标书报价的算数平均值。

② 将标书平均值与标底再作算数平均。

③ 以②算出的值为中心，按预先确定的允许浮动范围（如±10%）确定入围的有效投标书。

④ 计算入围有效标书的报价算数平均值。

⑤ 将标底和④计算的值进行平均，作为确定报价得分的衡量标准。此步计算可以是简单的算数平均，也可以采用加权平均（如标底的权重为0.4，报价的平均值权重为0.6）。

⑥ 依据评标规则确定的计算方法，按报价与标准的偏离度计算各投标书的该项得分。

（3）无标底的综合评分法。以标底衡量和以复合标底衡量的方法在商务评标过程中对报价部分的评审都是以预先设定的标底作为衡量的条件，如果标底编制得不够合理，有可能导致对某些投标书的报价评分不公平。为了鼓励投标人的报价竞争，可以不预先制定标底，用投标人报价平均水平的某一值作为衡量基准来评定各投标书的报价部分的得分。如果采用此种方法，必须事先在招标文件中说明比较的标准值和报价与标准值偏差的计分方法，视报价与其偏离度的大小来确定分值高低。

目前采用较多的方法：一种是以最低报价为标准值，即在所有投标书的报价中以报价最低者为标准(该项满分),其他投标人的报价按预先确定的偏离百分比计算相应得分。但特别注意,当最低的投标报价与次低投标人的报价相差悬殊(例如20%以上)的时候,则应当首先考察最低报价者是否有低于其工程成本的竞标,只有报价的费用组成合理时,才可以作为标准值。这种规则一般适用于工作内容简单、承包人一般采用常规方法都可以完成的施工内容,因此评标时更重视报价的高低。另外一种是以平均报价为标准值。即在开标后,首先可以采用简单的算数平均值或平均值下浮某一预先规定的百分比作为标准值。标准值确定后,再按预先确定的规则视各投标书的报价与标准值的偏离程度计算各投标书中的该项得分。对于一些较为复杂的工作任务,不同的施工组织和施工方法可能产生不同的效果,因此不应当过分追求报价,而采用投标人的报价平均水平作为衡量标准。

2) 评标价法

评标委员会首先通过对各投标书的审查淘汰技术方案不满足基本要求的投标书,然后对基本合格的标书按预定的方法将某些评审要素按一定规则折算为评审价格,加到该标书的报价上形成评标价。以评标价最低的标书为最优(不是投标报价最低)。

评标价仅是作为衡量投标人能力高低的一种量化比较方法,与中标人签订合同时还要以投标价格为准。可以折算成价格的评审要素一般包括以下内容。

(1) 投标书承诺的工期提前给项目可能带来的超前收益,以月为单位按预定计算规则折算为相应的货币值,从该投标人的报价内扣减此值。

(2) 实施过程中必然发生而标书又属明显漏项部分,给予相应的补项,增加到报价上去。

(3) 技术建议可能带来的实际经济效益,按预定的比例折算后,在投标价内减去该值。

(4) 投标书内提出的优惠条件可能给招标人带来的好处,以开标日为准按一定的方法折算后,作为评审价格因素之一。

(5) 对其他可以折算为价格的要素,按照对招标人有利或不利的原则增加或减少到投标报价上去。

3. 定标

经过评标后,确定出中标候选人(或中标单位)。评标委员会推荐的中标候选人应当限定在1~3人,并标明排列顺序。

评标委员会提出书面评标报告后,招标人一般应当在15日内确定中标人,最迟应当在投标有效期结束日30个工作日前确定。

中标人的投标应当符合下列条件之一。

(1) 能够最大限度满足招标文件中规定的各项综合评价标准。

(2) 能够满足招标文件的实质性要求,并且经评审的投标价格最低;但是投标价格低于成本的除外。

招标人可以授权评标委员会直接确定中标人。

招标人应当在确定中标人后15日内,向有关行政监督部门提交施工招标投标情况的书面报告,在5日内未被通知招投标活动有违法行为的,招标人方可向中标人发出中标通知书并同时将中标结果通知所有未中标人。

招标人和中标人应当自中标通知书发出之日起 30 日内，按照招标文件和中标人的投标文件订立书面合同。

4.3 建设工程监理招标投标管理

4.3.1 建设工程监理招标概述

1. 开标、评标和定标

监理招标的标的是"监理服务"，监理招标与工程项目建设中其他各类招标的最大区别表现为监理单位不承担物质生产任务，只是受招标人委托对生产建设过程提供监督、管理、协调、咨询等服务。鉴于监理标的具有的特殊性，招标人选择中标人的基本原则是"基于能力的选择"，投标人的报价所占的权重很小，这也是监理行业的特点所决定的。

1) 招标宗旨是对监理单位能力的选择

监理服务是监理单位的高智能投入，监理服务工作质量完成的好坏不仅依赖于执行监理业务是否遵循了规范化的管理程序和方法，主要取决于参与监理工作人员的专业知识、工程管理经验、对事物发展的判断能力和创新想象能力等。监理服务的质量直接影响整个工程管理水平，影响到工程的质量、进度和投资。招标选择监理单位时，鼓励的是能力的竞争而不是价格竞争，因此，监理单位相应招标文件的监理规划及其拟派的监理人员的能力就作为监理招标的重点评价因素。

2) 报价的选择中居于次要地位

因为监理招标是基于能力的选择，当监理价格过低时监理单位很难派出高素质的监理人员，很难把招标人的利益放在第一位或者无法保证监理人员数量，也就无法提供优质服务，"优质优价、低价质差"这是市场规律的一个法则。从另一个角度来看，服务质量与价格之间也有相应的平衡关系，所以招标人应在能力相当的投标人之间再进行价格比较。投标人的报价应作为监理招标的第二评价因素。

3) 邀请的投标人数量应适宜

选择监理单位时，无论是采用公开招标或是邀请招标，一般邀请投标人的数量以 3~5 家为宜，因为监理招标是对知识、技能和经验等方面综合能力的选择，每一份标书内都会提出具有独特见解或创造性的实施建议，但又各有长处或短处。如果邀请过多投标人参与竞争，不仅要增大评标工作量，而且定标后还要给予未中标人以一定补偿费，与在众多投标人中好中求好的目的比较，往往产生事倍功半的效果。

2. 委托监理工作的范围

划分合同包的工作范围时，通常考虑的因素包括以下内容。

1) 工程规模

中小型工程项目，有条件时可将全部监理工作委托给一个单位；大型或复杂工程，则应按设计、施工等不同阶段及监理工作的专业性质分别委托给几家单位。

2）工程项目的专业特点

不同的施工内容对监理人员的素质、专业技能和管理水平的要求不同，应充分考虑专业特点的要求。例如，将土建和安装工程的监理工作分开招标，甚至有特殊基础处理时将该部分从土建中分离出去单独招标。

3）被监理合同的难易程度

工程项目建设期间，招标人与第三人签订的合同较多，对易于履行合同的监理工作可并入相关工作的委托监理内容之中。如将采购通用建筑材料购销合同的监理工作并入施工监理的范围之内，而设备制造合同的监理工作则需委托专门的监理单位。

4.3.2　招标文件

监理招标实际上是征询投标人实施监理工作的方案建议。因此，招标文件应包括以下几方面内容。

1. 投标须知

（1）工程项目综合说明。包括项目的主要建设内容、规模、工程等级、建设地点、总投资、现场条件、开竣工日期等。

（2）委托的监理范围和监理业务。

（3）投标文件的格式、编制、递交。

（4）投标保证金。

（5）无效投标文件的规定。

（6）招标文件的澄清与修改。

（7）投标起止时间，开标、评标、定标时间和地点。

（8）评标的原则。

2. 合同条件

拟采用的监理合同条件。

3. 业主提供的现场办公条件

业主提供的现场办公条件主要包括交通、通信、住宿、办公用房、实验条件等。

4. 对监理单位的要求

对监理单位的要求主要包括对现场监理人员、检测手段、工程技术难点等方面的要求。

5. 有关技术规定

有关技术规定主要包括本工程采用的技术规范、对施工工艺的特殊要求等。

6. 必要的设计文件、图纸和有关资料

略。

7. 其他事项

其他应说明的事项。

4.3.3 评标

1. 对投标文件的评审

监理招标与工程项目建设过程中其他各类招标的最大区别表现为标的具有特殊性。监理招标的标的是提供"监理服务"，只是受招标人委托对工程建设过程提供监督管理、咨询等服务，而不承担物质生产任务。鉴于监理标的的特殊，标书评审的基本原则是"基于能力的选择，辅以报价的审查"，主要评审以下几方面的合理性。

（1）投标人的资质等级及总体素质。包括主管部门或股东单位、资质等级、监理业务范围、管理水平、人员综合素质情况等。

（2）监理大纲。监理大纲的科学性、合理性、针对性、先进性等。

（3）拟派项目的主要监理人员。重点审查总监理工程师、主要专业工程师，专业配套能力等。

（4）监理单位提供用于工程的检测设备和仪器，或委托有关单位检测的协议。

（5）监理费报价和费用组成。

（6）近几年来的监理业绩。

（7）企业奖惩及社会信誉。

（8）招标文件要求的其他情况。

2. 对投标文件的比较

监理评标的量化通常采用综合评分法对各投标人的综合能力进行对比。依据招标项目的特点设置评分内容和分值的权重。招标文件中说明的评标原则和预先确定的记分标准开标后不得更改，作为评标委员的打分依据。施工监理招标的评分内容及分值分配见表 4-4。

表 4-4　施工监理招标的评分内容及分值分配

评审内容	分值
投标人资质等级及总体素质	10～15
总监理规划或监理大纲	10～20
监理机构	
监理工程师资格及业绩	10～20
专业配套	5～10
职称、年龄结构等	5～10
各专业监理工程师资格及业绩	10～15
监理取费	5～10

评审内容	分值
检测仪器、设备	5～10
监理单位业绩	10～20
企业奖惩及社会信誉	5～10
合计总分	100

4.4　建设工程勘察设计招标投标管理

4.4.1　建设工程勘察招标概述

为规范工程建设项目勘察设计招标投标活动、提高经济效益、保证工程质量，2003 年 6 月中华人民共和国国家发展和改革委员会等八部委依据《招标投标法》发布了《工程建设项目勘察设计招标投标办法》，于 2003 年 8 月 1 日起施行。

1. 委托工作内容

(1) 自然条件观测。

(2) 地形图测绘。

(3) 资源探测。

(4) 岩土工程勘察。

(5) 地震安全性评价。

(6) 工程水文地质勘察。

(7) 环境评价和环境基底观测。

(8) 模型试验和科研。

2. 勘察招标的特点

勘察任务也可以单独发包给具有相应资质的勘察单位实施，也可以将其包括在设计招标任务中。两者相比较，将勘察任务包括在设计招标的发包范围内由有相应能力的设计单位完成或由其再去选择承担勘察任务的分包单位，对招标人较为有利。

4.4.2　建设工程设计招标概述

工程设计招标的特点是投标人将招标人对项目的设想变为可实施方案的竞争。

1. 招标发包的工作范围

一般工程项目的设计分为初步设计和施工图设计两个阶段进行，对技术复杂而又缺乏经验的项目，在必要时还要增加技术设计阶段。为了保证设计指导思想连续地贯彻于设计的各个阶段，一般多采用技术设计招标或施工图设计招标，不单独进行初步设计招标，由中标的设计单位承担初步设计任务。

2. 设计招标方式

设计招标与施工、材料、设备招标等不同，其特点表现为承包的任务是投标人通过自己的智力劳动将招标人对建设项目的设想变为可实施的蓝图，而后者则是招标人按设计的明确要求完成规定的生产劳动。设计招标文件对投标人所提出的要求不是那么明确具体，客观上也不可能明确具体，招标人只是简单介绍工程项目的实施条件、预期达到的技术经济指标、投资限额、进度要求等。投标人按规定分别报出工程项目的构思方案、实施计划和报价。鉴于设计任务本身的特点，设计招标应采用设计方案竞选的方式招标。

设计招标与其他招标在程序上的主要区别表现见表 4-5。

表 4-5 设计招标与其他招标在程序上的主要区别表现

不同点	主要区别表现
招标文件的内容	设计招标文件中仅提出设计依据、工程项目应达到的技术指标、项目限定的工作范围、项目所在地的基本资料、要求完成的时间等内容，而无具体的工作量
对投标书的编制要求	投标人的投标报价不是按规定的工程量清单填报单价后算出总价，而是首先提出设计构思和初步方案，并论述该方案的优点和实施计划，在此基础上进一步提出报价
开标形式	开标时不是由招标单位的主持人宣读投标书并按报价高低排定标价次序，而是由各投标人自己说明投标方案的基本构思和意图，以及其他实质性内容，而且不按报价高低排定标价次序
评标原则	评标时不过分追求投标价的高低，评标委员更多关注所提供方案的技术先进性、所达到的技术指标、方案的合理性以及对工程项目投资效益的影响

4.4.3 设计招标文件

1. 招标的主要内容

招标文件通常由招标人委托有资质的中介机构准备，其内容应包括以下几个方面。

（1）投标须知，包括所有对投标要求的有关事项。

（2）设计依据文件，包括设计任务书及经批准的有关行政文件复制件。

（3）项目说明书，包括工作内容、设计范围和深度、建设周期和设计进度要求等方面内容并告知建设项目的总投资限额。

（4）合同的主要条件。

（5）设计依据资料，包括提交设计所需资料的内容、方式和时间。

（6）组织现场考察和召开标前会议的时间、地点。

（7）投标截止日期。

（8）招标可能涉及的其他有关内容。

2. 设计要求文件的主要内容

招标文件中对项目设计提出明确要求的"设计要求"或"设计大纲"是最重要的文件部分，文件大致包括以下内容。

（1）设计文件编制的依据。

（2）国家有关行政主管部门对规划方面的要求。

（3）技术经济指标要求。

（4）平面布局要求。

（5）结构形式方面的要求。

（6）结构设计方面的要求。

（7）设备设计方面的要求。

（8）特殊工程方面的要求。

（9）其他有关方面的要求，如环保、消防等。

编制设计要求文件应兼顾三个方面：严格性，完整性，灵活性。

4.4.4 对投标人的资格审查

无论是公开招标时对申请投标人的资格预审，还是邀请招标时采用的资格后审，审查的基本内容是相同的。

1. 资格审查

1）证书的各类

包括国家和地方建设主管部门颁发的《工程勘察证书》和《工程设计证书》。

2）证书的级别

我国的《工程勘察证书》和《工程设计证书》分为甲、乙、丙三级，并规定低资质的投标人不允许承接高等级工程的勘察、设计及任务。

3）允许承接的任务范围

由于工程项目的勘察和设计专业性强、要求高，因此还需要审查投标人的证书批准允许承揽工作的范围是否与招标项目的专业性质一致。

2. 能力审查

通常审查人员的技术力量和所拥有的技术设备两方面。

3. 经验审查

侧重于考察已完成的设计项目与招标工程在规模、性质、形式上是否相适应。

4.4.5 设计投标书的评审

1. 设计投标书的评审

1) 设计方案的优劣

评审设计方案内容主要包括以下内容。

(1) 设计指导思想是否正确。

(2) 方案是否反映了国内外同类工程项目较先进的水平。

(3) 配置的合理性，场地利用系数是否合理。

(4) 工程是否先进。

(5) 设计方案的适用性；主要建筑物、构筑物的结构是否合理，造型是否美观大方并与周围环境协调。

(6) "三废"治理方案是否有效。

(7) 其他有关问题。

2) 投入、产出经济效益比较

主要内容涉及以下几个方面。

(1) 建筑标准是否合理。

(2) 投资估算是否超过限额。

(3) 先进的工艺流程可能带来的投资回报。

(4) 实现该方案可能需要的外汇估算。

3) 设计进度快慢

大型复杂的工程项目为了缩短建设周期，初步设计完成后就进行施工招标，在施工阶段陆续提供施工详图。在这种情况下就应重点审查设计进度是否能满足施工进度要求，以避免妨碍或延误施工的顺利进行。

4) 设计资历和社会信誉

不设置资格预审的邀请招标在评标时还应当进行资格后审，作为评审比较条件之一。

5) 报价的合理性

在方案水平相当的投标人之间再进行设计报价的比较，不仅要评定总价，还应该审查各分项取费的合理性。

2. 勘察投标书的评审

勘察投标书的评审主要有勘察方案是否合理、勘察技术水平是否先进、各种所需勘察数据能否准确可靠、报价是否合理等方面。

4.5 建设工程物资设备采购招标投标管理

工程建设中的物资主要是指构成建设工程实体的材料和设备。建设工程造价的 60% 以上都是由材料、设备的价值构成的，建设工程的质量也是在很大程度上受制于所使用的材料、设备的质量。对材料、设备采购进行招标有助于提高采购物的质量、降低采购价格，对于提高建设工程质量、降低建设工程造价是有积极意义。

项目建设所需要的物资按标的物的特点可以划分为大宗材料买卖合同和承揽合同两大类。采购大宗建筑材料或定型批量生产的中小型设备属于买卖合同，因为这些物资的规格、性能、主要技术参数均为通用指标，所以招标时一般仅限于对投标人的商业信誉、报价和交货期限等方面的比较。而订购非批量生产的大型复杂机组设备、特殊用途的大型非标准部件则属于承揽合同，招标评选时要对投标人的商业信誉、加工制造能力、报价、交货期限和方式、安装（或安装指导）、调试、保修，以及操作人员培训等各方面条件进行全面的比较。

4.5.1　招标的条件及方式

1. 招标的条件

为规范工程建设项目的货物招标投标活动，保护国家利益、社会公共利益和招标投标活动当事人的合法权益，保证工程质量，提高投资效益，根据《招标投标法》和中华人民共和国国家发展和改革委员会（简称国家发改委）等有关部门的规定，依法必须招标的工程建设项目，应当具备下列条件才能进行货物招标。

（1）招标人已经依法成立。

（2）按照国家有关规定应当履行项目审批、核准或者备案手续的，已经审批、核准或者备案。

（3）有相应资金或者资金来源已经落实。

（4）能够提出货物的使用与技术要求。

依法必须进行招标的工程建设项目，按国家有关投资项目审批管理规定，凡应报送项目审批部门审批的，招标人应当在报送的可行性研究报告中将货物招标范围、招标方式（公开招标或邀请招标）、招标组织形式（自行招标或委托招标）等有关招标内容报项目审批部门核准。项目审批部门应当将核准招标内容的意见抄送有关行政监督部门。

企业投资项目申请政府安排财政性资金的，前款招标内容由资金申请报告审批部门依法在批复中确定。

2. 招标的方式

建设工程物资设备采购招标采取公开招标或邀请招标两种形式进行。

国务院发展改革部门确定的国家重点建设项目和各省、自治区、直辖市人民政府确定的地方重点建设项目，其货物采购应当公开招标；有下列情形之一的，经批准可以进行邀请招标。

（1）货物技术复杂或有特殊要求，只有少量几家潜在投标人可供选择的。

（2）涉及国家安全、国家秘密或者抢险救灾，适宜招标但不宜公开招标的。

（3）拟公开招标的费用与拟公开招标的节资相比得不偿失的。

（4）法律、行政法规规定不宜公开招标的。

国家重点建设项目货物的邀请招标应当经国务院发展改革部门批准；地方重点建设项目货物的邀请招标应当经省、自治区、直辖市人民政府批准。

采用公开招标方式的，招标人应当发布招标公告。依法必须进行货物招标的招标公告，应当在国家指定的报刊或者信息网络上发布。

采用邀请招标方式的，招标人应当向三家以上具备货物供应的能力、资信良好的特定的法人或者其他组织发出投标邀请书。

4.5.2 招标公告及资格审查

1. 招标公告的内容

招标公告或者投标邀请书应当载明下列内容。

(1) 招标人的名称和地址。

(2) 招标货物的名称、数量、技术规格、资金来源。

(3) 交货的地点和时间。

(4) 获取招标文件或者资格预审文件的地点和时间。

(5) 对招标文件或者资格预审文件收取的费用。

(6) 提交资格预审申请书或者投标文件的地点和截止日期。

(7) 对投标人的资格要求。

招标人应当按招标公告或者投标邀请书规定的时间、地点发出招标文件或者资格预审文件。自招标文件或者资格预审文件发出之日起至停止发出之日止，最短不得少于五个工作日。

招标人发出的招标文件或者资格预审文件应当加盖印章。招标人可以通过信息网络或者其他媒介发布招标文件，通过信息网络或者其他媒介发布的招标文件与书面招标文件具有同等法律效力，出现不一致时以书面招标文件为准，但法律、行政法规或者招标文件另有规定的除外。

除不可抗力原因外，招标文件或者资格预审文件发出后不予退还；招标人在发布招标公告、发出投标邀请书后或者发出招标文件或资格预审文件后不得擅自终止招标。因不可抗力原因造成招标终止的，投标人有权要求退回招标文件并收回购买招标文件的费用。

招标人可以根据招标货物的特点和需要，对潜在投标人或者投标人进行资格审查；法律、行政法规对潜在投标人或者投标人的资格条件有规定的，依照其规定。

特别提示

对招标文件或者资格预审文件的收费应当合理，不得以赢利为目的。

2. 设备采购的资格审查

资格审查分为资格预审和资格后审。

资格预审是指招标人出售招标文件或者发出投标邀请书前对潜在投标人进行的资格审

查。资格预审一般适用于潜在投标人较多或者大型、技术复杂货物的公开招标以及需要公开选择潜在投标人的邀请招标。

资格后审是指在开标后对投标人进行的资格审查。资格后审一般在评标过程中的初步评审开始时进行。

采取资格预审的，招标人应当发布资格预审公告。资格预审公告适用于有关招标公告的规定。

资格预审文件一般包括下列内容。

（1）资格预审邀请书。

（2）申请人须知。

（3）资格要求。

（4）其他业绩要求。

（5）资格审查标准和方法。

（6）资格预审结果的通知方式。

采取资格预审的，招标人应当在资格预审文件中详细规定资格审查的标准和方法；采取资格后审的，招标人应当在招标文件中详细规定资格审查的标准和方法。

招标人在进行资格审查时，不得改变或补充载明的资格审查标准和方法或者以没有载明的资格审查标准和方法对潜在投标人或者投标人进行资格审查。

经资格预审后，招标人应当向资格预审合格的潜在投标人发出资格预审合格通知书，告知获取招标文件的时间、地点和方法，并同时向资格预审不合格的潜在投标人告知资格预审结果。

特 别 提 示

资格预审合格的潜在投标人不足三个的，招标人应当重新进行资格预审。

对资格后审不合格的投标人，评标委员会应当对其投标作废标处理。

对投标人履行合同的能力，具体要求其应符合以下条件。

（1）具有独立订立合同的权利。

（2）在专业技术、设备设施、人员组织、业绩经验等方面，具有设计、制造、质量控制、经营管理的相应资格和能力。

（3）具有完善的质量保证体系。

（4）业绩良好。

（5）有良好的银行信用和商业信誉等。

3. 招标文件

招标文件一般包括下列内容。

（1）投标邀请书。

（2）投标人须知。

（3）投标文件格式。

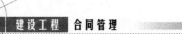

（4）技术规格、参数及其他要求。

（5）评标标准和方法。

（6）合同主要条款。

招标人应当在招标文件中规定实质性要求和条件，说明不满足其中任何一项实质性要求和条件的投标将被拒绝，并用醒目的方式标明；没有标明的要求和条件在评标时不得作为实质性要求和条件。对于非实质性要求和条件，应规定允许偏差的最大范围、最高项数，以及对这些偏差进行调整的方法。

知识拓展

国家对招标货物的技术、标准、质量等有特殊要求的，招标人应当在招标文件中提出相应特殊要求，并将其作为实质性要求和条件。

4.5.3 关于划分合同标包的基本原则

招标货物需要划分标包的，招标人应合理划分标包，确定各标包的交货期，并在招标文件中如实载明。

招标人允许中标人对非主体货物进行分包的，应当在招标文件中载明。主要设备或者供货合同的主要部分不得要求或者允许分包。

除招标文件要求不得改变标准货物的供应商外，中标人经招标人同意改变标准货物的供应商的，不应视为转包和违法分包。

建设工程项目所需的各种物资应按实际需求时间分成几个阶段进行招标。每次招标时，可依据物资的性质只发一个合同标包或分成几个合同标包同时招标。投标的基本单位是包，投标人可以投一个或其中的几个标包，但不能仅投一个标包中的某几项，而且必须包括全部规格和数量供应的报价。划分采购合同标包的基本原则是，有利于吸引较多的投标人参加竞争以达到降低货物价格、保证供货时间和质量的目的。划分合同标包主要考虑的因素包括以下内容。

1. 有利于投标竞争

按照标的物预计金额的大小恰当地分标和分包。如果一个包划分的过小对有实力供货商就缺少吸引力，如果一个包划分的过大，则中小供货商就无力问津。

2. 工程进度与供货时间的关系

分阶段招标的计划应当以到货时间满足施工进度计划为条件，要综合考虑到制造周期、运输、仓储能力等因素。既不能延误施工的需要，也不要过早到货，以免支出过多保管费用、自然损失及占用建设资金。

3. 市场供应情况

应当合理预计市场价格的浮动影响，合理分阶段、分批采购建筑材料和设备。

4. 资金计划

考虑建设资金的到位计划及周转计划，合理地进行分次采购招标。

4.5.4 招标文件中的其他规定

1. 对招投标文件内容的要求

（1）招标人可以要求投标人在提交符合招标文件规定要求的投标文件外，提交备选投标方案，但应当在招标文件中作出说明。不符合中标条件的投标人的备选投标方案不予考虑。

（2）招标文件规定的各项技术规格应当符合国家技术法规的规定。招标文件中规定的各项技术规格均不得要求或标明某一特定的专利技术、商标、名称、设计、原产地或供应者等，不得含有倾向或者排斥潜在投标人的其他内容。如果必须引用某一供应者的技术规格才能准确或清楚地说明拟招标货物的技术规格时，则应当在参照后面加上"或相当于"的字样。

（3）招标文件应当明确规定评标时包含价格在内的所有评标因素，以及据此进行评估的方法。

 **特别提示**

在评标过程中，不得改变招标文件中规定的评标标准、方法和中标条件。

2. 投标保证金

招标人可以在招标文件中要求投标人以自己的名义提交投标保证金。投标保证金除现金外，可以是银行出具的银行保函、保兑支票、银行汇票或现金支票，也可以是招标人认可的其他合法担保形式。

投标保证金一般不得超过投标总价的 2%，但最高不得超过 80 万元人民币。投标保证金有效期应当与投标有效期一致。

投标人应当按照招标文件要求的方式和金额，在提交投标文件截止之日前将投标保证金提交给招标人或其招标代理机构。

 知识拓展

投标人不按招标文件要求提交投标保证金的，该投标文件作废标处理。

3. 投标有效期及其他要求

招标文件应当规定一个适当的投标有效期，以保证招标人有足够的时间完成评标和与中标人签订合同。投标有效期从招标文件规定的提交投标文件截止之日起计算。

在原投标有效期结束前出现特殊情况的，招标人可以书面形式要求所有投标人延长投标有效期。投标人同意延长的，不得要求或允许修改其投标文件的实质性内容，但应当相

应延长其投标保证金的有效期;投标人拒绝延长的,其投标失效,但投标人有权收回其投标保证金。

特别提示

同意延长投标有效期的投标人少于3个的,招标人应当重新招标。

对于潜在投标人在阅读招标文件中提出的疑问,招标人应当以书面形式、投标预备会方式或者通过电子邮件解答,但需同时将解答以书面方式通知所有购买招标文件的潜在投标人。该解答的内容为招标文件的组成部分。

除招标文件明确要求外,出席投标预备会不是强制性的,由潜在投标人自行决定并自行承担由此可能产生的风险。

招标人应当确定投标人编制投标文件所需的合理时间。依法必须进行招标的货物自招标文件开始发出之日起至投标人提交投标文件截止之日止,最短不得少于20日。

对无法精确拟定其技术规格的货物,招标人可以采用两阶段招标程序。

第一阶段,招标人可以首先要求潜在投标人提交技术建议,详细阐明货物的技术规格、质量和其他特性。招标人可以与投标人就其建议的内容进行协商和讨论,达成一个统一的技术规格后编制招标文件。

第二阶段,招标人应当向第一阶段提交了技术建议的投标人提供包含统一技术规格的正式招标文件,投标人根据正式招标文件的要求提交包括价格在内的最后投标文件。

4.5.5 投标及投标文件

1. 投标人

投标人是响应招标、参加投标竞争的法人或者其他组织。

法定代表人为同一个人的两个及两个以上法人,母公司、全资子公司及其控股公司,都不得在同一货物招标中同时投标。

但是两个以上法人或者其他组织可以组成一个联合体,以一个投标人的身份共同投标。联合体各方签订共同投标协议后,不得再以自己名义单独投标,也不得组成或参加其他联合体在同一项目中投标;否则作废标处理。联合体各方应当在招标人进行资格预审时,向招标人提出组成联合体的申请。没有提出联合体申请的,资格预审完成后,不得组成联合体投标。

特别提示

招标人不得强制资格预审合格的投标人组成联合体。

一个制造商对同一品牌同一型号的货物,仅能委托一个代理商参加投标,否则应作废标处理。

2. 投标文件

1）投标文件的内容

投标人应当按照招标文件的要求编制投标文件。投标文件应当对招标文件提出的实质性要求和条件作出响应。

投标文件一般包括下列内容。

（1）投标函。

（2）投标一览表。

（3）技术性能参数的详细描述。

（4）商务和技术偏差表。

（5）投标保证金。

（6）有关资格证明文件。

（7）招标文件要求的其他内容。

投标人根据招标文件载明的货物实际情况，拟在中标后将供货合同中的非主要部分进行分包的，应当在投标文件中载明。

2）投标文件不予受理的情况

在招标文件要求提交投标文件的截止时间后送达的投标文件为无效的投标文件，招标人应当拒收并将其原封不动地退回投标人。

投标文件有下列情形之一的，招标人不予受理。

（1）逾期送达的或者未送达指定地点的。

（2）未按招标文件要求密封的。

投标文件有下列情形之一的，由评标委员会初审后按废标处理。

（1）无单位盖章并无法定代表人或法定代表人授权的代理人签字或盖章的。

（2）无法定代表人出具的授权委托书的。

（3）未按规定的格式填写，内容不全或关键字迹模糊、无法辨认的。

（4）投标人递交两份或多份内容不同的投标文件，或在一份投标文件中对同一招标货物报有两个或多个报价，且未声明哪一个为最终报价的，按招标文件规定提交备选投标方案的除外。

（5）投标人名称或组织结构与资格预审时不一致且未提供有效证明的。

（6）投标有效期不满足招标文件要求的。

（7）未按招标文件要求提交投标保证金的。

（8）联合体投标未附联合体各方共同投标协议的。

（9）招标文件明确规定可以废标的其他情形。

评标委员会对所有投标作废标处理的或者评标委员会对一部分投标作废标处理后其他有效投标不足三个使得投标明显缺乏竞争、决定否决全部投标的，招标人应当重新招标。

提交投标文件的投标人少于三个的，招标人应当依法重新招标。

知识拓展

重新招标后投标人仍少于三个的必须招标的工程建设项目，报有关行政监督部门备案后可以不再进行招标，或者对两家合格投标人进行开标和评标。

3）投标文件的补充、修改等

投标人在招标文件要求提交投标文件的截止时间前，可以补充、修改、替代或者撤回已提交的投标文件并书面通知招标人。补充、修改的内容为投标文件的组成部分。招标人不得接受以电报、电传、传真以及电子邮件方式提交的投标文件及投标文件的修改文件。

在提交投标文件截止时间后，投标人不得补充、修改、替代或者撤回其投标文件。投标人补充、修改、替代投标文件的，招标人不予接受；投标人撤回投标文件的，其投标保证金将被没收。

 **特别提示**

招标人应妥善保管好已接收的投标文件、修改或撤回通知、备选投标方案等投标资料，并严格保密。

4.5.6 开标、评标及定标管理

开标、评标和定标统称为决标。

1. 开标

开标应当在招标文件确定的提交投标文件截止时间的同一时间公开进行；开标地点应当为招标文件中确定的地点。投标人或其授权代表有权出席开标会，也可以自主决定不参加开标会。

评标委员会可以以书面方式要求投标人对投标文件中含义不明确、对同类问题表述不一致或者有明显文字和计算错误的内容做必要的澄清、说明或补正。

 **特别提示**

评标委员会不得向投标人提出带有暗示性或诱导性的问题，或向其明确投标文件中的遗漏和错误。

2. 评标

投标文件不响应招标文件的实质性要求和条件的，评标委员会应当作废标处理，不允许投标人通过修正或撤销其不符合要求的差异或保留，使之成为具有响应性的投标。

材料、设备供货评标的特点是不仅要看投标人报价的高低，还要考虑招标人在货物运抵现场过程中可能要支付的其他费用以及设备在评审预定的寿命期内可能投入的运营、管理费用的多少。如果投标人的设备报价较低但运营费用很高时，还是不符合以最合理价格采购的原则。

货物采购评标，一般采用评标价法或综合评分法，也可以将二者结合使用。

1) 评标价法

评标价法是指以货币价格作为评价指标的方法，依据标的物性质不同可以分为以下几类比较方法。

(1) 最低投标价法。采购简单的商品、半成品、原材料，以及其他性能、质量相同或容易进行比较的货物时，仅以报价和运费作为比较要素，选择总价格最低者中标，但最低投标价不得低于成本。

(2) 综合评标价法。以投标价为基础，将评审各要素按预定方法换算成相应价格，增加或减少到报价上形成评标价。采购机组、车辆等大型设备时，较多采用这种方法。

 知识拓展

投标报价之外还需考虑的因素通常包括运输费用；交货期；付款条件；零配件和售后服务；设备性能、生产能力。

将以上各项评审价格加到报价上去后，累计金额即为该标书的评标价。

(3) 以设备寿命周期成本为基础的评标价法。采购生产线、成套设备、车辆等运行期内各种费用较高的货物，评标时可预先确定一个统一的设备评审寿命期(短于实际寿命期)，然后再根据投标书的实际情况在报价上加上该年限运行期间所发生的各项费用，再减去寿命期末设备的残值。计算各项费用和残值时，都应按招标文件规定的贴现率折算成净现值。

这种方法是在综合评标价的基础上，进一步加上一定运行年限内的费用作为评审价格。这些以贴现值计算的费用包括以下三种。

① 估算寿命期内所需的燃料消耗费。

② 估算寿命期内所需备件及维修费用。

③ 估算寿命期残值。

2) 综合评分法

按预先确定的评分标准，分别对各投标书的报价和各种服务进行评审记分。

(1) 评审记分内容：主要内容包括投标价格；运输费、保险费和其他费用的合理性；投标书中所报的交货期限；偏离招标文件规定的付款条件影响；备件价格和售后服务；设备的性能、质量、生产能力；技术服务和培训；其他有关内容。

(2) 评审要素的分值分配：评审要素确定后，应依据采购标的物的性质、特点，以及各要素对总投资的影响程度划分权重和记分标准，既不能等同对待，也不应一概而论。表4-6是世界银行贷款项目通常采用的分配比例，以供参考。

表 4-6 世界银行贷款项目通常采用的分配比例

投标价	65~70 分
备件价格	0~10 分
技术性能、维修、运行费	0~10 分
售后服务	0~5 分
标准备件等	0~5 分
总 计	100 分

综合记分法的优点是：简便易行，评标考虑要素较为全面，可以将难以用金额表示的某些要素量化后加以比较。其缺点是：各评标委员独自给分，对评标人的水平和知识面要求高，否则主观随意性大。投标人提供的设备型号各异，难以合理确定不同技术性能的相关分值差异。

特别提示

评标委员会完成评标后应向招标人提出书面评标报告。评标报告由评标委员会全体成员签字。

3. 中标

1）有关中标人的规定

评标委员会在书面评标报告中推荐的中标候选人应当限定在 1~3 人并标明排列顺序。招标人应当接受评标委员会推荐的中标候选人，不得在评标委员会推荐的中标候选人之外确定中标人。

评标委员会提出书面评标报告后，招标人一般应当在 15 日内确定中标人，但最迟应当在投标有效期结束日 30 个工作日前确定。

使用国有资金投资或者国家融资的项目，招标人应当确定排名第一的中标候选人为中标人。排名第一的中标候选人放弃中标、因不可抗力提出不能履行合同或者招标文件规定应当提交履约保证金而在规定的期限内未能提交的，招标人可以确定排名第二的中标候选人为中标人。

排名第二的中标候选人因前款规定的同样原因不能签订合同的，招标人可以确定排名第三的中标候选人为中标人。

特别提示

招标人可以授权评标委员会直接确定中标人。国务院对中标人的确定另有规定的，从其规定。

2）中标通知书及合同

招标人不得向中标人提出压低报价、增加配件或者售后服务量以及其他超出招标文件规定的违背中标人意愿的要求,以此作为发出中标通知书和签订合同的条件。

中标通知书对招标人和中标人具有法律效力。中标通知书发出后,招标人改变中标结果的或者中标人放弃中标项目的,应当依法承担法律责任。

中标通知书由招标人发出,也可以委托其招标代理机构发出。

招标人和中标人应当自中标通知书发出之日起 30 日内,按照招标文件和中标人的投标文件订立书面合同。招标人和中标人不得再行订立背离合同实质性内容的其他协议。

3) 关于履约保证金

招标文件要求中标人提交履约保证金或者其他形式履约担保的,中标人应当提交;拒绝提交的,视为放弃中标项目。招标人要求中标人提供履约保证金或其他形式履约担保的,招标人应当同时向中标人提供货物款支付担保。

 知识拓展

履约保证金金额一般为中标合同价的 10% 以内,招标人不得擅自提高履约保证金。招标人与中标人签订合同后 5 个工作日内,应当向中标人和未中标的投标人一次性退还投标保证金。

复习思考题

一、单项选择题

1. 单位组织勘察现场时,对某投标者提出的问题,应当(　　)。

A. 以书面形式向提问人作答复

B. 以口头方式向提问人当场作答复

C. 以书面形式向全部投标人做同样答复

D. 以口头方式向全部投标人当场作答复

2. 施工企业的项目经理指挥失误给建设单位造成损失的,建设单位应当要求(　　)赔偿。

A. 施工企业　　　　　　　　　　B. 施工企业的法定代表人

C. 施工企业的项目经理　　　　　D. 具体的施工人员

3. 邀请招标的邀请对象的数目不应少于(　　)家。

A. 2　　　　　　　B. 3　　　　　　　C. 5　　　　　　　D. 7

4. 在工程建设监理活动中,监理单位是(　　)。

A. 业主的代理人　　　　　　　　B. 业主的委托人

C. 施工合同的当事人　　　　　　D. 绝对独立的第三人

5. 监理招标主要是对监理单位(　　)的选择。

A. 报价　　　　　B. 能力　　　　　C. 监理人员数量　　　　D. 设备

6.《建设工程委托监理合同(示范文本)》规定,由于业主或第三方的原因使监理工作受阻或延误以致增加工作量时,应视为(   )。

    A. 额外服务   B. 附加服务   C. 延长服务   D. 非监理服务

7. 监理招标的宗旨是指对监理单位(   )的选择。

    A. 能力   B. 报价   C. 信誉   D. 经济实力

8. 中标的承包商将由(   )决定。

    A. 评标委员会   B. 业主   C. 上级行政主管部门   D. 监理工程师

9. 投标文件对招标文件的响应有细微偏差,包括(   )。

    A. 提供的投标担保有瑕疵   B. 货物包装方式不符合招标文件的要求

    C. 个别地方存在漏项   D. 明显不符合技术规格要求

10. 监理招标主要是对监理单位(   )的选择。

    A. 报价   B. 能力   C. 人员数量   D. 设备

11. 自中标通知书发出(   )内,建设单位和中标人签订书面的建设工程承发包合同。

    A. 15 天   B. 21 天   C. 30 天   D. 35 天

12.《招标投标法》规定招标方式分为公开招标和邀请招标两类。下列说法不正确的是(   )。

    A. 比较而言,公开招标所需招标时间长、费用高

    B. 只有不属于法规规定必须招标的项目才可以采用直接委托方式

    C. 建设行政主管部门派人参加开标、评标、定标的活动,监督招标按法定程序选择中标人;所派人员可作为评标委员会的成员,但不得以任何形式影响或干涉招标人依法选择中标人的活动

    D. 公开招标中评标的工作量比邀请招标中评标的工作量大

13. 招标人对施工投标保函的正确处理方式是(   )。

    A. 未中标的投标人不退还

    B. 中标的投标人在中标的同时退还

    C. 在中标的投标人向业主提交履约担保后退还

    D. 投标人在投标有效期内撤销投标书后退还

14. 投标文件对招标文件的响应有细微偏差,包括(   )。

    A. 提供的投标担保有瑕疵   B. 货物包装方式不符合招标文件的要求

    C. 个别地方存在漏项   D. 明显不符合技术规格要求

15. 如果投标截止日期前第 28 天后,由于法律、法令和决策变化引起承包商实际投入成本的增加,应由(   )给予补偿。

    A. 业主   B. 承包商   C. 工程师   D. 特殊分包商

16. 招标的资格预审须知中规定,采用限制合格者数量为 6 家的方式。当排名第 6 的投标人放弃投标时,应当(   )。

    A. 仅允许排名前 5 名的投标人参加投标

B. 改变预审合格标准，只设合格分，不限制合格者数量

C. 由排名第 7 的递补，维持 6 家投标人

D. 重新进行资格预审

17. 施工招标阶段，招标人发给投标人的下列书面文件中不构成对招标人和投标人有约束力的招标文件组成部分的是(　　)。

A. 投标须知

B. 资格预审表

C. 合同专用条款

D. 对投标人书面有质疑的解答

18. 投标人在投标过程中出现(　　)时，招标人可以没收投标保证金。

A. 投标文件的密封不符合招标文件的要求

B. 投标文件中附有招标人不能接受的条件

C. 购买招标文件后不递交投标文件

D. 拒绝签字确认评标委员会对投标书中错误的修正

19. 在投标文件的报价单中，如果出现总价金额和分项单价与工程量乘积之和的金额不一致时，应当(　　)。

A. 以总价金额为准，由评标委员会直接修正即可

B. 以总价金额为准，由评标委员会修正后请该标书的投标授权人予以签字确认

C. 以分项单价与工程量乘积之和为准，由评标委员会直接修正即可

D. 以分项单价与工程量乘积之和为准，由评标委员会修正后请该标书的投标授权人予以签字确认

20. 某项目招标经评标委员会评审认为所有投标都不符合招标文件的要求，这时应当(　　)。

A. 与相对接近要求的投标人协商，改为议标确定中标人

B. 改为直接发包

C. 用原招标文件重新招标

D. 修改招标文件后重新招标

二、多项选择题

1. 必须进行招标的项目包括(　　)。

A. 私人投资的高级别墅

B. 外国老板投资的基础设施的项目

C. 大型基础设施、公用事业等关系到社会公共利益、公众安全的项目

D. 全部或部分使用国有资金投资或者国家融资的项目

E. 使用国际组织或者外国政府贷款、援助资金的项目

2. 招标人具备自行招标的能力表现为(　　)。

A. 必须是法人组织

B. 有编制招标文件的能力

C. 有审查投标人资质的能力

D. 招标人的资格经主管部门批准

E. 有组织评标定标的能力

3. 建设工程施工合同的当事人包括(　　)。

A. 建设行政主管部门　　　　　B. 建设单位

C. 监理单位　　　　　　　　　D. 施工单位

E. 材料供应商

4.《建设工程施工合同(示范文本)》规定，对于在施工中发生不可抗力，（　　）发生的费用由承包人承担。

A. 工程本身的损害

B. 发包人人员伤亡

C. 造成承包人设备、机械的损坏及停工

D. 所需清理修复工作

E. 承包人人员伤亡

5. 施工合同按照计价方式的不同可以分为（　　）等。

A. 总承包合同　　　　　　　　B. 分别承包合同

C. 固定价格合同　　　　　　　D. 可调价格合同

E. 成本加酬金合同

6. 被宣布为废标的投标书包括（　　）。

A. 投标书未按招标文件中规定封记

B. 逾期送达的标书

C. 加盖法人或委托授权人印鉴的标书

D. 未按招标文件的内容和要求编写、内容不全或字迹无法辨认的标书

E. 投标人不参加开标会议的标书

7. 按照《招投标法》的规定，（　　）可以不进行招标，采用直接发包的方式委托建设任务。

A. 施工单项合同估算价 150 万元人民币

B. 重要设备的采购，单项合同估算价 150 万元人民币

C. 监理合同，单项合同估算价 150 万元人民币

D. 项目总投资 4000 万元，监理合同单项合同估算价 30 万元人民币

E. 项目总投资 2000 万元，监理合同单项合同估算价 30 万元人民币

8. 招标方式中，邀请招标与公开招标比较，其缺点主要有（　　）等。

A. 选择面窄，排斥了某些有竞争实力的潜在投标人

B. 竞争的激烈程度相对较差

C. 招标时间长

D. 招标费用高

E. 评标工作量较大

9.《招投标法》规定，投标文件（　　）的投标人应确定为中标人。

A. 满足招标文件中规定的各项综合评价标准的最低要求

B. 最大限度地满足招标文件中规定的各项综合评价标准

C. 满足招标文件各项要求并且报价最低

D. 满足招标文件各项要求并且经评审的价格最低

E. 满足招标文件各项要求并且经评审价格最高

三、案例分析题

某省国道主干线高速公路土建施工项目实行公开招标，根据项目的特点和要求，招标人提出了招标方案和工作计划。采用资格预审方式组织项目土建施工招标，招标过程中出现了下列事件。

事件1：7月1日(星期一)发布资格预审公告。公告载明资格预审文件自7月2日起发售，资格预审申请文件于7月22日下午16:00之前递交至招标人处。某投标人因从外地赶来。7月8日(星期一)上午上班时间前来购买资审文件，被告知已经停售。

事件2：资格审查过程中，资格审查委员会发现某省路桥总公司提供的业绩证明材料部分是其下属第一工程有限公司业绩证明材料且其下属的第一工程有限公司具有独立法人资格和相关资质。考虑到属于一个大单位，资格审查委员会认可了其下属公司业绩为其业绩。

事件3：投标邀请书向所有通过资格预审的申请单位发出，投标人在规定的时间内购买了招标文件。按照招标文件要求，投标人须在投标截止时间5日前递交投标保证金，因为项目较大，要求每个标段100万元投标担保金。

事件4：评标委员会人数为5人，其中3人为工程技术专家，其余2人为招标人代表。

事件5：评标委员会在评标过程中。发现B单位投标报价远低于其他报价。评标委员会认定B单位报价过低，按照废标处理。

事件6：招标人根据评标委员会书面报告，确定各个标段排名第一的中标候选人为中标人并按照要求发出中标通知书后，向有关部门提交招标投标情况的书面报告，同中标人签订合同并退还投标保证金。

事件7：招标人在签订合同前，认为中标人C的价格略高于自己期望的合同价格，因而又与投标人C就合同价格进行了多次谈判。考虑到招标人的要求，中标人C觉得小幅度降价可以满足自己利润的要求，同意降低合同价并最终签订了书面合同。

问题

(1) 招标人自行办理招标事宜需要什么条件？

(2) 所有事件中有哪些不妥当？请逐一说明。

(3) 事件6中，请详细说明招标人在发出中标通知书后应于何时做其后的这些工作？

第 5 章

建设工程委托监理合同

学习目标

学习建设工程委托监理合同的概念、特征；了解委托监理合同适用的法律依据和监理依据；熟悉《建设工程委托监理合同（示范文本）》，合同有效期，监理合同的价款与酬金；掌握合同当事人双方的权利与义务，合同的生效、变更与终止等，从而培养学生掌握建设工程委托监理合同签订程序和实际运用的能力。

学习要求

能力目标	知识要点	权重
了解相关知识	(1) 建设工程委托监理合同的概念、特征 (2) 委托监理合同适用的法律依据和监理依据	10%
熟练掌握知识点	(1)《建设工程委托监理合同（示范文本）》 (2) 合同有效期，监理合同的价款与酬金 (3) 合同当事人双方的权利与义务，合同的生效、变更与终止	60%
运用知识分析案例	(1) 建设工程委托监理合同的订立 (2) 建设工程委托监理合同的履行	30%

案例分析与内容导读

【案例背景】

某大学欲建一个培训中心，办完了一切审批手续后，经过招标与甲监理公司和乙建筑工程公司分别签订了委托监理合同和委托施工合同，在监理施工过程中，甲监理公司派来的监理工程师李某的如下做法是否妥当？请说明依据。

（1）在某大学选择工程总承包人的时候提了很多建议。

（2）发现部分工程设计不符合国家颁布的建设工程质量标准时，李某当即电话告知了委托人。

（3）在一紧急情况下果断发布了停工令，并在问题解决后的第3天电话通知了委托人。

（4）在发现一批不符合国家质量标准的材料时，书面通知了委托人，在征得委托人同意后，通知承包人停止使用该批材料。

【解析】

（1）正确，监理工程师有选择工程总承包人的建议权。

（2）不妥。当发现工程设计不符合国家颁布的建设工程质量标准或设计合同约定的质量标准时，监理人应当书面报告委托人并要求设计人更正。

（3）不妥。事先征得委托人同意后，监理人有权发布开工令、停工令、复工令。如在紧急情况下未能事先报告时，则应在24小时内向委托人作出书面报告。

（4）不妥。监理工程师有对工程上使用的材料和施工质量的检验权。即对于不符合设计要求和合同约定及国家质量标准的材料、构配件、设备，有权直接通知承包人停止使用而不必通知委托人。

本案例所涉及的是监理人权力如何正确使用的问题，本书将在5.2节中做详细讲述。

5.1　建设工程委托监理合同概述

5.1.1　建设工程委托监理合同的概念

建设监理制度是我国工程建设管理制度的重要措施之一。原建设部和原国家计委印发的《工程建设监理规定》中明确规定"工程建设监理是指监理单位受项目法人的委托，依据国家批准的工程项目建设文件、有关工程建设的法律、法规和工程建设监理合同及其他工程建设合同，对工程建设实施的监督管理。"

建设工程委托监理合同简称监理合同，是指工程建设单位聘请监理单位代其对工程项目进行管理，明确双方权利、义务的协议。建设单位称委托人，监理单位称受托人。

5.1.2　建设工程委托监理合同的特征

（1）监理合同的当事人双方应当是具有民事权利能力和民事行为能力、取得法人资格的企事业单位、其他社会组织，个人在法律允许范围内也可以成为合同当事人。作为委托人必须是有国家批准的建设项目，落实投资计划的企事业单位、其他社会组织及个人，作为受托人必须是依法成立具有法人资格的监理单位，并且所承担的工程监理业务应与本单位的资质相符合。

（2）监理合同的订立必须符合工程项目建设程序，遵守有关法律、行政法规。

（3）在工程建设实施阶段所签订的其他合同，如勘查设计合同、施工承包合同、物资采购合同、加工承揽合同的标的物是产生新的物质或信息成果，而监理合同的标的是服务，即监理工程师凭据自己的知识、经验、技能受业主委托为其所签订的其他建设工程合同的履行实施监督和管理。因此《合同法》将监理合同划入委托合同的范畴。

 知识拓展

《合同法》第二百七十六条规定"建设工程实施监理的，发包人应当与监理人采用书面形式订立委托监理合同。发包人与监理人的权利和义务以及法律责任，应当依照本法委托合同以及其他有关法律、行政法规的规定。"

5.1.3 《建设工程委托监理合同(示范文本)》的组成

根据《建筑法》和《合同法》，原建设部、国家工商行政管理局联合颁布的《建设工程委托监理合同(示范文本)》(GF—2000—0202)(简称《示范文本》)，由《建设工程委托监理合同》(简称《监理合同》)、《建设工程委托监理合同标准条件》(简称《标准条件》)、《建设工程委托监理合同专用条件》(简称《专用条件》)3部分组成。

1.《建设工程委托监理合同》

《建设工程委托监理合同》是一个总的协议，是纲领性的法律文件，是对委托人和监理人有约束力的合同，除双方签署的《合同》协议外，还包括以下文件。

(1) 监理委托函或中标函。

(2)《建设工程委托监理合同标准条件》。

(3)《建设工程委托监理合同专用条件》。

(4) 在实施过程中双方共同签署的补充与修正文件。

特别提示

《建设工程委托监理合同》是一份标准的格式文件，经当事人双方在有限的空格内填写具体规定的内容并签字盖章后，即发生法律效力。

2.《建设工程委托监理合同标准条件》

《建设工程委托监理合同标准条件》具有较强的通用性，其条款对合同履行过程中双方的权利和义务都做了明确说明，并对合同正常履行过程中双方的义务进行了划分，同时也规定了遇到非正常情况下的处理原则和解决问题的程序，如规定的"适用范围和法规"，"签约双方的责任"、"权利和义务"，"合同生效"、"变更与终止"，"监理报酬"，"争议解决"以及其他一些情况。因此它是监理合同的通用文本，适用于各类工程建设项目监理委托，是所有签约工程的委托人和监理人都应遵守的基本条件。

3.《建设工程委托监理合同专用条件》

对于具体实施的工程项目来说，因为《标准条件》适用于各种行业和专业项目的工程建设监理，《标准条件》中的某些条款规定的比较笼统，所以结合具体工程项目的地域特点、专业特点和委托监理项目工程的特点，还必须对《标准条件》中的某些条款进行补充和修改。

所谓"补充"是指《标准条件》中的条款明确规定，在该条款确定的原则下，《专用条件》的条款中进一步明确具体内容，使两个条件中相同序号的条款共同组成一条内容完备的条款。例如《标准条件》中规定"建设工程委托监理合同适用的法律是国家法律、行政法规，以及《专用条件》中议定的部门规章或工程所在地的地方法规、地方章程。"就具体工程监理项目来说，就要求在《专用条件》的相同序号条款内写入履行本合同必须遵循的部门规章和地方法规的名称，作为双方都必须遵守的条件。

所谓"修改"是指《标准条件》中规定的程序方面的内容，如果双方认为不合适可以协议修改。例如《标准条件》中规定"委托人对监理人提交的支付通知书中酬金或部分酬金项目提出异议，应在收到支付通知书 24 小时内向监理人发出异议的通知"。如果委托人认为这个时间太短，在与监理人协商达成一致意见后，可在《专用条件》的相同序号条款内另行写明具体的延长时间，如改为 48 小时。

5.2 建设工程委托监理合同的订立

5.2.1 委托监理合同适用的法律依据和监理依据

1. 法律依据

委托监理合同必须明确其适用的法律法规，以确保合同的合法性和有效性。首先，委托监理合同必须依据国家颁布的法律和行政法规，如《建筑法》、《合同法》、《中华人民共和国建设质量管理条例》、《招标投标法》、《建设工程监理范围和规模标准规定》等；其次，委托监理合同也必须依据建设项目所在地的地方行政法规，如地方的环境保护法规、地方的税收法规等，这些法律法规依据都必须在合同专用条件中给予明确。

2. 监理依据

委托监理合同明确委托人和监理人的权利义务，除了必须有相应的法律法规依据外，在合同内也必须有明确的监理依据，也就是必须依照国家行政主管部门制定的建筑工程及其监理相关的技术标准和技术规范等。另外，不同的建设项目有其不同的要求，所以还必须依据工程项目的建设文件，包括工程项目建设规划、设计文件等，这些都要在合同中明确说明。

5.2.2 委托工作的范围及要求

1. 工作范围

委托监理合同的范围是监理工程师为委托人提供服务的范围和工作量。委托人委托监理业务的范围非常广泛。从工程建设各阶段来说，可以包括项目前期立项咨询、设计阶段、实施阶段、保修阶段的全部监理工作或某一阶段的监理工作。在每一个阶段内，又可以进行投资、质量、工期的三大控制，以及信息、合同等两项工作的管理。但在具体项目中，要根据工程的特点、监理人的能力、工程建设不同阶段的监理任务等诸方面因素，将委托的监理任务详细地写入合同的专用条件之中。如进行工程技术咨询服务，工作范围可确定为进行可行性研究、各种方案的成本效益分析、建筑设计标准、技术规范准备、提出质量保证措施等。

施工阶段监理工作可包括以下几个方面。

（1）协助委托人选择承包人，组织设计、施工、设备采购等招标。

（2）技术监督和检查。检查工程设计、材料和设备质量；对操作或施工质量的监理和检查等。

（3）施工管理。包括质量控制、成本控制、计划和进度控制等。通常施工监理合同中"监理工作范围"条款，一般应与工程项目总概算、单位工程概算所涵盖的工程范围相一致，或与工程总承包合同、单项工程承包所涵盖的范围相一致。

2. 工作的要求

在委托监理合同中明确约定的对监理人执行监理工作的要求，应当符合《建设工程监理规范》的规定。例如针对工程项目的实际情况派出监理工作需要的监理机构及人员，编制监理规划和监理实施细则，采取实现监理工作目标相应的监理措施，从而保证监理合同得到真正的履行。

5.2.3 监理合同的履行期限、地点和方式

订立委托监理合同时约定的履行期限、地点和方式，是指合同中规定的当事人履行自己的义务完成工作的时间、地点以及结算酬金。在签订建设工程委托监理合同时双方必须商定监理期限，标明何时开始、何时完成。合同中注明的监理工作开始实施和完成日期是根据工程情况估算的时间，合同约定的监理酬金是根据这个时间估算的。如果委托人根据实际需要增加委托工作范围或内容，导致需要延长合同期限，双方可以通过协商，另行签订补充协议。

 **特 别 提 示**

监理酬金支付方式也必须明确，首期支付多少，是每月等额支付还是根据工程形象进度支付，支付货币的币种等。

 **应用案例 5-1**

案例概况

原告：B 监理公司

被告：A 大学

A 大学（以下称甲方）投资建设一栋 6 层综合实训大楼，于 2011 年 3 月 21 日和某工程监理

公司(以下称乙方)签订了建设工程委托监理合同。在专用条款的监理职责中明确规定："乙方(某监理公司)负责甲方(A 大学)综合实训大楼的工程设计阶段和施工阶段的监理任务……从监理任务结束之日起 7 日以内，甲方应及时支付给乙方最后 15％的建设工程监理费用。"当甲方实训大楼竣工 10 天之后，乙方要求甲方支付最后 15％的监理费用，甲方以双方有口头约定，乙方的监理职责应该履行到工程保修期满为由，拒绝支付余下的监理费用。双方交涉未果，乙方将甲方起诉到法院，要求付款。

法院通过审理，最终判决双方口头约定的"监理职责应该履行到工程保修期满"这一条内容不构成委托监理合同的内容，甲方到期不支付最后的 15％监理费用已构成违约，因此，应该承担违约责任，支付乙方剩余的 15％监理费用以及由于延期付款产生的利息。

试分析法院的判决依据。

案例解析

本案例中甲乙双方签订的建设工程委托监理合同中明确约定了工程监理范围和监理工作内容包括工程设计和施工两个阶段，并不包括保修阶段。双方仅仅对保修阶段的工程监理作出过口头约定。监理合同是委托合同，委托合同应当以书面形式订立，口头形式约定不具有法律效力。因此，该委托监理合同关于监理义务的约定，只能包括设计和施工两个时间段，不包括保修阶段。这表明乙方已经完全履行了合同义务，甲方到期不支付监理费用的行为已构成违约。

5.2.4　委托人的权利与义务

1. 委托人权利

1) 授予监理人权限的权利

(1) 在监理合同内除需明确委托的监理任务外，还应规定监理人的权限。

(2) 委托人授予监理人权限的大小要根据自身的管理能力、建设工程项目的特点及需要等因素考虑。

(3) 监理合同内授予监理人的权限在执行过程中可随时通过书面附加协议予以扩大或减小。

2) 对其他合同承包人的选定权

(1) 委托人是建设资金的持有者和建筑产品的所有人，因此对设计合同、施工合同、加工制造合同等的承包单位有选定权和订立合同的签字权。

(2) 监理人在选定其他合同承包人的过程中仅有建议权而无决定权。监理人协助委托人选择承包人的工作可能包括：邀请招标时提供有资格和能力的承包人名录；帮助起草招标文件；组织现场考察；参与评标以及接受委托代理招标等。

(3)《标准条件》中规定，监理人对设计和施工等总包单位所选定的分包单位，拥有批准权或否决权。

3) 委托监理工程重大事项的决定权

委托人有对工程设计变更的审批权，同时有对工程规模、规划设计、生产工艺设计、设计标准和使用功能等要求的认定权。

4) 对监理人履行合同的监督控制权

委托人对监理人履行合同的监督权利体现在以下几个方面。

（1）对监理合同转让和分包的监督。除了支付款的转让外，未经委托人书面同意，监理人不得将所涉及的利益或规定义务转让给第三方。

（2）对监理人员的控制监督。在监理人的投标书或合同专用条款内应当明确总监理工程师的人选和监理机构派驻人员计划。在合同开始履行时，监理人应向委托人报送委派的总监理工程师及其监理机构主要成员名单，以保证完成监理合同专用条件中约定的监理工作范围内的任务。当监理人调换总监理工程师时，须经委托人同意。

（3）对合同履行的监督权。监理人有义务按期提交月、季、年度的监理报告，委托人也可以随时要求其对重大问题提交专项报告，这些内容应在专用条款中明确约定。委托人按照合同约定检查监理工作的执行情况，如果发现监理人员不按监理合同履行职责或与承包方串通给委托人或工程造成损失，委托人有权要求监理人更换监理人员，直至终止合同并承担相应赔偿责任。

2. 委托人的义务

（1）委托人应按监理合同的约定支付监理报酬。委托人应当预付监理人实施监理所需的监理费用。

（2）委托人应当授权一名熟悉本项目情况、能在规定时间内作出决定的委托人代表（在《专用条件》中约定），负责与监理人联系。更换代表人应按照合同规定提前通知监理人。

（3）委托人应支持监理人的工作，当监理人在监理现场开展工作遇到障碍时，委托人有义务消除此种障碍，委托人应负责协调外部条件。

（4）委托人应按监理合同的约定免费向项目监理机构提供开展监理服务所必需的工作、生活条件；免费按时向监理人提供所需的设备、设施和材料等服务条件。

（5）委托人应向监理人免费提供监理工作所需的有关约定项目的合同文本、资料、图纸和数据等文件资料。提供的时间、方式、份数与回收、保密等办法在《专用条件》中约定。

（6）委托人应在《专用条件》中约定的期限内，对由监理人提交需委托人决定的事宜作出书面形式决定并及时送达监理人。超过约定的时间监理人未收到委托人的书面形式决定，监理人可认为委托人对其提出的事宜已无不同意见，无须再作确认。

（7）委托人应及时将监理人的名称、有关监理活动的范围与内容、项目监理机构成员及委托授权等情况以书面形式通知被监理人。

（8）监理人对于由其编制的所有文件拥有版权，委托人仅有权为约定项目使用。委托人不得向与约定项目无关的第三方泄漏相关的监理文件。

5.2.5 监理人的权力与义务

1. 监理人权利

《建设工程委托监理合同（示范文本）》第十七条规定，监理人在委托人委托的工程范围内，享有以下权利。

（1）选择工程总承包人的建议权。

（2）选择工程分包人的认可权。

（3）对工程建设有关事项包括工程规模、设计标准、规划设计、生产工艺设计和使用功能要求，向委托人的建议权。

（4）对工程设计中的技术问题，按照安全和优化的原则向设计人提出建议；如果拟提出的建议会提高工程造价或延长工期，应当事先取得委托人的同意。当发现工程设计不符合国家颁布的建设工程质量标准或设计合同约定的质量标准时，监理人应当书面报告委托人并要求设计人更正。

（5）审批工程施工组织设计和技术方案，按照保质量、保工期和降低成本的原则，向承包人提出建议并向委托人提出书面报告。

（6）主持工程建设有关协作单位的组织协调，重要协调事项应当事先向委托人报告。

（7）事先征得委托人同意后，监理人有权发布开工令、停工令、复工令。如在紧急情况下未能事先报告时，则应在24小时内向委托人作出书面报告。

（8）工程上使用的材料和施工质量的检验权。对于不符合设计要求和合同约定及国家质量标准的材料、构配件、设备，有权通知承包人停止使用；对不符合规范和质量标准的工序、分部分项工程和不安全的施工作业，有权通知承包人停工整改、返工。承包人得到监理机构复工令后才能复工。

（9）工程施工进度的检查、监督权以及工程实际竣工日期提前或超过工程施工合同规定的竣工期限的签认权。

（10）在工程施工合同约定的工程价格范围内工程款支付的审核和签认权，以及工程结算款的复核确认权与否决权。未经总监理工程师签字确认，委托人不得支付工程款。

监理人在委托人授权下，可对任何承包人合同规定的义务提出变更。如果由此严重影响了工程费用或质量、进度，则这种变更须经委托人事先批准。在紧急情况下未能事先报委托人批准时，监理机构所作的变更也应尽快通知委托人。在监理过程中如发现承包人工作不力，监理机构可要求承包人调换有关人员。

 知识拓展

完成监理任务后获得酬金是监理人当然的权利。酬金包括正常酬金、附加工作或额外工作酬金以及适当的物质奖励。正常酬金的支付程序和金额，以及附加与额外工作酬金的计算办法以及奖励办法应在专用条款内写明。

2. 监理人义务

（1）监理人在合同履行的义务期间，应当认真勤奋地工作，运用自身的专业知识及技能公平、公正地维护各方当事人的合法权益。

如果委托人发现监理人员不按监理合同履行监理职责或与承包人串通给委托人或工程造成损失时，委托人有权要求监理人更换监理人员，直到终止合同并要求监理人承担相应的赔偿责任或连带赔偿责任。

（2）监理人在合同履行期间应当按合同的约定派驻足够的人员从事监理工作。

监理人在开始执行监理业务前应当向委托人报送派往该工程项目的总监理工程师及该项目监理机构的其他人员的情况。在合同履行过程中监理人如果需要调换总监理工程师，必须首先经过委托人的同意，然后派出具有相应资质和能力的人员来担任总监理工程师的工作。

（3）监理人在合同期内或合同终止以后，未征得有关方的同意，不得泄露与本工程、合同业务有关的任何保密资料。

（4）由委托人提供的供监理人使用的任何设施和物品都属于委托人的财产，监理工作完成后或中止时，应将这些设施和剩余物品归还委托人。

（5）非经委托人书面同意，监理人及其职员不得接受委托监理合同约定以外的与监理工程有关的报酬，以确保监理人监理行为的公正性。

（6）监理人不得参与可能与合同规定的与委托人利益相冲突的任何活动。

（7）在监理过程中，不得泄露委托人申明的秘密，也不得泄露设计、承包等单位申明的秘密。

（8）应负责合同的协调管理工作。

在委托工程范围内，委托人或承包人对对方的任何意见和要求（包括索赔要求）必须首先向监理机构提出，由监理机构研究处理意见，再同双方协商确定。当委托人和承包人发生争议时，监理机构应当根据自己的业务职能，以独立的身份判断，公平、公正地进行调解。当双方的争议由政府行政主管部门调解或仲裁机构仲裁时，应当提供作证的事实材料。

5.2.6 订立监理合同需注意的事项

1. 坚持按法定程序签署合同

监理委托合同一旦签订，就意味着委托关系的形成，委托方与被委托方的关系都将受到法律的保护及合同的约束。因此，签订监理合同必须是双方法定代表人或经其授权的代表本人签署并监督执行。在合同签署前，应当彼此检验代表对方签字人的授权委托书，以避免日后合同失效或不必要的合同纠纷。

来往函件不可忽视。在合同洽谈过程中，双方通常会用一些函件来确认双方达成的某些口头协议或书面交往文件，后者构成招标文件和投标文件的组成部分。为了确认合同责任以及明确双方对项目的有关理解和意图以免将来分歧，签订合同时要将双方达成一致的部分写入合同附录或专用条款内。

2. 其他应注意的问题

在签订监理合同时应做到文字简洁、清晰、严密，以保证意思表达准确。因为监理委托合同是双方承担义务和责任的协议，也是双方合作和相互理解的基础，所以，一旦出现争议，这些文件也是保护双方权利的法律基础。

应用案例5-2

案例概况

某工程项目，建设单位通过招标选择了一具有相应资质的监理单位承担施工招标和施工阶段的监理工作。分析以下监理人的做法是否正确。

（1）监理人将承包人的规定义务转让给了第三方并在 24 小时内向委托人作出了书面报告。

（2）监理人调换总监理工程师后，在 24 小时内书面报告了委托人。

（3）监理人确定了一工程分包人并在 24 小时内书面报告了委托人。

（4）监理人向施工单位发布了停工令并立刻电话告知了委托人。

案例解析

（1）监理人将承包人的规定义务转让给了第三方的做法不正确。按规定，除了支付款的转让外，未经委托人书面同意，监理人不得将所涉及的利益或规定义务转让给第三方。

（2）监理人的做法正确。按规定，当监理人调换总监理工程师时，须经委托人事先同意。

（3）监理人的做法不正确。按规定，监理人在选定其他合同承包人或分包人的过程中仅有建议权而无决定权。

（4）监理人的做法不正确。按规定，在事先征得委托人同意后，监理人有权发布开工令、停工令、复工令。如在紧急情况下未能事先报告，则应在 24 小时内向委托人作出书面报告。

5.3　建设工程委托监理合同的履行

　　工程建设委托监理合同的当事人应当按照合同的约定履行各自的义务，其中，最主要的是监理单位应当完成监理工作，业主应当支付酬金。

5.3.1　监理工作

　　作为监理人必须履行合同规定的义务，但除了正常完成合同内专用条款注明的委托监理工作的范围和内容的工作之外，还应包括附加监理工作和额外监理工作。这两类工作属于订立合同时是未能或不能合理预见的而在合同履行过程中发生需要监理人也必须完成的工作。

　　1. 正常工作

　　监理单位正常的监理工作是在委托人与第三方约定的工程建设期限内，根据监理合同专用条件内所注明的工作内容应该完成的工作任务。

　　2. 附加工作

　　附加工作是指与完成正常工作相关，在委托正常监理工作范围以外监理人应完成的工作，可能包括以下内容。

　　（1）由于委托人、第三方原因使监理工作受到阻碍或延误，以致增加了工作量或延续时间。

　　（2）增加监理工作的范围和内容等。如由于委托人或承包人的原因，承包合同不能按期竣工而必须延长的监理工作时间，又如委托人要求监理人就施工中采用新工艺施工部分编制质量检测合格标准等，这些都属于附加监理工作。

3. 额外工作

额外工作是指正常工作和附加工作以外的工作，即非监理人自己的原因而暂停或终止监理业务，其善后工作及恢复监理业务前不超过 42 天的准备工作时间。

如果在合同履行过程中发生了不可抗力导致承包人的施工被迫中断，监理工程师应当完成确认灾害发生前承包人已完成工程的合格和不合格部分、指示承包人采取应急措施等工作，以及灾害消失后恢复施工前必要的监理准备工作。

 知识拓展

附加工作和额外工作是委托正常工作之外要求监理人必须履行的义务，所以，委托人在监理人完成工作后应当另行支付附加监理工作报告酬金和额外监理工作酬金，这两项酬金的计算办法应在专用条款内予以约定。

5.3.2　合同有效期

监理合同的有效期就是指监理人的责任期，不是以约定的日历天数为准，而是以监理人是否完成了包括附加和额外工作的义务来判定。因此通用条款规定，监理合同的有效期为双方签订合同后工程准备工作开始，到监理人向委托人办理完竣工验收或工程移交手续，承包人和委托人已签订工程保修责任书，监理人收到监理报酬的尾款，监理合同才终止。如果委托人要求监理人在保修期间仍需要执行相应的监理工作，双方应当在专用条款中另行约定。

5.3.3　违约责任

1. 违约赔偿

在监理合同履行过程中，如果因当事人一方的过错造成合同不能履行或者不能完全履行时，由有过错的一方承担违约责任；如属双方的过错，要根据实际情况由双方分别承担各自的违约责任。为确保监理合同规定的各项权利义务的顺利实现，在《建设工程委托监理合同(示范文本)》中，制定了约束双方行为的条款即"委托人责任"、"监理人责任"。将这些规定归纳起来有如下几点。

(1) 在监理合同履行期内，如果监理人未按合同中要求的职责兢兢业业地服务或者委托人违背了其对监理人的责任时，都应向对方承担赔偿责任。

(2) 当一方对另一方负有责任时，赔偿的原则有以下几点。

① 因委托人违约应承担违约责任时，应当赔偿监理人的经济损失。

② 因监理人的过失而造成委托人的经济损失，监理人应向委托人进行赔偿，但累计赔偿额不应超出监理酬金总额(除去税金)。

③ 当一方向另一方的索赔要求不成立时，提出索赔的一方应补偿由此所导致对方支出的各种费用。

2. 监理人的责任限度

建设工程监理以监理人向委托人提供技术服务为标的，因此，监理人在服务过程中主要凭借自身知识、技术和管理经验，向委托人提供咨询、服务，替委托人管理工程。

同时，工程项目的建设过程也会受到多方面因素限制，鉴于这些客观情况，对监理人责任方面作了如下规定：在合同责任期内，监理人如果因过失而给委托人造成经济损失，要负监理失职的责任，但在责任期以外发生的其他任何事情所引起的损失或损害，监理人不再负责，也不对第三方违反合同规定的质量要求和完工（交图、交货）时限承担责任。

5.3.4　监理合同的酬金

1. 正常监理工作的酬金

正常的监理酬金的构成是监理单位在工程项目监理中所需的全部成本，再加上合理的利润和税金，具体包括以下方面。

1）直接成本

（1）监理人员和监理辅助人员的工资，包括津贴、附加工资、奖金等。

（2）用于该项工程监理人员的其他专项开支，包括差旅费、补助费等。

（3）监理期间使用与监理工作相关的计算机和其他检测仪器、设备的摊销费用。

（4）所需的其他外部协作费用。

2）间接成本

间接成本包括全部业务经营开支和非工程项目的特定开支，具体包括以下方面。

（1）管理人员、行政人员、后勤服务人员的工资。

（2）经营业务费，包括为招揽业务而支出的广告费等。

（3）办公费，包括文具、纸张、账表、报刊、文印费用等。

（4）交通费、差旅费、办公设施费（企业使用的水、电、气、环卫、治安等费用）。

（5）固定资产及常用工器具、设备的使用费。

（6）业务培训费、图书资料购置费。

（7）新技术开发、研制、试用费用等。

（8）职工福利、劳动保护费用。

（9）其他行政活动经费。

监理费的计算方法一般由业主与监理单位协商确定。在我国根据有关规定，主要有以下几种计算方法。

第一，按照监理工程概预算的百分比计收，见表5-1。

第二，按照参与监理工作的年度平均人数计算。

第三，不宜按"第一"、"第二"两项办法计收的，由甲方和乙方按商定的其他方法计收。

第四，中外合资、中外合作、外商独资的建设工程，工程建设监理费由双方参照国际标准协商确定。

按以上取费方法收取的费用，仅是正常的监理工作的部分收费。在监理工作中所收费用还应包括附加工作和额外工作的酬金，以及合理化建议的奖励。其收费应按监理合同的约定计取。

 **知识拓展**

　　上述四种计收费方法中的"第三"、"第四"种的具体计收适用范围已有明确的界定，"第一"、"第二"两种计收费的使用范围，按照我国目前情况有如下规定。

　　"第一"种方法，即按监理工程概预算百分比计收，这种方法简便、科学，在国际上也是一种常用的计费方法，在一般情况下，新建、改建、扩建的工程，都应采用这种方式计费。

　　"第二"种方法，即按照参与监理工作的年度平均人数计算收费，这种方法主要适用于单工种或临时性或不宜按工程概预算的百分比取监理费的监理项目。

表 5-1　工程建设监理收费标准

序号	工程概(预)算 M/万元	设计阶段(含设计招标)监理取费 a/(%)	施工(含施工招标)及保修阶段监理取费 b/(%)
1	$M<500$	$0.20<a$	$2.50<b$
2	$500\leqslant M<1000$	$0.15<a\leqslant0.20$	$2.00<b\leqslant2.50$
3	$1000\leqslant M<5000$	$0.10<a\leqslant0.15$	$1.40<b\leqslant2.00$
4	$5000\leqslant M<10000$	$0.08<a\leqslant0.10$	$1.20<b\leqslant1.40$
5	$10000\leqslant M<50000$	$0.05<a\leqslant0.08$	$0.08<b\leqslant1.20$
6	$50000\leqslant M<100000$	$0.03<a\leqslant0.05$	$0.60<b\leqslant0.80$
7	$100000\leqslant M$	$a\leqslant0.03$	$b\leqslant0.60$

　　2. 附加监理工作的酬金

　　1) 增加监理工作时间的补偿酬金

　　　　报酬＝附加工作天数×(合同约定的报酬/合同中约定的监理服务天数)

　　2) 增加监理工作内容的补偿酬金

　　增加监理工作的范围或工作内容实质上是属于监理合同的变更，双方应当另行签订补充协议并具体商定报酬额或报酬的计算方法。

特别提示

　　额外监理工作酬金按实际增加工作的天数计算补偿金额，可参照上式计算。

　　3. 奖金

　　监理方在监理过程中提出的合理化建议使发包方得到了直接经济效益，发包方应按监理合同条件的约定给予监理方合理化建议奖励。

　　奖金的计算办法是：奖励金额＝工程费用节省额×报酬比率。

　　4. 支付

　　(1) 在监理合同实施过程中，监理酬金支付方式可以根据工程的具体情况由双方协商

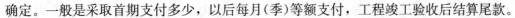

确定。一般是采取首期支付多少，以后每月（季）等额支付，工程竣工验收后结算尾款。

（2）在支付过程中，如果委托人对监理人提交的支付通知书中酬金或部分酬金项目提出异议，委托人应当在收到支付通知书 24 小时内向监理人发出表示异议的通知，但不得拖延其他无异议酬金项目支付。

（3）当委托人在议定的支付期限内未予支付监理人酬金的，自规定之日起向监理人补偿应支付酬金的利息。利息按规定支付期限最后 1 日银行贷款利息率乘以拖欠酬金时间计算。

5.3.5　合同的生效、变更与终止

1. 生效

委托监理合同自双方签字之日起生效。监理准备工作开始和完成时间是以《专用条件》中订明的为准。在合同履行过程中如果双方商定延期时间，那么完成时间相应顺延。合同的有效期是指自合同生效时起至合同完成之间的时间。

2. 变更

任何一方申请并经双方书面同意时，可对合同进行变更。

（1）如果委托人要求变更的，监理人可提出更改监理工作的建议，这类建议的工作和移交应看作一次附加的工作。在建设工程实施中难免出现很多不可预见的事项，因而会经常出现需要修改或变更合同条件的情况，特别是当出现需要改变服务范围和费用问题时，监理企业应当坚持要求修改合同，而口头协议或者临时性交换函件等都是不可取的方式。在实际履行中，可以采取正式文件、信件协议或委托单等几种方式对合同进行修改，如果合同内容变动范围较大，也可以重新制定一个合同取代原有合同。

（2）如果是由于委托人或第三方的原因使监理工作受到阻碍或延误，以致增加了监理人的工作量或工作持续时间，监理人应当将此情况与可能产生的影响及时通知委托人。增加的工作量应视为附加的工作，完成监理业务的时间应相应延长并应当得到附加工作酬金。

（3）在合同签订后，如果出现了不应由监理人负责的情况，导致监理人不能全部或部分执行监理任务时，监理人应当立即通知委托人。在这种情况下，如果不得不暂停执行某些监理工作，则该项服务的完成期限应当予以延长，直到这种情况不再持续为止。当恢复监理工作时，还应当增加不超过 42 天的合理时间用于恢复执行监理业务并按双方约定的数量支付监理酬金。

3. 合同的暂停或终止

（1）当监理人向委托人办理完竣工验收或工程移交手续、承包人和委托人已签订工程保修合同、监理人收到监理酬金尾款结清监理酬金后，合同即行终止。

（2）当事人一方要求变更或解除合同时，应当在 42 日前通知对方，因变更或解除合同使一方遭受损失的，应当由责任方负责赔偿，依法可免除责任者除外。

（3）变更或解除合同的通知或协议必须采取书面形式，协议未达成之前，原合同仍然有效。

（4）如果委托人认为监理人无正当理由不履行监理义务时，可以向监理人发出指明其未履行义务的通知。如果委托人在 21 天内没收到监理人答复，可在第 1 个通知发出后的 35 日内发出终止监理合同的通知，合同即告终止。

（5）监理人在应当获得监理酬金之日起 30 日内仍未收到支付单据而委托人又未对监理人提出任何书面解释，或暂停监理业务期限已超过半年时，监理人可向委托人发出终止合同的通知。如果在 14 日内未得到委托人的答复，可再向委托人发出终止合同的通知。如果第 2 份通知发出后 42 日内仍未得到委托人答复，监理人可终止合同，也可自行暂停履行部分或全部监理业务。

 **特别提示**

合同协议的终止并不影响各方应有的权利和应承担的责任。

5.3.6 争议的解决

因违反或终止合同而引起的对损失或损害的赔偿，委托人与监理人首先应当通过协商解决。如果协商未能达成一致，可提交主管部门协调。如主管部门协调仍不能达成一致时，可根据双方的约定提交仲裁机构仲裁或向人民法院起诉。

 应用案例 5-3

案例概况

委托人将某建设工程项目委托某监理单位进行施工阶段的监理。在委托监理合同中对委托人和监理单位的权利、义务和违约责任所作的部分规定如下。

（1）在施工期间，任何工程设计变更均须经过监理方审查、认可并发布变更指令方为有效，实施变更。

（2）监理方应在委托人的授权范围内对委托的建设工程项目实施施工监理。

（3）监理方发现工程设计中的错误或不符合建筑工程质量标准的要求时，有权要求设计单位改正。

（4）监理方仅对本工程的施工质量实施监督控制，委托人则实施进度控制和投资控制任务。

（5）监理方在监理工作中仅维护委托人的利益。

（6）监理方有审核批准索赔权。

（7）监理方对工程进度款支付有审核签认权；委托人方有独立于监理方之外的自主支付权。

（8）在合同责任期内，监理方未按合同要求的职责履行约定的义务或委托人违背合同约定的义务，双方均应向对方赔偿造成的经济损失。

(9) 当事人一方要求变更或解除合同时，应当在 42 日前通知对方，因解除合同使一方遭受损失的，除依法免除责任的外，应由责任方负责赔偿。

(10) 当委托人认为监理方无正当理由而又未履行监理义务时，可向监理方发出指明其未履行义务的通知。若委托人发出通知后 21 日内没有收到答复，可在第一个通知发出后 35 日内发出终止委托监理合同的通知，合同即行终止。监理方承担违约责任。

(11) 在施工期间，因监理单位的过失发生重大质量事故，监理单位应付给委托人相当于质量事故经济损失 20% 的罚款。

(12) 监理单位有发布开工令、停工令、复工令等指令的权力。

分析

上述各条中有哪些是不妥之处？怎样才是正确的？

案例解析

1. 第(1)条不妥，应是：设计变更的审批权在委托人，任何设计变更须经监理方审查后报委托人审查、批准、同意后，再由监理方发布变更指令，实施变更。

2. 第(2)条正确。

3. 第(3)条不妥，应是：监理方发现工程设计错误或不符合建筑工程质量标准及合同约定的质量要求时，应当报告委托人，由委托人要求设计单位改正。

4. 第(4)条不妥，应是：监理方有实施工程项目质量、进度和投资三方面的监督控制权。

5. 第(5)条不妥，应是：在监理工作中，监理方在维护委托人合法权益时，不损害承建单位的合法权益。

6. 第(6)条不妥，应是：监理方有审核索赔权，除非有专门约定外，索赔的批准、确认应通过委托人。

7. 第(7)条不妥，应是：在工程承包合同议定的工程价格范围内，监理方对工程进度款的支付有审核签认权；未经监理方签字确认，委托人不支付工程进度款。

8. 第(8)条正确。

9. 第(9)条正确。

10. 第(10)条正确。

11. 第(11)条不妥，应是：因监理方过失而造成了委托人的经济损失，应当向委托人赔偿。累计赔偿总额不应超过监理报酬总额(除去税金)。

12. 第(12)条不妥。应是：监理单位在征得委托人的同意后，有发布开工令、停工令、复工令等指令的权力。

复习思考题

一、单项选择题

1. 根据《建设工程委托监理合同(示范文本)》的规定，监理合同的有效期指的是(　　)。

A. 合同约定的开始日至完成日

B. 合同签订日至监理人收到监理报酬尾款日

C. 合同签订日至合同约定的完成日

D. 合同约定的开始日至工程验收合格日

2. 在正常监理酬金中，不属于直接成本的费用是(　　)。

A. 外部协作费

B. 监理期间使用与监理工作相关的检测仪器摊销费

C. 经营业务费

D. 监理辅助人员奖金

3. 某监理合同中，出现了"需遵守××市地方性标准《建设工程监理规程》"的约定，该约定应写在(　　)中。

A. 建设工程委托监理合同　　　　　　B. 建设工程委托监理合同标准条件

C. 中标函　　　　　　　　　　　　　D. 建设工程委托监理合同专用条件

4. 在工程施工中由于(　　)原因导致的工期延误，承包方应当承担违约责任。

A. 不可抗力　　　　　　　　　　　　B. 承包方的设备损坏

C. 设计变更　　　　　　　　　　　　D. 工程量变化

5. 委托任务并负责支付报酬的一方称(　　)。

A. 承包人　　　　　B. 发包人　　　　C. 出资人　　　　D. 出工人

6. 受招标人的委托，代为从事招标活动的中介组织是(　　)。

A. 建设单位　　　　B. 施工单位　　　　C. 招标代理　　　　D. 设计单位

7. 在监理合同履行过程中，由于委托人的原因，承包合同不能按期竣工而必须延长的监理工作时间属于(　　)。

A. 附加工作　　　　B. 额外工作　　　　C. 正常工作　　　　D. 委托人工作

8. 下列关于监理人违约赔偿的表述中正确的是(　　)。

A. 当监理人向委托人的索赔要求不成立时，给委托人造成的损失由委托人自己承担

B. 由监理人确认的承包人修改后的进度计划超过了完工时限，监理人承担连带责任

C. 监理人不对责任期以外发生的任何事情所引起的损失或损害负责

D. 监理人在责任期内，因承包人的过失给发包人造成经济损失，要负监理失职的责任

9. 《建设工程委托监理合同(示范文本)》规定，监理人承担违约责任的原则是(　　)。

A. 补偿性原则　　　　　　　　　　　B. 惩罚性原则

C. 无过错原则　　　　　　　　　　　D. 有限责任和过错责任原则

10. 《建设工程委托监理合同专用条件》是对(　　)中的某些条款进行补充修改。

A. 监理委托函　　　B. 中标函　　　　C. 标准条件　　　　D. 法律法规

11. 合同履行过程中发生不可抗力，承包人的施工被迫中断，监理工程师应完成的确认灾害发生前承包人已完成工程的合格和不合格部分属于(　　)。

A. 附加工作　　　　B. 额外工作　　　　C. 正常工作　　　　D. 委托人工作

12. 不属于委托勘察范围，发包人又未提供相关资料，致使勘察人在勘察工作中发生

人身伤害和造成经济损失时，由（　　）承担民事责任。

 A. 勘察人   B. 政府   C. 保险机构   D. 发包人

13. 依据《建设工程委托监理合同（示范文本）》，监理合同的有效期是从监理合同双方签字之日起，到（　　）止。

 A. 完成监理合同约定的监理工作之日

 B. 监理合同规定的到期日

 C. 被监理的工程竣工移交后收到监理尾款之日

 D. 完成正常工作和附加工作之日

14. 建设工程过程中需要与当地政府有关部门的协调工作，应由（　　）办理。

 A. 委托人   B. 总监理工程师

 C. 监理机构有关人员   D. 承包人

15. 负责与监理人联系的委托人授权的常驻代表需要更换时（　　）。

 A. 委托人要提前经监理人同意 B. 委托人应征求监理人意见

 C. 委托人要提前通知监理人   D. 委托人应通知承包人

16. 某工程监理酬金总额45万元，监理单位已经缴纳的税金为3万元，在合同履行过程中因监理单位的责任给业主造成经济损失60万元。依据委托监理合同示范文本，监理单位应承担的赔偿金额为（　　）万元。

 A. 45   B. 57   C. 42   D. 60

17. 当承包人的施工质量没能达到规定的质量要求时，监理人（　　）。

 A. 不承担责任   B. 负全部责任

 C. 承担连带责任   D. 按合同规定退还一定数量监理费

18. 依据《建设工程委托监理合同（示范文本）》，当委托人严重拖欠监理酬金而又未提出任何书面解释时，监理人可（　　）。

 A. 发出终止合同通知，通知发出14天后合同即行终止

 B. 发出终止合同通知，通知发出14天内未得到答复，可进一步发出终止合同通知，第二个通知到达即行终止

 C. 发出终止合同通知，通知发出14天内未得到答复，可在第一个通知发出35日内终止

 D. 发出终止合同通知，通知发出14天内未得到答复，可进一步发出终止合同通知，第二个通知发出42日仍未得到答复可终止合同

二、多项选择题

1. 根据《建设工程委托监理合同（示范文本）》第二部分《标准条件》规定，委托人的义务包括（　　）。

 A. 开展监理业务之前应向监理人支付预付款

 B. 提供与本工程有关的设备生产厂名录

 C. 必须免费向监理人员提供为监理工作所需的一切条件

 D. 在一定时间内就监理人书面提交并要求作出决定的一切事宜作出书面决定

E. 委托人应当授权一名熟悉工程情况、能在规定时间内作出决定的常驻代表(在专用条款中约定)负责与监理人联系

2. 依照《建设工程委托监理合同(示范文本)》的规定，监理人执行监理业务过程中可行使的权利包括( )。

A. 工程设计的建议权
B. 工程规模的认定权
C. 工程设计变更的决定权
D. 承包人索赔要求的审核权
E. 施工协调的主持权

3. 《建设工程委托监理合同(示范文本)》中规定属于额外监理工作的情况包括( )。

A. 因承包商严重违约委托人与其终止合同后监理单位完成的善后工作
B. 由于非监理单位原因导致的监理服务时间延长
C. 原应由委托人承担的义务双方协议改由监理单位承担
D. 应委托人要求监理单位提出更改服务内容建议后增加的工作内容
E. 不可抗力事件发生导致合同的履行被迫暂停，事件影响消失后恢复监理服务前的准备工作

4. 《建设工程设计合同(示范文本)》中规定，发包人委托的设计任务可以包括( )。

A. 项目建议
B. 初步设计
C. 技术设计
D. 产品设计
E. 施工图设计

5. 被宣布为废标的投标书包括( )。

A. 投标书未按招标文件中规定封标
B. 逾期送达的标书
C. 加盖法人或委托授权人印鉴的标书
D. 未按招标文件的内容好要求编写、内容不全或字迹无法辨认的标书
E. 投标人不参加开标会议的标书

6. 不符合建设工程委托监理合同特征的有( )。

A. 监理合同委托人可以是个人
B. 监理合同的订立必须符合工程建设程序
C. 监理合同的订立不需符合工程建设程序
D. 委托监理合同标的是服务
E. 委托监理合同的标的物是产生新的物质

7. ( )是《建设工程委托监理合同(示范文本)》中条款结构的内容。

A. 委托人的义务
B. 委托人的责任
C. 一般规定
D. 职员
E. 监理人的义务

8. 按照《建设工程委托监理合同(示范文本)》的规定，委托人招标选择监理人签订合同后，对双方有约束力的合同文件包括( )。

A. 中标函
B. 投标保函

C. 监理合同标准条件　　　　　　　D. 监理委托函

E. 标准、规范

9. 工程项目中监理工程师对合同管理的主要工作内容是(　　)。

A. 工期管理　　　　　　　　　　　B. 物资管理

C. 质量管理　　　　　　　　　　　D. 设备管理

E. 结算管理

10. 《建设工程委托监理合同(示范文本)》应明确监理人的权利有(　　)。

A. 完成监理工作后获得酬金的权利　B. 获得奖励的权利

C. 批准承包人索赔的权利　　　　　D. 终止合同的权利

E. 对工程设计的批准权利

11. 依据《建设工程委托监理合同(示范文本)》规定,(　　)属于额外的监理工作。

A. 合同内约定由委托人承担的义务,经协商改由监理人承担的工作

B. 由于第三方原因使工作受到阻碍导致增加的工作

C. 由于非监理人责任导致监理合同终止的善后工作

D. 应委托人要求更改服务内容而增加的工作

E. 出现不应由监理人负责,致使暂停监理任务后的恢复工作

12. 任何由委托人提供或支付的供监理单位使用的物品,都是(　　)。

A. 属于委托人的财产　　　　　　　B. 属于监理人所有

C. 属于监理人占有　　　　　　　　D. 属于委托人与监理人共有

E. 监理人服务完毕后,应将剩余物归还委托人

13. 依据《建设工程委托监理合同(示范文本)》规定,委托人的义务包括(　　)。

A. 负责合同的协调管理工作　　　　B. 外部关系协调

C. 免费提供监理工作需要的资料　　D. 更换委托人代表需要经监理人同意

E. 将监理人、监理机构主要成员分工、权限及时书面通知被监理

三、案例分析题

某企业(以下称甲方)为拓展经营渠道,准备建一钢筋混凝土框架式 12 层商业大厦工程项目,甲方分别与监理单位(以下称乙方)和施工单位(以下称丙方)签订了施工阶段委托监理合同和施工合同。在委托监理合同中对于甲方和乙方的权利、义务和违约责任的某些规定如下。

(1) 乙方在监理工作中应维护甲方的利益。

(2) 施工期间的任何设计变更必须经过乙方审查、认可后,由乙方发布变更令方为有效并可付诸实施。

(3) 乙方应在甲方的授权范围内对委托的工程项目实施监理工作。

(4) 乙方发现工程设计中的错误或不符合建筑工程质量标准的要求时,有权要求设计单位更改。

(5) 乙方监理仅对本工程的施工质量实施监督控制,进度控制和费用控制权力由甲方行使。

（6）乙方有审核批准索赔权。

（7）乙方对工程进度款支付有审核签认权；甲方有独立于乙方之外的自主支付权。

（8）在合同责任期内，乙方未按合同要求的职责认真服务或甲方违背对乙方的责任时，均应向对方承担赔偿责任。

（9）由于甲方严重违约及非乙方责任而使监理工作停止半年以上的情况下，乙方有权终止合同。

（10）甲方违约应承担违约责任，赔偿乙方相应的经济损失。

（11）在施工期间工地每发生一起人员重伤事故，乙方应受罚款1万元，发生一起死亡事故受罚2万元，发生一起质量事故，乙方应付给甲方相当于质量事故经济损失5%的罚款。

（12）乙方有发布开工令、停工令、复工令等指令的权利。

问题

以上各条中有无不妥之处？怎样才是正确的？

第 6 章

建设工程勘察设计合同管理

学习目标

　　学习勘察设计合同概念，勘察设计合同的订立要求；了解建设工程勘察、设计合同示范文本，设计合同的违约责任；熟悉发包人应为勘察人提供的现场工作条件，设计合同的生效、变更与终止；掌握发包人订立设计合同时应提供的资料和委托工作范围，设计合同履行过程中双方的责任，为建设工程勘察设计合同的管理打下坚实的理论基础。

学习要求

能力目标	知识要点	权重
了解相关知识	(1) 建设工程勘察、设计合同示范文本 (2) 勘察设计合同的违约责任	10％
熟练掌握知识点	(1) 发包人应为勘察人提供的现场工作条件 (2) 设计合同的生效、变更与终止 (3) 发包人订立设计合同时应提供的资料和委托工作范围 (4) 设计合同履行过程中双方的责任	50％
运用知识分析案例	(1) 勘察设计合同的订立 (2) 勘察设计合同的履行	40％

 案例分析与内容导读

【案例背景】

　　甲房地产公司欲开发一海景楼盘，委托乙勘察设计院进行勘察与设计，同时签订了勘察合同一份，其中勘察费是 80 万元。勘察合同签订 7 天后，甲房地产公司向乙勘察设计院支付预算勘察费 10 万元定金。乙勘察设计院按合同要求进住现场开始勘察工作，在勘察工作外业结束后，已经完成完成工作量 75％。

在现场勘查过程中甲房地产公司未给勘察承包人提供必要的生产、生活条件，也未一次性付给承包方临时设施费及生活费，给乙的勘察工作造成停工、窝工现象。而甲房地产公司认为乙勘察设计院技术能力差可能无法完成任务，后该房地产公司与其他勘察单位和设计院接洽后，就向乙勘察设计院提出解除勘察合同。双方发生争执，无法达成共识，最后乙勘察设计院将甲房地产公司起诉到法院。

【分析】

(1)甲房地产公司哪些方面做得不妥？

(2)乙勘察设计院能得到哪些支持？

【解析】

(1)首先，勘察合同签订 7 天后，甲房地产公司向乙勘察设计院支付 10 万元的定金的做法不妥。应该是在勘察合同签订后 3 天内，发包人应向勘察承包人支付预算勘察费的 20％作为定金，应该是 16 万元。

其次，在现场勘查过程中，甲房地产公司未给勘察承包人提供必要的生产、生活条件，也未一次性付给承包方临时设施费及生活费的做法不妥。按规定，在勘察过程中，发包人要为承包方的工作人员提供必要的生产、生活条件，并承担费用；如果不能提供时，应一次性付给承包方临时设施费及生活费。

(2)首先，乙勘察设计院可以得到 80 万元的勘察费，10 万元的定金不用返还。

在合同履行期间，由于工程停建而终止合同或发包人要求解除合同时，勘察承包人未进行勘察工作的，不退还发包人已付定金；已进行勘察工作的，完成的工作量在 50％以内时，发包人应向勘察承包人支付预算额 50％的勘察费；完成的工作量超过 50％时，则应向勘察承包人支付预算额 100％的勘察费。发包人不履行合同时，无权要求勘察承包人返还定金。

其次，可以要求甲房地产公司支付停、窝工费。

按规定，因发包人的原因造成勘察承包人停、窝工的，发包人应承担付给勘察承包人停、窝工费，金额按预算的平均工日产值计算。

本案例所涉及的是勘察设计合同违约责任的问题，本书将在 6.3 节中做详细讲述。

6.1　建设工程勘察设计合同概述

6.1.1　建设工程勘察设计合同概念

建设工程勘察合同是指根据建设工程的要求，查明、分析、评价建设场地的地质地理环境特征和岩土工程条件，编制建设工程勘察文件的协议。建设单位称为委托方，勘察设计单位称为承包方。

建设工程设计合同是指根据建设工程的要求，对建设工程所需的技术、经济、资源、环境等条件进行综合分析、论证，编制建设工程设计文件的协议。

为了保证工程项目的建设质量达到预期的投资目的，实施过程必须遵循项目建设的内在规律。根据《建设工程勘察设计管理条例》的规定，从事建设工程勘察、设计活动，应当坚持先勘察、后设计、再施工的原则。

 知识拓展

《建设工程勘察设计合同管理办法》第四条规定，勘察设计合同的发包人应当是法人或者自然人，承接方必须具有法人资格。甲方是建设单位或项目管理部门，乙方是持有建设行政主管部门颁发的工程勘察设计资质证书、工程勘察设计收费资格证书和工商行政管理部门核发的企业法人营业执照的工程勘察设计单位。

同时为了确保勘察、设计合同的内容完备、责任明确、风险责任分担合理，建设部（原）和国家工商行政管理局在 2000 年颁布了《建设工程勘察合同（示范文本）》和《建设工程设计合同（示范文本）》。

6.1.2　勘察设计合同示范文本

1. 勘察合同示范文本

勘察合同范本按照委托勘察任务的不同分为两个版本。

1）建设工程勘察合同（一）［GF－2000－0203］

该范本适用于为设计提供勘察工作的委托任务，包括岩土工程勘察、水文地质勘察（含凿井）、工程测量、工程物探等勘察。合同条款的主要内容包括以下几方面。

（1）工程概况。

（2）发包人应提供的资料。

（3）勘察成果的提交。

（4）勘察费用的支付。

（5）发包人、勘察人责任。

（6）违约责任。

（7）未尽事宜的约定。

（8）其他约定事项。

（9）合同争议的解决。

（10）合同生效。

新的《合同文本》均包括合同一和合同二，分别适用民用和工业（或专项）建设工程项目的勘察设计。这里列举《建设工程勘察合同（一）》［GF—2000—0203］如下。

建设工程勘察合同(GF—2000—0203)

[岩土工程勘察、水文地质勘察(含凿井)工程测量、工程物探]

工程地点：＿＿＿＿＿＿＿＿＿＿＿＿＿＿＿＿＿

工程地点：＿＿＿＿＿＿＿＿＿＿＿＿＿＿＿＿＿

合同编号：＿＿＿＿＿＿＿＿＿＿＿＿＿＿＿＿＿

（由勘察人编填）

勘察证书等级：＿＿＿＿＿＿＿＿＿＿＿＿＿＿＿

发包人：＿＿＿＿＿＿＿＿＿＿＿＿＿＿＿＿＿＿

勘察人：＿＿＿＿＿＿＿＿＿＿＿＿＿＿＿＿＿＿

签订日期：＿＿＿＿＿＿＿＿＿＿＿＿＿＿＿＿＿

中华人民共和国建设部
国家工商行政管理局监制
二〇〇〇年三月

发包人＿＿＿＿＿＿＿＿＿＿＿＿

勘察人＿＿＿＿＿＿＿＿＿＿＿＿

发包人委托勘察人承担＿＿＿＿＿＿＿＿＿＿＿＿任务。

根据《中华人民共和国合同法》及国家有关法规规定，结合本工程的具体情况，为明确责任，协作配合，确保工程勘察质量，经发包人、勘察人协商一致，签订本合同，共同遵守。

第一条　工程概况

1.1　工程名称：＿＿＿＿＿＿＿＿＿＿＿＿＿＿＿＿＿＿＿＿

1.2　工程建设地点：＿＿＿＿＿＿＿＿＿＿＿＿＿＿＿＿＿＿

1.3　工程规模、特征：＿＿＿＿＿＿＿＿＿＿＿＿＿＿＿＿

1.4　工程勘察任务委托文号、日期：＿＿＿＿＿＿＿＿＿＿＿

1.5　工程勘察任务(内容)与技术要求：＿＿＿＿＿＿＿＿＿＿

1.6　承接方式：＿＿＿＿＿＿＿＿＿＿＿＿＿＿＿＿＿＿＿

1.7　预计勘察工作量：＿＿＿＿＿＿＿＿＿＿＿＿＿＿＿＿

第二条　发包人应及时向勘察人提供下列文件资料并对其准确性、可靠性负责。

2.1　提供本工程批准文件(复印件)，以及用地(附红线范围)、施工、勘察许可等批件(复印件)。

2.2　提供工程勘察任务委托书、技术要求和工作范围的地形图、建筑总平面布置图。

2.3　提供勘察工作范围已有的技术资料及工程所需的坐标与标高资料。

2.4　提供勘察工作范围地下已有埋藏物的资料(如电力、通信电缆、各种管道、人防设施、洞室等)及具体位置分布图。

2.5　发包人不能提供上述资料、由勘察人收集的，发包人需向勘察人支付相应费用。

第三条　勘察人向发包人提交勘察成果资料并对其质量负责。

勘察人负责向发包人提交勘察成果资料四份，发包人要求增加的份数另行收费。

第四条　开工及提交勘察成果资料的时间和收费标准及付费方式

4.1　开工及提交勘察成果资料的时间

4.1.1　本工程的勘察工作定于＿＿＿＿＿年＿＿＿月＿＿＿日开工，＿＿＿＿＿年＿＿＿月＿＿＿日提交勘察成果资料，由于发包人或勘察人的原因未能按期开工或提交成果资料时，按本合同第六条规定办理。

4.1.2　勘察工作有效期限以发包人下达的开工通知书或合同规定的时间为准，如遇特殊情况(设计变更、工作量变化、不可抗力影响以及非勘察人原因造成的停、窝工等)时，工期顺延。

4.2 收费标准及付费方式

4.2.1 本工程勘察按国家规定的现行收费标准_____计取费用；或以"预算包干"、"中标价加签证"、"实际完成工作量结算"等方式计取收费。国家规定的收费标准中没有规定的收费项目，由发包人、勘察人另行议定。

4.2.2 本工程勘察费预算为_____元（大写_____），合同生效后 3 天内，发包人应向勘察人支付预算勘察费的 20% 作为定金，计_____元（本合同履行后，定金抵作勘察费）；勘察规模大、工期长的大型勘察工程，发包人还应按实际完成工程进度_____% 时，向勘察人支付预算勘察费的_____% 的工程进度款，计_____元；勘察工作外业结束后_____天内，发包人向勘察人支付预算勘察费的_____%，计_____元；提交勘察成果资料后 10 天内，发包人应一次付清全部工程费用。

第五条 发包人、勘察人责任

5.1 发包人责任

5.1.1 发包人委托任务时，必须以书面形式向勘察人明确勘察任务及技术要求，并按第二条规定提供文件资料。

5.1.2 在勘察工作范围内，没有资料、图纸的地区（段），发包人应负责查清地下埋藏物，若因未提供上述资料、图纸，或提供的资料图纸不可靠、地下埋藏物不清，致使勘察人在勘察工作过程中发生人身伤害或造成经济损失时，由发包人承担民事责任。

5.1.3 发包人应及时为勘察人提供并解决勘察现场的工作条件和出现的问题（如：落实土地征用、青苗树木赔偿、拆除地上地下障碍物、处理施工扰民及影响施工正常进行的有关问题、平整施工现场、修好通行道路、接通电源水源、挖好排水沟渠以及水上作业用船等），并承担其费用。

5.1.4 若勘察现场需要看守，特别是在有毒、有害等危险现场作业时，发包人应派人负责安全保卫工作，按国家有关规定，对从事危险作业的现场人员进行保健防护，并承担费用。

5.1.5 工程勘察前，若发包人负责提供材料的，应根据勘察人提出的工程用料计划，按时提供各种材料及其产品合格证明，并承担费用和运到现场，派人与勘察人的人员一起验收。

5.1.6 勘察过程中的任何变更，经办理正式变更手续后，发包人应按实际发生的工作量支付勘察费。

5.1.7 为勘察人的工作人员提供必要的生产、生活条件，并承担费用；如不能提供时，应一次性付给勘察人临时设施费_____元。

5.1.8 由于发包人原因造成勘察人停、窝工，除工期顺延外，发包人应支付停、窝工费（计算方法见 6.1）；发包人若要求在合同规定时间内提前完工（或提交勘察成果资料）时，发包人应按每提前一天向勘察人支付_____元计算加班费。

5.1.9　发包人应保护勘察人的投标书、勘察方案、报告书、文件、资料图纸、数据、特殊工艺（方法）、专利技术和合理化建议，未经勘察人同意，发包人不得复制、不得泄露、不得擅自修改、传送或向第三人转让或用于本合同外的项目；如发生上述情况，发包人应负法律责任，勘察人有权索赔。

5.1.10　本合同有关条款规定和补充协议中发包人应负的其他责任。

5.2　勘察人责任

5.2.1　勘察人应按国家规范、标准、规程和发包人的任务委托书及技术要求进行工程勘察，按本合同规定的时间提交质量合格的勘察成果资料，并对其负责。

5.2.2　由于勘察人提供的勘察成果资料质量不合格，勘察人应负责无偿给予补充完善使其达到质量合格；若勘察人无力补充完善，需另委托其他单位时，勘察人应承担全部勘察费用；因勘察质量造成重大经济损失或工程事故时，勘察人除应负法律责任和免收直接受损部分的勘察费外，还应根据损失程度向发民人支付赔偿金，赔偿金由发包人、勘察人商定为实际损失的_____％。

5.2.3　在工程勘察前提出勘察纲要或勘察组织设计，派人与发包人的人员一起验收发包人提供的材料。

5.2.4　勘察过程中，根据工程的岩土工程条件（或工作现场地形地貌、地质和水文地质条件）及技术规范要求，向发包人提出增减工作量或修改勘察工作的意见，并办理正式变更手续。

5.2.5　在现场工作的勘察人的人员，应遵守发包人的安全保卫及其他有关的规章制度，承担其有关资料保密义务。

5.2.6　本合同有关条款规定和补充协议中勘察人应负的其他责任。

第六条　违约责任

6.1　由于发包人未给勘察人提供必要的工作生活条件而造成停、窝工或来回进出场地，发包人除应付给勘察人停、窝工费（金额按预算的平均工日产值计算），工期按实际工日顺延外，还应付给勘察人来回进出场地和调遣费。

6.2　由于勘察人原因造成勘察成果资料质量不合格，不能满足技术要求时，其近工勘察费用由勘察人承担。

6.3　合同履行期间，由于工程停建而终止合同或发包人要求解除合同时，勘察人未进行勘察工作的，不退还发包人已付定金；已进行勘察工作的，完成的工作量在50％以内时，发包人应向勘察人支付预算额50％的勘察费_____计_____元；完成的工作量超过50％时，则应向勘察人支付预算额100％的勘察费。

6.4　发包人未按合同规定时间（日期）拨付勘察费，每超过一日，应偿付未支付勘察费的千分之一逾期违约金。

6.5　由于勘察人原因未按合同规定时间（日期）提交勘察成果资料，每超过一日，应减收勘察费千分之一。

6.6 本合同签订后，发包人不履行合同时，无权要求返还定金；勘察人不履行合同时，双倍返还定金。

第七条 本合同未尽事宜，经发包人与勘察人协商一致，签订补充协议，补充协议与本合同具有同等效力。

第八条 其他约定事项：_____

第九条 本合同在履行过程中发生的争议，由双方当事人协商解决，协商不成的，按下列第_____种方式解决。

（一）提交_____仲裁委员会仲裁。

（二）依法向人民法院起诉。

第十条 本合同自发包人、勘察人签字盖章后生效；按规定到省级建设行政主管部门规定的审查部门备案；发包人、勘察人认为必要时，到项目所在地工商行政管理部门申请鉴证。发包人、勘察人履行完合同规定的义务后，本合同终止。

本合同一式_____份，发包人_____份、勘察人_____份。

发包人名称：_____	勘察人名称：_____
（盖章）	（盖章）
法定代表人：（签字）_____	法定代表人：（签字）_____
委托代理人：（签字）_____	委托代理人：（签字）_____
住所：_____	住所：_____
邮政编码：_____	邮政编码：_____
电话：_____	电话：_____
传真：_____	传真：_____
开户银行：_____	开户银行：_____
银行账号：_____	银行账号：_____
建设行政主管部门备案：	鉴证意见：
（盖章）	（盖章）
备案号：_____	经办人：_____
备案日期：__年__月__日	鉴证日期：__年__月__日

2）建设工程勘察合同（二）［GF—2000—0204］

该范本的委托工作内容仅涉及岩土工程，包括取得岩土工程的勘察资料、对项目的岩土工程进行设计、治理和监测工作。由于委托工作范围包括岩土工程的设计、治理和监测，因此，合同条款的主要内容除了上述勘察合同应具备的条款外，还包括变更及工程费的调整；材料设备的供应；报告、文件、治理的工程等的检查和验收等方面的约定条款。

《建设工程勘察合同》（GF—2000—0204）示范文本如下。

建设工程勘察合同(GF—2000—0204)
(岩土工程设计、治理、监测)

工程名称：_____

工程地点：_____

合同编号：_____

（由承包人编填）

勘察证书等级：_____

发包人：_____

承包人：_____

签订日期：_____

中华人民共和国建设部

国家工商行政管理局 监制

二〇〇〇年三月

发包人：_____

承包人：_____

发包人委托承包人承担：_____工程项目的岩土工程任务，根据《中华人民共和国合同法》及国家有关法规，经发包人、承包人协商一致签订本合同。

第一条　工程概况

1.1　工程名称：_____

1.2　工程地点：_____

1.3　工程立项批准文件号、日期：_____

1.4　岩土工程任务委托文号、日期：_____

1.5　工程规模、特征：_____

1.6　岩土工程任务(内容)与技术要求：_____

1.7　承接方式：_____

1.8　预计的岩土工程工作量：_____

第二条　发包人向承包人提供的有关资料文件

序号

资料文件名称

份数

内容要求

提交时间

第三条承包人应向发包人交付的报告、成果、文件

序号

报告，成果，文件名称

份数

内容要求

交付时间

第四条　工期

本岩土工程自_____年_____月_____日开工至_____年_____月_____日完工，工期为_____天。由于发包人或承包人的原因，未能按期开工、完工或交付成果资料时，按本合同第八条规定执行。

第五条　收费标准及支付方式

5.1　本岩土工程收费按国家规定的现行收费标准_____计取；或以"预算包干"、"中标价加签证"、"实际完成工作量结算"等方式计取收费。国家规定的收费标准中没有规定的收费项目，由发包人、承包人另行议定。

5.2　本岩土工程费总额为_____元(大写_____)，合同生效后3天内，发包人应向承包人支付预算工程费总额的20％，计_____元作为定金(本合同履行后，定金抵作工程费)。

5.3　本合同生效后，发包人按下表约定分_____次向承包人预付(或支付)工程费，发包人不按时向承包人拨付工程费，从应拨付之日起承担应拨付工程费的滞纳金。

拨付工程费时间(工程进度)　　占合同总额百分比　　金额人民币(元)

第六条　变更及工程费的调整

6.1　本岩土工程进行中，发包人对工程内容与技术革新求提出变更，发包人应在变更前_____天向承包人发出书面变更通知，否则承包人有权拒绝变更；承包人接通知后于_____天内，提出变更方案的文件资料，发包人收到该文件资料之日起_____天内予以确认，如不确认或不提出修改意见的，变更文件资料自送达之日起第_____天自行生效，除由此延误的工期顺延外，因变更导致承包人经济支出和损失，由发包人承担。

6.2　变更后，工程费按如下方法(或标准)进行调整：_____

第七条　发包人、承包人责任

7.1　发包人责任

7.1.1　发包人按本合同第二条规定的内容，在规定的时间内向承包人提供资料文件，并对其完整性、正确性及时限性负责；发包人提供上述资料、文件超过规定期限15天以内，承包人按合同规定交付报告、成果、文件的时间顺延，规定期限超过15天以上时，承包人有权重新确定交付报告、成果、文件的时间。

7.1.2　发包人要求承包人在合同规定时间内提前交付报告、成果、文件时，发包人应按每提前一天向承包人支付_____元计算加班费。

7.1.3　发包人应为承包人现场工作人员提供必要的生产、生活条件；如不能提供，应一次性付给承包人临时设施费_____元。

7.1.4　开工前，发包人应办理完毕开工许可、工作场地使用、青苗树木赔偿、坟地迁移、房屋构筑物拆迁、障碍物清除等工作及解决扰民和影响正常工作进行的有关问题，并承担费用；发包人应向承包人提供工作现场地下已有埋藏物(如电力、电讯电缆、各种管道、人防设施、洞室等)的资料及其具体位置分布图，若因地下埋藏物不清，致使承包人在现场工作中发生人身伤害或造成经济损失时，由发包人承担民事责任；在有毒、有害环境中作业时，发包人应按有关规定，提供相应的防护措施，并承担有关的费用；以书面形式向承包人提供水准点和坐标控制点；发包人应解决承包人工作现场的平整，道路通行和用水用电，并承担费用。

7.1.5　发包人应对工作现场周围建筑物、构筑物、古树名木和地下管道、线路的保护负责，对承包人提出书面具体保护要求(措施)，并承担费用。

7.1.6 发包人应保护承包人的投标书、报告书、文件、设计成果、专利技术、特殊工艺和合理化建议，未经承包人同意，发包人不得复制泄露或向第三人转让或用于本合同外的项目，如发生以上情况，发包人应负法律责任，承包人有权索赔。

7.1.7 本合同中有关条款规定和补充协议中发包人应负的责任。

7.2 承包人责任

7.2.1 承包人按本合同第三条规定的内容、时间、数量向发包人交付报告、成果、文件，并对其质量负责。

7.2.2 承包人对报告、成果、文件出现的遗漏或错误负责修改补充；由于承包人的遗漏、错误造成工程质量事故，承包人除负法律责任和负责采了补救措施外，应减收或免收直接受损失部分的岩土工程费，并根据受损失程度向发包人支付赔偿金，赔偿金额由发包人、承包人商定为实际损失的_____％。

7.2.3 承包人不得向第三人扩散、转让第二条中发包人提供的技术资料、文件。发生上述情况，承包人应负法律责任，发包人有权索赔。

7.2.4 遵守国家及当地有关部门对工作现场的有关管理规定，做好工作现场保卫和环卫工作，并按发包人提出的保护要求(措施)，保护好工作现场周围的建、构筑物、古树、名木和地下管线(管道)、文物等。

7.2.5 本合同有关条款规定和补充协议中承包人应负的责任。

第八条 违约责任

8.1 由于发包人提供的资料文件错误、不准确，造成工期延误或返工时，除工期顺延外，发包人应向承包人支付停工费或返工费，造成质量、安全事故时，由发包人承担法律责任和经济责任。

8.2 在合同履行期间，发包人要求终止或解除合同，承包人未开始工作的，不退还发包人已付的定金；已进行工作的，完成的工作量在50％以内时，发包人应支付承包人工程费的50％的费用；完成的工作量超过50％时，发包人应支付承包人工程费的100％的费用。

8.3 发包人不按时支付工程费(进度款)，承包人在约定支付时间10天后，向发包人发出书面催款的通知，发包人收到通知后仍不按要求付款，承包人有权停工，工期顺延，发包人还应承担滞纳金。

8.4 由于承包人原因延误工期或未按规定时间交付报告、成果、文件，每延误一天应承担以工程费千分之一计算的违约金。

8.5 交付的报告、成果、文件达不到合同约定条件的部分，发包人可要求承包人返工，承包人按发包人要求的时间返工，直到符合约定条件，因承包人原因达不到约定条件，由承包人承担返工费，返工后仍不能达到约定条件，承包人承担违约责任，并根据因此造成的损失程度向发包人支付赔偿金，赔偿金额最高不超过返工项目的收费。

第九条　材料设备供应

9.1　发包人、承包人应对各自负责供应的材料设备负责，提供产品合格证明，并经发包人、承包人代表共同验收认可，如与设计和规范要求不符的产品，应重新采购符合要求的产品，并经发包人、承包人代表重新验收认定，各自承担发生的费用。若造成停、窝工的，原因是承包人的，则责任自负；原因是发包人的，则应向承包人支付停、窝工费。

9.2　承包人需使用代用材料时，须经发包人代表批准方可使用，增减的费用由发包人、承包人商定。

第十条　报告、成果、文件检查验收

10.1　由发包人负责组织对承包人交付的报告、成果、文件进行检查验收。

10.2　发包人收到承包人交付的报告、成果、文件后_____天内检查验收完毕，并出具检查验收证明，以示承包人已完成任务，逾期未检查验收的，视为接受承包人的报告、成果、文件。

10.3　隐蔽工程工序质量检查，由承包人自检后，书面通知发包人检查；发包人接通知后，当天组织质检，经检验合格，发包人、承包人签字后方能进行下一道工序；检验不合格，承包人在限定时间内修补后重新检验，直至合格；若发包人接通知后24小时内仍未到现场检验，承包人可以顺延工程工期，发包人应赔偿停、窝工的损失。

10.4　工程完工，承包人向发包人提交岩土治理工程的原始记录、竣工图及报告、成果、文件，发包人应在_____天内组织验收，如有不符合规定要求及存在质量问题，承包人应采取有效补救措施。

10.5　工程未经验收，发包人提前使用和擅自动用，由此发生的质量、安全问题，由发包人承担责任，并以发包人开始使用日期为完工日期。

10.6　完工工程经验收符合合同要求和质量标准，自验收之日起_____天内，承包人向发包人移交完毕，如发包人不能按时接管，致使已验收工程发生损失，应由发包人承担，如承包人不能按时交付，应按逾期完工处理，发包人不得因此而拒付工程款。

第十一条　本合同未尽事宜，经发包人与承包人协商一致，签订补充协议，补充协议与本合同具有同等效力。

第十二条　其他约定事项：_____

第十三条　争议解决办法

本合同在履行过程中发生的争议，由双方当事人协商解决，协商不成的，按下列第_____种方式解决。

（一）提交_____仲裁委员会仲裁。

（二）依法向人民法院起诉。

第十四条　合同生效与终止

本合同自发包人、承包人签字盖章后生效；按规定到省级建设行政主管部门规定的审查部门备案；发包人、承包人认为必要时，到项目所在地工商行政管理部门申请鉴证。发包人、承包人履行完合同规定的义务后，本合同终止。

本合同一式＿＿＿＿＿份，发包人＿＿＿＿＿份、承包人＿＿＿＿＿份。

发包人名称：＿＿＿＿＿＿＿＿＿	承包人名称：＿＿＿＿＿＿＿＿＿
（盖章）	（盖章）
法定代表人：（签字）＿＿＿＿	法定代表人：（签字）＿＿＿＿
委托代理人：（签字）＿＿＿＿	委托代理人：（签字）＿＿＿＿
住所：＿＿＿＿＿＿＿＿＿＿＿	住所：＿＿＿＿＿＿＿＿＿＿＿
邮政编码：＿＿＿＿＿＿＿＿＿	邮政编码：＿＿＿＿＿＿＿＿＿
电话：＿＿＿＿＿＿＿＿＿＿＿	电话：＿＿＿＿＿＿＿＿＿＿＿
传真：＿＿＿＿＿＿＿＿＿＿＿	传真：＿＿＿＿＿＿＿＿＿＿＿
开户银行：＿＿＿＿＿＿＿＿＿	开户银行：＿＿＿＿＿＿＿＿＿
银行账号：＿＿＿＿＿＿＿＿＿	银行账号：＿＿＿＿＿＿＿＿＿
建设行政主管部门备案：	鉴证意见：＿＿＿＿＿＿＿＿＿
（盖章）	（盖章）
备案号：＿＿＿＿＿＿＿＿＿＿	经办人：＿＿＿＿＿＿＿＿＿＿
备案日期：＿＿＿年＿＿月＿＿日	鉴证日期：＿＿＿年＿＿月＿＿日

2. 设计合同示范文本

设计合同分为两个版本。

1) 建设工程设计合同（一）[GF－2000－0209]

该范本适用于民用建设工程设计的合同，主要条款包括以下几方面的内容。

（1）订立合同依据的文件。

（2）委托设计任务的范围和内容。

（3）发包人应提供的有关资料和文件。

（4）设计人应交付的资料和文件。

（5）设计费的支付。

（6）双方责任。

（7）违约责任。

（8）其他。

2) 建设工程设计合同（二）[GF－2000－0210]

范本适用于委托专业工程的设计。除了上述设计合同应包括的条款内容外，还增加了设计依据；合同文件的组成和优先次序；项目的投资要求、设计阶段和设计内容；保密等方面的条款约定。

《建设工程设计合同（一）（示范文本）》[GF—2000—0209]如下。

建设工程设计合同(一)
(建设装饰工程设计合同)

工程名称：_____

工程地点：_____

合同编号：_____

（由设计人编填）

设计证书等级：_____

发包人：_____

设计人：_____

签订日期：_____

中华人民共和国建设部

国家工商行政管理局　监制

二000年三月

发包人：_____

设计人：_____

发包人委托设计人承担_____工程设计，经双方协商一致，签订本合同。

第一条　本合同依据下列文件签订。

1.1　《中华人民共和国合同法》、《中华人民共和国建筑法》、《建设工程勘察设计市场管理规定》。

1.2　国家及地方有关建设工程勘察设计管理法规和规章。

1.3　建设工程批准文件。

第二条　本合同设计项目的内容：名称、规模、阶段、投资及设计费等见下表。

序号	分项目名称	建设规模		设计阶段及内容			估算总投资（万元）	费率（%）	估算设计费（元）
		层数	建筑面积(m²)	方案	初步设计	施工图			

第三条　发包人应向设计人提交的有关资料及文件见下表。

序号	资料及文件名称	份数	提交日期	有关事宜

第四条　设计人应向发包人交付的设计资料及文件见下表。

序号	资料及文件名称	份数	提交日期	有关事宜

第五条　本合同设计收费估算为_____元人民币。设计费支付进度详见下表。

付费次序	占总设计费 %	付费额(元)	付费时间(由交付设计文件所决定)
第一次付费	20%定金		本合同签订后三日内
第二次付费			

付费次序	占总设计费 %	付费额(元)	付费时间(由交付设计文件所决定)
第三次付费			
第四次付费			
第五次付费			

说明

(1) 提交各阶段设计文件的同时支付各阶段设计费。

(2) 在提交最后一部分施工图的同时结清全部设计费,不留尾款。

(3) 实际设计费按初步设计概算(施工图设计概算)核定,多退少补。实际设计费与估算设计费出现差额时,双方另行签订补充协议。

(4) 本合同履行后,定金抵作设计费。

第六条 双方责任

6.1 发包人责任

6.1.1 发包人按本合同第三条规定的内容,在规定的时间内向设计人提交资料及文件,并对其完整性、正确性及时限负责,发包人不得要求设计人违反国家有关标准进行设计。发包人提交上述资料及文件超过规定期限15天以内,设计人按合同第四条规定交付设计文件时间顺延;超过规定期限15天以上时,设计人员有权重新确定提交设计文件的时间。

6.1.2 发包人变更委托设计项目、规模、条件或因提交的资料错误,或所提交资料做较大修改,以致造成设计人设计需返工时,双方除需另行协商签订补充协议(或另订合同)、重新明确有关条款外,发包人应按设计人所耗工作量向设计人增付设计费。在未签合同前发包人已同意,设计人为发包人所做的各项设计工作,应按收费标准,相应支付设计费。

6.1.3 发包人要求设计人比合同规定时间提前交付设计资料及文件时,如果设计人能够做到,发包人应根据设计人提前投入的工作量,向设计人支付赶工费。

6.1.4 发包人应为派赴现场处理有关设计问题的工作人员,提供必要的工作生活及交通等方便条件。

6.1.5 发包人应保护设计人的投标书、设计方案、文件、资料图纸、数据、计算软件和专利技术。未经设计人同意,发包人对设计人交付的设计资料及文件不得擅自修改、复制或向第三人转让或用于本合同外的项目。如发生以上情况,发包人应负法律责任,设计人有权向发包人提出索赔。

6.2 设计人责任

6.2.1 设计人应按国家技术规范、标准、规程及发包人提出的设计要求进行工程设计,按合同规定的进度要求提交质量合格的设计资料,并对其负责。

6.2.2 设计人采用的主要技术标准是:_____。

6.2.3 设计合理使用年限为_____年。

6.2.4 设计人按本合同第二条和第四条规定的内容、进度及份数向发包人交付资料及文件。

6.2.5 设计人交付设计资料及文件后，按规定参加有关的设计审查，并根据审查结论负责对不超出原定范围的内容做必要调整补充。设计人按合同规定时限交付设计资料及文件，本年内项目开始施工，负责向发包人及施工单位进行设计交底、处理有关设计问题和参加竣工验收。在一年内项目尚未开始施工，设计人仍负责上述工作，但应按所需工作量向发包人适当收取咨询服务费，收费额由双方商定。

6.2.6 设计人应保护发包人的知识产权，不得向第三人泄露、转让发包人提交的产品图纸等技术经济资料。如发生以上情况并给发包人造成经济损失，发包人有权向设计人索赔。

第七条 违约责任

7.1 在合同履行期间，发包人要求终止或解除合同，设计人未开始设计工作的，不退还发包人已付的定金；已开始设计工作的，发包人应根据设计人已进行的实际工作量，不足一半时，按该阶段设计费的一半支付；超过一半时，按该阶段设计费的全部支付。

7.2 发包人应按本合同第五条规定的金额和时间向设计人支付设计费，每逾期支付一天，应承担支付金额千分之二的逾期违约金。逾期超过30天以上时，设计人有权暂停履行下阶段工作，并书面通知发包人。发包人的上级或设计审批部门对设计文件不审批或本合同项目停缓建，发包人均按7.1条规定支付设计费。

7.3 设计人对设计资料及文件出现的遗漏或错误负责修改或补充。由于设计人员错误造成工程质量事故损失，设计人除负责采取补救措施外，应免收直接受损失部分的设计费。损失严重的根据损失的程度和设计人责任大小向发包人支付赔偿金，赔偿金由双方商定为实际损失的_____%。

7.4 由于设计人自身原因，延误了按本合同第四条规定的设计资料及设计文件的交付时间，每延误一天，应减收该项目应收设计费的千分之二。

7.5 合同生效后，设计人要求终止或解除合同，设计人应双倍返还定金。

第八条 其他

8.1 发包人要求设计人派专人留驻施工现场进行配合与解决有关问题时，双方应另行签订补充协议或技术咨询服务合同。

8.2 设计人为本合同项目所采用的国家或地方标准图，由发包人自费向有关出版部门购买。本合同第四条规定设计人交付的设计资料及文件份数超过《工程设计收费标准》规定的份数，设计人另收工本费。

8.3 本工程设计资料及文件中，建筑材料、建筑构配件和设备应当注明其规格、型号、性能等技术指标，设计人不得指定生产厂、供应商。发包人需要设计人的设计人员配合加工订货时，所需费用由发包人承担。

8.4 发包人委托设计配合引进项目的设计任务，从询价、对外谈判、国内外技术考察直至建成投产的各个阶段，应吸收承担有关设计任务的设计人参加。出国费用，除制装费外，其他费用由发包人支付。

8.5 发包人委托设计人承担本合同内容之外的工作服务，另行支付费用。

8.6 由于不可抗力因素致使合同无法履行时，双方应及时协商解决。

8.7 本合同发生争议，双方当事人应及时协商解决。也可由当地建设行政主管部门调解，调解不成时，双方当事人同意由_____仲裁委员会仲裁。双方当事人未在合同中约定仲裁机构，事后又未达成仲裁书面协议的，可向人民法院起诉。

8.8 本合同一式_____份，发包人_____份，设计人_____份。

8.9 本合同经双方签章并在发包人向设计人支付订金后生效。

8.10 本合同生效后，按规定到项目所在省级建设行政主管部门规定的审查部门备案。双方认为必要时，到项目所在地工商行政管理部门申请鉴证。双方履行完合同规定的义务后，本合同即行终止。

8.11 本合同未尽事宜，双方可签订补充协议，有关协议及双方认可的来往电报、传真、会议纪要等均为本合同组成部分，与本合同具有同等法律效力。

8.12 其他约定事项：

发包人名称：_____	设计人名称：_____
（盖章）	（盖章）
法定代表人：（签字）_____	法定代表人：（签字）_____
委托代理人：（签字）_____	委托代理人：（签字）_____
项目经理：（签字）_____	项目经理：（签字）_____
住所：_____	住所：_____
邮政编码：_____	邮政编码：_____
电话：_____	电话：_____
传真：_____	传真：_____
开户银行：_____	开户银行：_____
银行账号：_____	银行账号：_____
建设行政主管部门备案：	鉴证意见：
（盖章）	（盖章）
备案号：_____	经办人：_____
备案日期：___年___月___日	鉴证日期：___年___月___日

6.2 建设工程勘察设计合同的订立

6.2.1 概述

1. 建设工程勘察设计合同的主体资格

建设工程勘察、设计合同的主体一般应是法人。承包方承揽建设工程勘察、设计任务必须具有相应的权利能力和行为能力，必须持有国家颁发的勘察、设计证书。国家对设计市场实行从业单位资质、个人执业资格准入管理制度。委托工程设计任务的建设工程项目应当符合国家有关规定。

（1）建设工程项目可行性研究报告或项目建议书已获批准。

（2）已经办理了建设用地规划许可证等手续。

（3）法律、法规规定的其他条件。发包方应当持有上级主管部门批准的设计任务书等合同文件。

2. 建设工程勘察设计合同订立的形式与程序

建设工程勘察、设计任务通过招标或设计方案的竞投，确定勘察、设计单位后，应遵循工程项目建设程序，签订勘察、设计合同。

签订勘察合同：由建设单位、设计单位或有关单位提出委托，经双方协商同意，即可签订。

签订设计合同：除双方协商同意外，还必须具有上级机关批准的设计任务书。小型单项工程必须具有上级机关批准的设计文件。

特别提示

建设工程勘察设计合同必须采用书面形式并参照国家推荐使用的合同文本签订。

3. 建设工程勘察设计合同应当具备的主要条款

（1）建设工程名称、规模、投资额、建设地点。

（2）发包人提供资料的内容、技术要求及期限，承包方勘察的范围、进度和质量，设计的阶段、进度、质量和设计文件份数。

（3）勘察、设计取费的依据，取费标准及拨付办法。

（4）协作条件。

（5）违约责任。

（6）其他约定条款。

4. 建设工程勘察设计合同发包人的行为规范

发包人在委托业务中不得有下列行为。

（1）收受贿赂、索取回扣或者其他好处。

（2）指使承包方不按法律、法规、工程建设强制性标准和设计程序进行勘察设计。

（3）不执行国家的勘察设计收费规定，以低于国家规定的最低收费标准支付勘察设计费或不按合同约定支付勘察设计费。

（4）未经承包方许可，擅自修改勘察设计文件或将承包方专有技术和设计文件用于本工程以外的工程。

（5）法律、法规禁止的其他行为。

6.2.2 勘察合同的订立

依据范本订立勘察合同时，通过双方协商，应根据工程项目的特点在相应条款内明确以下方面的具体内容。

1. 发包人应提供的勘察依据文件和资料

（1）提供本工程批准文件（复印件）以及用地（附红线范围）、施工、勘察许可等批件（复印件）。

（2）提供工程勘察任务委托书、技术要求和工作范围的地形图、建筑总平面布置图。

（3）提供勘察工作范围已有的技术资料及工程所需的坐标与标高资料。

（4）提供勘察工作范围地下已有埋藏物的资料（如电力、通信电缆、各种管道、人防设施、洞室等）及具体位置分布图。

（5）其他必要的相关资料。

2. 委托任务的工作范围

（1）工程勘察任务（内容）：可能包括自然条件观测、地形图测绘、资源探测、岩土工程勘察、地震安全性评价、工程水文地质勘察、环境评价、模型试验等。建设工程勘察的基本内容是工程测量、水文地质勘查和工程地质勘查。勘察任务在于查明工程项目建设地点的地形地貌、地层土壤岩性、地质构造、水文条件等自然地质条件资料，做出鉴定和综合评价，为建设项目的选址、工程设计和施工提供科学可靠的依据。

（2）技术要求。

（3）预计的勘察工作量。

（4）勘察成果资料提交的份数。

3. 勘察合同的工期

勘察合同的工期是指合同约定的勘察工作开始至终止所用时间。

4. 勘察费用

（1）勘察费用的预算金额。

（2）勘察费用的支付程序和每次支付的百分比。

5. 发包人应为勘察人提供的现场工作条件

根据项目的具体情况，双方可以在合同内约定由发包人负责保证勘察工作顺利开展应提供的条件，可能包括以下内容。

（1）落实土地征用、青苗树木赔偿。

（2）拆除地上地下障碍物。

（3）处理施工扰民及影响施工正常进行的有关问题。

（4）平整施工现场。

（5）修好通行道路、接通电源水源、挖好排水沟渠以及水上作业用船等。

6. 违约责任

（1）承担违约责任的条件。

（2）违约金的计算方法等。

7. 合同争议的解决方式

在合同中要明确规定合同争议的最终解决方式，采用仲裁还是诉讼，采用仲裁时，需要约定仲裁委员会的名称。

6.2.3 设计合同的订立

依据范本订立民用建筑设计合同时，双方通过协商，应根据工程项目的特点在相应条款内明确以下方面的具体内容。

1. 发包人应提供的文件和资料

1）设计依据文件和资料

（1）经批准的项目可行性研究报告或项目建议书。

（2）城市规划许可文件。

（3）工程勘察资料等。

发包人应向设计人提交的有关资料和文件在合同内需约定资料和文件的名称、份数、提交的时间和有关事宜。

2）项目设计要求

（1）工程的范围和规模。

（2）限额设计的要求。

（3）设计依据的标准。

（4）法律、法规规定应满足的其他条件。

2. 委托任务的工作范围

（1）设计范围：合同内应明确建设规模，详细列出工程分项的名称、层数和建筑面积。

（2）建筑物的合理使用年限设计要求。

（3）委托的设计阶段和内容：可能包括方案设计、初步设计和施工图设计的全过程，也可以是其中的某几个阶段。

（4）设计深度要求：设计标准可以高于国家规范的强制性规定，但发包人不得要求设计人违反国家有关标准进行设计。方案设计文件应当满足编制初步设计文件和控制概算的需要；初步设计文件应当满足编制施工招标文件、主要设备材料订货和编制施工图设计文件的需要；施工图设计文件应当满足设备材料采购、非标准设备制作和施工的需要并注明建设工程合理使用年限，具体内容要根据项目的特点在合同内约定。

（5）设计人配合施工工作的要求：设计人配合施工工作的要求包括向发包人和施工承包人进行设计交底、处理有关设计问题、参加重要隐蔽工程部位验收和竣工验收等事项。

3. 设计人交付设计资料的时间

略。

4. 设计费用

合同双方不得违反国家有关最低收费标准的规定，任意压低勘察、设计费用。合同内除了写明双方约定的总设计费外，还需列明分阶段支付进度款的条件、占总设计费的百分比及金额。

5. 发包人应为设计人提供的现场服务

可能包括施工现场的工作条件、生活条件及交通等方面的具体内容。

6. 违约责任

需要约定的内容包括承担违约责任的条件和违约金的计算方法等。

7. 合同争议的最终解决方式

在合同中要明确约定解决合同争议的最终方式是采用仲裁或诉讼。约定采用仲裁时，需注明仲裁委员会的名称。

6.3　建设工程勘察设计合同的履行管理

勘察设计合同成立后，合同双方当事人明确了各自的权利、义务以及违约责任的内容，因此，双方都要按照诚实信用、全面履行的原则完成合同约定的各自义务。依照合同范本条款的相关规定，在合同履行的管理工作中还应该重点注意以下方面的各自责任。

6.3.1　勘察合同履行管理

1. 发包人的责任

（1）在勘察工作开始前，发包人应向承包方提供属于发包人负责提供的材料，并根据勘察人提出的工程用料计划及时提供各种材料及其产品合格证明并承担费用和运到现场，派人与承包方的人员一起验收。

如果在勘察现场范围内，有不属于委托勘察任务而又没有资料、图纸的地区或地段，发包人应负责查清地下埋藏物等工作。如因未提供给承包方上述资料、图纸，或提供的资料图纸有误、地下埋藏物不清，导致勘察人在勘察工作过程中发生人身伤害或造成经济损失时，由发包人承担民事责任。

（2）在勘察过程中，发包人要为承包方的工作人员提供必要的生产、生活条件并承担费用；如果不能提供时，应一次性付给承包方临时设施费及生活费。

如果勘察现场需要看守，特别是在有毒、有害等危险现场作业时，发包人应派人负责安全保卫工作，按国家有关规定，对从事危险作业的现场人员进行保健防护并承担其费用。

（3）如果发包人要求在合同规定时间内提前完工（或提交勘察成果资料）时，发包人应按每提前一天向勘察人支付计算的加班费。

（4）发包人应保护勘察人的投标书、勘察方案、报告书、文件、资料图纸、数据、特殊工艺（方法）、专利技术和合理化建议。未经勘察人同意，发包人不得复制、泄露、擅自修改、传送或向第三人转让或用于本合同外的项目。

（5）按照国家有关规定支付勘察费。勘察工作的取费标准是按照勘察工作的内容，如工程勘察、工程测量、工程地质、水文地质和工程物探测等的工作量来决定的，其具体标准和计算办法要按照新版《工程勘察设计收费标准》中的规定执行。在勘察过程中的任何变更，经办理正式变更手续后，发包人应按实际发生的工作量支付勘察费。

2. 勘察人的责任

（1）勘察单位应按照现行的标准、规范、规程和技术条例，进行工程测量、工程地质、水文地质等勘察工作并按合同规定的进度、质量提交质量合格的勘察成果资料，并对其负责。

（2）由于勘察承包人提供的勘察成果资料质量不合格，勘察承包人应负责无偿给予补充完善使其达到质量合格；若勘察承包人无力补充完善，需另委托其他勘察单位时，勘察承包人应承担全部勘察费用。如果因为勘察质量造成重大经济损失或工程事故时，勘察承包人除应负法律责任和免收直接受损失部分的勘察费外，还应该根据损失程度向发包人支付赔偿金。赔偿金由发包人、勘察人在合同内约定实际损失的某一百分比。

（3）勘察过程中，要根据工程的自然客观条件及技术规范要求，向发包人提出增减工作量或修改勘察工作的意见并办理正式的变更手续。

（4）遵守有关资料的保密义务。

3. 勘察合同的工期

勘察合同的工期是指合同约定的勘察工作开始至终止所用时间，勘察工作的开始时间以发包人下达的开工通知书或合同规定的时间为准。勘察人应在合同约定的时间内提交勘察成果资料，如遇以下特殊情况时，可以相应延长合同工期。

（1）设计变更。

（2）工作量变化。

（3）不可抗力影响。

（4）非勘察人原因造成的停、窝工等。

4. 勘察费用的支付

建设工程勘察费的金额以及支付方式，由发包人和勘察承包人在《工程勘察合同》中约定，即"按国家规定的现行收费标准"计取费用、或以"预算包干"、"中标价加签证"、"实际完成工作量结算"等方式计取收费。国家规定的收费标准中没有规定的收费项目，由发包人、勘察人另行议定。

勘察合同签订后3天内，发包人应向勘察承包人支付预算勘察费的20％作为定金，在勘察工作外业结束后，发包人应向勘察承包人支付约定勘察费的某一百分比。对于勘察规模大、工期长的大型勘察工程，还可将这笔费用按实际完成的勘察进度分解，向勘察人分阶段支付工程进度款。

📖 特别提示

勘察承包人提交勘察成果资料后10天内，发包人应一次付清全部工程费。

5. 违约责任

1) 发包人承担的违约责任

(1) 由于发包人未给勘察承包人提供必要的工作生活条件而造成停、窝工或来回进出场地，发包人应承担的责任包括：付给勘察承包人停、窝工费，金额按预算的平均工日产值计算；工期按实际延误的工日顺延以及补偿勘察承包人来回的进出场费和调遣费。

(2) 在合同履行期间，由于工程停建而终止合同或发包人要求解除合同时，勘察承包人未进行勘察工作的，不退还发包人已付定金；已进行勘察工作的，完成的工作量在50%以内时，发包人应向勘察承包人支付预算额50%的勘察费；完成的工作量超过50%时，则应向勘察承包人支付预算额100%的勘察费。

(3) 发包人未按合同规定时间(日期)拨付勘察费，每超过1日，应按未支付勘察费的千分之一偿付逾期违约金。

(4) 发包人不履行合同时，无权要求勘察承包人返还定金。

2) 勘察承包人承担的违约责任

根据《合同法》第二百八十条、第二百八十一条的相关规定，勘察承包人所完成的工作成果，其质量不符合合同约定要求和国家规定的强制性标准，不能满足技术要求时，或者未按照期限提交勘察成果以致拖延工期，造成发包人损失的，应承担以下三方面的责任：一是继续完善勘察任务，使勘察成果达到合同约定或者国家相关规定的要求，其返工勘察费用由勘察承包人承担，返工后仍不能达到约定条件，勘察承包人应承担违约责任；二是在发生违约行为后，勘察承包人应根据违约程度的大小，减收或者免收勘察费；三是在造成发包人损失时，勘察人应向发包人支付赔偿金，赔偿金额最高不超过返工项目的收费。

由于勘察承包人原因未按合同规定时间(日期)提交勘察成果资料，每超过1日应减收勘察费用的千分之一。如果勘察人不履行合同，应双倍返还定金。

应用案例6-1

案例概况

甲公司与乙勘察设计单位签订了一份勘察设计合同，合同约定乙单位为甲公司筹建中的商业大厦进行勘察、设计，按照国家颁布的收费标准支付勘察设计费；乙单位应按甲公司的设计标准、技术规范等提出勘察设计要求，进行测量和工程地质、水文地质等勘察设计工作，并在2008年5月1日前向甲公司提交勘察成果和设计文件。合同还约定了双方的违约责任、争议的解决方式。甲公司同时与丙建筑公司签订了建设工程承包合同，在合同中规定了开工日期。但是，不料后来乙单位迟迟不能提交出勘察设计文件。丙建筑公司按建设工程承包合同的约定做好了开工准备，如期进驻施工场地。在甲公司的再三催促下，乙单位迟延 36 天提交勘察设计文件。此时丙公司已窝工 18 天。在施工期间，丙公司又发现设计图纸中的多处错误，不得不停工等候甲公司请乙单位对设计图纸进行修改。丙公司由于窝工、停工要求甲公司赔偿损失，否则不再继续施工。甲公司将乙单位起诉到法院，要求乙单位赔偿损失。

分析

甲公司的诉求能否得到支持？

案例解析

本案例中乙单位不仅没有按照合同的约定提交勘察设计文件，致使甲公司的建设工期受到延误，造成丙公司的窝工，而且勘察设计的质量也不符合要求，致使承建单位丙公司因修改设计图纸而停工、窝工。根据《合同法》第二百八十条规定："勘察、设计的质量不符合要求或者未按照期限提交勘察、设计文件拖延工期，造成发包人损失的，勘察人、设计人应当继续完善勘察、设计，减收或者免收勘察、设计费并赔偿损失。"乙单位的上述违约行为已给甲公司造成损失，应负赔偿甲公司损失的责任，甲公司的诉求应得到法院的支持。

6.3.2 设计合同履行管理

1. 设计合同的生效与设计期限

1）设计合同生效

设计合同采用定金担保方式。设计合同经双方当事人签字盖章并在发包人向设计人支付定金后生效。发包人应在合同签字后的 3 日内向承包方支付预算工程费总额的 20％作为定金，合同履行后，定金抵作工程费。

设计人收到定金为设计开工的标志。如果发包人未能按时支付，设计人有权推迟开工时间且交付设计文件的时间相应顺延。

2）设计期限

设计合同的期限是判定设计人是否能按期履行设计合同义务的标准，在合同中除了约定的交付设计文件（包括约定分次移交的设计文件）的时间外，还有可能包括由于非设计人应当承担责任和风险的原因，经过双方补充协议最后确定应顺延的时间之和，如果在设计过程中发生影响设计进展的不可抗力事件，非设计人原因的设计变更，发包人应当承担责任的事件对勘察设计进度的干扰等。

3）设计合同的终止

设计合同在正常履行的情况下，工程施工完成竣工验收工作，或委托专业建设工程设计施工安装完成并验收合格后，设计人为合同项目的设计服务即为结束。

2. 设计合同发包人的责任

1）提供设计依据资料

发包人应当按照合同内约定时间，一次性或陆续向设计人提交设计的依据文件和相关资料以保证设计工作的顺利进行并对所提交基础资料及文件的完整性、正确性及时限负责。

2）提供必要的现场工作条件

发包人有义务为设计人在现场工作期间提供必要的工作、生活方便条件。

3）外部协调工作

外部协调工作包括设计的阶段成果(初步设计、技术设计、施工图设计)完成后，应由发包人组织鉴定和验收并负责向发包人的上级或有管理资质的设计审批部门完成报批手续；施工图设计完成后，发包人应将施工图报送建设行政主管部门，由建设行政主管部门委托的审查机构进行结构安全和强制性标准、规范执行情况等内容的审查。

4）其他相关工作

发包人委托设计配合引进项目的设计任务，从询价、对外谈判、国内外技术考察直至建成投产的各个阶段，应吸收承担有关设计任务的设计人参加。出国费用，除制装费外，其他费用由发包人支付。如果发包人委托设计人承担合同约定委托范围之外的服务工作，需另行支付费用。

5）保护设计人的知识产权

设计合同的发包人应当保护设计人的投标书、设计方案、文件、资料图纸、数据、计算软件及专利技术。未经设计人同意，设计合同的发包人对设计人交付的设计资料，以及文件不得擅自修改、复制或者向第三人转让或用于本合同以外的其他任何项目。如发生以上情况，设计合同的发包人应当负法律责任，设计人有权向发包人提出索赔。

6）遵循合理设计周期的规律

发包人不应严重背离合理设计周期的规律，强迫设计人不合理地缩短设计周期的时间。若要求设计人比合同规定时间提前交付设计文件时，须征得设计人的同意，如果双方经过协商达成一致并签订提前交付设计文件的协议后，发包人应支付相应的赶工费。

3. 设计人的责任

1）保证设计质量

(1) 设计人应依据批准的可行性研究报告、勘察资料，在满足国家规定的设计规范、规程、技术标准的基础上，按合同规定的标准完成各阶段的设计任务，并对提交的设计文件质量负责。

(2) 在投资限额内，鼓励设计人采用先进的设计思想和方案。但若设计文件中采用的新技术、新材料可能影响工程的质量或安全而又没有国家标准时，应当由国家认可的检测机构进行试验、论证，并经国务院有关部门或省、自治区、直辖市有关部门组织的建设工程技术专家委员会审定后方可使用。

(3) 负责设计的建(构)筑物需注明设计的合理使用年限。

(4) 设计文件中选用的材料、构配件、设备等，应当注明规格、型号、性能等技术指标，其质量要求必须符合国家规定的标准。

(5) 各设计阶段设计文件审查会提出的修改意见，设计人应负责修正和完善。

(6) 对外商的设计资料进行审查。在委托设计的工程中，如果整体设计中有部分属于外商提供的设计，如大型设备采用外商供应的设备，则需使用外商提供的制造图纸，设计人应负责对外商的设计资料进行审查，并负责该合同项目的设计联络工作。

2）配合施工的义务

（1）设计交底。设计人在建设工程施工前，需向施工承包人和施工监理人说明建设工程勘察、设计意图，解释建设工程勘察、设计文件内容，以确保施工工艺达到预期的设计水平及要求。

设计人按合同规定时限交付设计资料及文件后，如果本年内项目开始施工，设计人负责向发包人及施工单位进行设计交底、处理有关设计问题并参加竣工验收。如果在1年内项目未开始施工，设计人仍应负责上述工作，但可按所需工作量向发包人适当收取咨询服务费，收费额由双方以补充协议商定。

（2）解决施工中出现的设计问题。主要是完成设计变更或解决与设计有关的技术问题等，如属于设计变更的范围，按照变更原因确定费用负担责任。

发包人要求设计人派专人留驻施工现场进行配合与解决有关问题时，双方应另行签订补充协议或技术咨询服务合同。

（3）参加工程验收工作。为了保证建设工程的质量，设计人应按合同约定参加工程验收工作。包括重要部位的隐蔽工程验收、试车验收和竣工验收。

（4）保护发包人的知识产权。设计人应当保护发包人的知识产权，未经发包人同意，不得向第三人泄露、转让发包人提交的产品图纸等技术经济资料。如发生以上情况并给发包人造成经济损失，发包人有权向设计人索赔。

 应用案例6-2

案例概况

A大学欲建一个新校址并办完了一切相关报批手续，经过招标与B设计院签订了图书馆的设计合同，设计费为31万元。设计合同经双方当事人签字盖章。A大学在合同签字7日后向承包方B设计院支付了5万元作为定金。设计完成后未经设计人同意，A大学复制了设计图纸给了C大学，C大学稍加改动后也建了一座图书馆。在隐蔽工程验收，B设计院以设计图完成并已通过、设计合同已经终止为由没有参加。

分析

A大学与B设计院哪些方面做得不正确？

案例解析

（1）A大学在合同签字7日后支付定金且只支付给承包方B设计院5万元定金的做法不正确。

按规定，发包人应在合同签字后的3日内，向承包设计方支付设计费总额的20%作为定金，即6.2万元。

（2）A大学复制了设计图纸给了C大学的做法不妥。

按规定，设计合同的发包人应当保护设计人的投标书、设计方案、文件、资料图纸、数据、计算软件及专利技术。未经设计人同意，设计合同的发包人对设计人交付的设计资料，以及文件不得擅自修改、复制或者向第三人转让或用于本合同以外的其他任何项目。如发生以上情况，设计合同的发包人应当负法律责任，设计人有权向发包人提出索赔。

（3）B设计院以设计图完成并以通过为由不参加工程验收工作的做法不正确。

设计合同在正常履行的情况下，工程施工完成竣工验收工作或委托专业建设工程设计施工安装完成并验收合格后，设计人为合同项目的设计服务即为结束。

为了保证建设工程的质量，设计人应按合同约定参加工程验收工作，包括重要部位的隐蔽工程验收、试车验收和竣工验收等。

4. 设计费支付的管理

1）定金的支付

设计合同是采用定金担保的，因此在设计合同内中没有预付款的条款。设计发包人应当在合同签订后3天内，向设计承包人支付设计费总额的20％作为定金。

特别提示

在合同履行过程中的中期支付款中，定金不参与结算，待双方的合同义务全部完成进行合同结算时，定金可以抵作设计费或发包人收回。

2）设计合同价格

在我国现行体制下，建设工程勘察、设计发包人与承包人应当执行国家有关建设工程勘察费和设计费的管理规定。签订合同时，合同双方当事人商定合同的设计费，收费依据和计算方法必须按国家和地方有关规定执行。如果国家和地方没有规定的，可由双方商定。

如果合同约定的费用为估算设计费，则合同双方当事人在初步设计审批后，需按批准的初步设计概算核算设计费。工程建设期间如遇概算调整，则设计费也应做相应调整。

3）设计费的支付与结算

（1）支付管理原则。

① 设计人按照设计合同约定提交相应报告、成果或阶段的设计文件后，发包人应该及时支付设计合同中约定的各阶段设计费。

② 当设计人按照设计合同要求，提交最后一部分设计施工图的同时，发包人应该给设计人结清全部设计费，不留尾款。

③ 实际设计费按初步设计概算核定，多退少补。实际设计费与估算设计费出现差额时，双方需另行签订补充协议。

④ 如果发包人再委托设计人承担本合同内容之外的其他工作服务，必须另行支付费用，费用的多少由双方协商而定。

（2）按照不同设计阶段分次支付设计费用。

① 在设计合同签订后3天内，发包人应向设计人支付设计费总额的20％，以此作为设计合同的定金。此笔设计费用支付后，设计人可以自主使用，发包人不得干预。

② 当设计人按要求提交初步设计文件后，在3天内发包人应再向设计人支付设计费总额30％的费用。

③ 在施工图阶段，设计人按照合同约定提交阶段性设计成果以后，发包人应当依据

合同中约定的支付条件以及所完成的施工图工作量比例和时间，分期分批向设计人支付剩余 50％的设计费。施工图完成后，发包人应该结清全部设计费，不留尾款。

5. 设计工作内容的变更

设计合同内容的变更一般是指设计人承接工作内容和范围的改变。按照不同的发生原因，可能涉及以下几个方面。

1）委托范围内的设计变更

设计人交付设计资料和文件后，按规定必须参加有关的设计审查并根据审查结论负责对不超出原定范围的内容做必要的调整和补充。

2）发包人要求的设计变更

为了维护设计文件的严肃性，经过批准的设计文件任何人不得随意变更。发包人、施工承包人、监理人都不得修改建设工程勘察和设计文件。如果发包人根据工程的实际需要确需修改建设工程勘察、设计文件时，首先应当报经原审批机关批准，然后再由原建设工程勘察、设计单位修改。经过修改的设计文件仍需按设计管理程序经有关部门审批后方可使用。

3）发包人委托其他设计单位完成的变更

在有些特殊情况下，发包人需要委托其他设计单位来完成设计变更工作，如变更增加的设计内容专业性较强，超过了原设计人资质条件允许承接的工作范围或施工期间发生的设计变更，原设计人由于资源能力所限，不能在要求的时间内完成等原因，在此情况下发包人经原建设工程设计人书面同意后，也可以委托其他具有相应资质的建设工程勘察、设计单位修改。修改单位对修改的勘察、设计文件承担相应责任，原设计人不再对修改的部分负责。

4）由于发包人的原因导致设计重大变更

发包人变更委托设计项目、规模、条件或因发包人提交的资料错误，或发包人所提交资料做较大修改，以致造成设计人的设计必需返工时，双方除需另行协商签订补充协议或另签订合同，重新明确有关条款外，发包人应当按照设计人所耗工作量向设计人增付设计费。

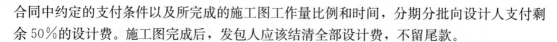 **特别提示**

在未签订合同前，发包人已同意设计人为其所做的各项设计工作，应当按收费标准，相应支付设计费。

6. 违约责任

1）发包人的违约责任

（1）因发包人延误支付设计费。发包人应当按照合同规定的金额和时间向设计人支付设计费，每逾期 1 天支付，发包人应当承担应支付金额 0.2％的逾期违约金且设计人提交设计文件的时间顺延。逾期 30 天以上时，设计人有权暂停履行下阶段工作，但应当书面通知发包人。

（2）因审批工作的延误。如果发包人的上级或设计审批部门对设计文件不审批或合同项目停缓建，都视为发包人应当承担的风险。设计人提交合同约定的设计文件和相关资料后，按照设计人已完成全部设计任务对待，发包人应当按照合同规定结清设计人的全部设计费用。

（3）因发包人要求解除合同。在合同履行期间，发包人要求终止或解除合同，设计人未开始设计工作的，不退还发包人已付的定金；已开始设计工作的，发包人应根据设计人已进行的实际工作量支付设计费。设计工作不足50％时，按该阶段设计费的一半支付；设计工作超过50％时，应按该阶段设计费的全额支付。

2）设计人的违约责任

（1）设计错误。设计人的基本义务是应对设计资料及文件中出现的遗漏或错误负责修改或补充。如果是由于设计人员错误造成工程质量事故损失，设计人除负责采取补救措施外，应免收直接受损失部分的设计费。损失严重的，还应当根据损失的程度和设计人所负责任大小向发包人支付赔偿金。

范本中要求设计人的赔偿责任按工程实际损失的百分比计算；当事人双方订立合同时，需在相关条款内具体约定百分比的数额。

（2）设计人延误完成设计任务。如果因设计人自身的原因，延误了按合同规定交付的设计资料及设计文件的时间，那么设计人每延误1天，发包人有权扣减总设计费的0.2％。

（3）设计人要求解除合同。设计合同生效后，如果设计人要求终止或解除合同的，设计人应双倍返还发包人的定金。

3）由于不可抗力事件的影响

如果是因为不可抗力的因素致使合同无法履行时，发包人和设计人应及时协商解决。

 应用案例6-3

案例概况

甲工厂与乙勘察设计单位签订一份《厂房建设设计合同》，甲委托乙完成厂房建设初步设计，约定设计期限为支付定金后30天，设计费按国家有关标准计算。另约定，如甲要求乙增加工作内容，其费用增加10％，合同中没有对基础资料的提供进行约定。开始履行合同后，乙向甲索要设计任务书以及选厂报告和燃料、水、电协议文件，甲答复除设计任务书之外，其余都没有。乙自行收集了相关资料，于第37天交付设计文件。乙认为收集基础资料增加了工作内容，要求甲按工作量增加后的数额支付设计费。甲认为合同中没有约定自己提供资料，不同意乙的要求，并要求乙承担逾期交付设计书的违约责任。

分析

甲、乙各自要求是否合理？

案例解析

（1）乙要求甲按增加后的数额支付设计费不合理。

（2）甲要求乙承担逾期交付设计书的违约责任合理。

（3）甲按国家规定标准计算给付乙设计费；乙按合同约定向甲支付逾期违约金。

本案的设计合同缺乏一个主要条款，即基础资料的由谁提供。按照《合同法》第二百七十四条关于"勘察、设计合同的内容包括提交有关基础资料和文件（包括概预算）的期限、质量要求、费用以及其他协作条件等条款"。建设工程勘察、设计合同条例有关规定表明，设计合同中应明确约定由委托方提供基础资料并对提供时间、进度和可靠性负责。本案因缺乏该约定，虽乙的工作量增加，设计时间延长，乙方却无向甲方追偿由此造成的损失的依据。其责任应自行承担，增加设计费的要求违背国家有关规定不能成立，故乙按规定收取费用并承担违约责任。

复习思考题

一、单项选择题

1.《建设工程勘察合同（示范文本）》按照委托勘察任务的不同分为（一）、（二）两个版本，分别适用于（　　）的委托任务。

A. 岩土工程勘察、水文地质勘察

B. 民用建设工程勘察、其他专业工程勘察

C. 为设计提供勘察工作、仅限于岩土工程勘察

D. 要求简单的勘察、要求复杂的勘察

2. 勘察合同履行中，为了保证勘察工作顺利开展，下列准备工作中属于勘察人的工作是（　　）。

A. 现场地 障碍物的拆除工作　　　　　B. 勘察现场设备机具的布置和架设

C. 完成通水、通电及道路平整作业　　D. 提供水上作业用船

3.《建设工程设计合同（示范文本）》规定，方案设计文件的设计深度应能满足（　　）的需要。

A. 控制概算　　　　　　　　　　　　B. 编制招标文件

C. 施工图设计　　　　　　　　　　　D. 非标准设备制作

4. 勘察合同约定采用定金作为合同担保方式。当事人双方已在合同上签字盖章但发包人尚未支付定金时，合同处于（　　）状态。

A. 成立但不生效　　　　　　　　　　B. 既不成立也不生效

C. 承诺生效但合同不成立　　　　　　D. 生效但不成立

5. 勘察招标中，发包人不履行合同时，发包人（　　）。

A. 无权要求返还定金　　　　　　　　B. 有权要求返还定金

C. 无权要求返还定金且需支付违约金　D. 只能要求返还定金的一半

6.《建设工程设计合同（示范文本）》规定，设计合同在正常履行的情况下，（　　），设计人为合同项目的服务结束，合同终止。

A. 按设计合同要求，完成设计并提交全部图纸

B. 按设计合同要求，提交最后一部分图纸，发包人结清全部设计费

C. 工程施工完成竣工验收工作

D. 工程通过保修期检验

7. 依据《建设工程设计合同（示范文本）》，下列有关设计变更中提法不正确的是（　　）。

A. 设计人负责对不超出原定范围的内容做出必要的调整补充

B. 如果发包人确需修改设计时，应首先请设计单位修改，然后经有关部门审批后使用

C. 发包人原因的重大设计变更造成设计人需返工时，双方需另行协商签订补充协议

D. 发包人需要委托其他设计单位完成设计变更工作，需经原设计人书面同意

8. 设计合同中，判定设计人是否延误完成设计任务的期限是指（　　）。

A. 从订立合同之日起，至交付全部设计文件之日止

B. 从设计人接到发包人支付的定金之日起，至交付全部设计文件之日止

C. 从订立合同之日起，至完成全部变更设计文件之日止

D. 从设计人接到发包人支付的定金之日起，至完成全部变更设计文件之日止

9. 建设工程勘察合同法律关系的客体是指（　　）。

A. 物　　　　　　　B. 行为　　　　　　　C. 智力成果　　　　　　　D. 财产

10. 某工程设计合同，双方约定设计费为 10 万元，定金为 2 万元。当设计人完成设计工作 30％时，发包人由于该工程停建要求解除合同，此时发包人应进一步支付设计人（　　）万元。

A. 3　　　　　　　　B. 5　　　　　　　　C. 7　　　　　　　　D. 10

11. 设计合同正常履行情况下，应在（　　）时终止合同。

A. 提交设计文件　　　　　　　　　B. 设计文件通过审批

C. 设计人向施工单位完成设计交底　　　D. 工程施工完成竣工验收

12. 设计合同履行过程中，（　　）属于设计人的责任。

A. 确定设计参数的取值　　　　　　　B. 组织对设计成果的鉴定

C. 办理设计成果的报批手续　　　　　D. 为现场的设计人员提供必要的工作条件

13. 设计合同生效的时间是指（　　）之日。

A. 设计人收到中标通知书　　　　　　B. 当事人双方在合同签字盖章

C. 设计人收到发包人的定金　　　　　D. 设计人实际开始工作

14. 施工合同文本规定，承包人有权（　　）。

A. 自主决定分包所承包的部分工程　　　B. 自主决定分包和转让所承担的工程

C. 经发包人同意转包所承担的工程　　　D. 经发包人同意分包所承担的部分工程

15. 设计人交付设计文件完成合同约定的设计任务后，发包人从项目预期效益考虑要求增加部分专业工程的设计内容。由于设计人当时承接的设计任务较多，在发包人要求的时间内无力完成变更增加的工作，故发包人征得设计人同意后，将此部分的设计任务委托给另一设计单位完成。变更设计完成并经监理工程师审核后发给承包人施工，但因设计原因出现质量事故，则事故的责任应由（　　）。

A. 设计人承担

B. 承接变更的设计人承担

C. 设计人与承接变更的设计人共同承担

D. 承接变更的设计人与监理工程师共同承担

二、多项选择题

1. 订立设计合同后，由于发生(　　)原因可以延长设计合同期限。

A. 增加委托设计的范围　　　　　　B. 设计的技术参数取值偏低修改设计

C. 设计文件未能通过审批修改设计　D. 勘察资料不准确导致设计返工

2. 《建设工程勘察合同(示范文本)》中，适用于为设计提供勘察工作的委托任务的合同条款主要有(　　)。

A. 违约责任　　　　　　　　　　B. 合同争议的解决

C. 未尽事宜的约定　　　　　　　D. 设计合同依据的文件

E. 材料设备的供应

3. 委托勘察任务的工作范围包括(　　)。

A. 工程勘察任务　　　　　　　　B. 技术要求

C. 预计的勘察工作量　　　　　　D. 勘察成果资料提交的份数

E. 其他必要的相关资料

4. 设计合同规定设计人的义务包括(　　)。

A. 按约定时间提交设计文件　　　B. 组织设计审查会

C. 负责设计交底　　　　　　　　D. 完成必要的设计变更

E. 组织工程验收

5. 对设计成果的要求包括(　　)。

A. 建筑物稳定、安全　　　　　　B. 满足环境保护的要求

C. 施工图纸满足规定的设计深度　D. 不得超过国家规范规定的标准

E. 不得低于消防规定的强制性标准

6. 设计合同中，发包人的责任包括(　　)等。

A. 对设计依据资料的正确性负责　B. 保证设计质量

C. 提出技术设计方案　　　　　　D. 解决施工中出现的设计问题

E. 提供必要的现场工作条件

7. 《建设工程设计合同(示范文本)》中适用于民用建设工程设计的合同，其主要条款包括(　　)。

A. 委托设计任务的范围和内　　　B. 发包人应提供的有关资料和文件

C. 项目投资要求　　　　　　　　D. 双方的责任

E. 工程用地规划

8. 《建设工程设计合同(示范文本)》规定，发包人应向设计人提供的设计依据文件和资料包括(　　)。

A. 经批准的可行性研究报告　　　B. 设计依据的标准

C. 城市规划许可文件 　　　　　　D. 限额设计要求

E. 工程勘察资料

9. 按照《建设工程设计合同（示范文本）》的规定，（　　）属于发包人的责任。

A. 提供设计依据资料 　　　　　　B. 提供设计预算资料

C. 向施工单位进行设计交底 　　　D. 对设计成果组织鉴定和验收

E. 提供设计人员需要的工作和生活条件

10. 按照《建设工程设计合同（示范文本）》有关违约责任规定，下列描述中不正确的是（　　）。

A. 发包人延误支付设计费，设计人可暂停下一阶段设计工作

B. 设计完成后，所设计的合同项目停建，发包人应支付全部设计费

C. 合同生效后，设计人刚刚开始工作，发包人即宣布解除合同，此时违约处理限于定金不退还

D. 设计人原因延误提交设计文件，每延续一天减收该项目2%设计费

E. 设计工作完成超过合同约定一半时，发包人要求解除合同，应该支付该阶段的全部设计费

11. 订立设计合同时，委托任务的范围包括（　　）。

A. 设计人配合施工工作的要求 　　B. 建筑物的合理使用年限设计要求

C. 委托的设计阶段和内容 　　　　D. 限额设计人要求

E. 设计深度的要求

12. 设计变更涉及的问题的正确规定包括（　　）。

A. 发包人对原设计进行变更，经设计人同意后，设计费应按设计人实际返工修改工作量增付

B. 设计任务书进行重大修改，需经设计人同意后进行

C. 施工图设计的修改需经原设计单位同意

D. 委托人因故停止设计，已付的设计费不能退回

E. 委托人可独立进行设计变更事宜

13. 设计合同设计人对所承担的设计任务的建设项目应配合施工，进行（　　）。

A. 施工前设计交底 　　　　　　　B. 设计变更

C. 修改预算 　　　　　　　　　　D. 参加竣工验收

E. 施工管理

14. 在设计合同中，发包人和设计人必须共同保证施工图设计满足（　　）条件。

A. 地基基础、主体结构体系的设计可靠

B. 设计符合有关强制性标准、规范

C. 依据的勘察资料准确

D. 未侵犯任何第三人的知识产权

E. 不损害社会公共利益

三、案例分析题

甲方为建设医院，通过招标某勘察单位（以下称乙方）中标，甲方委托乙方进行地质勘察，双方签订了建设工程勘察合同。合同约定甲方于合同订立之日起支付乙方勘察定金为合同勘察费的 30%，在乙方交付勘察文件后的 3 日内结清全部勘察费；甲方于合同订立之日提交完整的勘察基础资料，乙方按照甲方的要求进行测量和工程地质、水文地质等勘察任务，于 2011 年 10 月 8 日提交所完成的勘察文件。双方还约定了违约责任。同时，甲方还与丙方签订了设计合同，合同约定的甲方向丙方提交勘察资料的时间是 10 月 9 日。

建设工程勘察合同签订后，甲方向乙方提交了勘察的基础资料和技术要求。乙方开始进场勘察，但是在进入现场后，乙方人员遭到当地农民的围攻，原因就是征用该建设用地的青苗补偿费还没有落实，农民拒绝乙方人员进入现场。

经乙方请求，甲方与当地农民达成了暂时补偿协议，对于迟延的工期，甲方与乙方就工期补偿进行谈判。乙方提出的条件就是工期无须顺延，但甲方须补偿乙方勘察补偿费 2 万元整。

但是此后，由于甲方迟迟没有将青苗补偿费落实到位，当地农民还是不断地进行干扰。面对这种情况，乙方考虑到当时甲方询问自己是否需要顺延工期的时候，自己没有同意而是拿了甲方的钱，所以乙方在情况极为艰难的情况下按照合同工期在 10 月 8 日提交了勘察文件。10 月 9 日，甲方将勘察文件提交丙方，但丙方审查发现，甲方提供的勘察资料不完全，特别是缺乏地下水资源评价、水文地质参数计算等文件，丙方表示将无法按期完成设计。

甲方就丙方提出的问题向乙方提出质问，但是乙方说，由于你方没有解决好当地农民的补偿问题造成了我方勘察工作进行的困难，甲方应当承担责任。在这么短的时间内能够完成到这种程度已经是很不错了。甲方承认农民的补偿没有落实，可是当时乙方不同意顺延工期，在合同约定的时间内没有全部完成合同约定的义务，应当承担责任。

问题

（1）本案例中哪方当事人涉及违约？

（2）甲、乙双方的纠纷如何解决？

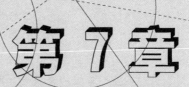

第 7 章

建设工程施工招投标

学习目标

学习建设工程施工招投标的概念及性质；了解建设工程招标方式的分类，建设工程施工招标有关文件格式；熟悉建设工程施工招标的一般程序，建设工程施工投标的一般程序；掌握建设工程施工招投标文件的编制，为将来从事建设工程施工招投标工作打下坚实的理论基础和实践基础。

学习要求

能力目标	知识要点	权重
了解相关知识	(1) 建设工程招标方式的分类 (2) 建设工程施工招标有关文件格式	20％
熟练掌握知识点	(1) 建设工程施工招标的一般程序 (2) 建设工程施工投标的一般程序 (3) 建设工程施工招投标文件编制	50％
运用知识分析案例	(1) 建设工程施工公开招标的一般程序 (2) 建设工程施工投标的一般程序	30％

 案例分析与内容导读

【案例背景】

在一建设工程施工招标过程中发生了以下情况。

甲承包商通过资格预审后，对招标文件进行了仔细分析，该承包商将技术标和商务标分别

封装并在封口处加盖本单位公章及项目经理签字后，在投标截止日期前2天的下午将投标文件报送业主。在投标截止日当天下午，在规定的开标时间前2小时，该承包商又递交了一份补充材料，其中声明将原报价降低3%。但是，招标单位的有关工作人员拒收承包商的补充材料。依据是国际上的"一标一投"的惯例，即一个承包商不得递交两份投标文件。

开标会由省招投标办的工作人员主持，省公证处有关人员到会，各投标单位代表均到场。开标前，省公证处人员对各投标单位的资质进行审查并对所有投标文件进行审查，确认所有投标文件均有效后正式开标。主持人宣读投标单位名称、投标价格、投标工期和有关投标文件的重要说明。

【分析】

根据以上介绍的背景资料，分析该项目招标程序过程中存在哪些问题？

【解析】

该项目招标程序中存在以下问题。

(1) 招标单位的有关工作人员不应拒收承包商的补充文件，因为承包商在投标截止时间之前所递交的任何正式书面文件都是投标文件的有效组成部分，也就是说，补充文件与原投标文件共同构成一份投标文件，而不是两份相互独立的投标文件。

(2) 根据《招标投标法》规定，应由招标人(招标单位)主持开标会，并宣读投标单位名称、投标价格等内容，而不应由省招投标办工作人员主持和宣读。

(3) 资格审查应在投标之前进行(背景资料说明了承包商已通过资格预审)，公证处人员无权对承包商资格进行审查，其到场的作用在于确认开标的公正性和合法性(包括投标文件的合法性)。

(4) 公证处人员确认所有投标文件均为有效标书是错误的，因为该承包商的投标文件仅有投标单位的公章和项目经理的签字，而无法定代表人或其代理人的签字或盖章，应作为废标处理。

本案例所涉及的是工程施工招投标程序的相关知识，本书将在7.2节中做详细讲述。

7.1 建设工程招投标概述

7.1.1 建设工程招投标的概念及性质

1. 施工招投标的概念

招标投标制度是在我国社会主义市场经济条件下引进的，是进行工程建设、货物买卖、财产出租、中介服务等经济活动的一种竞争形式和交易方式，是引入竞争机制订立合同(契约)的一种法律形式。它是指招标人对工程建设、货物买卖、劳务承担等交易业务，事先公布选择采购的条件和要求招引他人承接，若干或众多投标人作出愿意参加业务承接竞争的意思表示、招标人按照规定的程序和办法择优选定中标人的活动。

建设工程施工招标是指招标单位就拟建的工程发布通知，以法定方式吸引施工单位根据招标人的意图和要求提出报价、参加竞争，招标单位择日当场开标，从中选择条件优越者完成工程建设任务的法律行为。

建设工程施工投标是指经过招标单位审查获得投标资格的施工单位按照招标文件的要求，在规定的时间内向招标单位填报投标书并争取中标的法律行为。

2. 施工招投标的性质

我国法学界一般认为，建设工程招标是要约邀请，而投标则是要约，中标通知书是承诺。《合同法》也明确规定，招标公告是要约邀请。也就是说，招标实际上是邀请投标人对其提出要约（即提出报价），属于要约邀请。投标则是一种要约，它符合要约的所有条件，如具有缔结合同的主观目的；一旦中标，投标人将受投标书的约束；投标书的内容具有足以使合同成立的主要条件等。招标人向中标的投标人发出的中标通知书则是招标人同意接受中标的投标人的投标条件，即同意接受该投标人的要约的意思表示，应属于承诺。

知识拓展

从法律意义上讲，建设工程招标一般是建设单位（或业主）就拟建的工程发布通告，用法定方式吸引建设项目的承包单位参加竞争，进而通过法定程序从中选择条件优越者来完成工程建设任务的法律行为。建设工程投标一般是经过特定审查而获得投标资格的建设项目承包单位，按照招标文件的要求，在规定的时间内向招标单位填报投标书，并争取中标的法律行为。

7.1.2 招投标的意义

实行建设项目的招标投标是我国建筑市场趋向规范化、完善化的重要举措，对于择优选择承包单位、全面降低工程造价，进而使工程造价得到合理有效的控制，具有十分重要的意义，具体表现在以下五个方面。

1. 形成了由市场定价的价格机制

实行建设项目的招标投标基本形成了由市场定价的价格机制，使工程价格更加趋于合理。其最明显的表现是若干投标人之间出现激烈竞争（即相互竞标），这种市场竞争最直接、最集中的表现就是在价格上的竞争。通过竞争确定出工程价格，使其趋于合理或降低，这将有利于节约投资、提高投资者的经济效益。

2. 降低了社会平均劳动消耗水平

实行建设项目的招标投标能够不断降低社会平均劳动消耗水平，使工程价格得到有效控制。在建筑市场中，不同投标者的个别劳动消耗水平是有差异的。通过推行招标投标制度，最终是那些个别劳动消耗水平最低或接近最低的投标者获胜，这样便实现了生产力资源较优配置，也对不同投标者实行了优胜劣汰。面对激烈竞争的压力，为了自身的生存与发展，每个投标者都必须在切实降低自己个别劳动消耗水平上下工夫，这样将逐步而全面地降低社会平均劳动消耗水平，使工程价格更为合理。

3. 工程价格更加符合价值规律

实行建设项目的招标投标便于供求双方更好地相互选择，使工程价格更加符合价值规律，进而更好地控制工程造价。由于供求双方各自出发点不同、存在利益矛盾，因而单纯采用"一对一"的选择方式成功的可能性较小。采用招投标方式就为供求双方在较大范围内进行相互选择创造了条件，为需求者(如建设单位、业主)与供给者(如勘察设计单位、施工企业)在最佳点上结合提供了可能。需求者对供给者选择(即建设单位、业主对勘察设计单位和施工单位的选择)的基本出发点是"择优选择"，即选择那些报价较低、工期较短、具有良好业绩、信誉好和管理水平高的供给者，这样作为合理控制工程造价奠定了基础。

4. 确保公开、公平、公正的原则

实行建设项目的招标投标有利于规范价格行为，使公开、公平、公正的原则得以贯彻。我国招投标活动由特定的机构进行管理，有严格的程序必须遵循，有高素质的专家支持系统、工程技术人员的群体评估与决策，能够避免盲目过度的竞争和营私舞弊现象的发生，对建筑领域中的腐败现象也可以强有力地遏制，使价格形成过程变得透明且较为规范。

5. 能够减少交易费用

实行建设项目的招标、投标能够减少交易费用，节省人力、物力和财力，进而使工程造价有所降低。我国目前从招标、投标、开标、评标直至定标，均在统一的建筑市场中进行并有较完整的法律、法规规定，已经进入制度化操作。在招投标过程中，若干投标人在同一时间、同一地点报价竞争，在专家支持系统的评估下，以群体决策方式确定中标者，必然减少交易过程的费用，这本身就意味着招标人收益的增加，对工程造价降低必然产生积极的影响。

7.1.3 建设工程招标方式的分类

建设工程招标的方式多种多样，按照不同的标准可以进行不同的分类。

1. 按照基本工程建设程序分

按照工程建设程序可以将建设工程招标分为建设项目前期咨询招标、工程勘察设计招标、材料设备采购招标、施工招标。

1) 建设项目前期咨询招标

对于缺乏建设经验的项目投资者而言，通过招标选择具有专业的管理经验的工程咨询单位为其制定科学合理的投资开发建议方案并组织控制方案的实施，是一种科学有效的方法。

 知识拓展

建设项目前期咨询招标主要是对建设项目的可行性研究进行招标。投标方一般为工程咨询

企业。中标人要根据招标文件的要求，向发包方提供拟建工程的可行性研究报告并对其结论的准确性负责。中标人提供的可行性研究报告应获得发包方的认可，认可的方式通常为专家组评估鉴定。

2）工程勘察设计招标

工程勘察设计招标是指根据批准的可行性研究报告，通过招投标的方式择优选择勘察设计单位的活动。工程勘察和设计是两种不同性质的工作，可按照先后顺序由勘察单位和设计单位分别完成。勘察单位最终提出包括施工现场的地理位置、地形、地貌、地质水文等在内的勘察报告。设计单位最终提供设计图纸和成本预算结果。设计招标还可以进一步分为建筑方案设计招标、施工图设计招标。

特别提示

若施工图设计不是由专业的设计单位承担而是由施工单位承担，一般不进行单独招标。

3）材料设备采购招标

材料设备采购招标是指在工程项目初步设计完成后，对建设项目所需的建筑材料和设备采购任务（如电梯、供配电系统、空调系统等）进行的招标。投标方通常为材料供应商、成套设备供应商。

4）工程施工招标

工程施工招标是指在工程项目的初步设计或施工图设计完成后，通过招标的方式选择建设工程施工单位的活动。投标人一般为建筑工程施工单位。施工单位最终应向业主交付符合招标文件规定的建筑产品。

知识拓展

一般情况下，建设工程施工招标是各阶段招标过程中标的最大、最复杂的一个阶段，也是最后一个过程。

2. 按工程项目承包的范围分类

按工程项目承包的范围可将工程招标划分为项目全过程总承包招标、项目阶段性招标、设计施工招标、建设工程分包招标及专项工程承包招标。

1）项目全过程总承包招标

这种又可分为两种类型：其一是指工程项目实施阶段的全过程招标；其二是指工程项目建设全过程的招标。前者是在设计任务书完成后，从项目勘察、设计到施工交付使用进行一次性招标；后者则是从项目的可行性研究到交付使用进行一次性招标，业主只需提供项目投资和使用要求及竣工、交付使用期限，其可行性研究、勘察设计、材料和设备采购、土建施工设备安装及调试、生产准备和试运行、交付使用均由一个总承包商负责承包，即所谓"交钥匙工程"或"代建制"。承揽"交钥匙工程"的承包商被称为总承包商，绝大多数情况下，总承包商要将工程部分阶段的实施任务分包出去。

2) 建设工程分包招标

建设工程分包招标是指工程项目的总承包人作为其中标范围内的工程任务的招标人，将其中标范围内的工程任务通过招标投标的方式分包给具有相应资质的分承包人，中标的分承包人只对招标的总承包人负责，而总承包人要对分包人分包的工程项目向建设方承担连带责任。

3) 专项工程承包招标

专项工程承包招标是指在工程承包招标中，对其中某项比较复杂或专业性强、施工和制作要求特殊的单项工程进行单独招标。单项工程招标是指对一个工程建设项目中所包含的单项工程(如一所学校的教学楼、图书馆、食堂等)进行的招标，与此对应的单位工程招标是指对一个单项工程所包含的若干单位工程(如实验楼的土建工程)进行招标。分部工程招标是指对一项单位工程包含的分部工程(如土石方工程、深基坑工程、楼地面工程、装饰工程)进行招标。

特别提示

为了防止将工程肢解后进行发包，我国一般不允许对分部工程招标，但允许特殊专业工程招标，如探基础施工、大型土石方工程施工等。

3. 按行业或专业类别分类

按与工程建设相关的业务性质及专业类别可将建设工程招标方式划分为7类，见表7-1。

表7-1 建设工程招标按行业或专业类别分类

种 类	概 念
土木工程招标	对建设工程中土木工程施工任务进行的招标
勘察设计招标	对建设项目的勘察设计任务进行的招标
材料设备采购招标	对建设项目所需的建筑材料和设备采购任务进行的招标
安装工程招标	对建设项目的设备安装任务进行的招标
建筑装饰装修招标	对建设项目的建筑装饰装修的施工任务进行的招标
生产工艺技术转让招标	对建设工程生产工艺技术转让进行的招标
工程咨询和建设监理招标	对工程咨询和建设监理任务进行的招标

4. 按工程承发包模式分类

随着我国建筑市场运作模式与国际接轨进程的深入，我国承发包模式也逐渐呈多样化，主要包括工程建设咨询招标、交钥匙工程招标、工程设计施工模式招标、工程设计-管理模式招标、BOT工程模式、CM模式招标等。

1) 工程建设咨询招标

工程建设咨询招标是指以工程咨询服务为对象的招标行为。工程咨询服务的内容主要包括工程立项决策阶段的规划研究、项目选定与决策；建设准备阶段的工程设计、工程招标；施工阶段的监理、竣工验收等工作。

2) 交钥匙工程招标

"交钥匙"模式即承包商向业主提供包括融资、设计、施工、设备采购、安装和调试直至竣工移交的全套服务。

交钥匙工程招标是指发包商将上述全部工作作为一个标的招标，承包商通常将部分阶段的工程分包，亦即全过程招标。

3) 工程设计施工模式招标

设计施工招标是指将设计及施工作为一个整体标的以招标的方式进行发包，投标人必须为同时具有设计能力和施工能力的承包商。

 知识拓展

设计-建造模式是一种项目组管理方式。业主和设计-建造承包商密切合作，完成项目的规划、设计、成本控制、进度安排等工作，甚至负责项目融资，使用一个承包商对整个项目负责避免了设计和施工的矛盾，可显著减少项目的成本和工期。同时，在选定承包商时，把设计方案的优劣作为主要的评标因素，可保证业主得到高质量的工程项目。

我国由于长期采取设计与施工分开的管理体制，目前具备设计、施工双重能力的施工企业为数较少。

4) 工程设计-管理模式招标

设计-管理模式是指由同一实体向业主提供设计和施工管理服务的工程管理模式。使用这种模式时，业主只签订一份既包括设计也包括工程管理服务的合同，在这种情况下，设计机构与管理机构是同一实体。这一实体常常是设计机构施工管理企业的联合体。设计-管理模式招标即为以设计管理为标的进行的工程招标。

5) BOT 工程模式招标

BOT(Build Operate Transfer)即建造—运营—移交模式。这是指东道国政府开放本国基础设施建设和运营市场，吸收国外资金，授给项目公司以特许权，由该公司负责融资和组织建设，建成后负责运营及偿还贷款。在特许期满时将工程移交给东道国政府。BOT工程招标即是对这些工程环节的招标。

6) CM 模式招标

CM 模式是由业主委托一家 CM 单位(施工管理单位)承担项目管理工作，该 CM 单位以承包商身份进行施工管理并在一定程度上影响工程设计活动，使工程项目实现有条件的"边设计边施工"。CM 单位有代理型和非代理型两种。代理型 CM 单位不负责工程分包的发包，所有分包商直接与业主签合同，CM 单位只负责工作管理，其收入只是简单的成本加酬金；非代理型 CM 单位负责工程分包的发包，所有分包商直接与 CM 单位签订合同，其收入是工程的总费用加酬金。

CM模式简单地说可理解为项目管理总承包，但不是传统的施工总承包和项目总承包。CM模式的招标即是通过招标的方式选择合适的CM承包商的过程。

 知识拓展

CM模式是美国汤姆森(Charles B. Thomson)等人受美国建筑基金会的委托，于1968年在美国纽约州立大学研究关于如何加快设计和施工进度，以及改进管理控制方法时提出的快速路径施工管理方法(Fast Track Construction Management)的简称，又称阶段施工法(Phase Construction Method)，其核心是组织"快速路径"(Fast Tracks)施工。CM模式特别适用于那些实施周期长、工期要求紧迫的大型、特大型复杂工程及设计变更可能性较大的项目建设，常规中小型建设项目不宜采用CM模式。

5. 按照工程是否具有涉外因素分类

按照工程是否具有涉外因素，可以将建设工程招标分为国内工程招标和国际工程招标，见表7-2。

表7-2 建设工程招标按照是否具有涉外因素分类

种 类	概 念
国内工程招标	对本国没有涉外因素的建设工程进行的招标
国际工程招标	对有不同国家或国际组织参与的建设工程进行的招标。国际工程招标包括本国的国际工程(习惯上称涉外工程)招标和国外的国际工程招标两个部分

 知识拓展

国内工程招标和国际工程招标的基本原则是一致的，但在具体做法上有差异。随着社会经济的发展和与国际接轨进程的深化，国内工程招标和国际工程招标在做法上的区别已经越来越小。

7.2 建设工程施工招投标程序

《招标投标法实施条例》的出台对规范招标投标活动、维护招投标正常秩序具有重要的意义。

《招标投标法实施条例》是在认真总结招标投标法实施以来的实践经验的基础上，将法律规定进一步具体化，增强了可操作性并针对新情况、新问题充实完善了有关规定。《招标投标法实施条例》的颁布实施是解决招标投标领域突出问题、促进公平竞争、预防和惩治腐败的一项重要举措。

建设工程招投标程序是指建设工程活动按照一定的时间、空间顺序运作的顺序、步骤和方式，始于发布招标邀请书，终于发出中标通知书，其间大致经历了招标、投标、开标、评标、定标几个主要阶段。

7.2.1　建设工程施工公开招标的一般程序

根据有关法规及实践中的做法，建设工程施工招标的程序流程图如图7.1所示。

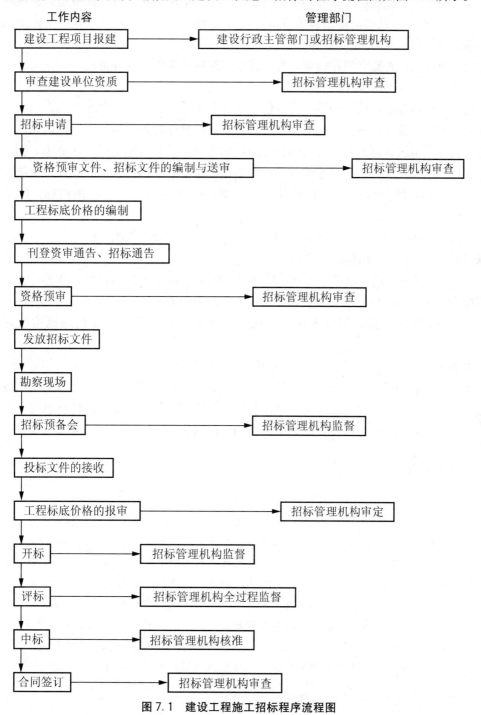

图7.1　建设工程施工招标程序流程图

从招标人的角度看，建设工程招标的一般程序主要经历以下几个环节。

1. 设立招标组织或者委托招标代理人

应当招标的工程建设项目办理报建登记手续后（包括建设工程项目报建、建设单位资质、招标申请等），凡已满足招标条件的，均可组织招标，办理招标事宜。招标组织者组织招标必须具有相应的组织招标的资质。

根据招标人是否具有招标资质，可以将组织招标分为以下两种情况。

1) 招标人自行组织招标

由于工程招标是一项经济性、技术性较强的专业民事活动，因此招标人自己组织招标必须具备一定的条件、设立专门的招标组织，经招标投标管理机构审查合格确认其具有编制招标文件和组织评标的能力且能够自己组织招标后，发给招标组织资质证书。招标人只有持有招标组织资质证书的，才能自己组织招标、自行办理招标事宜。招标人取得招标组织资质证书的，任何单位和个人不得强制其委托招标代理人代理组织招标、办理招标事宜。

根据有关法规规定，只有具备下列条件的招标人才可自行组织招标。

（1）有专门的施工招标组织机构。

（2）有与工程规模、复杂程度相适应并具有同类工程施工招标经验，熟悉有关工程施工招标法律法规的工程技术、概预算及工程管理的专业人员。

不具备上述条件的，招标人应当委托具有相应资格的工程招标代理机构代理施工招标。

2) 招标人委托招标代理机构代理组织招标、代办招标事宜

招标人未取得招标组织资质证书的，必须委托具备相应资质的招标代理机构代理组织招标、代为办理招标事宜。这是为保证工程招标公平和效率，适应市场经济条件下代理业的快速发展而采取的管理措施，也是国际上的通行做法。

知识拓展

招标人委托招标代理人代理招标的，必须与之签订招标代理合同。

招标代理合同应当明确委托代理招标的范围和内容，招标代理人的代理权限和期限，代理费用的约定和支付，招标人应提供的招标条件、资料和时间要求，招标工作安排以及违约责任等主要条款。一般来说，招标人委托招标代理人代理后不得无故取消委托代理，否则要向招标代理人赔偿损失且招标代理人有权不退还有关招标资料。在招标公告或投标邀请书发出前招标人取消招标委托代理的，应向招标代理人支付招标项目金额 0.2% 的赔偿费；在招标公告或投标邀请书发出后开标前招标人取消招标委托代理的，应向招标代理人支付招标项目金额 1% 的赔偿费；在开标后招标人取消招标委托代理的，应向招标代理人支付招标项目金额 2% 的赔偿费。招标人和招标代理人签订的招标代理合同应当报政府招标投标管理机构备案。

2. 办理招标备案手续，申报招标的有关文件

招标人在依法设立招标组织并取得相应招标组织资质证书或者书面委托具有相应资质

的招标代理人后，就可开始组织招标、办理招标事宜。招标人自己组织招标、自行办理招标事宜或者委托招标代理人代理组织招标、代为办理招标事宜的，应当向有关行政监督部门备案。

招标人自行办理施工招标事宜的，应当在发布招标公告或者发出投标邀请书的5日前，向工程所在地县级以上地方人民政府建设行政主管部门备案并报送下列材料。

（1）按照国家有关规定办理审批手续的各项批准文件。

（2）上述自行组织招标所列条件的证明材料，包括专业技术人员的名单、职称证书或者执业资格证书及其工作经历的证明材料。

（3）法律、法规、规章规定的其他材料。

招标人不具备自行办理施工招标事宜条件的，建设行政主管部门应当自收到备案材料之日起5日内责令招标人停止自行办理施工招标事宜。

 知识拓展

在实践中，各地一般规定：招标人进行招标要向招标投标管理机构申报招标申请书。招标申请书经批准后，就可以编制招标文件、评标定标办法和标底，并将这些文件报招标投标管理机构批准。招标人或招标代理人也可在申报招标申请书时，一并将已经编制完成的招标文件、评标定标办法和标底报招标投标管理机构批准。经招标投标管理机构对上述文件进行审查认定后，招标人就可发布招标公告或发出投标邀请书。

其中，招标申请书是招标人向政府主管机构提交的要求开始组织招标、办理招标事宜的一种文书。其主要内容包括招标工程具备的条件、招标的工程内容和范围、拟采用的招标方式和对投标人的要求、招标人或者招标代理人的资质等。制作或填写招标申请书是一项实践性很强的基础工作，要充分考虑不同招标类型的不同特点，按规范化要求进行。

3. 发布招标公告或者发出投标邀请书

1）采用公开招标方式

招标人要在报纸、杂志、广播、电视等大众传媒或工程交易中心公告栏上发布招标公告，招请一切愿意参加工程投标的不特定的承包商申请投标资格审查或申请投标。

 知识拓展

在国际上，对公开招标发布招标公告有以下两种做法。

一是实行资格预审（即在投标前进行资格审查），用资格预审通告代替招标公告，即只发布资格预审通告即可。通过发布资格预审通告招请一切愿意参加工程投标的承包商申请投标资格审查。

二是实行资格后审（即在开标后进行资格审查），不发资格审查通告而只发招标公告。通过发布招标公告招请一切愿意参加工程投标的承包商申请投标。

我国各地的做法，习惯上都是在投标前对投标人进行资格审查，这应该属于资格预审。

2）采用邀请招标方式

招标人要向3个以上具备承担工程项目能力、资信良好的特定的承包商发出投标邀请书，邀请他们来投标资格审查、参加投标。

采用议标方式的，由招标人向拟邀请参加议标的承包商发出投标邀请书（也称为议标邀请书），向参加议标的单位介绍工程情况和对承包商的资质要求等。

4. 对投标资格进行审查

公开招标中的资格预审和资格后审的主要内容基本是一样的，主要审查投标人的下列情况。

（1）投标人组织与机构的资质等级证书，独立订立合同的权利。

（2）近 3 年完成的工程情况。

（3）目前正在履行的合同情况。

（4）履行合同的能力。包括专业、技术资格、资金、财务、设备和其他物质状况，管理能力，经验、信誉和相应的工作人员、劳动力等情况。

（5）受奖罚的情况和其他有关资料。是否处于被责令停业，财产被接管或查封、扣押、冻结、破产等状态，在近 3 年（包括其董事或主要职员）有没有与骗取合同有关的犯罪或严重违法行为。

投标人应向招标人提交能证明上述条件的法定证明文件和相关资料。

采用邀请招标方式时，招标人对投标人进行投标资格审查是通过对投标人按照投标邀请书的要求提交或出示的有关文件和资料进行验证，确认自己的经验和所掌握的有关投标人的情况是否可靠、有无变化。

特别提示

在各地实践中，通过资格审查的投标人名单一般要报经招标投标管理机构进行投标人投标资格复查。

邀请招标资格审查的主要内容一般应当包括以下内容。

（1）投标人组织与机构的营业执照、资质等级证书。

（2）近 3 年完成工程的情况。

（3）目前正在履行的合同情况。

（4）资源方面的情况，包括财务、管理、技术、劳动力、设备等情况。

（5）受奖罚的情况和其他有关资料。

议标的资格审查则主要是查验投标人是否有相应的资质等级，经资格审查合格后，由招标人或招标代理人通知合格者，领取招标文件，参加投标。

5. 分发招标文件和有关资料，收取投标保证金

招标人向经审查合格的投标人分发招标文件及有关资料，并向投标人收取投标保证金。公开招标实行资格后审的，直接向所有投标报名者分发招标文件和有关资料，收取投标保证金。

招标文件发出后，招标人不得擅自变更其内容。确需进行必要的澄清、修改或补充

的，应当在招标文件要求提交投标文件截止时间至少 15 天前，书面通知所有获招标文件的投标人。该澄清、修改或补充的内容是招标文件的组成部分，对招标人和投标人都有约束力。

 知识拓展

投标保证金是为防止投标人不审慎考虑就进行投标活动而设定的一种担保形式，是投标人向招标人缴纳的一定数量的金钱。招标人发售招标文件后，不希望投标人不递交投标文件或递交毫无意义或未经充分、慎重考虑的投标文件，更不希望投标人中标后撤回投标文件或不签署合同。因此，为了约束投标人的投标行为、保护招标人的利益、维护招标投标活动的正常秩序，特设立投标保证金制度，这也是国际上的一种习惯做法。投标保证金的收取和缴纳办法应在招标文件中说明，并按招标文件的要求进行。投标保证金的直接目的虽然是保证投标人对投标活动负责，但其一旦缴纳和接受，对双方都有约束力。

6. 勘察现场

招标单位组织投标单位进行勘察现场的目的在于了解工程场地和周围环境情况，以获取投标单位认为有必要的信息。为便于投标单位提出问题并得到解答，勘察现场一般安排在投标预备会的前 1~2 天。

投标单位在勘察现场中如有疑问，应在投标预备会前以书面形式向招标单位提出，但应给招标单位留出解答时间。

招标单位应向投标单位介绍有关现场的以下情况。

(1) 施工现场是否达到招标文件规定的条件。

(2) 施工现场的地理位置和地形、地貌。

(3) 施工现场的地质、土质、地下水位、水文等情况。

(4) 施工现场气候条件，如气温、湿度、风力、年雨雪量等。

(5) 现场环境，如交通、饮水、污水排放、生活用电、通信等。

(6) 工程在施工现场中的位置或布置。

(7) 临时用地、临时设施搭建等。

7. 投标预备会

投标单位在领取招标文件、图纸和有关技术资料及勘察现场时提出的疑问，招标单位在收到投标单位提出的疑问后应以书面形式进行解答并将解答同时送达所有获得招标文件的投标单位，或通过投标预备会进行解答并以会议记录形式同时送达所有获得招标文件的投标单位。

投标预备会应解决以下问题。

(1) 投标预备会的目的在于澄清招标文件中的疑问，解答投标单位对招标文件和勘察现场中所提出的疑问。投标预备会可安排在发出招标文件 7 日后、28 日以内举行。

(2) 投标预备会在招标管理机构监督下，由招标单位组织并主持召开，在预备会上对招标文件和现场情况做介绍或解释，解答投标单位提出的疑问，包括书面提出的和口头提出的询问。

（3）在投标预备会上还应对图纸进行交底和解释。

（4）投标预备会结束后，由招标单位整理会议记录和解答内容，报招标管理机构核准同意后尽快以书面形式将问题及解答同时发送到所有获得招标文件的投标单位。

（5）所有参加投标预备会的投标单位应签到登记，以证明出席投标预备会。

（6）不论是招标单位以书面形式向投标单位发放的任何资料文件，还是投标单位以书面形式提出的问题，均应以书面形式予以确认。

8. 召开开标会议

投标预备会结束或现场答疑结束后，招标人就要为接受投标文件、开标做准备。接受投标的工作结束，招标人要按招标文件的规定准时开标、评标。

开标应当在招标文件确定的提交投标文件截止时间的同一时间公开进行。开标地点应当为招标文件中预先确定的地点。按照国家的有关规定和各地的实践，招标文件中预先确定的开标地点一般均应为建设工程交易中心。

参加人员包括招标人或其代表人、招标代理人、投标人法定代表人或其委托代理人、招标投标管理机构的监管人员和招标人自愿邀请的公证机构的人员等。评标组织成员一般不参加开标会议。开标会议由招标人或招标代理人组织，由招标人或招标人代表主持并在招标投标管理机构的监督下进行。

开标会的程序如下。

（1）参加开标会议的人员签名报到，表明与会人员已到会。

（2）会议主持人宣布开标会议开始，宣读招标人法定代表人资格证明或招标人代表的授权委托书，介绍参加会议的单位和人员名单，宣布唱标人员、记录人员名单。唱标人员一般由招标人的工作人员担任，也可以由招标投标管理机构的人员担任。记录人员一般由招标人或其代理人的工作人员担任。

（3）介绍工程项目有关情况，请投标人或其推选的代表检查投标文件的密封情况并签字予以确认，也可以请招标人自愿委托的公证机构检查并公证。

（4）由招标人代表当众宣布评标定标办法。

（5）招标人或招标投标管理机构的人员核查所有投标人提交的投标文件和有关证件、资料，检视其密封、标志、签署等情况。确认无误后，应当众启封投标文件，宣布核查检视结果。

（6）由唱标人员进行唱标。唱标是指公布投标文件的主要内容，当众宣读投标文件的投标人名称、投标报价、工期、质量、主要材料用量、投标保证金、优惠条件等主要内容。唱标顺序按各投标人报送的投标文件时间先后的逆顺序进行。

（7）由招标投标管理机构当众宣布审定后的标底。

（8）由投标人的法定代表人或其委托代理人核对开标会议记录并签字确认开标结果。开标会议的记录人员应现场制作开标会议记录，将开标会议的全过程和主要情况，特别是投标人参加会议的情况、对投标文件的核查检视结果、开启并宣读的投标文件和标底的主要内容等当场记录在案并请投标人的法定代表人或其委托代理人核对无误后签字确认。开标会议记录应存档备查。投标人在开标会议记录上签字后即退出会场。至此，开标会议结束，转入评标阶段。

9. 组建评标组织进行评标

开标会结束后，招标人要接着组织评标。评标必须在招标投标管理机构的监督下，由招标人依法组建的评标组织进行。组建评标组织是评标前的一项重要工作。

评标组织即通常所说的评标委员会，一般由招标人的代表和有关经济、技术等方面的专家组成。评标组织成员的名单在中标结果确定前应当保密。

评标一般采用评标会的形式进行。参加评标会的人员为招标人或其代表人、招标代理人、评标组织成员、招标投标管理机构的监管人员等。投标人不能参加评标会。评标会由招标人或其委托的代理人召集，由评标组织负责人主持。

评标会的一般程序如下。

（1）开标会结束后，投标人退出会场，参加评标会的人员进入会场，由评标组织负责人宣布评标会开始。

（2）评标组织成员审阅各个投标文件，主要检查确认投标文件是否实质上响应招标文件的要求，投标文件正副本之间的内容是否一致；投标文件是否有重大漏项、缺项；是否提出了招标人不能接受的保留条件等。

（3）评标组织成员根据评标定标办法的规定，只对未被宣布无效的投标文件进行评议并对评标结果签字确认。

（4）如有必要，评标期间评标组织可以要求投标人对投标文件中不清楚的问题作必要的澄清或者说明，但是，澄清或者说明不得超出投标文件的范围或改变投标文件的实质性内容。所澄清和确认的问题，应当采取书面形式，经招标人和投标人双方签字后作为投标文件的组成部分，列入评标依据范围。在澄清会谈中，不允许招标人和投标人变更或寻求变更价格、工期、质量等级等实质性内容。开标后，投标人对价格、工期、质量等级等实质性内容提出的任何修正声明或者附加优惠条件，一律不得作为评标组织评标的依据。

（5）评标组织负责人对评标结果进行校核，按照优劣或得分高低排出投标人顺序并形成评标报告，经招标投标管理机构审查确认无误后，即可据评标报告确定出中标人。

10. 择优定标，发出中标通知书

评标结束后，招标人根据评标组织提出的书面评标报告和推荐的中标候选人确定中标人，也可以授权评标组织直接确定中标人。定标应当择优，经评标能当场定标的应当场宣布中标人；不能当场定标的，中小型项目应在开标之后7天内定标，大型项目应在开标之后14天内定标；特殊情况需要延长定标期限的，应经招标投标管理机构同意。

📖 特别提示

招标人应当自定标之日起15天内向招标投标管理机构提交招投标情况的书面报告。

中标的投标文件应符合下列条件。

（1）能够最大限度地满足招标文件中规定的各项综合评价标准。

（2）能够满足招标文件的实质性要求。对于有标底的招标活动，经评审的投标价格最低，但投标价格低于成本的除外。

经评标确定中标人后，招标人应当向中标人发出中标通知书，同时将中标结果通知所有未中标的投标人，退还未中标的投标人的投标保证金。在实践中，招标人发出中标通知书通常是与招标投标管理机构联合发出或经招标投标管理机构核准后发出。中标通知书对招标人和中标人具有法律效力。

📖 特别提示

中标通知书发出后，招标人改变中标结果或者中标人放弃中标项目的，应承担法律责任。

11. 签订合同

中标人收到中标通知书后，招标人、中标人双方应具体协商谈判签订合同事宜，形成合同草案。在各地的实践中，合同草案一般需要先报招标投标管理机构审查。招标投标管理机构对合同草案的审查主要是看其是否按中标的条件和价格拟订。经审查后，招标人与中标人应当自中标通知书发出之日起 30 天内，按照招标文件和中标人的投标文件正式签订书面合同。招标人和中标人不得另行订立背离合同实质性内容的其他协议。同时，双方要按照招标文件的约定相互提交履约保证金或者履约保函，招标人还要退还中标人的投标保证金。招标人如拒绝与中标人签订合同的，除双倍返还投标保证金外，还需要赔偿中标人的有关损失。

履约保证金或履约保函是为约束招标人和中标人履行各自的合同义务而设立的一种合同担保形式，其有效期通常为 2 年，一般直至履行了义务（如提供了服务、交付了货物或工程已通过了验收等）为止。招标人和中标人订立合同相互提交履约保证金或者履约保函时，应注意指明履约保证金或履约保函到期的具体日期，如不能具体指明到期日期的，也应在合同中明确履约保证金或履约保函的失效时间。如果合同规定的项目在履约保证金或履约保函到期日未能完成的，则可以对履约保证金或履约保函展期，即延长履约保证金或履约保函的有效期。

履约保证金或履约保函的金额不得超过中标合同金额的 10%，也有的规定不超过合同金额的 5%。合同订立后，应将合同副本分送各有关部门备案以便接受保护和监督，至此，招标工作全部结束。招标工作结束后，应将有关文件资料整理归档以备查考。

 应用案例 7-1

案例概况

某建设单位采用公开招标方式选择施工承包单位。建设单位及有关部门在招标过程中的一些做法如下。

（1）招标人在取得招标组织资质证书后，当地建设规划部门以招标人没有实践经验为由强制其委托招标代理人代理组织招标、办理招标事宜。

（2）建设单位的招标组织在收到投标单位提出的疑问后，立刻打电话给予了单独解答。

（3）在开招标会前5日，招标人将评标组织成员的名单以电话形式通知了部分投标人。

（4）评标期间，评标组织要求某一投标人对投标文件中不清楚的质量等级问题予以澄清，最后做了较大变更。

分析

以上招标过程中的做法哪些是不妥当的？如有不妥当之处，写出正确做法。

案例解析

（1）当地建设规划部门的做法不妥。招标人取得招标组织资质证书的，任何单位和个人不得强制其委托招标代理人代理组织招标、办理招标事宜。

（2）建设单位招标组织的做法不妥。招标单位在收到投标单位提出的疑问后，应以书面形式进行解答并将解答同时送达所有获得招标文件的投标单位。

（3）招标人的做法不妥。评标组织成员的名单在中标结果确定前应当保密。

（4）评标组织的做法不妥。在澄清会谈中，不允许招标人和投标人变更或寻求变更价格、工期、质量等级等实质性内容。

7.2.2 建设工程施工投标的一般程序

根据有关法规及实践中的做法，建设工程施工投标的程序流程图如图7.2所示。

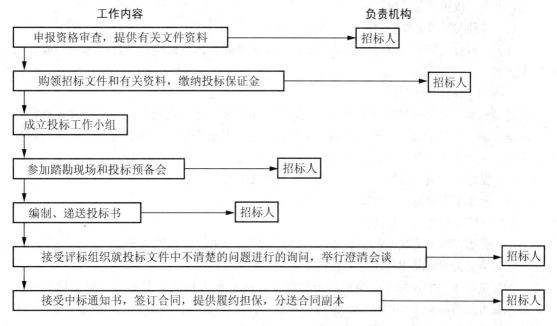

图7.2 建设工程施工投标的程序流程图

1. 向招标人申报资格审查，提供有关文件资料

一般情况下，我国建设工程的招投标均实行资格预审。因此投标人在获悉招标公告或收到投标邀请后，应当按照招标公告或投标邀请书中所提出的资格审查要求向招标人申报

资格审查。因此，在我国建设工程施工的招投标中，资格审查往往就成为投标人投标过程中的第一个环节。

 知识拓展

在实践中，也有些国际工程无限竞争性招标不在投标前而在开标后进行资格审查，这被称作资格后审。并且这种资格审查往往作为评标的一个内容，与评标结合起来进行。资格审查的具体内容和要求根据招标方式的不同也有所区别。

1）对于公开招标的要求

对于公开招标的投标，投标人一般要按照招标人编制的资格预审文件目录进行资格审查。资格预审文件一般应包括以下主要内容。

（1）投标人组织与机构。

（2）近3年完成工程的情况。

（3）目前正在履行的合同情况。

（4）过去2年经审查过的财务报表。

（5）过去2年的资金平衡表和负债表。

（6）下一年度财务预测报告。

（7）施工机械设备情况。

（8）各种奖励或处罚资料。

（9）与本合同资格预审有关的其他资料。如果是联合体投标应填报联合体每一成员的以上资料。

2）对于邀请招标的要求

邀请招标一般是通过对投标人按照投标邀请书的要求提交或出示的有关文件和资料进行验证，确认自己的经验和所掌握的有关投标人的情况是否可靠、有无变化。邀请招标资格审查的主要内容一般应当包括以下几方面。

（1）投标人组织与机构的营业执照、资质等级证书。

（2）近3年完成工程的情况。

（3）目前正在履行的合同情况。

（4）资源方面的情况，包括财务、管理、技术、劳力、设备等情况。

（5）受奖罚的情况和其他有关资料。

参加资格审查的投标人应当按照上述要求，向招标人提供有关资料。经招标人审查后，招标人应将符合条件的投标人的资格审查资料报建设工程招标投标管理机构复查。经复查合格的，就具有了参加投标的资格。

2. 购领招标文件和有关资料，缴纳投标保证金

投标人经资格审查合格后，便可向招标人申购招标文件和有关资料，同时要缴纳投标保证金。投标保证金是为防止投标人对其投标活动不负责任而设定的一种担保形式，是招标文件中要求投标人向招标人缴纳的一定数额的金钱。

投标保证金的数额一般为工程造价的 2%，但最高不得超过 80 万元，投标保证金的有效期一般到签订合同或提供履约保函为止，通常为 3～6 个月，一般以超过投标有效期 28 天为宜。

 知识拓展

《工程建设项目施工招标投标办法》第十五条第一款规定："招标人应当按招标公告或者投标邀请书规定的时间、地点出售招标文件或资格预审文件。自招标文件或者资格预审文件出售之日起至停止出售之日止，最短不得少于五个工作日。"

3. 成立投标工作小组

投标人在通过资格审查、购领了招标文件和有关资料之后，就要按招标文件确定的投标准备时间着手开展各项投标准备工作。第一步工作即组织成立投标工作小组，一般应包括下列三类人员。

1）经营管理类人员

这类人员一般是从事工程承包经营管理的行家，熟悉工程投标活动的筹划和安排，具有相当的决策水平。

2）专业技术类人员

这类人员是从事各类专业工程技术的人员，如建筑师、监理工程师、结构工程师、造价工程师等。

3）商务金融类人员

这类人员是从事有关金融、贸易、财税、保险、会计、采购、合同索赔等工作的人员。

4. 参加现场踏勘及投标预备会

投标人拿到招标文件后，应进行全面细致的调查研究。若有疑问或不清楚的问题需要招标人予以澄清和解答的，应在收到招标文件后 7 日内以书面形式向招标人提出。

1）现场踏勘

根据招标文件的时间规定，投标人在去参加现场踏勘之前应先仔细研究招标文件的各项要求，特别是招标文作中的工作范围、专用条款以及设计图纸和说明等，然后有针对性地拟订出踏勘提纲，确定重点需要澄清和解答的问题，做到心中有数。投标人进行现场踏勘的内容主要包括以下几个方面。

（1）工程的范围、性质以及与其他工程之间的关系。

（2）投标人参与投标的那一部分工程与其他承包商或分包商之间的关系。

（3）现场地貌、地质、水文、气候、交通、电力、水源等情况，有无障碍物等。

（4）进出现场的方式，现场附近有无食宿条件，料场开采条件，其他加工条件，设备维修条件等。

（5）现场附近治安情况。

投标人参加现场踏勘的费用由投标人自己承担。招标人一般在招标文件发出后就着手考虑安排投标人进行现场踏勘等准备工作并在现场踏勘中对投标人给予必要的协助。

2）投标预备会

投标预备会又称答疑会、标前会议，一般在现场踏勘之后的 $1\sim2$ 天内举行。答疑会的目的是解答投标人对招标文件和在现场中所提出的各种问题，并对图纸进行交底和解释。

5. 编制和递交投标文件

经过现场踏勘和投标预备会后，投标人可以着手编制投标文件。投标人着手编制和递交投标文件的具体步骤和要求如下。

（1）结合现场踏勘和投标预备会的结果进一步分析招标文件，招标文件是编制投标文件的主要依据，因此，必须结合已获取的有关信息认真细致地加以分析研究，特别要重点研究其中的投标须知、专用条款、设计图纸、工程范围以及工程量表等，要弄清到底有没有特殊要求或有哪些特殊要求。

（2）校核招标文件中的工程量清单，为编制工程造价做准备，投标人是否校核招标文件中的工程量清单或校核得是否准确直接影响到投标报价。因此，投标人应认真对待。通过认真校核工程量，估计某些项目工程量可能的增加或减少，就可以相应地提高或降低单价。如发现工程量有重大出入的，特别是漏项的，可以找招标人核对，要求招标人认可并给予书面确认，这对于总价固定合同来说尤其重要。

（3）编制施工组织设计。施工组织设计的内容一般包括施工程序、方案，施工方法，施工进度计划，施工机械、材料、设备的选定和临时生产与生活设施的安排，劳动力计划，以及施工现场平面和空间的布置。施工组织设计的编制依据主要是设计图纸、技术规范，复核过的工程量，招标文件要求的开工、竣工日期，以及对市场材料、机械设备劳动力价格的调查。其具体要求是根据工程类型编制出最合理的施工程序，选择和确定技术上先进、经济上合理的施工方法，选择最有效的施工设备、施工设施和劳动组织，周密、均衡地安排人力、物力和生产，正确编制施工进度计划合理布置施工现场的平面和空间。

特别提示

编制施工组织设计要在保证工期和工程质量的前提下，尽可能使成本最低、利润最大。

（4）根据工程价格构成进行工程估价、确定利润方针、计算和确定报价，投标报价是投标的一个核心环节，投标人要根据工程价格构成对工程进行合理估价，确定切实可行的利润方针，正确计算和确定投标报价，但投标人不得以低于成本的报价竞标。

（5）形成完整的投标文件。投标文件应完全按照招标文件的各项要求编制。投标文件应当对招标文件提出的实质性要求和条件作出响应，一般不能带有任何附加条件，否则将导致投标无效。投标文件一般应包括以下内容。

① 投标书。

② 投标书附录。

③ 投标保证书(银行保函、担保书等)。

④ 法定代表人资格证明书。

⑤ 授权委托书。

⑥ 具有标价的工程量清单和报价表。

⑦ 施工组织设计。

⑧ 施工组织机构表及主要工程管理人员人选及简历、业绩。

⑨ 拟分包的工程和分包商的情况。

⑩ 其他必要的附件及资料。

(6) 递送投标文件。递送投标文件也称递标,是指投标人在招标文件要求提交投标文件的截止时间前将所有准备好的投标文件密封送达投标地点。招标人收到投标文件后应当签收保存,不得开启。投标人在递交投标文件以后、投标截止时间之前,可以对所递交的投标文件进行补充、修改或撤回并书面通知招标人,但所递交的补充、修改或撤回通知必须按招标文件的规定编制、密封和标志。补充、修改的内容应视为投标文件的组成部分。

6. 出席开标会议,参加评标期间的澄清会谈

1) 出席开标会

投标人在编制、递交了投标文件后,要积极准备出席开标会议。参加开标会议对投标人来说既是权利也是义务。按照国际惯例,投标人不参加开标会议的视为弃权,其投标文件将不予启封,不予唱标,不允许参加评标。投标人参加开标会议,要注意其投标文件是否被正确启封、宣读,对于被错误地认定为无效的投标文件或唱标出现的错误,应当场提出异议。

2) 积极配合完成评标工作

在评标期间,评标组织要求澄清投标文件中不清楚问题的,投标人应积极予以说明、解释、澄清。澄清招标文件一般可以采用向投标人发出书面询问,由投标人书面作出说明或澄清的方式,也可以采用召开澄清会的方式。澄清会是评标组织为便于对投标文件的审查、评价和比较,个别地要求投标人澄清其投标文件(包括单价分析表)而召开的会议。

在澄清会上,评标组织有权对投标文件中不清楚的问题向投标人提出询问。有关澄清的要求和答复,最后均应以书面形式进行。所说明、澄清和确认的问题经招标人和投标人双方签字后,作为投标书的组成部分。在澄清会谈中,投标人不得更改标价、工期等实质性内容,开标后和定标前提出的任何修改声明或附加优惠条件,一律不得作为评标的依据。

特别提示

评标组织按照投标须知规定,对确定为实质上响应招标文件要求的投标文件进行校核时发现的计算上或累计上的计算错误,经澄清后应视为投标书的一部分。

7. 接受中标通知书,签订合同,提供履约担保,分送合同副本

经决标并确定为中标人后,招标人应在规定的时间内向中标人发出中标通知书。未中标的投标人有权要求招标人退还其投标保证金。中标人收到中标通知书后,应在规定的时

间和地点与招标人签订合同。在合同正式签订之前，应先将合同草案报招标投标管理机构审查。经审查后，中标人与招标人在规定的期限内签订合同。结构不太复杂的中小型工程一般应在 7 天以内，结构复杂的大型工程一般应在 14 天以内，按照约定的具体时间和地点，根据《合同法》等有关规定，依据招标文件、投标文件的要求和中标的条件签订合同。同时，按照招标文件的要求提交履约保证金或履约保函，招标人同时退还中标人的投标保证金。中标人如拒绝在规定的时间内提交履约担保和签订合同，招标人报请招标投标管理机构批准同意后取消其中标资格并按规定不退还其投标保证金，然后考虑在其余投标人中重新确定中标人，与之签订合同或重新招标。

中标人与招标人正式签订合同后，应按要求将合同副本分送有关主管部门备案。

 应用案例 7-2

案例概况

某大学要建培训中心和实训中心两栋大楼并办理通过了一切相关手续。A、B、C、D、E五家建筑公司经预审资格通过后参与投标，其中 A、B 两建筑公司组成联合体进行投标。

在投标过程中，发生以下情况。

（1）A、B 两联合体进行投标时，只报送了 A 建筑公司的资格预审文件。

（2）按照招标要求，五家建筑公司均向招标人提供了有关资料。招标人审查合格后，就告知五家建筑公司均有了参加投标的资格。

（3）D 公司拿到招标文件后，进行全面细致的调查研究并在收到招标文件后的 7 日后当面向招标人提出疑问和不清楚的问题。

（4）E 公司在编制、递交了投标文件后，因事未出席开标会议。招标人在公证人员在场的情况下将其投标文件当众启封予以唱标，允许其参加评标。

分析

以上招标过程中的做法哪些是不妥当的？如有不妥当之处，写出正确做法。

案例解析

（1）A、B 两公司的做法不妥。如果是联合体投标应填报联合体每一个成员的资格预审文件资料。

（2）招标人的做法不妥。招标人应将符合条件的投标人的资格审查资料报建设工程招标投标管理机构复查。经复查合格的，才具有参加投标的资格。

（3）D 公司的做法不妥。投标人若有疑问或不清楚的问题需要招标人予以澄清和解答的，应在收到招标文件后的 7 日内以书面形式向招标人提出。

（4）E 公司的做法不妥。参加开标会议对投标人来说既是权利也是义务。按照国际惯例，投标人不参加开标会议的视为弃权，其投标文件将不予启封，不予唱标，不允许参加评标。

 应用案例 7-3

案例概况

某高校的一个建设工程自行办理招标事宜。但由于该工程技术复杂，学校决定采用邀请招标，共邀请甲、乙、丙 三家国有特级施工企业参加投标。

投标邀请书中规定：3月1日至3月3日，每天8：30—16：30在学校的工程指挥部出售招标文件。

投标保证金统一定为120万元，投标保证金有效期到5月20日为止；评标采用综合评价法，技术标和商务标各占50%。

在评标过程中，鉴于各投标人的技术方案大同小异，学校决定将评标方法改为经评审的最低投标价法。评标委员会根据修改后的评标方法，确定的评标结果排名顺序为甲公司、丙公司、乙公司。建设单位于4月15日确定甲公司中标，于4月16日向甲公司发出中标通知书并于4月18日与甲公司签订了合同。

建设单位于4月28日将中标结果通知了乙、丙两家公司，并在4月31日向当地招标投标管理部门提交了该工程招标投标情况的书面报告。

分析

该建设单位在招标工作中有哪些不妥之处？

案例解析

该学校在招标工作中有下列不妥之处。

(1) 停止出售招标文件的时间不妥。因为按《工程建设项目施工招标投标办法》规定，自招标文件出售之日起至停止出售之日止，最短不得少于5个工作日。

(2) 投标保证金统一定为120万元不妥。因为按《工程建设项目施工招标投标办法》规定，投标保证金一般不得超过投标总价的2%，但最高不得超过80万元人民币。

(3) 评标过程中改变评标方法不妥，因为按《招标投标法》规定，评标委员会应当按照招标文件确定的评标标准和方法进行评标。

(4) 中标结果通知未中标人的时间不妥。因为按《招标投标法》规定，中标人确定后，招标人应当在向中标人发出中标通知的同时将中标结果通知所有未中标的投标人。

(5) 向招标投标管理部门提交报告的时间不妥。因为按《招标投标法》规定，招标人应当自确定中标人之日起15日内，向有关行政监督部门提交招标投标情况的书面报告。

7.3　建设工程施工招投标文件编制

招投标文件的编制是建设工程招投标阶段工程造价咨询和招标代理服务等机构的主要内容，涉及方方面面。下面重点讲述招标文件及投标文件的作用、内容、编制依据、规范化格式和编制应注意的事项等。

7.3.1　施工招标文件的编制

招标文件是作为建筑产品需求者的建设单位(招标人)向潜在的生产和供给者(承包商)详细阐明其购买意图的一系列文件，也是投标人对招标人的意图作出响应、编制投标书的客观依据。

为了解决各行业招标文件编制依据不同、规则不统一的问题，国家发改委会同财政部、原建设部等九部委，编制了《标准施工招标资格预审文件》和《标准施工招标文件》（简称《标准文件》），第一次在全国各行业初步实现了施工招标文件编制依据和规则的统一，解决了一些施工招标文件编制过程中带有普遍性和共性的问题，促进了招投标市场的健康发展。

1. 工程施工招标文件的作用

根据《招标投标法》、《工程建设项目施工招标投标办法》及上述《范本》的规定，工程施工招标文件应由招标单位或其委托的咨询机构编制发布，它主要有如下作用。

（1）它是招标投标过程中最重要的文件之一。招标文件中提出的各项要求，对整个招标工作乃至承发包双方都有法律约束力。

（2）它是投标单位编制投标文件的主要依据。

（3）它是招投标管理部门实施监督的依据之一。

（4）它是招标单位确定中标单位的依据。

（5）它是招标单位与将来中标单位签订工程承包合同的基础。

2. 建设工程施工招标文件的内容

施工招标文件的主要内容如下。

1）投标须知及投标须知前附表

（1）投标须知主要包括总则、招标文件、投标文件的编制、投标文件的提交、开标、评标及合同的授予等。

① 总则部分：包括工程情况说明、招标范围及工期、资金来源、合格的投标人、踏勘现场、投标费用。

② 招标文件：包括招标文件的组成、招标文件的澄清、招标文件的修改。

③ 投标文件的编制：规定投标文件的语言及度量衡单位，投标文件的组成、投标文件格式、投标报价、投标货币、投标有效期、投标担保、投标人的替代方案、投标文件的份数和签署等。

④ 投标文件的提交：明确投标文件的装订、密封和标记，投标文件提交的时间和地点，投标文件提交的截止时间，迟交的投标文件处理，投标文件的补充、修改与撤回等。

⑤ 开标：开标时间、地点、参加开标的人，开标程序和投标文件的有效性。

⑥ 评标：评标委员会组成，评标及评标过程的保密，投标文件的澄清，投标文件的初步评审，投标文件计算错误的修正，投标文件的评审、比校和否决。

⑦ 合同的授予：主要包括合同授予标准、招标人拒绝投标的权利、中标通知书、合同协议书的签订、履约担保等。

（2）投标须知前附表内容包括工程名称、建设地点、建设规模、承包方式、质量标准、招标范围、工期要求、资金来源、投标人资质等级要求、资格审查方式、工程报价方式、投标有效期、投标担保金额、踏勘现场、投标人的替代方案、投标文件份数、投标文件提交地点及截止时间、开标、评标方法及标准、履约担保金额等。

2）合同条款

合同条款是招标文件的重要组成部分，是具有法律约束力的文件。一旦确定中标人，招标人和投标人就要据此签订施工合同，明确双方在合同履行过程中的权利和义务。在编制招标文件时，必须编制好合同条款。

3）合同文件格式

合同文件格式主要包括合同协议书、房屋建筑工程质量保修书、承包人银行履约保函、承包人履约担保书、承包人预付款银行保函、发包人支付担保银行保函和发包人支付担保书等。

4）工程建设标准

招标文件中应明确招标工程项目的材料、设备、施工，须达到的一些现行国家、地方和行业的工程建设标准与规范的要求，包括工程测量规范、施工质量验收规范等。除此之外，还应列出特殊项目的施工工艺标准和要求。

5）图纸

图纸包括效果图、施工图等。

6）工程量清单

对于采用综合单价或工程量清单计价招标的工程应附工程量清单表。

7）投标函格式

投标函格式主要包括法定代表人身份证明书、投标文件签署权委托书、投标函、投标函附录、投标担保银行保函格式、投标担保书、招标文件要求投标人提交的其他投标资料等。

8）投标文件商务部分格式

（1）采用综合单价形式应包括投标报价说明、投标报价汇总表、主要材料清单报价表、设备清单报价表、工程量清单报价表、措施项目报价表、其他项目报价表、工程量清单项目价格计算表和其他资料。

（2）采用工料单价形式应包括投标报价说明、投标报价汇总表、主要材料清单报价表、设备清单报价表、单位工程工料价格计算表、单位工程费用计算表和其他资料。

9）投标文件技术部分格式

投标文件技术部分格式内容应包括施工组织设计、项目管理机构配备情况、拟分包项目情况表。其中，施工组织设计包括施工组织设计的基本内容说明和有关图表、拟投入的主要施工机械设备表、劳动力计划表、计划开工竣工日期和施工进度网络图、施工总平面图、临时用地表。

10）资格审查申请书格式

对于采用资格后审的招标工程，招标文件中应列有资格审查申请书说明要求和有关表格要求。

3. 工程施工招标文件编制应遵循的原则

施工招标文件的编制，应遵循下列原则。

（1）招标文件的编制须遵守国家有关招标投标的法律、法规和部门规章的规定。

（2）招标文件必须遵循公开、公平、公正的原则，不得以不合理的条件限制或者排斥潜在投标人，不得对潜在投标人实行歧视待遇。

（3）招标文件必须遵循诚实信用的原则，招标人向投标人提供的工程情况，特别是工程项目的审批，资金来源和落实等情况，都要确保真实和可靠。

（4）招标文件介绍的工程情况和提出的要求，必须与资格预审文件的内容相一致。

（5）招标文件的内容要能清楚地反映工程的规模、性质、商务和技术要求等内容，设计图纸应与技术规范或技术要求相一致，使招标文件系统、完整、准确。

（6）招标文件不得要求或者标明特定的建筑材料、构配件等生产供应者以及含有倾向或者排斥投标申请人的其他内容。

4. 工程施工招标文件编制的依据

1）法律法规是招标文件编制的主要依据

招标文件是招标投标活动中最重要的法律文件，招标文件的内容应符合国内法律法规，因此招标文件编制的主要依据是相关的法律法规。

2）招标投标应遵守的法律法规与政策体系

按照法律规范的渊源划分有法律、法规（行政法规、地方法规）、规章（国务院部门规章、地方政府规章）和行政规范性文件。

按照法律规范内容的相关性划分有专业法律规范，如《招标投标法》；也有相关法律规范，如《民法通则》、《合同法》。

3）招标文件编制应熟悉的有关法律法规及规范性文件

（1）《招标投标法》。

（2）《中华人民共和国政府采购法》。

（3）《合同法》。

（4）《建筑法》。

（5）《建设工程质量管理条例》（国务院令〔2000〕第279号）。

（6）《关于国务院有关部门实施招标投标活动行政监督的职责分工的意见》（国办发〔2000〕34号）。

（7）《国务院办公厅关于进一步规范招投标活动的若干意见》（国办发〔2004〕56号）。

（8）《工程建设项目招标范围和规模标准规定》（原国家计委〔2000〕第3号令）。

（9）《招标公告发布暂行办法》（原国家计委第〔2000〕第4号令）。

（10）《工程建设项目勘察设计招标投标办法》（国家发改委〔2003〕第2号令）。

（11）《工程建设项目施工招标投标办法》（七部委〔2003〕30号令）。

（12）《工程建设项目货物招标投标办法》（七部委〔2005〕27号令）。

（13）《评标委员会和评标方法暂行规定》（七部委〔2001〕12号令）。

（14）《工程建设项目招标投标活动投诉处理办法》（七部委〔2004〕11号令）。

（15）《招标投标违法行为记录公告暂行办法》（十部委 发改法规〔2008〕1531号）。

（16）《招标代理服务收费管理暂行办法》（计价格〔2002〕1980号）。

（17）《关于招标代理服务收费有关问题的通知》（发改办价格〔2003〕857号）。

（18）《政府采购货物和服务招标投标管理办法》（财政部〔2004〕18 号令）。

（19）《政府采购信息公告管理办法》（财政部〔2004〕19 号令）。

（20）《政府采购供应商投诉处理方法》（财政部〔2004〕20 号令）。

（21）《建筑工程施工发包与承包计价管理办法》（原建设部令〔2001〕第 107 号）。

（22）《关于加强房屋建筑和市政基础设施工程项目施工招标投标行政监督工作的若干意见》（建市〔2005〕208 号）。

（23）《关于严禁政府投资项目使用带资承包方式进行建设的通知》（建市〔2006〕6 号）。

（24）《建设工程工程量清单计价规范》（GB 50500－2013）。

招标投标法律法规与政策体系的效力层级如下。纵向效力层级：国务院各部门规章之间具有同等法律效力。横向效力层级：特别规定与一般规定不一致的，使用特别规定。时间序列：新的规定与旧的规定不一致的，使用新的规定。

4）招标文件范本是招标文件编制的直接依据

国家有关部门颁发的相关招标文件示范文本、范本是指导招标文件编制工作的规范性文件，招标文件都应按照范本编写。

5）满足使用单位需求是编制招标文件的基本要求

使用单位需求主要体现在招标任务委托和项目的设计文件，招标任务委托和项目的设计文件是招标文件编制最根本的依据。招标文件全面反映招标单位需求，是编制招标文件的一个基本的要求。

5. 建设工程施工招标有关文件格式

1）招标公告

招标公告（一）
（采用资格预审方式）

招标工程项目编号　 （项目编号）

1. （招标人名称）的（招标工程项目名称）已由（项目批准机关名称）批准建设。现决定对该项目的工程施工进行公开招标，选定承包人。

2. 本次招标工程项目的概况如下。

2.1 说明招标工程项目的性质、规模、结构类型、招标范围、标段及资金来源和落实情况等。

2.2 工程建设地点为（工程建设地点）。

2.3 计划开工日期为（开工年）年（开工月）月（开工日）日，计划竣工日期为（竣工年）年（竣工月）月（竣工日）日，工期（工期）日历天。

2.4 工程质量要求符合（工程质量标准）标准。

3. 凡具备承担招标工程项目的能力并具备规定的资格条件的施工企业，均可对上述（一个或多个）招标工程项目（标段）向招标人提出资格预审申请，只有资格预审合格的投标申请人才能参加投标。

4. 投标申请人须是具备建设行政主管部门核发的(行业类型)(资质类型)(资质等级)以上资质的法人或其他组织。自愿组成联合体的各方均应具备承担招标工程项目的相应资质条件；相同专业的施工企业组成的联合体，按照资质等级低的施工企业的业务许可范围承揽工程。

5. 投标申请人可从(获取预审文件地址)处获取资格预审文件，时间为(获取开始年)年(获取开始月)月(获取开始日)日至(获取结束年)年(获取结束月)月(获取结束日)日，每天上午(获取上午开始时)时(获取上午开始分)分至(获取上午结束时)时(获取上午结束分)分(公休日、节假日除外)。

6. 资格预审文件每套售价为(币种、金额、单位)元，售后不退。如需邮购，可以书面形式通知招标人，并另加邮费每套(币种、金额、单位)元。招标人在收到邮购款后____日内，以快递方式向投标申请人寄送资格预审文件。

7. 资格预审申请书封面上应清楚地注明"(招标工程项目名称)(标段名称)投标申请人资格预审申请书"字样。

8. 资格预审申请书须密封后，于(预审文件提交截止年)年(预审文件提交截止月)月(预审文件提交截止日)日(预审文件提交截止时)时以前送至(提交预审文件地址)处，逾期不送达或不符合规定的资格预审申请书将被拒绝。

9. 资格预审结果将及时告知投标申请人，并预计于____年__月__日发出资格预审合格通知书。

10. 凡资格预审合格的投标申请人，请按照资格预审合格通知书中确定的时间、地点和方式获取招标文件及有关资料。

招 标 人：_____(招标人名称)_____

办公地址：_____(招标人办公地址)_____

邮政编码：_____(招标人邮编)_____　　　联系电话：_____(招标人电话)_____

传　　真：_____(招标人传真)_____　　　联 系 人：_____(招标人联系人)_____

招标代理机构：_____(招标代理机构名称)_____

办公地址：_____(招标代理机构地址)_____

邮政编码：_____(代理邮编)_____　　　联系电话：_____(代理电话)_____

传　　真：_____(代理传真)_____　　　联 系 人：_____(代理联系人)_____

　　　　　　　　　　　　　　　　　　　日 期：____年____月____日

招标公告(二)
(采用资格后审方式)

招标工程项目编号　(项目编号)

1. (招标人名称)的(招标工程项目名称)已由(项目批准机关名称)批准建设。现决定对该项目的工程施工进行公开招标，选定承包人。

2. 本次招标工程项目的概况如下。

2.1 说明招标工程项目的性质、规模、结构类型、招标范围、标段及资金来源和落实情况等。

2.2 工程建设地点为(工程建设地点)。

2.3 计划开工日期为(开工年)年(开工月)月(开工日)日，计划竣工日期为(竣工年)年(竣工月)月(竣工日)日，工期(工期)日历天。

2.4 工程质量要求符合(工程质量标准)标准。

3. 凡具备承担招标工程项目的能力并具备规定的资格条件的施工企业，均可对上述(一个或多个)招标工程项目(标段)的投标。

4. 投标申请人须是具备建设行政主管部门核发的(行业类型)(资质类型)(资质等级)以上资质的法人或其他组织。自愿组成联合体的各方均应具备承担招标工程项目的相应资质条件；相同专业的施工企业组成的联合体，按照资质等级低的施工企业的业务许可范围承揽工程。

5. 本工程对投标申请人的资格审查采用资格后审方式，主要资格审查标准和内容详见招标文件中的资格审查文件，只有资格审查合格的投标人才有可能被授予合同。

6. 投标申请人可从(获取招标文件地址)处获取资格招标文件、资格审查文件相关资料，时间为(获取开始年)年(获取开始月)月(获取开始日)日至 (获取结束年)年 (获取结束月)月(获取结束日)日，每天上午 (获取上午开始时)时(获取上午开始分)分至 (获取上午结束时)时 (获取上午结束分)分(公休日、节假日除外)。

7. 招标文件每套售价为(币种、金额、单位)元，售后不退。投标人需交纳图纸押金(币种、金额、单位)元，当投标人退还全部图纸时，该押金同时退还给投标人(不计利息)。本公告第 6 条所述资料如需邮寄，可以书面形式通知招标人并另加邮费每套＿＿元。招标人在收到邮购款后＿＿日内，以快递方式向投标申请人寄送资格预审文件。

8. 投标申请人在提交投标文件时，应按照有关规定提供不少于投标总价＿＿％或(币种、金额、单位)元的投标保证金或投标保函。

9. 投标文件提交截止时间为(投标文件提交截止年)年(投标文件提交截止月)月(投标文件提交截止日)日(投标文件提交截止时)时(投标文件提交截止分)分，提交到(提交投标文件地址)处，逾期送达的投标文件将被拒绝。

10. 招标工程项目开标将于上述投标截止的时间在(开标地点)公开进行，投标人的法定代表人或其委托代理人应准时参加。

    招 标 人：＿＿＿＿＿(招标人名称)

    办公地址：＿＿＿＿＿(招标人办公地址)

    邮政编码：＿＿＿＿＿(招标人邮编)   联系电话：＿＿＿＿＿(招标人电话)

    传 真：＿＿＿＿＿(招标人传真)   联 系 人：＿＿＿＿＿(招标人联系人)

    招标代理机构：＿＿＿＿＿(招标代理机构名称)

    办公地址：＿＿＿＿＿(招标代理机构地址)

    邮政编码：＿＿＿＿＿(代理邮编)   联系电话：＿＿＿＿＿(代理电话)

    传 真：＿＿＿＿＿(代理传真)   联 系 人：＿＿＿＿＿(代理联系人)

                                 日期：＿＿＿年＿＿＿月＿＿＿日

2）投标邀请书

投标邀请书
（采用资格预审方式）

招标工程项目编号　<u>（项目编号）</u>

　　致：<u>（投标人名称）</u>

　　1. <u>（招标人名称）</u>的<u>（招标工程项目名称）</u>已由<u>（项目批准机关名称）</u>批准建设。现决定对该项目的工程施工进行公开招标，选定承包人。

　　2. 本次招标工程项目的概况如下。

　　2.1 说明招标工程项目的性质、规模、结构类型、招标范围、标段及资金来源和落实情况等。

　　2.2 工程建设地点为<u>（工程建设地点）</u>。

　　2.3 计划开工日期为<u>（开工年）</u>年<u>（开工月）</u>月<u>（开工日）</u>日，计划竣工日期为<u>（竣工年）</u>年<u>（竣工月）</u>月<u>（竣工日）</u>日，工期<u>（工期）</u>日历天。

　　2.4 工程质量要求符合<u>（工程质量标准）</u>标准。

　　3. 如你方对本工程上述<u>（一个或多个）</u>招标工程项目（标段）的投标感兴趣，可向招标人提出资格预审申请，只有资格预审合格的投标申请人才有可能被邀请参加投标。

　　4. 请你方从<u>（获取预审文件地址）</u>处获取资格预审文件，时间为<u>（获取开始年）</u>年<u>（获取开始月）</u>月<u>（获取开始日）</u>日至<u>（获取结束年）</u>年<u>（获取结束月）</u>月<u>（获取结束日）</u>日，每天上午<u>（获取上午开始时）</u>时<u>（获取上午开始分）</u>分至<u>（获取上午结束时）</u>时<u>（获取上午结束分）</u>分（公休日、节假日除外）。

　　5. 资格预审文件每套售价为<u>（币种、金额、单位）</u>元，售后不退。如需邮购，可以书面形式通知招标人并另加邮费每套<u>（币种、金额、单位）</u>元。招标人在收到邮购款后____日内，以快递方式向投标申请人寄送资格预审文件。

　　6. 资格预审申请书封面上应清楚地注明"<u>（招标工程项目名称）（标段名称）</u>投标申请人资格预审申请书"字样。

　　7. 资格预审申请书须密封后，于<u>（预审文件提交截止年）</u>年<u>（预审文件提交截止月）</u>月<u>（预审文件提交截止日）</u>日<u>（预审文件提交截止时）</u>时以前送至<u>（提交预审文件地址）</u>处，逾期不送达或不符合规定的资格预审申请书将被拒绝。

　　8. 资格预审结果将及时告知投标申请人并预计于____年__月__日发出资格预审合格通知书。

　　9. 凡资格预审合格并被邀请才加的投标申请人，请按照资格预审合格通知书中确定的时间、地点和方式获取招标文件及有关资料。

　　招　标　人：____<u>（招标人名称）</u>____（盖章）____

　　办公地址：____<u>（招标人办公地址）</u>____

　　邮政编码：____<u>（招标人邮编）</u>_____联系电话：____<u>（招标人电话）</u>

　　传　　真：____<u>（招标人传真）</u>_____联系人：____<u>（招标人联系人）</u>

招标代理机构：　（招标代理机构名称）

办公地址：　（招标代理机构地址）

邮政编码：　（代理邮编）　　　　联系电话：　（代理电话）

传　真：　（代理传真）　　　　联　系　人：　（代理联系人）

日期：　年　月　日

7.3.2　投标文件的编制

建设工程施工投标文件由投标函部分、商务部分和技术部分等三部分组成。采用资格后审的还应包括资格审查文件。

1. 投标函部分内容

（1）法定代表人身份证明书。

（2）投标文件签署授权委托书。

（3）投标函。

（4）投标函附录。

（5）投标担保书。

（6）招标文件要求投标人提交的其他投标资料。

2. 商务部分内容

1）采用综合单价形式

采用综合单价形式的包括以下内容。

（1）投标报价说明。

（2）投标报价汇总表。

（3）主要材料清单报价表。

（4）设备清单报价表。

（5）工程清单报价表。

（6）措施项目报价表。

（7）其他项目报价表。

（8）工程量清单项目价格计算表。

（9）投标报价需要的其他资料。

2）采用工料单价形式

采用工料单价形式的包括以下内容。

（1）投标报价的要求。

（2）投标报价汇总表。

（3）主要材料清单报价表。

（4）设备清单报价表。

（5）分部分项工料价格计算表。

（6）分部工程费用计算表。

（7）投标报价需要的其他资料。

3. 技术部分内容

（1）各分部分项工程的主要施工方法。

（2）工程投入的施工机械设备情况、主要施工机械进场计划。

（3）劳动力安排计划。

（4）确保工程质量的技术组织措施。

（5）确保安全生产的技术组织措施。

（6）确保文明施工的技术组织措施。

（7）确保工期的技术组织措施。

（8）施工总平面布置设计。

（9）有必要说明的其他内容。

复习思考题

一、单项选择题

1. 建设工程招标和投标分别是（   ）和（   ）。

A. 要约；承诺   B. 要约邀请；要约

C. 要约邀请；承诺   D. 承诺；承诺

2. BOT 工程模式招投标又称（   ）模式。

A. 工程设计-管理   B. 阶段施工法

C. 建造-运营-移交   D. 工程设计施工

3. 建设工程施工招标人与其委托的招标代理人签订的招标代理合同属于（   ）合同。

A. 委托   B. 承包   C. 转让   D. 买卖

4. 建设工程施工招标人自行办理施工招标事宜的，应当在发布招标公告或者发出投标邀请书的（   ）日前，向工程所在地县级以上地方人民政府建设行政主管部门备案。

A. 20   B. 15   C. 10   D. 5

5. 建设工程施工项目采用邀请招标的，投标人要向（   ）个以上具备承担工程项目能力、资信良好的特定的承包商发出投标邀请书，邀请他们参加投标。

A. 3   B. 4   C. 5   D. 2

6. 建设工程施工招标文件发出后，招标人不得擅自变更其内容。确需进行必要的澄清、修改或补充的，应当在招标文件要求提交投标文件截止时间至少（   ）天前，书面通知所有获得招标文件的投标人。

A. 10   B. 20   C. 25   D. 15

7. 建设工程施工招标人在解答投标人的疑问或不清楚的问题，针对提问人、提问时间等细节问题，应采取的形式为（   ）。

A. 一问一答，不得载明上述细节，面对所有投标人

B. 面对所有投标人，务求详尽

C. 面对所有投标人，一问一答

D. 一问一答，针对提问人回答

8. 建设工程施工招标开标会议一般由（　　）主持。

A. 招标办人员   B. 招标代理机构

C. 评标委员会   D. 招标人

9. 建设工程施工投标保证金的有效期一般为 3~6 个月，一般应超过投标有效期的（　　）天为宜。

A. 28   B. 30   C. 45   D. 60

10. 建设工程施工招投标，投标截止时间之前，投标人对投标文件进行补充、修改或撤回，则（　　）投标文件的组成部分。

A. 不应作为   B. 以具体情况决定是否为

C. 由招标人   D. 应视为

二、多项选择题

1. 建设工程招投标的意义在于（　　）。

A. 形成了由市场定价的价格机制   B. 不断降低社会平均劳动消耗水平

C. 工程价格更加符合价值规律   D. 保证公开、公平、公正的原则

E. 能够减少交易费用

2. 按照工程建设程序，可以将建设工程招标投标分为（　　）。

A. 建设项目前期咨询招投标   B. 工程勘查设计投招标

C. 材料设备采购招投标   D. 工程建设咨询招投标

E. 施工招投标

3. 公开招标中的资格预审和资格后审的主要内容基本是一样的，主要审查投标人近 3 年来完成的工程情况、目前正在履行的合同情况等，还包括（　　）等 3 项内容。

A. 投标人组织与机构的资质等级证书，独立订立合同的权利

B. 履行合同的能力

C. 资源方面的情况，包括财务、管理、技术、劳力、设备等情况

D. 受惩罚的情况和其他有关资料

E. 投标人的投标文件编制情况

4. 建设工程施工招投标中标文件应符合下述（　　）条件。

A. 价格最低

B. 质量最好

C. 能够最大限度地满足招标文件中规定的各项综合评价标准

D. 工程最短

E. 能够满足招标文件的实质性要求；对于有标底的招标活动，经评审的投标价格最低，但投标价格低于成本的除外

5. 建设工程施工投标文件一般由（　　　）3 部分组成。

A. 投标担保书   B. 投标函

C. 拟分包的工程和分包商的情况   D. 商务部分

E. 技术部分

三、案例分析题

某省高速公路工程全部由政府投资。该项目为该省建设规划的重要项目之一，设计概算已经主管部门批准，施工图及有关技术资料齐全。该项目拟采用 BOT 方式建设，省政府正在与有意向的 BOT 项目公司洽谈。为赶工期，政府方出面决定对该项目进行施工招标。因估计除本省施工企业参加投标外，还可能有外省、市施工企业参加投标，故招标人委托咨询单位编制了两个标底，准备分别用于对本省和外省、市施工企业投标价的评定。招标过程中，招标人对投标人就招标文件所提出的所有问题采用表格形式按提问的先后顺序，将投标人所提问题的内容、提问人单位、提问时间，以及招标人的答复等统一作了书面答复，并以备忘录的形式分发给各投标人。

招标人在书面答复投标人的提问后，组织各投标人进行了施工现场踏勘。

问题

该项目施工招标在哪些方面存在问题或不当之处？请逐一说明。

第 8 章

建设工程施工合同管理

学习目标

学习建设工程施工合同的概念，建设工程施工合同的特点；了解建设行政主管部门及相关部门对施工合同的监督管理、《建设工程施工合同（示范文本）》；熟悉建设施工合同中的工期与合同价格，建设施工合同中对双方有约束力的合同文件、设计变更管理、不可抗力、工程试车、竣工验收和工程保修；掌握发包人与承包人的工作、施工进度控制、施工质量控制、支付和结算管理，为将来从事建设工程施工合同管理工作打下坚实的理论基础和实践基础。

学习要求

能力目标	知识要点	权重
了解相关知识	(1) 建设行政主管部门及相关部门对施工合同的监督管理 (2)《建设工程施工合同（示范文本）》	10%
熟练掌握知识点	(1) 建设施工合同中的工期与合同价格 (2) 建设施工合同中对双方有约束力的合同文件 (3) 设计变更管理、不可抗力、工程试车、竣工验收和工程保修 (4) 发包人与承包人的工作 (5) 施工进度控制、施工质量控制、支付和结算管理	60%
运用知识分析案例	(1) 建设工程施工合同 (2) 施工过程中的合同管理	30%

案例分析与内容导读

【案例背景】

某大学(以下称甲方)要建3000平方米的两层种子实验生产车间,一切工程手续办理完毕。某施工单位(以下称乙方)根据领取的某3000平方米两层厂房工程项目招标文件和全套施工图纸,采用低报价策略编制了投标文件并获得中标。

乙方于某年某月某日与甲方签订了该工程项目的固定价格施工合同,合同工期为6个月。甲方在乙方进入施工现场后,因资金紧缺甲方不按时支付预付款,乙方在约定时间7天后的4月10日向甲方发出预付通知。甲方第二天收到通知后仍以因资金紧缺为由,答复乙方不能按要求预付,因此,乙方在4月12日停止施工。

【分析】

(1) 该工程采用固定价格合同是否合适?

(2) 乙方停工的做法是否合适?

【解析】

(1) 该工程采用固定价格合同是合适的。因为固定价格合同适用于工程量不大且能够较准确计算、工期较短、技术不太复杂、风险不大的项目。该工程基本符合这些条件,因此采用固定价格合同是合适的。

(2) 乙方停工的做法是不合适的。乙方在4月17日后可以停工。按施工合同的管理规定,发包人不按时支付预付款,承包人在约定时间7天后向发包人发出预付通知。发包人收到通知后仍不能按要求预付,承包人可在发出通知后7天停止施工。发包人应从约定应付之日起,向承包人支付应付款的贷款利息。

本案例涉及的是合同的计价方式、由于发包人不能按时支付的暂停施工等的相关知识,本书将在8.3节和8.5节中做详细讲述。

8.1 建设工程施工合同概述

8.1.1 建设工程施工合同的概念

建设工程施工合同是指发包方(建设单位)和承包方(施工人)为完成商定的施工工程,包括建筑施工、设备安装、设备调试、工程保修等工作内容,明确相互权利和义务的协议。依照施工合同,施工单位应完成建设单位交给的施工任务。

施工合同是建设工程合同的一种,它与其他建设工程合同一样是双务有偿合同,在订立时应遵守自愿、公平、诚实信用等原则。建设单位应按照规定提供必要条件并支付工程价款。(发包人或称发方)和施工单位(承包人或称承包方)是平等的民事主体。

 知识拓展

建设工程施工合同是建设工程合同中最主要的合同之一,合同标的是将设计图纸变为能满足合同规定的功能、质量、进度、投资等发包人投资预期目的的建筑产品。

8.1.2　建设工程施工合同的特点

建设工程施工合同还具有以下特点。

1. 合同标的的特殊性

施工合同的标的是建筑产品，而建筑产品是不动产，和其他产品相比具有固定性、形体庞大、生产的流动性、单件性、生产周期长等特点。同时，建造过程中往往受到自然条件、地质水文条件、社会条件、人为条件等因素的影响。这些特点决定了施工合同标的的特殊性。

2. 合同内容的繁杂性

由于工程建设的工期一般较长，涉及多种主体以及他们之间的法律、经济关系，这些方面和关系都要求施工合同内容尽量详细、全面，必然导致合同的内容约定、履行管理都很复杂。

建筑物的施工由于结构复杂、体积大、建筑材料类型多、工作量大，使得工期都较长，因此，施工合同除了应当具备合同的一般内容外，还应对安全施工、专利技术使用、发现地下障碍物和文物、工程分包、不可抗力、工程变更及材料设备的供应、运输、验收等内容作出更详细的规定。

3. 合同履行期限的长期性

由于施工合同标的的特殊性、合同涉及的方面多，再加上必要的施工准备时间和办理竣工结算及保修期的时间，以及施工合同内容的约定还需与其他相关合同相协调，如设计合同、供货合同等，施工合同的履行期限具有长期性。

4. 合同监督的严格性

由于施工合同的履行与国家的经济发展，人们的工作、生活，乃至生命都息息相关，因此，国家对施工合同有着非常严格的监督。在施工合同的订立、履行、变更、终止全过程中，除了要求合同当事人对合同进行严格的管理外，合同的主管机关(工商行政管理机构)、建设行政主管机关、金融机构等都要对施工合同进行严格的监督。

8.1.3　建设工程施工合同应具备的主要条款

建设工程施工合同除具备合同的一般特点外，还应具备的主要条款有以下内容。

(1) 建设工程施工工程名称和地点。

(2) 建设工程施工工程范围和内容。

(3) 建设工程施工开、竣工日期及中间交工工程开、竣工日期。

(4) 建设工程施工工程质量保修期及保修条件。

(5) 建设工程施工工程造价。

(6) 建设工程施工工程价款的支付、结算及交工验收办法。

(7) 建设工程施工设计文件及概、预算和技术资料提供日期。

（8）建设工程施工材料和设备的供应和进场期限。

（9）双方相互协作事项。

（10）建设工程施工违约责任。

8.1.4 施工合同管理涉及的有关各方

1. 施工合同中的当事人

1）发包人

在《建设工程施工合同（示范文本）》《通用条款》中规定，发包人是指在协议书中约定、具有工程发包主体资格和支付工程价款能力的当事人以及取得该当事人资格的合法继承人。

2）承包人

在《建设工程施工合同（示范文本）》《通用条款》中规定，承包人是指在协议书中约定、被发包人接受具有工程施工承包主体资格的当事人以及取得该当事人资格的合法继承人。

从以上两个定义可以看出，施工合同签订后，不允许当事人任何一方转让合同。这是因为承包人是发包人通过严格的招标程序选中的中标者；发包人则是在投标前承包人出于对其信誉和支付能力的信任才参与竞标取得合同的。因此，按照诚实信用原则，订立合同后，任何一方都不能将合同转让给第三者。

知识拓展

所谓合法继承人是指因资产重组、合并或分立后的法人或组织，可以作为合同的当事人。

2. 工程师的产生和职权

工程师包括监理单位委派的总监理工程师及发包人指定的履行合同的负责人两种情况。

1）发包人委托监理单位委派总监理工程

发包人可以委托监理单位全部或者部分负责施工合同的履行和管理。由监理单位委派的总监理工程师在施工合同中称为工程师。总监理工程师是经监理单位法定代表人授权、派驻施工现场监理组织的总负责人，行使监理合同赋予监理单位的权利和义务，全面负责发包人工程的监理工作。

发包人应当将受委托监理单位的名称、工程师的姓名、监理内容及监理权限以书面形式通知施工合同的承包人。除非合同内有明确约定或经发包人书面同意外，负责监理的工程师无权解除施工合同承包人的任何义务。

2）发包人派驻代表

发包人派驻施工场地履行合同的代表在本合同中也称工程师，其姓名、职务、职权由发包人在专用条款内约定，但职权不得与监理单位委派的总监理工程师职权相互交叉。当两者发生交叉或不明确时，由发包人予以明确并以书面形式通知承包人。

3）更换工程师

在施工过程中如果需要更换工程师，发包人应当至少提前 7 天以书面形式通知承包人。后任工程师应当继续行使合同文件约定的前任工程师的职权及义务，但不得更改前任工程师已经作出的书面承诺。

8.1.5　建设行政主管部门及相关部门对施工合同的监督管理

发包人和承包人订立和履行合同虽然属于当事人自主的市场经济行为，但建筑工程涉及国民经济的健康发展，与人民生命财产的安全息息相关，因此必须符合法律和法规的有关规定。

1. 建设行政主管机关对施工合同的监督管理

建设行政主管部门主要从施工质量和施工安全的角度对工程项目进行监督管理，主要有以下职责。

1）颁布规章、制度

依据国家的法律颁布相应的行业规章、制度，从而规范建筑市场有关各方的行为，其中也包括推行合同范本制度。

2）批准工程项目的建设

在工程项目的建设过程中，发包人必须按规定履行工程项目报建手续、获取施工许可证以及取得规划许可和土地使用权的许可。建设项目申请施工许可证应具备以下条件。

（1）已经办理该建筑工程用地批准手续。

（2）在城市规划区的建筑工程，已经取得建设工程规划许可证。

（3）施工场地已经基本具备施工条件、需要拆迁的，其拆迁进度符合施工要求。

（4）已经确定施工企业。按照规定应该招标的工程没有招标，应该公开招标的工程没有公开招标或者肢解发包工程，以及将工程发包给不具备相应资质条件的，所确定的施工企业无效。

（5）已满足施工需要的施工图纸及技术资料，施工图设计文件已按规定进行了审查。

（6）有保证工程质量和安全的具体措施。施工企业编制的施工组织设计中有根据建筑工程特点制定的相应质量、安全技术措施，专业性较强的工程项目已有编制的专项质量、安全施工组织设计并按照规定办理了工程质量、安全监督手续。

（7）按照规定应该委托监理的工程已委托监理。

（8）建设资金已经落实。建设工期不足一年的，到位资金原则上不得少于工程合同价的 50%，建设工期超过一年的，到位资金原则上不得少于工程合同价的 30%。建设单位应当提供银行出具的到位资金证明，有条件的可以实行银行付款保函或者其他第三方担保。

（9）法律、行政法规规定的其他条件。

3）对建设活动实施监督

（1）对招标申请报送材料进行审查。

（2）对中标结果和合同的备案审查。

（3）对工程开工前报送的发包人指定的施工现场总代表人和承包人指定的项目经理的

备案材料审查。

（4）竣工验收程序和鉴定报告的备案审查。

（5）竣工的工程资料备案等。

建设工程竣工验收备案是指建设单位在建设工程竣工验收后，将建设工程竣工验收报告和规划、公安消防、环保等部门出具的认可文件或者准许使用文件报建设行政主管部门审核的行为。

 知识拓展

《建设工程质量管理条例》第四十九条规定："建设单位应当自建设工程竣工验收合格之日起15日内，将建设工程竣工验收报告和规划、公安消防、环保等部门出具的认可文件或者准许使用文件报建设行政主管部门或者其他有关部门备案。"

《房屋建筑和市政基础设施工程竣工验收备案管理办法》第四条规定："建设单位应当自工程竣工验收合格之日起15日内，依照本办法规定，向工程所在地的县级以上地方人民政府建设主管部门备案。"

2. 质量监督机构对施工合同履行的监督

工程质量监督机构是接受政府建设行政主管部门的委托，专门负责监督工程质量的中介组织。在工程招标工作完成以后、领取开工证之前，发包人必须到工程所在地的质量监督机构办理质量监督登记手续。质量监督机构对合同履行的监督分为对工程参建各方质量行为的监督和对建设工程的实体质量监督两个方面。

1）对工程参建各方主体质量行为的监督

（1）对建设单位质量行为的监督包括以下内容。

① 工程项目报建审批手续是否齐全。

② 基本建设程序符合有关要求并按规定进行了施工图审查；按规定委托监理单位或建设单位自行管理的工程建立工程项目管理机构，配备了相应的专业技术人员。

③ 有无明示或者暗示勘察、设计单位，监理单位，施工单位，违反强制性标准、降低工程质量和迫使承包商任意压缩合理工期等行为。

④ 按合同规定，由建设单位采购的建材、构配件和设备必须符合质量要求。

（2）对监理单位质量行为的监督包括以下内容。

① 监理的工程项目有监理委托手续及合同，监理人员资格证书与承担的任务相符。

② 工程项目的监理机构专业人员配套，责任制落实。

③ 现场监理采取旁站、巡视和平行检验等形式。

④ 制订监理规划并按照监理规划进行监理。

⑤ 按照国家强制性标准或操作工艺对分项工程或工序及时进行验收签认。

⑥ 对现场发现的使用不合格材料、构配件、设备的现象和发生的质量事故，及时督促、配合责任单位调查处理。

（3）对施工单位质量行为的监督包括以下内容。

① 所承担的任务与其资质相符，项目经理与中标书中相一致，有施工承包手续及合同。

② 项目经理、技术负责人、质检员等专业技术管理人员配套，并具有相应资格及上岗证书。

③ 有经过批准的施工组织设计或施工方案并能贯彻执行。

④ 按有关规定进行各种检测，对工程施工中出现的质量事故按有关文件要求，及时如实上报和认真处理。

⑤ 无违法分包、转包工程项目的行为。

2）对建设工程的实体质量的监督

实体质量监督以抽查为主的方式并辅以科学的检测手段。地基基础实体部分必须经过监督检查后方可进行主体结构施工；主体结构实体必须经监督检查后方可进行后续的工程施工工作。

（1）地基及基础工程抽查的主要内容包括以下几方面。

① 质量保证及见证取样送检检测资料。

② 分项、分部工程质量或评定资料及隐蔽工程验收记录。

③ 地基检测报告和地基验槽记录。

④ 抽查基础砌体、混凝土和防水等施工质量。

（2）主体结构工程抽查的主要内容包括以下几方面。

① 质量保证及见证取样送检检测资料。

② 分项、分部工程质量评定资料及隐蔽工程验收记录。

③ 结构安全重点部位的砌体、混凝土、钢筋施工质量抽查情况和检测。

④ 混凝土构件、钢结构构件制作和安装质量。

（3）竣工工程抽查的主要内容包括以下几方面。

① 工程质量保证资料及见证取样检测报告。

② 分项、分部和单位工程质量评定资料与隐蔽工程验收记录。

③ 地基基础、主体结构及工程安全检测报告和抽查检测。

④ 水、电、暖、通等工程重要部位，使用功能试验资料及使用功能抽查检测记录。

⑤ 工程观感质量。

3）工程竣工验收的监督

建设工程质量监督机构在工程竣工验收监督时，重点对工程竣工验收的组织形式、验收程序、执行验收规范情况等实行监督。

3. 金融机构对施工合同的管理

金融机构对施工合同的管理是通过对信贷管理、结算管理及当事人的账户管理进行的。金融机构还有义务协助执行已生效的法律文书，以保护当事人的合法权益。

应用案例 8-1

案例概况

A大学教工住宅楼工程项目，学校与B建筑公司按《建设工程施工合同（示范文本）》签订了施工承包合同并委托C监理公司承担施工阶段的监理任务。在施工前后出现以下情况。

（1）合同中未明确工程价款的支付办法。

（2）在合同签订过程中D大学合并到了A大学，同时也作为发包的当事人与A大学一起参与工程项目的工作。

（3）在施工过程中发包人更换了工程师并提前7天用电话通知了承包人。

（4）发包人更换了工程师。后任工程师到后，认为前任工程师的一份书面承诺不妥，于是更改了前任工程师给承包人已经作出的一份书面承诺。

分析

对以上几种情况是否妥当进行评价，如果有不妥当之处，写出正确做法。

案例解析

（1）合同中未明确工程价款的支付办法不妥。建设工程施工合同示范文本中规定"建设工程施工工程价款的支付、结算及交工验收办法"应是合同具备的主要条款。

（2）D大学作为发包当事人与A大学一起参与工程项目的工作是完全可以的。

在《建设工程施工合同（示范文本）》《通用条款》中规定，发包人是指在协议书中约定、具有工程发包主体资格和支付工程价款能力的当事人以及取得该当事人资格的合法继承人。所谓合法继承人是指因资产重组后，合并或分立后的法人或组织可以作为合同的当事人。

（3）用电话通知承包人更换了工程师的做法不妥。应该是提7天用书面通知承包人。

（4）后任工程师的做法不妥。按工程师的产生和职权的规定，后任工程师应当继续行使合同文件约定的前任工程师的职权及义务，但不得更改前任工程师已经作出的书面承诺。

8.2 建设工程施工合同范本简介

8.2.1 《建设工程施工合同（示范文本）》的组成

作为推荐使用的《建设工程施工合同（示范文本）》由《协议书》、《通用条款》、《专用条款》三部分组成并附有三个附件。

1.《协议书》

《协议书》是施工合同的总纲性法律文件，经过双方当事人签字盖章后合同即成立。标准化的协议书格式文字量不大，需要结合承包工程特点填写的约定主要内容包括工程概况、工程承包范围、合同工期、质量标准、合同价款、合同生效时间并明确对双方有约束力的合同文件组成。

2.《通用条款》

《通用条款》是在广泛总结国内工程实施成功经验和失败教训的基础上，参考 FIDIC《土木工程施工合同条件》相关内容的规定编制的规范承发包双方履行合同义务的标准化条款。

《通用条款》包括词语定义及合同文件；双方一般权利和义务；施工组织设计和工期；质量与检验；安全施工；合同价款与支付；材料设备供应；工程变更；竣工验收与结算；违约、索赔和争议；其他共 11 部分，47 个条款。《通用条款》适用于各类建设工程施工的条款，在使用时不作任何改动。

3.《专用条款》

由于具体实施工程项目的工作内容各不相同，施工现场和外部环境条件各异，因此还必须有反映招标工程具体特点和要求的《专用条款》的约定。

示范文本中的《专用条款》部分是结合具体工程双方约定的条款，为当事人提供了编制具体合同时应包括内容的指南，具体内容由当事人根据发包工程的实际要求细化。《专用条款》是对《通用条款》的补充、修改或具体化。

具体工程项目编制《专用条款》的原则是：结合项目自身特点，针对《通用条款》的内容进行补充或修正，达到相同序号的《通用条款》和《专用条款》共同组成对某一方面问题内容完备的约定。因此，《专用条款》的序号不必依此排列，通用条件已构成完善的部分不需重复抄录，只按对《通用条款》部分需要补充、细化甚至弃用的条款作相应说明，按照《通用条款》对该问题的编号顺序排列即可。

4. 附件

示范文本为使用者提供了《承包方承揽工程项目一览表》、《发包方供应材料设备一览表》以及《房屋建筑工程质量保修书》三个附件，如果具体项目的实施为包工包料承包，则可以不使用发包人供应材料设备表。

8.2.2　合同范本的作用

施工合同的内容很复杂、涉及面又很广，因此，为了避免施工合同的编制者遗漏某些方面的重要条款或条款约定责任不够公平合理，建设部(原)和国家工商行政管理局印发了《建设工程施工合同(示范文本)》[GF—1999—0201]。

施工合同文本的条款内容不仅涉及各种情况下双方的合同责任和规范化的履行管理程序而且涵盖了非正常情况的处理原则，如变更、索赔、不可抗力、合同的被迫终止、争议的解决等方面。

 知识拓展

示范文本中的条款是属于推荐使用的，使用者应结合自己具体工程的特点加以取舍、补充，最终形成责任明确、操作性强的合同。

8.3　建设工程施工合同的订立

8.3.1　建设工程施工合同的工期与合同价格

1. 工期

在施工合同协议书内应当明确注明开工日期、竣工日期和合同工期的总日历天数。如果是招标选择的承包人，工期总日历天数应为投标书内承包人承诺的天数，而不一定是招标文件要求的天数。因为招标文件通常规定本招标工程最长允许的完工时间，而承包人为了竞争，申报的投标工期往往短于招标文件限定的最长工期，此项因素通常也是评标比较的一项内容。因此，在中标通知书中已注明发包人接受的投标工期。

知识拓展

如果合同内有发包人要求分阶段移交的单位工程或部分工程时，在《专用条款》内还需要明确约定中间交工工程的范围和竣工时间。此项约定也是判定承包人是否按合同履行了义务的标准。

2. 合同价款

1）合同约定的合同价款

合同价款是指在合同协议书内已注明的金额。虽然中标通知书中已写明了来源于投标书的中标合同价款，但考虑到某些工程可能不是通过招标选择的承包人，例如出于保密要求直接发包的工程或合同价值低于法规要求必须招标的小型工程等，因此，在标准化合同协议书内仍要求填写合同价款。

特别提示

对于非招标工程的合同价款，可由当事人双方依据工程预算书协商后，填写在协议书内。

2）追加合同价款

追加合同价款是指合同履行中发生需要增加合同价款的情况，经发包人确认后，按照计算合同价款的方法，给承包人增加的合同价款。"费用"是指不包含在合同价款之内的应当由发包人或承包人承担的经济支出。这是在合同的许多条款内都涉及的两个专用术语。

3）合同的计价方式

《通用条款》中规定有三类计价方式可供双方选择，本合同采用哪种计价方式需在《专用条款》中说明。可供选择的计价方式有以下 3 种。

（1）固定价格合同。固定价格合同是指在约定的风险范围内价款不再调整的合同。但这种合同的价款并不是绝对不可以调整，而是约定范围内的风险由承包人承担。工程承包活动中采用的总价合同和单价合同都属于此类合同。双方需要在《专用条款》内约定合同价款包含的风险范围、风险费用的计算方法和承包风险范围以外对合同价款影响的调整方法，在约定的风险范围内合同价款不再调整。

（2）可调价格合同。可调价格合同是相对固定价格而言的，通常用于施工工期较长的合同。如工期在18个月以上的合同，发包人和承包人在招投标阶段和签订合同时不可能合理预见到一年半以后物价浮动和后续法规变化对合同价款的影响，为了双方合理分担外界因素影响的风险，应采用可调价合同。对于工期较短的合同，在《专用条款》内也要约定因外部条件变化对施工产生成本影响可以调整合同价款的内容。可调价合同的计价方式与固定价格合同基本相同，只是增加可调价的条款，因此在《专用条款》内应当明确约定调价的计算方法。

（3）成本加酬金合同。成本加酬金合同是指发包人负担全部工程成本，对承包人完成的工作支付相应酬金的计价方式。在工程紧急的情况下通常采用这类计价方式，如灾后修复工程，双方对施工成本均心中无底，为了合理分担风险采用此种方式。采用计价方式的合同双方应当在《专用条款》内约定成本构成和酬金的计算方法。

 知识拓展

实践中，有些工程承包的计价方式不一定是单一的方式，也可以采用组合计价方式，只要在合同内明确约定具体工作内容采用何种计价方式即可。如工期较长的施工合同，主体工程部分采用可调价的单价合同；而某些较简单的施工部位就可以采用不可调的固定总价承包；如果再涉及使用新工艺施工部位或某项工作，就可以用成本加酬金方式结算该部分的工程款。

4）工程预付款的约定

预付款是发包人为了帮助承包人解决工程施工前期资金紧张的困难提前给付的一笔款项。施工合同的支付程序中是否有预付款，取决于工程的性质、承包工程量的大小，以及发包人在招标文件中的规定。如果施工合同的支付程序中有预付款，那么在《专用条款》内就应约定预付款总额，一次或分阶段支付的时间及每次付款的比例（或金额），扣回的时间及每次扣回的计算方法，是否需要承包人提供预付款保函等相关内容。

5）支付工程进度款的约定

双方要在《专用条款》内约定工程进度款的支付时间和支付方式。工程进度款支付既可以按月计量支付，也可以按里程碑完成工程的进度分阶段支付或完成工程后一次性支付。对合同内不同的工程部位或工作内容可以采用不同的支付方式，只要在《专用条款》中具体明确即可。

8.3.2　施工合同文件组成及解释顺序

1. 文件的组成及解释顺序

《建设工程施工合同（示范文本）》第二条规定了施工合同文件的组成及解释顺序。组成建设工程施工合同的文件包括以下几个方面。

(1) 施工合同《协议书》。

(2) 中标通知书。

(3) 投标书及其附件。

(4) 施工合同《专用条款》。

(5) 施工合同《通用条款》。

(6) 标准、规范及有关技术文件。

(7) 图纸。

(8) 工程量清单。

(9) 工程报价单或预算书。

在合同履行过程中，双方有关工程的洽商、变更等书面协议或文件也是对双方构成有约束力的合同文件，因此，也将其视为协议书的组成部分。

 知识拓展

《通用条款》规定，上述合同文件原则上应当能够互相解释、互相说明。但当合同文件中出现含糊不清或不一致时，上述各文件的序号就是合同的优先解释顺序。由于履行合同时双方达成一致的洽商、变更等书面协议发生时间在后且经过当事人签署，因此作为协议书的组成部分，排序放在第一位。如果双方不同意这种次序安排，可以在《专用条款》内约定本合同的文件组成和解释次序。

2. 合同文件出现矛盾或歧义的处理程序

按照《通用条款》的规定，当合同文件内容不一致或含糊不清时，在不影响施工正常进行的情况下，由发包人和承包人协商解决。双方也可以提请负责监理的工程师做出解释。双方协商不成或不同意负责监理的工程师的解释时，按合同中约定的解决争议的方式来处理。对于实行"小业主、大监理"的工程，可以在《专用条款》中约定工程师做出的解释对双方都有约束力，如果任何一方不同意工程师的解释，再按合同争议的方式解决。

8.3.3 施工标准和规范

施工标准和规范是检验承包人施工应遵循的准则以及判定工程质量是否满足要求的标准。国家规范中的标准是强制性标准，双方在合同中约定的标准不得低于国家强制性标准，但发包人从建筑产品功能要求出发，可以对工程或部分工程部位提出高于国家标准的质量要求。在《专用条款》内必须明确具体地规定本工程及主要部位应达到的质量要求，以及施工过程中需要进行质量检测和试验的时间、试验内容、试验地点和方式等。

特别提示

对于采用新技术、新工艺施工的部分，如果国内没有相应标准、规范时，在合同内也应约定对质量检验的方式、检验的内容及应达到的指标要求，否则无从判定施工的质量是否合格。

8.3.4 施工合同中发包人和承包人的工作

1. 发包人的工作

发包人按《专用条款》约定的内容和时间完成以下工作。

(1) 做好土地征用、拆迁补偿、平整施工场地等工作，使施工场地具备施工条件，在开工后继续解决以上事项的遗留问题。

(2) 将施工所需水、电、通信线路从施工场地外部接至《专用条款》约定地点，保证施工期间需要。

(3) 开通施工场地与城乡公共道路的通道以及《专用条款》约定的施工场地内的主要道路，满足施工运输的需要，保证施工期间的畅通。

(4) 向承包人提供施工场地的工程地质和地下管线资料，对资料的真实准确性负责。

(5) 办理施工许可证和其他施工所需证件、批件和临时用地、停水、停电、中断道路交通、爆破作业等的申请批准手续(证明承包人自身资质的证件除外)。

(6) 确定水准点与坐标控制点，以书面形式交给承包人，进行现场交验。

(7) 组织承包人和设计单位进行图纸会审和设计交底。

(8) 协调处理施工现场周围地下管线和邻近建筑物、构筑物(包括文物保护建筑)、古树名木的保护工作，并承担有关费用。

(9) 发包人应做的其他工作，双方应在《专用条款》内约定。

虽然《通用条款》内规定上述工作内容属于发包人的工作，但发包人可以将上述部分工作委托承包方办理，具体内容可以在《专用条款》内约定，其费用由发包人承担。属于合同约定的发包人的工作，如果出现不按合同约定完成，导致工期延误或给承包人造成损失的，发包人应赔偿承包人的有关损失，延误的工期相应顺延。

2. 承包人的工作

承包人按《专用条款》约定的内容和时间完成以下工作。

(1) 根据发包人委托，在其设计资质等级和业务允许的范围内完成施工图设计或与工程配套的设计，经工程师确认后使用，发包人应当承担由此发生的费用。

(2) 向工程师提供年、季、月工程进度计划及相应进度统计报表。

(3) 根据工程需要，提供和维修非夜间施工使用的照明、围栏设施并负责安全保卫。

(4) 按《专用条款》约定的数量和要求，向发包人提供在施工现场办公和生活的房屋及设施，发包人应当承担由此发生的费用。

(5) 遵守有关部门对施工场地交通、施工噪音，以及环境保护和安全生产等的管理规定，按管理规定办理有关手续并以书面形式通知发包人。发包人承担由此发生的费用，但因承包人责任造成的罚款除外。

(6) 已竣工工程未交付发包人之前，承包人按《专用条款》约定负责已完工程的保护工作，保护期间发生损坏，承包人要自费予以修复；发包人要求承包人采取特殊措施保护的工程部位和相应的追加合同价款，双方应当在专用条款内约定。

（7）按《专用条款》的约定做好施工现场地下管线和邻近建筑物、构筑物（包括文物保护建筑）、古树名木的保护工作。

（8）保证施工场地清洁符合环境卫生管理的有关规定，交工前清理现场并达到《专用条款》约定的要求，承包人承担因自身原因违反有关规定造成的损失和罚款。

（9）承包人应做的其他工作，双方应在《专用条款》内约定。

承包人不履行上述各项义务造成发包人损失的，应对发包人的损失给予赔偿。

8.3.5 施工合同中材料和设备的供应

目前很多建设工程发包都采用包工加上包部分原材料形式的施工合同，主要原材料经常采用由发包人提供的方式，其他部分材料由承包人负责提供。如果采用这种方式就需要在《专用条款》中应明确约定发包人提供材料和设备的合同责任。施工合同范本附件提供了标准化的表格格式，见表8-1。

表8-1 发包人供应材料设备一览表

序号	材料设备品种	规格型号	单位	数量	单价	质量等级	供应时间	送达地点	备注

8.3.6 合同中的担保与保险

1. 履行合同的担保

合同是否有履约担保不是合同有效的必要条件，要按照合同具体约定来执行，如果合同约定有履约担保和预付款担保，则需在《专用条款》内明确说明担保的种类、担保方式、有效期、担保金额以及担保书的格式。

特别提示

担保合同将作为施工合同的附件。

2. 保险责任

工程保险是转移工程施工风险的重要手段，如果在合同中约定了保险，那么就需要在《专用条款》内约定投保的险种、保险的内容、办理保险的责任以及保险金额。

8.3.7 解决施工合同争议的方式

在合同发生争议时，首先应采取双方协商、和解的解决方式。和解不成或协商不一致时请第三方调解解决；如果调解再不成，则需要把仲裁或诉讼作为最终解决争议的途径。因此，在《专用条款》内需要明确约定双方共同接受的调解人，以及最终解决合同争议是采用仲裁还是诉讼的方式，要写明仲裁委员会或法院的名称。

8.4　施工准备过程中的合同管理

8.4.1　施工图纸

1. 由发包人提供的图纸

目前我国建设工程施工项目的工程图纸通常由发包人委托设计单位负责设计，施工图设计文件的审查应当在工程准备阶段完成。工程师审核签认施工图纸后，要在合同约定的日期前发放给承包人，以确保承包人及时编制施工进度计划和组织施工。施工图纸可以在各单位工程开始施工前分阶段提供给承包人，也可以一次提供给承包人，只要符合《专用条款》的约定，不影响承包人按时开工即可。

 知识拓展

按《专用条款》约定的份数发包人应当免费供应承包人图纸，如果承包人要求增加图纸套数时，发包人应当代为复制，但复制费用由承包人承担。发放给承包人的图纸中，应保留一套完整的图纸放在施工现场，供工程师及有关人员进行工程检查时使用。

2. 由承包人负责设计的图纸

在有些情况下如果承包人具有设计资质和能力且拥有有专利权的施工技术，就可以由其完成部分施工图的设计或由其委托设计分包人完成。在合同约定的时间内承包人要将按规定的审查程序批准的设计文件提交工程师审核，这些设计文件包括部分由承包人负责设计的图纸要经过工程师签认后方可以使用。但是工程师对承包人设计的认可不能解除承包人的设计责任。

8.4.2　施工进度计划

承包人应按专用条款约定的日期，将施工组织设计和工程进度计划提交工程师，工程师按专用条款约定的时间予以确认或提出修改意见，逾期不确认也不提出书面意见的视为同意。

如果是群体工程中单位工程分期进行施工的，承包人应按照发包人提供图纸及有关资料的时间，按单位工程编制进度计划，其具体内容双方在专用条款中约定。

承包人必须按工程师确认的进度计划组织施工，接受工程师对进度的检查、监督。工程实行进度与经确认的进度计划不符时，承包人应按工程师的要求提出改进措施，经工程师确认后执行。因承包人的原因导致实际进度与进度计划不符，承包人无权就改进措施提出追加合同价款。

8.4.3 双方做好施工前的有关准备工作

合同双方应当在开工前做好各自的其他各项准备工作。例如，发包人应当按照《专用条款》的规定使施工现场具备施工条件、开通施工现场公共道路，承包人应当做好施工人员和设备的调配工作。

为了能够按时向承包人及时提供设计图纸，工程师可能还需要做好设计单位的协调工作，按照《专用条款》的约定组织图纸会审和设计交底。同时作为工程师特别需要做好水准点与坐标控制点的交验，按时提供标准、规范。

8.4.4 开工

为了保证在合理工期内及时竣工，承包人应当在《专用条款》约定的时间按时开工。但在特殊情况下，如果工程的准备工作不具备开工条件，则应按合同的约定区分延期开工的责任。

1. 承包人要求的延期开工

工程师有权批准承包人要求的延期开工或不批准其要求的延期开工。

承包人应当按照协议书约定的开工日期开工。如果承包人不能按时开工，应当在不迟于协议书约定的开工日期前 7 天，以书面的形式向工程师提出延期开工的要求和理由。工程师应当在接到承包人延期开工申请后的 48 小时内以书面形式答复承包人。工程师在接到承包人延期开工申请后 48 小时内不答复，视为同意承包人要求，工期应当相应顺延。工程师不同意延期要求或承包人未在规定时间内提出延期开工要求，工期不可以顺延。

2. 发包人原因的延期开工

如果因发包人导致施工现场尚不具备施工的条件而影响了承包人不能按照协议书约定的日期开工，工程师应当以书面形式通知承包人推迟开工日期。发包人应当赔偿承包人因此造成的损失，工期同时相应顺延。

8.4.5 施工工程的分包

《建设工程施工合同(示范文本)》的《通用条款》规定，未经发包人同意，承包人不得将承包工程的任何部分分包给他人，如果发包人同意了承包人把部分工程分包给他人，也不能解除承包人对总体工程的任何责任和义务。

投标人是发包人通过严格的招标程序选择的综合能力最强的施工企业，发包人要求其完成工程的施工，因此，在合同管理过程中对工程分包要进行严格控制。发包人接受投标书就表示认可了承包人在投标书内的分包计划，这些分包计划承包人可以实施。

如果施工合同履行过程中承包人出于自身能力考虑，又提出想将部分自己没有实施资质的特殊专业工程进行分包或将部分较简单的工作内容分包出去的要求，则需要经过发包人的书面同意。发包人控制工程分包的基本原则是，主体工程的施工任务不允许分包，主要工程量必须由承包人完成。

经过发包人同意的分包工程，承包人选择的分包人必须提请工程师同意。工程师主要审查分包人是否具备实施分包工程的资质和能力，未经工程师同意的分包人不得进入现场参与施工。

在分包的工程部位涉及发包人与承包人签订的施工合同和承包人与分包人签订的分包合同，但工程分包不能解除承包人对发包人应承担在该工程部位施工的合同义务。

同样，为了保证分包合同的顺利履行，未经承包人同意，发包人不得以任何形式向分包人支付各种工程款项，分包人完成施工任务的报酬只能依据分包合同由承包人支付。

8.4.6　施工工程预付款

施工合同约定有工程预付款的，发包人应当按照合同中的约定按时、按数支付给承包人预付款。为了确保承包人顺利开工，预付款支付时间应不迟于约定的开工日期前7天。

如果发包人不按照约定支付预付款，承包人可在预付时间7天后向发包人发出要求预付的通知，发包人收到通知后仍不能按要求预付，承包人可以在发出通知后7天停止施工，发包人应从约定应付之日起向承包人支付应付款的贷款利息并承担违约责任。

 应用案例 8-2

案例概况

某市A乳品公司因建办公楼与B建设工程总公司签订了建筑工程承包合同。其后，经A乳品公司同意，B建设工程总公司分别与C建筑设计院和D建筑安装工程公司签订了建设工程勘察设计合同和给水排水、采暖外管线安装工程合同。建筑工程勘察设计合同约定由C建筑设计院对A乳品公司的办公楼、水房、化粪池、给水排水及采暖外管线工程提供勘察、设计服务，做出工程设计书及相应安装施工图纸和资料。建筑安装合同约定由D建筑安装工程公司根据C建筑设计院提供的设计图纸进行安装施工，工程竣工时依据国家有关验收规定及设计图纸进行质量验收。合同签订后，C建筑设计院按时做出设计书并将相关图纸资料交付D建筑安装工程公司，D建筑安装工程公司依据设计图纸进行安装施工。工程竣工后，A乳品公司会同有关质量监督部门对工程进行验收，发现工程存在的严重质量问题是由于设计不符合规范所致。原来C建筑设计院未对现场进行仔细勘察即自行进行设计导致设计不合理，给A乳品公司带来了重大损失。C建筑设计院以与A乳品公司没有合同关系为由拒绝承担责任，B建设工程总公司又以自己不是设计人为由推卸责任，A乳品公司遂以C建筑设计院为被告向法院起诉。

法院受理后，追加B建设工程总公司为共同被告，判其与C建筑设计院一起对工程建设质量问题承担连带责任。

分析

法院的判决是否正确？请说明依据。

案例解析

法院的判决正确，依据如下。

(1)《建设工程施工合同(示范文本)》的《通用条款》规定：在分包的工程部位涉及发包人与承包人签订的施工合同和承包人与分包人签订的分包合同，但工程分包不能解除承包人对发包人应承担在该工程部位施工的合同义务，即承包人与分包人承担连带责任。

(2)《合同法》第二百七十二条第二款规定："总承包人或者勘察、设计、施工承包人经发包人同意，可以将自己承包的部分工作交由第三人完成。第三人就其完成的工作成果与总承包人或者勘察、设计、施工承包人向发包人承担连带责任。"

所以本案判决B建设工程总公司和C建筑设计院共同承担连带责任是正确的。

本案例中，某市A乳品公司是发包人，B建设工程总公司是总承包人，C建筑设计院和D建筑安装工程公司是分包人。对工程质量问题，B建设工程总公司作为总承包人应承担责任，而C建筑设计院和D建筑工程公司也应该依法分别向发包人承担责任。总承包人以不是自己勘察设计和建筑安装的理由企图不对发包人承担责任，以及C建筑设计院以与发包人没有合同关系为由不向发包人承担责任，都是没有法律依据的。

8.5 施工过程中的合同管理

8.5.1 对材料和设备的质量控制

为了确保工程项目达到投资建设的预期目的，保证工程质量至关重要。对工程质量进行严格控制应当从使用的材料质量控制开始。

按照专用条款约定，工程项目使用的建筑材料和设备可以由发包人提供全部或部分，也可以由承包人全部负责。

1. 发包人供应的材料设备

(1) 实行发包人供应材料设备的，双方应当约定发包人供应材料设备的一览表，作为合同附件。一览表包括发包人供应材料设备的品种、规格、型号、数量、单价、质量等级、提供时间和地点。

(2) 发包人按一览表约定的内容提供材料设备并向承包人提供产品合格证明，对其质量负责。发包人在所供材料设备到货前24小时以书面形式通知承包人，由承包人派人与发包人共同清点。

(3) 发包人供应的材料设备，承包人派人参加清点后由承包人妥善保管，由发包人支付相应保管费用。因承包人原因发生丢失损坏，由承包人负责赔偿。发包人未通知承包人清点，承包人不负责材料设备的保管，丢失损坏由发包人负责。

(4) 发包人供应的材料设备与一览表不符时，发包人承担有关责任。发包人应承担责任的具体内容，双方根据下列情况在《专用条款》内约定。

① 材料设备单价与一览表不符，由发包人承担所有价差。

② 材料设备的品种、规格、型号、质量等级与一览表不符，承包人可拒绝接收保管，由发包人运出施工场地并重新采购。

③ 发包人供应的材料规格、型号与一览表不符，经发包人同意，承包人可代为调剂串换，由发包人承担相应费用。

④ 到货地点与一览表不符，由发包人负责运至一览表指定地点。

⑤ 供应数量少于一览表约定的数量时，由发包人补齐，多于一览表约定数量时，发包人负责将多出的部分运出施工场地。

⑥ 到货时间早于一览表约定时间，由发包人承担因此发生的保管费用；到货时间迟于一览表约定的供应时间，发包人赔偿由此造成的承包人损失，造成工期延误的相应顺延工期。

(5) 发包人供应的材料设备使用前，由承包人负责检验或试验，不合格的不得使用，检验或试验费用由发包人承担。

(6) 发包人供应材料设备的结算方法，双方在《专用条款》内约定。

2. 承包人采购的材料设备

(1) 承包人负责采购材料设备的，应当按照《专用条款》约定及设计和有关标准要求采购，并提供产品合格证明，对材料设备质量负责。承包人在材料设备到货前 24 小时通知工程师清点。

(2) 承包人采购的材料设备与设计或标准要求不符时，承包人应按工程师要求的时间运出施工场地，重新采购符合要求的产品并承担由此发生的费用，由此延误的工期不予顺延。

(3) 承包人采购的材料设备在使用前应按工程师的要求进行检验或试验，不合格的不得使用，检验或试验费用由承包人承担。

(4) 工程师发现承包人采购并使用不符合设计和标准要求的材料设备时，应要求承包人负责修复、拆除或重新采购，由承包人承担发生的费用，由此延误的工期不予顺延。

(5) 承包人需要使用代用材料时，应经工程师认可后才能使用，由此增减的合同价款双方以书面形式议定。

(6) 由承包人采购的材料设备，发包人不得指定生产厂或供应商。

8.5.2　对施工质量的监督管理

监理工程师通常采用质量控制的检查方法有：见证、旁站监理、巡视、平行检验，具体视工程项目的重要程度和施工现场情况确定采用的方式。

对工程的重点部位、易产生质量通病的工序等可设置质量控制点或待检点。

现场质量检验方法有：目测法、量测法、测量法（借助测量仪器设备进行测量检查）、试验法（通过试件、取样进行试验检查）。

1. 工程质量标准

1）工程师对质量标准的控制

总的原则是要求承包人施工的工程质量必须达到施工合同约定的标准。工程师依据施工合同约定的质量标准对承包人的工程质量进行检查，如果达到或超过约定标准的，则给予质量认可；达不到要求时，则予拒收。

2）对不符合质量要求的处理

工程师在任何时候一经发现质量达不到施工合同约定标准的工程部分，都可以要求承包人立即返工。承包人必须按照工程师的要求进行返工，直到符合施工合同约定的标准。如果施工质量是因承包人的原因达不到合同约定标准而需要返工，则返工费用由承包人承担，工期不予顺延。如果施工质量是因发包人的原因达不到合同约定标准而需要返工，由发包人承担因此返工需要追加的合同价款，工期相应顺延。因双方原因致使施工质量达不到合同约定标准，责任由双方分别承担。

如果双方对应负工程质量责任有争议，由《专用条款》约定的工程质量监督部门负责进行鉴定，所需费用及因此造成的损失由最后确认的责任方承担。双方均有责任的，由双方根据其责任分别承担。

2. 施工过程中的检查和返工

承包人必须认真按照施工标准、规范和设计要求以及工程师依据合同发出的指令施工。承包人随时接受工程师及其委派人员的检查检验，并为检查检验提供一切便利条件。工程师一经发现工程质量达不到约定标准的部分，有权要求承包人拆除并重新施工，承包人必须按照工程师及其委派人员的要求拆除并重新施工，承包人应承担由于自身原因导致拆除和重新施工的费用，工期不予顺延。

对于工程师检查检验合格后的工程，如果事后又发现因承包人原因出现的质量问题，此责任仍然由承包人承担，赔偿发包人的直接损失，工期也不顺延。

工程师检查检验施工质量原则上不应该影响施工的正常进行。如果实际影响了施工的正常进行，那么由检验结果的质量是否合格来区分谁应当负此责任。检查检验不合格时，影响正常施工的费用由承包人承担。除此之外，影响正常施工的追加合同价款由发包人承担，工期相应顺延。

特别提示

如果是因工程师指令失误和其他非承包人原因发生追加的合同价款，应当由发包人承担。

3. 使用专利技术及特殊工艺施工

发包人如果要求承包人使用专利技术或特殊工艺施工，应当负责办理相应的申报手续，并承担申报、试验、使用等费用。

如果是承包人提出使用专利技术或特殊工艺施工，首先应取得工程师认可，然后由承包人负责办理申报手续并承担相关费用。

特别提示

不论发包人还是承包人要求使用他人的专利技术，一旦发生因擅自使用侵犯他人专利权的情况，由使用者依法承担相应责任。

8.5.3 隐蔽工程与重新检验

隐蔽工程是指地基、电气管线、供水供热管线等需要覆盖、掩盖的工程。隐蔽工程在隐蔽后如果发生质量问题，还得重新覆盖和掩盖，会造成返工等非常大的损失，为了避免资源的浪费和当事人双方的损失、保证工程的质量和工程顺利完成，承包人在隐蔽工程隐蔽以前应当通知发包人检查，发包人检查合格的方可进行隐蔽工程。

对需要进行中间验收的单项工程和部位及时进行检查、试验，原则上不应影响承包人的后续工程的施工，发包人必须为检验和试验提供便利条件。

1. 隐蔽工程的检验

1）承包人自检

实践中，当工程具备覆盖、掩盖条件的，承包人应当先进行自检，自检合格后，在隐蔽工程进行隐蔽前 48 小时，以书面形式通知工程师对隐蔽工程的条件进行检查并参加隐蔽工程的作业。通知包括承包人的自检记录、隐蔽的内容、检查时间和地点。

2）双方共同检验

（1）工程师接到通知后，应当在要求的时间内到达隐蔽现场，对隐蔽工程的条件进行检查，检查合格的，工程师在检查记录上签字，经工程师检查合格后承包人方可进行隐蔽施工。发包人检查发现隐蔽工程条件不合格的，工程师有权要求承包人在一定期限内完善工程条件。

（2）经工程师验收，隐蔽工程条件符合规范要求，工程质量符合标准、规范和设计图纸等要求，验收 24 小时后工程师不在验收记录上签字，在实践中可视为工程师已经认可验收记录，承包人可进行隐蔽或继续施工。

（3）工程师在接到通知后不能按时进行验收，应在验收前 24 小时以书面形式向承包人提出延期要求，但延期不能超过 48 小时。如果工程师未能按以上时间提出延期要求，又未按时参加验收，承包人可自行组织验收，工程师应承认验收记录。

（4）工程师没有按期对隐蔽工程条件进行检查的，承包人应当催告发包人在合理期限内进行检查。因为工程师不进行验收，承包人就无法进行隐蔽施工，因此承包人通知工程师检查而工程师未能及时进行验收的，承包人有权暂停施工。承包人可以顺延工期，并要求发包人赔偿因此造成的停工、窝工、材料和构件积压等损失。

（5）如果承包人未通知发包人检查而自行进行隐蔽工程的，事后发包人有权要求对已隐蔽的工程进行检查，承包人应当按照要求进行剥露并在检查后重新隐蔽或者修复后隐蔽。如果经检查隐蔽工程不符合要求的，承包人应当返工，重新进行隐蔽。在这种情况下检查隐蔽工程所发生的费用如检查费用、返工费用、材料费用等由承包人负担，承包人还应承担工期延误的违约责任。

2. 重新检验

无论工程师是否对隐蔽的工程进行验收，当其要求对已经隐蔽的工程重新检验时，承包人都应当按照要求进行剥离或开孔并在检验后重新覆盖或修复。

 **特别提示**

如果检验合格，发包人承担由此发生的全部追加合同价款，赔偿承包人损失并相应顺延工期。如果检验不合格，承包人承担发生的全部费用，工期不予顺延。

8.5.4 施工进度管理

工程开工后至工程竣工为合同履行的施工阶段。这一阶段工程师进行进度管理的主要任务是控制施工按进度计划执行，确保施工任务在规定的合同工期内顺利完成。

1. 按计划施工

（1）承包人应按《专用条款》约定的日期，将施工组织设计和工程进度计划提交工程师，工程师按《专用条款》约定的时间予以确认或提出修改意见，逾期不确认也不提出书面意见的视为同意。

（2）群体工程中单位工程分期进行施工的，承包人应按照发包人提供图纸及有关资料的时间，按单位工程编制进度计划，其具体内容双方在《专用条款》中约定。

（3）开工后，承包人必须按工程师确认的进度计划组织施工，接受工程师对进度的检查、监督。工程实行进度与经确认的进度计划不符时，承包人应按工程师的要求提出改进措施，经工程师确认后执行。因承包人的原因导致实际进度与进度计划不符，承包人无权就改进措施提出追加合同价款的要求。

2. 承包人修改进度计划

由于受到外界环境条件、现场情况、人为条件等因素的限制，实际施工过程中经常会出现施工条件与承包人开工前编制施工进度计划时预计的条件有出入的情况，导致实际施工进度与计划进度不相符。无论实际进度是超前还是滞后于计划进度，只要与计划进度不符时，工程师都有权通知承包人修改进度计划，以便更好地进行后续施工的协调管理，承包人应当按照工程师的要求修改进度计划并提出相应措施，经工程师确认后方可执行。

承包人因自身的原因造成工程实际进度滞后于计划进度，由此产生的所有后果都应当由承包人自己承担，工程师不对确认后的改进措施效果负责，因为这种确认并不是工程师对工程延期的批准，而只是要求承包人在合理的状态下施工。因此，如果修改后的施工进度计划不能按期完工，承包人应当承担相应的违约责任。

3. 暂停施工

1）工程师指示的暂停施工

（1）暂停施工的原因。在实际施工过程中，有些情况将会导致暂停施工。暂停施工虽然会影响工程进度，但是在工程师认为确有必要时，可以根据现场的实际情况发布暂停施工的指示。发出暂停施工指示可能是以下情况所导致。

① 因为后续法规政策的变化导致工程停建、缓建或地方法规要求在某一时段内不允许施工等。

② 因为发包人未能按时完成后续施工的现场或通道的移交工作，发包人订购的设备不能按时到货或施工中遇到了有考古价值的文物或古迹需要进行现场保护等。

③ 因为同时在现场的几个独立承包人之间出现了施工交叉干扰，工程师需要进行必要的协调。

④ 因为发现施工质量不合格、施工作业方法可能危及现场或毗邻地区建筑物或人身安全等。

（2）暂停施工的管理程序。无论发生上述哪种情况，暂停施工的都按照以下程序办理。

① 工程师应当以书面形式通知承包人暂停施工并在发出暂停施工通知后的 48 小时内提出书面处理意见。承包人应当按照工程师的要求停止施工并妥善保护已完工工程。

② 承包人实施工程师做出的处理意见后，可提出书面复工要求。工程师应当在收到复工通知后的 48 小时内给予相应的答复。如果工程师未能在规定的时间内提出处理意见，或收到承包人复工要求后 48 小时内未予答复，承包人可以自行复工。

如果停工责任在发包人，由发包人承担发生的追加合同价款并赔偿承包人由此造成的损失，工期相应顺延；如果停工责任在承包人，由承包人承担发生的费用，工期不予顺延。如果因工程师未及时作出答复，导致承包人无法复工，则由发包人承担违约责任。

2）由于发包人不能按时支付的暂停施工

《建设工程施工合同（示范文本）》《通用条款》中对以下两种情况，给予了承包人暂时停工的权利。

（1）延误支付预付款。发包人不按时支付预付款，承包人在约定时间 7 天后向发包人发出预付通知。发包人收到通知后仍不能按要求预付，承包人可在发出通知后 7 天停止施工。发包人应从约定应付之日起向承包人支付应付款的贷款利息。

（2）拖欠工程进度款。发包人不按合同规定及时向承包人支付工程进度款且双方又未达成延期付款协议时，导致施工无法进行。承包人可以停止施工，由发包人承担违约责任。

4. 工期延误

在施工过程中，由于社会条件、自然条件、人为因素和管理水平等因素的影响，有可能导致工期延误不能按时竣工。是否应给承包人合理延长工期，应依据合同责任来判定。

按照《建设工程施工合同（示范文本）》《通用条款》的规定，因以下原因造成的工期延误，经工程师确认后工期相应顺延。

（1）发包人不能按《专用条款》的约定提供开工条件。

（2）发包人不能按约定日期支付工程预付款、进度款，致使工程不能正常进行。

（3）工程师未按合同约定提供所需指令、批准等，致使施工不能正常进行。

（4）设计变更和工程量增加。

（5）一周内非承包人原因停水、停电、停气造成停工累计超过 8 小时。

（6）不可抗力。

（7）《专用条款》中约定或工程师同意工期顺延的其他情况。

以上这些情况属于发包人违约或者是应当由发包人承担的风险，所以工期应当顺延。反之，如果造成工期延误的原因是承包人的违约或者应当由承包人承担的风险，则工期不能顺延。

承包人在上述 7 款情况发生后 14 天内，就延误的工期以书面形式向工程师提出报告。工程师在收到报告后 14 天内予以确认，逾期不予确认也不提出修改意见，视为同意顺延工期。

在确认工期是否应予顺延时，工程师应当首先考察事件实际造成的延误时间，然后再依据合同、施工进度计划，以及工期定额等进行判定。经工程师确认批准顺延的工期应当纳入合同工期，作为合同工期的一部分。如果承包人不同意工程师的确认结果，则按合同规定的争议解决方式来处理。

5. 发包人要求提前竣工

施工过程中如果发包人出于某种原因要求提前竣工的，发包人应与承包人协商。双方达成一致后签订提前竣工协议，作为施工合同文件的组成部分。提前竣工协议应包括以下 4 方面的内容。

（1）提前竣工的时间。

（2）发包人为赶工应提供的方便条件。

（3）承包人在保证工程质量和安全的前提下可能采取的赶工措施。

（4）提前竣工所需的追加合同价款等。

承包人按照协议修订进度计划和制定相应的措施在工程师同意后方可执行。发包方要为承包人赶工提供必要的方便条件。

8.5.5 工程变更管理

工程变更在施工合同范本中被分为工程设计变更和其他变更两类。设计变更是指设计部门对原施工图纸和设计文件中所表达的设计标准状态的改变和修改。根据以上定义，设计变更仅包含由于设计工作本身的漏项、错误或其他原因而修改、补充原设计的技术资料。设计变更和现场签证两者的性质是截然不同的，凡属设计变更范畴的必须按设计变更处理，而不能以现场签证处理。设计变更是工程变更的一部分内容，因而它也关系到进度、质量和投资控制。所以，加强设计变更的管理对规范各参与单位的行为、确保工程质量和工期、控制工程造价，进而提高设计水平都具有十分重要的意义。

其他变更是指合同履行中发包人要求变更工程质量标准及其他实质性变更。发生这类情况后，由当事人双方协商解决。设计变更在工程施工中经常发生，对此《通用条款》作出了较详细的规定。

📚 特别提示

在合同履行管理中工程师应严格控制变更，施工中承包人未得到工程师的同意不允许对工程设计随意变更。承包人如果擅自变更设计，发生的费用和由此导致的发包人的直接损失应由承包人承担，延误的工期不予顺延。

1. 工程设计变更

《建设工程施工合同(示范文本)》《通用条款》中明确规定，工程师依据工程项目的需要和施工现场的实际情况，可以就以下方面向承包人发出变更通知。

(1) 更改工程有关部分的标高、基线、位置和尺寸。

(2) 增减合同中约定的工程量。

(3) 改变有关工程的施工时间和顺序。

(4) 其他有关工程变更需要的附加工作。

2. 设计变更程序

1) 发包人要求的设计变更

发包人在施工过程中如果需要对原工程设计进行变更，应当提前 14 天以书面形式向承包人发出变更通知。变更如果超过原设计标准或批准的建设规模时，发包人必须报规划管理部门和其他有关部门重新审查批准，并由原设计单位提供变更的相应图纸和说明。

工程师向承包人发出设计变更通知后，承包人按照工程师发出的变更通知及有关要求，进行所需要的变更。

因设计变更导致合同价款的增减及造成的承包人损失由发包人承担，延误的工期相应顺延。

2) 承包人要求的设计变更

施工过程中承包人不得因施工方便而要求对原工程设计进行变更。

在施工中承包人提出的合理化建议被发包人采纳且建议涉及对设计图纸或施工组织设计的变更及对材料、设备的换用，则必须经工程师同意。

承包人未经工程师同意而擅自更改或换用，则承包人应当承担由此发生的费用并赔偿发包人的相关损失，延误的工期不予顺延。工程师同意采用承包人的合理化建议所发生费用和获得收益的分担或分享，由发包人和承包人另行约定。

3. 确定变更价款

(1) 承包人在工程变更确定后 14 天内，提出变更工程价款的报告，经工程师确认后调整合同价款。变更合同价款按下列方法进行。

① 合同中已有适用于变更工程的价格，按合同已有的价格变更合同价款。

② 合同中只有类似于变更工程的价格，可以参照类似价格变更合同价款。

③ 合同中没有适用或类似于变更工程的价格，由承包人提出适当的变更价格，经工程师确认后执行。

(2) 承包人在双方确定变更后 14 天内不向工程师提出变更工程价款报告时，视为该项变更不涉及合同价款的变更。

(3) 工程师应在收到变更工程价款报告之日起 14 天内予以确认，工程师无正当理由不确认时，自变更工程价款报告送达之日起 14 天后视为变更工程价款报告已被确认。

(4) 工程师不同意承包人提出的变更价款，按《通用条款》第三十七条关于争议的约定处理。

（5）工程师确认增加的工程变更价款作为追加合同价款，与工程款同期支付。

（6）因承包人自身原因导致的工程变更，承包人无权要求追加合同价款。

4. 确定变更价款的原则

按照《建设工程工程量清单计价规范》（GB 50500—2013）规定的工程变更价款的确定方法确定变更价款时候，应当维持承包人投在当初标报价单内的竞争性水平，具体规定如下。

（1）合同中已有适用的综合单价，按合同已有的综合单价确定。

（2）合同中只有类似于的综合单价，参照类似的综合单价确定。

（3）合同中没有适用或类似于的综合单价，由承包人提出综合单价，经发包人确认后执行。

 应用案例 8-3

案例概况

某工程项目，建设单位与施工总承包单位按《建设工程施工合同（示范文本）》签订了施工承包合同，并委托某监理公司承担施工阶段的监理任务。施工总承包单位将桩基工程分包给一家专业施工单位。总监理工程师在开工前所处理的几项工作如下。

（1）总监理工程师组织监理人员熟悉设计文件时发现部分图纸设计不当，即通过计算修改了该部分图纸并直接签发给施工总承包单位。

（2）要求分包单位使用他人的一项专利技术，承诺一旦发生侵犯他人专利权的情况时，由发包人承担相应责任。

（3）总监理工程师审查了分包单位直接报送的资格报审表等相关资料。

（4）在合同约定开工日期的前 5 天，施工总承包单位书面提交了延期 10 天开工申请，总监理工程师不予批准。

分析

对总监理工程师在开工前所处理的几项工作是否妥当进行评价，如有不妥当之处，写出正确做法。

案例解析

（1）修改该部分图纸及签发给施工总包单位不妥。监理工程师无权修改图纸，对图纸中存在的问题通过建设单位向设计单位提出书面意见和建议。

（2）总监理工程师的承诺不妥。不论发包人还是承包人要求使用他人的专利技术，一旦发生因擅自使用侵犯他人专利权的情况时，由使用者依法承担相应责任。

（3）审查分包单位直接报送的资格报审表等相关资料不妥。应对施工总承包位报送的分包单位资质情况审查、签认。

（4）监理工程师做法正确。施工总承包单位应在开工前 7 日提出延期开工申请。

8.5.6 工程量的确认

在签订合同时，由于在工程量清单内开列的工程量是估计工程量，实际施工可能与其有差异，所以，发包人在支付工程进度款前应当对承包人完成的实际工程量予以确认或核实，然后按照承包人实际完成永久工程的工程量进行支付。

1. 工程量的确认程序

（1）承包人应当按照《专用条款》约定的时间，向工程师提交已完成本阶段（月）工程量的报告。

（2）工程师接到报告后7天内按设计图纸核实已完工程量（以下称计量）并在计量前24小时通知承包人，承包人为计量提供便利条件并派人参加。承包人收到通知后不参加计量，计量结果有效，作为工程价款支付的依据。

（3）工程师收到承包人报告后7天内未进行计量，从第8天起，承包人报告中开列的工程量即视为被确认，作为工程价款支付的依据。工程师不按约定时间通知承包人致使承包人未能参加计量时，计量结果无效。

2. 工程量的确认原则

工程师按照图纸设计图纸，仅对承包人已经完成的永久工程合格的工程量进行计量。所以，对属于承包人超出设计图纸范围（包括超挖、涨线）的工程量及承包人原因造成返工的工程量，工程师不予计量。

8.5.7 合同价款与支付

1. 允许调整合同价款的情况

1）可调价格合同中合同价款的调整因素

《通用条款》规定，采用可调价的合同，在施工过程中遇到以下4种情况时，可以对合同价款进行相应的调整。

（1）法律、行政法规和国家有关政策变化影响合同价款。

（2）工程造价管理部门公布的价格调整。

（3）一周内非承包人原因停水、停电、停气造成停工累计超过8小时。

（4）双方约定的其他因素。

2）调整合同价款的管理程序

发生上述事件后，承包人应当在情况发生后的14天内，将调整的原因、金额以书面形式通知工程师，工程师确认调整金额后作为追加合同价款与工程款同期支付。工程师收到承包人通知后14天内不予确认也不提出修改意见，视为已经同意该项调整。

2. 工程款（进度款）的支付

1）工程进度款的计算

发包人计算本期应支付给承包人的工程进度款的款项计算内容包括以下几方面。

（1）经过确认核实的完成工程量对应工程量清单或报价单的相应价格计算应支付的工程款。

（2）设计变更应调整的合同价款。

（3）本期应扣回的工程预付款。

（4）根据合同允许调整合同价款原因应补偿承包人的款项和应扣减的款项。

（5）经过工程师批准的承包人索赔款等。

2）发包人的支付责任

（1）在确认计量结果后14天内，发包人应向承包人支付工程款（进度款）。按约定时间发包人应扣回的预付款与工程款（进度款）同期结算。

（2）《通用条款》第二十三条确定调整的合同价款，第三十一条工程变更调整的合同价款及其他条款中约定的追加合同价款应与工程款（进度款）同期调整支付。

（3）发包人超过约定的支付时间不支付工程款（进度款），承包人可向发包人发出要求付款的通知，发包人收到承包人通知后仍不能按要求付款，可与承包人协商签订延期付款协议，经承包人同意后可延期支付。协议应明确延期支付的时间和从计量结果确认后第15天起应付款的贷款利息。

（4）发包人不按合同约定支付工程款（进度款），双方又未达成延期付款协议，导致施工无法进行，承包人可停止施工，由发包人承担违约责任。

8.5.8 不可抗力

发生不可抗力事件必然会对施工合同的顺利履行造成很大的影响。工程师应当具备较强的风险意识，能及时识别可能发生不可抗力风险的因素；督促当事人转移或分散风险，如投保等；监督承包人采取有效的防范措施，如减少发生爆炸、火灾等隐患；在不可抗力事件发生后能够采取有效手段尽量减少损失等。

1. 不可抗力的范围

不可抗力是指合同当事人不能预见、不能避免并且不能克服的客观情况。在建设工程施工中的不可抗力包括因战争、动乱、空中飞行物坠落，或其他非发包人和承包人责任造成的爆炸、火灾，以及《专用条款》约定的风、雨、雪、洪水、地震等自然灾害。

2. 不可抗力发生后的合同管理

不可抗力事件发生后，承包人应当立即通知工程师并在力所能及的条件下迅速采取措施，尽力减少损失，发包人应协助承包人采取措施。工程师认为应当暂停施工的，承包人应暂停施工。不可抗力事件结束后48小时内，承包人应向工程师通报受害情况和损失情况，及预计清理和修复的费用。不可抗力事件持续发生，承包人应每隔7天向工程师报告一次受害情况。承包人应在不可抗力事件结束后14天内，向工程师提交清理和修复费用的正式报告及有关资料。

3. 不可抗力事件的合同各方的责任

1）在合同约定工期内发生的不可抗力

因不可抗力事件导致的费用及延误的工期由双方按施工合同范本《通用条款》的规定，分别承担责任。

（1）工程本身的损害、因工程损害导致第三人人员伤亡和财产损失，以及运至施工场地用于施工的材料和待安装的设备的损害，由发包人承担。

（2）发包人承包人人员伤亡由其所在单位负责并承担相应费用。

（3）承包人机械设备损坏及停工损失，由承包人承担。

（4）停工期间，承包人应工程师要求留在施工场地的必要的管理人员及保卫人员的费用由发包人承担。

（5）工程所需清理、修复费用，由发包人承担。

（6）延误的工期相应顺延。

2）因迟延履行合同期间发生的不可抗力

按照《合同法》的相关规定，当事人迟延履行后发生不可抗力的，不能免除责任。

建设工程转移风险的最有效的措施是投保"建筑工程一切险"、"安装工程一切险"和"人身意外伤害险"。如果是发包人负责办理工程险的，在承包人有权获得工期顺延的时间内，发包人应当在保险合同有效期届满前办理保险的延续手续；当因承包人原因不能按期竣工致使工程延期时，承包人应自费办理保险的延续手续。对于保险公司的赔偿不能全部弥补损失的部分，则应由合同约定的责任方承担赔偿义务。

8.5.9　施工环境管理

为了做到文明施工，工程师应当监督现场的正常施工工作符合行政法规和合同的相关要求。

1. 遵守法规对环境的要求

施工单位应当遵守政府有关主管部门对施工场地、施工噪音，以及环境保护和安全生产等方面的管理规定。承包人应当按规定办理有关手续并以书面形式通知发包人，因此发生的一切费用发包人承担。

2. 保持现场的整洁

为了达到《专用条款》约定的要求，承包人应保证施工场地清洁，符合环境卫生管理的有关规定，交工前应当清理现场。

3. 安全施工与检查

1）安全施工

（1）承包人应遵守工程建设安全生产有关管理规定，严格按安全标准组织施工并随时接受行业安全检查人员依法实施的监督检查，采取必要的安全防护措施，消除事故隐患。由于承包人安全措施不力造成事故的责任和因此发生的费用，由承包人承担。

（2）发包人应当对在施工场地的工作人员进行全面的安全教育并对他们的安全负责。禁止发包人要求承包人违反安全管理的规定进行施工。因发包人原因导致的安全事故，由发包人承担相应责任及发生的所有费用。

2）安全防护

（1）承包人在动力设备、输电线路、地下管道、密封防震车间、易燃易爆地段以及临街交通要道附近开始施工前，应当向工程师提出安全防护措施，经工程师认可后实施，防护措施费用由发包人承担。

（2）承包人在实施爆破作业，在放射、毒害性环境中施工(含储存、运输、使用)，以及使用毒害性、腐蚀性物品施工前 14 天以书面形式通知工程师并提出相应的安全防护措施，经工程师认可后实施，由发包人承担安全防护措施费用。

8.5.10　事故处理

发生重大伤亡及其他安全事故，承包人应按有关规定立即上报有关部门并通知工程师，同时按政府有关部门要求处理，由事故责任方承担发生的费用。

特别提示

发包人承包人对事故责任有争议时，应按政府有关部门的认定处理。

8.6　竣工阶段的合同管理

8.6.1　工程试车

工程试车是指所完成工程的设备、电路、管路等系统试运行，看是否运转正常，是否满足设计要求，主要有单机试车，联动试车，空载试车，有载(有负荷)试车，这是根据要求不同分别采取的不同的试车方式。

建筑工程的"工程试车"包括设备安装工程的施工合同，设备安装工作完成后，都要对设备运行的性能进行检验。

1. 竣工前的无负荷试车

1）试车程序

（1）双方约定需要试车的，试车内容应与承包人承包的安装范围相一致。

（2）设备安装工程具备单机无负荷试车条件的，承包人组织试车并在试车前 48 小时以书面形式通知工程师。通知包括试车内容、时间、地点。承包人准备试车记录，发包人根据承包人要求为试车提供必要条件。试车合格，工程师在试车记录上签字。

（3）工程师不能按时参加试车时，须在开始试车前 24 小时以书面形式向承包人提出延期要求，延期不能超过 48 小时。工程师未能按以上时间提出延期要求且不参加试车，应承认试车记录。

（4）设备安装工程具备无负荷联动试车条件，发包人组织试车并在试车前 48 小时以书面形式通知承包人。通知包括试车内容、时间、地点和对承包人的要求，承包人按要求做好准备工作。试车合格，双方在试车记录上签字。

2）试车中双方的责任

（1）由于设计原因试车达不到验收要求，发包人应要求设计单位修改设计，承包人按修改后的设计重新安装。发包人承担修改设计、拆除及重新安装的全部费用和追加合同价款，工期相应顺延。

（2）由于设备制造原因试车达不到验收要求，由该设备采购一方负责重新购置或修理，承包人负责拆除或重新安装。设备由承包人采购的，由承包人承担修理或重新购置、拆除及重新安装的费用，工期不予顺延；设备由发包人采购的，发包人承担上述各项追加合同价款，工期相应顺延。

（3）由于承包人施工原因试车达不到要求，承包人按工程师要求重新安装和试车，并承担重新安装和试车的费用，工期不予顺延。

（4）试车费用除已包括在合同价款之内或《专用条款》另有约定外，均由发包人承担。

（5）工程师在试车合格后不在试车记录上签字，试车结束 24 小时后，视为工程师已经认可试车记录，承包人可继续施工或办理竣工手续。

2. 竣工后的投料试车

投料试车应在工程竣工验收后由发包人负责组织并负责具体的试车工作，此项工作不属于承包的工作范围，一般情况下承包人不参与此项试车工作。如果发包人要求在工程竣工验收前进行或需要承包人配合时，应征得承包人同意，另行签订补充协议。

8.6.2 竣工验收

工程的竣工验收是建筑施工合同履行过程中的一个很重要的工作阶段，在工程未经竣工验收或竣工验收未通过的情况下，不允许发包人使用。如果发包人强行使用，那么由此发生的质量问题及其他问题，由发包人承担责任。竣工验收分为分项工程竣工验收和整体工程竣工验收两大类，这主要由施工合同约定的工作范围而定。

1. 竣工验收需满足的条件

依据施工合同范本《通用条款》和法规的规定，竣工工程必须符合下列基本要求。

（1）完成工程设计和施工合同约定的各项工程内容。

（2）施工单位在工程完工后对工程质量进行了检查，确认工程质量符合国家有关工程建设的强制性标准、符合设计文件及合同要求，提出工程竣工报告。工程竣工报告应经项目经理和施工单位有关负责人审核并签字。

（3）如果工程项目委托了监理，监理单位对工程进行了质量评价、具有完整的监理资料并提出工程质量评价报告。工程质量评价报告应经总监理工程师和监理单位有关负责人审核并签字。

（4）勘察、设计单位对勘察和设计文件及施工过程中由设计单位签署的设计变更通知书进行了确认。

（5）有完整的技术档案和施工管理资料。

（6）有工程使用的主要建筑材料、建筑构配件和设备合格证以及必要的进场试验报告。

（7）有施工单位签署的工程质量保修书。

（8）有公安消防、环保等部门出具的准许使用文件或认可文件。

（9）建设行政主管部门及其委托的工程质量监督机构等有关部门责令整改的问题已经全部整改完毕。

2. 竣工验收程序

（1）工程具备竣工验收条件后，承包人按国家工程竣工验收有关规定，向发包人提供完整竣工资料及竣工验收报告。双方约定由承包人提供竣工图的，应当在《专用条款》内约定提供的日期和份数。

（2）发包人收到竣工验收报告后 28 天内组织有关单位验收，并在验收后 14 天内给予认可或提出修改意见。承包人按要求修改并承担由自身原因造成修改的费用。

（3）发包人收到承包人送交的竣工验收报告后 28 天内不组织验收或验收后 14 天内不提出修改意见，视为竣工验收报告已被认可。

（4）工程竣工验收通过，承包人送交竣工验收报告的日期为实际竣工日期。工程按发包人要求修改后通过竣工验收的，实际竣工日期为承包人修改后提请发包人验收的日期。

（5）发包人收到承包人竣工验收报告后 28 天内不组织验收，从第 29 天起承担工程保管及一切意外责任。

（6）中间交工工程的范围和竣工时间，双方在《专用条款》内约定，其验收程序按前第（1）款至第（4）款办理。

（7）因特殊原因，发包人要求部分单位工程或工程部位单项竣工的，双方另行签订单项竣工协议，明确双方责任和工程价款的支付方法。

3. 竣工时间的确定

在工程竣工验收通过以后，承包人送交竣工验收报告的日期为实际竣工日期。如果工程是按照发包人的要求修改后再通过竣工验收的，那么，实际竣工日期为承包人完成修改后再提请发包人验收的日期。这个日期的重要作用是用于计算承包人的实际施工期限，用此日期与施工合同约定的工期比较是提前竣工还是延误竣工。

施工合同中约定的工期是指协议书中写明的时间与施工过程中遇到合同约定可以顺延工期条件情况后，经过工程师确认应当给承包人顺延工期之和。

承包人的实际施工期限是指从开工日起到上述确认为竣工日期之间的日历天数。开工日正常情况下为《专用条款》内约定的日期，也可能是由于发包人或承包人要求延期开工，经工程师确认的日期。

8.6.3 竣工结算

1. 竣工结算程序

1）承包人递交竣工结算报告

工程竣工验收报告经发包人认可后 28 天内，承包人向发包人递交竣工结算报告及完整的结算资料，双方按照协议书约定的合同价款及《专用条款》约定的合同价款调整内容，进行工程竣工结算。

2）发包人的核实和支付

发包人收到承包人递交的竣工结算报告及结算资料后 28 天内进行核实，给予确认或者提出修改意见。发包人确认竣工结算报告后，通知经办银行向承包人支付工程竣工结算价款。

3）移交工程

承包人在收到竣工结算价款后 14 天内应当将竣工工程交付给发包人，施工合同即为终止。

2. 竣工结算的违约责任

1）发包人的违约责任

（1）如果发包人在收到竣工结算报告及结算资料后 28 天内无正当理由不支付承包人工程竣工结算价款，那么，从第 29 天起发包人应当按承包人同期向银行贷款利率支付拖欠工程价款的利息并承担违约责任。

（2）如果发包人收到竣工结算报告及结算资料后 28 天内不支付承包人工程竣工结算价款，承包人可以催告发包人支付结算价款。发包人在收到竣工结算报告及结算资料后 56 天内仍不支付的，承包人可以与发包人协议将该工程折价，也可以由承包人申请人民法院将该工程依法拍卖，承包人就该工程折价或者拍卖的价款优先受偿。

2）承包人的违约责任

在发包人认可工程竣工验收报告后的 28 天内，如果承包人未能向发包人及时递交竣工结算报告及完整的结算资料，造成工程竣工结算不能如期正常进行或工程竣工结算价款不能及时支付时，发包人要求交付工程的，承包人应当交付；发包人不要求交付工程的，承包人应当承担保管责任。

8.6.4　工程保修

发包人与承包人应当在工程竣工验收之前签订质量保修书，作为合同附件。质量保修书的主要内容包括工程质量保修范围和内容、质量保修责任、质量保修期、保修费用和其他约定等五部分内容。

1. 工程质量保修范围和内容

承包人与发包人按照工程的特点和性质，具体约定保修的相关内容。房屋建筑工程的保修范围包括以下几方面。

（1）地基基础工程。

（2）主体结构工程。

（3）屋面防水工程。

（4）有防水要求的卫生间和外墙面的防渗漏。

（5）给排水管道。

（6）供热与供冷系统。

（7）电气管线。

（8）设备安装和装修工程。

（9）双方约定的其他项目。

2. 质量保修期

保修期从竣工验收合格之日起计算。发包人和承包人应当针对不同的工程部位，在保修书内里约定具体的保修年限。但是当事人协商约定的保修期限不得低于国家规定的标准。由国务院颁布的《建设工程质量管理条例》明确规定，在正常使用条件下的最低保修期限为以下四种情形。

（1）基础设施工程、房屋建筑的地基基础工程和主体工程，为设计文件规定的该工程的合理使用年限。

（2）屋面防水工程，有防水要求的卫生间、房间和外墙面的防渗漏，为5年。

（3）供热与供冷系统，为2个采暖期、供冷期。

（4）电气管线、给排水管道、设备安装和装修工程，为2年。

3. 质量保修责任

（1）属于保修范围、内容的项目，承包人应在接到发包人的保修通知起7天内派专业人员来保修。承包人不在约定期限内派人保修，发包人可以委托其他人修理，费用由承包人负责。

（2）在发生事故需要紧急抢修时，承包人在接到通知后应当立即到达事故现场进行抢修。

（3）如果是涉及结构安全的质量问题，应当按照《房屋建筑工程质量保修办法》的规定，发包人应立即向当地建设行政主管部门报告，承包人应当采取相应的安全防范措施。由原设计单位或具有相应资质等级的设计单位提出保修方案，承包人实施保修。

（4）质量保修完成后，组织验收由发包人负责。

4. 保修费用

国务院颁布的《建设工程质量管理条例》规定，因为保修期限较长，为了维护承包人的合法利益，所以竣工结算时不再扣留质量保修金。保修费用由造成质量缺陷的责任方承担。

 应用案例8-4

案例概况

某大学（以下称甲方）与某建筑工程公司（以下称乙方）签订一施工合同，乙方为甲方建造五栋住宅楼。小区建成后，经验收质量合格。验收后第4年，甲方发现有三栋楼房屋顶漏水（楼房为平顶设计），造成顶楼已经装修住户损失，遂要求乙方负责无偿修理并赔偿有关住户的损失，乙方则以施工合同中并未规定质量保证期限，依原建设部1993年11月16日发布的《建设工程质量管理办法》的规定，屋面防水工程保修期限为3年，而此工程已经验收合格且已过3

年为由，拒绝无偿修理要求。于是甲方遂将乙建筑公司诉至法院。

法院经审理判决施工合同有效，由某建筑公司承担无偿修理楼房屋顶漏水问题责任并赔偿有关住户损失。

分析

法院的判决是否有法律依据？

案例解析

法院的判决是有法律依据的。

首先，本案争议的施工合同虽欠缺质量保证期条款，但并不影响双方当事人对施工合同主要义务的履行，故该合同有效。

其次，2000年1月10日公布并施行的国务院颁布《建设工程质量管理条例》中规定：屋面防水工程、有防水要求的卫生间、房间和外墙面的防渗漏，保修期限为5年，属于强制性法规，也就是说施工合同中即使未规定质量保证期限施工方也要负此责任。1993年的《建设工程质量管理办法》已经废止。法院依照《建设工程质量管理条例》认定建筑公司承担无偿修理和赔偿住户损失责任是正确的。

再次，《合同法》第二百七十五条规定："施工合同的内容包括工程范围、建设工期、中间交工工程的开工和竣工时间、工程质量、工程造价、技术资料交付时间、材料和设备供应责任、拨款和结算、竣工验收、质量保修范围和质量保证期、双方相互协作等条款。"由于合同中没有质量保证期的约定，故应当依照法律、法规的规定或者其他规章确定工程质量保证期。

复习思考题

一、单项选择题

1. 由于承包商的原因导致监理单位延长了监理服务的时间，此工作内容应属于（　　）。

　A. 正常工作　　　　　B. 附加工作　　　　　C. 额外工作　　　　　D. 义务工作

2. 设备安装工程具有联动无负荷试车条件的，应由（　　）组织试车。

　A. 建设单位　　　　　B. 设计单位　　　　　C. 施工单位　　　　　D. 设备供应单位

3. 在进度控制中，（　　）不属工程师的任务。

　A. 督促承包人完成工程扫尾工作　　　　　B. 向有关部门递交竣工申请

　C. 协调竣工验收中的各方关系　　　　　D. 参加竣工验收

4. 根据《专用条款》约定的内容和时间，不属于发包人的工作范畴的是（　　）。

　A. 做好土地征用、拆迁补偿、平整施工场地等工作，使施工场地具备施工条件并在开工后继续解决以上事项的遗留问题

　B. 向承包人提供施工场地的工程地质和地下管线资料，保证数据真实，位置准确

　C. 提供年、季、月工程进度计划及相应进度统计报表

　D. 确定水准点与坐标控制点，以书面形式交给承包人并进行现场交验

5. 施工合同的合同工期是判定承包人提前或延误竣工的标准。订立合同时约定的合同工期概念应为从( )的日历天数计算。

A. 合同签字日起按投标文件中承诺

B. 合同签字日起按招标文件中要求

C. 合同约定的开工日起按投标文件中承诺

D. 合同约定的开工日起按招标文件中要求

6. 由于业主提供的设计图纸错误导致分包工程返工，为此分包商向承包商提出索赔。承包商( )。

A. 因不属于自己的原因拒绝索赔要求

B. 认为要求合理，先行支付后再向业主索要

C. 不予支付，以自己的名义向工程师提交索赔报告

D. 不予支付，以分包商的名义向工程师提交索赔报告

7. 施工中遇到连续 10 天超过合同约定等级的大暴雨天气而导致施工进度的延误，承包商为此事件提出的索赔属于应( )。

A. 由承包商承担的风险责任　　　　B. 给予费用补偿并顺延工期

C. 给予费用补偿但不顺延工期　　　D. 给予工期顺延但不给费用补偿

8. 发包人在( )合同中承担了项目的全部风险。

A. 单价　　　　B. 总价可调　　　　C. 总价不可调　　　　D. 成本加酬金

9. 当出现招标文件中的某项规定与招标人对投标人质疑问题的书面回答不一致时，应以( )为准。

A. 招标文件中的规定　　　　　　　B. 现场考察时招标单位的口头解释

C. 招标单位在会议上的口头解答　　D. 发给每个投标人的书面质疑解答文件

10. 施工合同《通用条款》规定，当施工合同文件中出现含糊不清或不一致时，下列各解释顺序排列正确的为( )。

A. 专用条款、通用条款、中标通知书、图纸

B. 中标通知书、协议书、专用条款、通用条款

C. 中标通知书、投标书、协议书、图纸

D. 中标通知书、专用条款、通用条款、图纸

11. 施工合同中，承包人按照工程师提出的施工进度计划修改建议进行了修改，由于修改后的计划不合理而导致的窝工损失应当由( )承担。

A. 发包人　　　　　　　　　　　　B. 承包人

C. 工程师　　　　　　　　　　　　D. 发包人与承包人共同

12. 由于承包商的原因使监理单位增加了监理服务时间，此项工作应属于( )。

A. 正常工作　　　B. 附加工作　　　C. 额外工作　　　D. 意外工作

13. 下列关于合同双方约定的合同工期的说法，正确的一项是( )。

A. 包括开工日期

B. 包括竣工日期

C. 包括合同工期的总日历天数

D. 合同工期是按总日历天数计算的，不包括法定节假日在内的承包天数

14. 施工合同的组成文件中，结合项目特点针对《通用条款》内容进行补充或修正，使之与《通用条款》共同构成对某一方面问题内容完备约定的文件是（　　）。

    A. 协议书　　　　　B. 专用条款　　　　　C. 标准条款　　　　　D. 质量保修书

15. 依据《建设工程施工合同（示范文本）》《通用条款》，在施工合同履行中，如果发包人不按时支付预付款，承包人可以（　　）。

    A. 立即发出解除合同通知

    B. 立即停工并发出通知要求支付预付款

    C. 在合同约定预付时间 7 天后发出通知要求支付预付款，如仍不能获得预付款，则在发出通知 7 天后停止施工

    D. 在合同约定预付时间 7 天后发出通知要求支付预付款，如仍不能获得预付款，则在发出通知之日起停止施工

16. 在施工合同履行中，发包人按合同约定购买了玻璃，现场交货前未通知承包人派代表共同进行现场交货清点，单方检验接收后直接交承包人的仓库保管员保管，施工使用时发现部分玻璃损坏，则应由（　　）。

    A. 保管员负责赔偿损失　　　　　　　　B. 发包人承担损失责任

    C. 承包人负责赔偿损失　　　　　　　　D. 发包人与承包人共同承担损失责任

17. 《建设工程施工合同（示范文本）》《通用条款》规定，施工中，发包人供应的材料由承包人负责检查试验后用于工程，但随后又发现材料有质量问题，此时应由（　　）。

    A. 发包人追加合同价款，相应顺延工期

    B. 发包人追加合同价款，工期不予顺延

    C. 承包人承担发生的费用，相应顺延工期

    D. 承包人承担发生的费用，工期不予顺延

18. 为了保证工程质量，发包人采购的大宗建筑材料用于施工前需要进行合同约定的物理和化学抽样检验；对于此项检验应由（　　）。

    A. 承包人负责检验工作，发包人承担检验费用

    B. 承包人负责检验工作并承担检验费用

    C. 发包人负责检验工作并承担检验费用

    D. 发包人负责检验工作，承包人承担检验费用

19. 某施工合同的合同工期为 20 个月，《专用条款》规定，承包人提前竣工或延误竣工均按月计算奖金和拖期违约赔偿金。施工至第 16 个月，因承包人投入的机械设备不足导致实际进度滞后，工程师要求承包人修改计划。承包人提交修改后的进度计划竣工时间为第 22 个月，工程师考虑该计划反映了承包人的实际能力，认可了修改的计划。承包人实际竣工时间为第 21 个月，则竣工结算时应按（　　）。

    A. 延误 1 个月竣工赔偿

    B. 提前 1 个月竣工奖励

C. 不追究延误竣工责任，也不给予奖励

D. 考虑工程师的认可作用，按延误 0.5 个月赔偿

20. 施工中如果出现设计变更和工程量增加的情况，按照施工合同示范文本《通用条款》规定，（　　）。

A. 发包人应在 14 天内直接确认顺延的工期，通知承包人

B. 工程师应在 14 天内直接确认顺延的工期，通知承包人

C. 承包人应在 14 天内直接确认顺延的工期，通知工程师

D. 承包人应在 14 天内将自己认为应顺延的工期报告工程师

21. 《建设工程施工合同(示范文本)》《通用条款》规定，在施工过程中，因设计变更导致承包人的施工成本增加及工期延误，应当按照（　　）处理。

A. 增加的费用由承包人承担，延误的工期不予顺延

B. 增加的费用由承包人承担，延误的工期相应顺延

C. 增加的费用由发包人补偿，延误的工期相应顺延

D. 增加的费用由发包人补偿，延误的工期不予顺延

22. 《建设工程施工合同(示范文本)》《通用条款》规定，承包人对（　　）的保修期限应为 5 年。

A. 地基基础工程　　　　　　　　　B. 屋面防水工程

C. 设备安装工程　　　　　　　　　D. 排水管道工程

二、多项选择题

1. 工程实际进度与进度计划不符时，承包人应当按照工程师的要求提出改进措施，（　　）。

A. 需经工程师确认后才能执行

B. 因承包人自身的原因造成工程实际进度与经确认的进度计划不符的，所有后果都由承包人自行承担

C. 因承包人自身原因造成的，工程师只对改进措施的效果负责

D. 采用改进措施后，必须顺延工期

E. 改进措施后，进度仍然不符的，工程师可以要求承包人修改进度计划并经工程师确认，这种确认是工程师对工程延期的批准

2. 在竣工验收和竣工结算中，承包人应当（　　）。

A. 申请验收　　　　　　　　　　　B. 组织验收

C. 提出修改意见　　　　　　　　　D. 递交竣工结算报告

E. 移交工程

3. 下列关于施工合同文件中的说法中正确的有（　　）。

A. 当合同文件中出现不一致时，必须重新制定合同条款

B. 在不违反法律和行政法规的前提下，当事人可以通过协商变更施工合同的内容

C. 变更的协议或文件，效力与其他合同文件等同

D. 签署在后的协议或文件效力高于签署在先的协议或文件

E. 当合同文件出现含糊不清或者当事人有不同理解时，应按照合同争议的解决方式处理

4. 按照《建设工程施工合同(示范文本)》规定，在施工中由于(　　)造成工期延误，经发包人代表确认，竣工日期可以顺延。

A. 承包人未能及时调配施工机械　　　　B. 发生不可抗力

C. 雨季天数增多　　　　D. 工程量变化和设计变更

E. 一周内非承包人原因停电、停水、停气等造成停工累计超过8小时

5. 在施工合同中，(　　)等工作应由发包人完成。

A. 土地征用和拆迁

B. 临时用地、占道申报批准手续

C. 提供工程地质报告

D. 保护施工现场地下管道和邻近建筑物及构筑物

E. 提供相应的工程进度计划及进度统计报表

6. 对于发包人供应的材料设备，(　　)等工作应当由发包人承担。

A. 到货后，通知清点　　　　B. 参加清点

C. 清点后负责保管　　　　D. 支付保管费用

E. 如果质量与约定不符，运出施工场地并重新采购

7. 下列关于竣工验收的说法错误的有(　　)。

A. 对符合竣工验收条件的工程，由发包人组织验收

B. 竣工验收后承包人与发包人签订工程质量保修书

C. 工程严禁任何部分甩项竣工

D. 工程需要修改后通过竣工验收的实际竣工之日为承包人修改后再次验收通过日

E. 竣工验收合格的工程移交发包人使用

8. 施工合同文件中的说法中，正确的有(　　)。

A. 当合同文件中出现不一致时，必须重新制定合同条款

B. 在不违反法律和行政法规的前提下，当事人可以通过协商变更施工合同的内容

C. 变更的协议或文件，效力与其他合同文件等同

D. 签署在后的协议或文件效力高于签署在先的协议或文件

E. 当合同文件出现含糊不清或者当事人有不同理解时，应按照合同争议

9. 依照《建设工程施工合同(示范文本)》《通用条款》的规定，(　　)属于发包人应当完成的工作。

A. 办理施工许可证　　　　B. 提供工程进度计划

C. 确定坐标控制点　　　　D. 做好施工现场地下管线的保护工作

E. 协调处理施工现场周围地下管线的保护工作

10. 依照《建设工程施工合同(示范文本)》《通用条款》规定，施工合同履行中，如果发包人出于某种考虑要求提前竣工，则发包人应(　　)。

A. 负责修改施工进度计划　　　　B. 向承包人直接发出提前竣工的指令

C. 与承包人协商并签订提前竣工协议　　　　D. 为承包人提供赶工的便利条件

E. 减少对工程质量的检测试验

11. 工程师发布变更指令的范围应限于（   ）等方面。

A. 删减部分承包人内容交给其他人完成　　B. 改变部分工程的基线

C. 改变已批准承包人施工时间和顺序　　　D. 增加合同约定的工程量

E. 改变施工工程有关工程变更需要的附加工作

12. 依照《建设工程施工合同（示范文本）》《通用条款》的规定，施工中发生不可抗力事件后，由此导致的损失及工期延误责任承担方式为（   ）。

A. 工程损害导致第三方人员伤亡和财产损失，由发包人承担

B. 承包人的人员伤亡损失，由发包人承担

C. 发包人的人员伤亡损失，由承包人承担

D. 工程所需清理、修复费用，由发包人承担

E. 延误的工期相应顺延

13. 依照《建设工程施工合同（示范文本）》《通用条款》的规定，如果施工任务没有在合同约定的期限内完成，则迟延履行合同期间发生的风险事件，（   ）。

A. 不免除迟延履行方的相应责任

B. 双方的风险责任均不免除

C. 如果是发包人办理的工程险，承包人获得工期顺延时，发包人应办理保险的延续

D. 如果是发包人办理的工程险，因承包人原因不能按期竣工，承包人自费办理保险的延续手续

E. 保险公司的赔偿不能弥补损失的，由发包人和承包人平均分担

14. 依据《建设工程施工合同（示范文本）》《通用条款》规定，进行竣工检查试验后，竣工检验的工作程序和双方责任还包括（   ）。

A. 发包人在检验后 14 天内给予认可或提出修改意见

B. 需要修改施工缺陷的部分，承包人应当修改并承担修改费用

C. 需要修改因设计原因造成的缺陷，承包人修改后费用由发包人承担

D. 发包人收到竣工检验报告后 28 天内不组织检验，视为竣工检验报告未被认可

E. 检验后 14 天内不提出修改意见，视为竣工检验报告被认可

15. 依照《建设工程施工合同（示范文本）》《通用条款》规定，施工合同履行中，发包人收到竣工结算报告及结算资料后 56 天内仍不支付，承包人有权（   ）。

A. 留置该工程　　　　　　　　　　B. 与发包人协议将该工程折价

C. 直接委托拍卖公司拍卖该工程　　D. 申请人民法院将该工程依法拍卖

E. 就该工程折价或拍卖的价款优先受偿

三、案例分析题

某一建设安装工程一切手续完备，在施工过程中发生了如下事件。

事件 1：由于工程施工工期紧迫，建设单位在未领取施工许可证的情况下，要求项目监理机构签发施工单位报送的《工程开工报审表》。

事件 2：在未向项目监理机构报告的情况下，施工单位按照投标书中打桩工程及防水

工程的分包计划，安排了打桩工程施工分包单位进场施工，项目监理机构对此做了相应处理后书面报告了建设单位。建设单位以打桩施工分包单位资质未经其认可就进场施工为由，不再允许施工单位将防水工程分包。

事件3：桩基工程施工中，在抽检材料试验未完成的情况下，施工单位已将该批材料用于工程，专业监理工程师发现后予以制止。其后完成的材料试验结果表明该批材料不合格，经检验，使用该批材料的相应工程部位存在质量问题，需进行返修。

事件4：施工中，由建设单位负责采购的设备在没有通知施工单位共同清点的情况下就存放在施工现场。施工单位安装时发现该设备的部分部件损坏，对此，建设单位要求施工单位承担损坏赔偿责任。

事件5：上述设备安装完毕后进行的单机无负荷试车未通过验收，经检验认定是设备本身的质量问题造成的。

问题

（1）指出事件1和事件2中建设单位做法的不妥之处，说明理由。

（2）针对事件2，项目监理机构应如何处理打桩工程施工分包单位进场存在的问题？

（3）对事件3中的质量问题，项目监理机构应如何处理？

（4）指出事件4中建设单位做法的不妥之处，说明理由。

（5）事件5中，单机无负荷试车由谁组织？其费用是否包含在合同价中？因试车验收未通过所增加的各项费用由谁承担？

第 9 章
建设工程其他合同管理

学习目标

学习建设工程物资采购合同的概念、特点，加工承揽合同概念、特点，技术合同的概念、特点；了解材料采购合同的主要内容，设备监理的主要工作内容；熟悉材料采购合同的违约责任，材料采购合同的变更或解除；掌握材料采购合同的交货检验，设备采购合同的价格与支付，为学生将来从事物资采购等合同管理打下坚实的理论基础和实践基础。

学习要求

能力目标	知识要点	权重
了解相关知识	(1) 材料采购合同的主要内容 (2) 设备监理的主要工作内容	20%
熟练掌握知识点	(1) 材料采购合同的违约责任 (2) 材料采购合同的变更或解除 (3) 材料采购合同的交货检验 (4) 设备采购合同的价格与支付	50%
运用知识分析案例	(1) 材料采购合同的变更或解除 (2) 加工承揽合同	30%

 案例分析与内容导读

【案例背景】

A省甲铁路局(以下称甲方)与B省乙机车制造公司(以下称乙方)签订了一份高铁车辆的采

购合同。合同中除了规定高铁车辆的常规技术指标外，特别重申了一条："整体结构、技术指标能适应冬季室外零下40℃的低温。"另外，甲铁路局又与有资质的设备监造单位丙公司签订了设备监理合同，由丙公司为甲铁路局负责设备制造的监理工作。

【分析】

（1）监理人对某一部分的焊接质量产生疑问，认为有必要对该部分进行破坏性探伤试验时，乙方以合同内没有规定此项检验为由拒绝了监理人的要求。

（2）在第一批车辆运到甲方时，发现一节车厢的车门开启有严重质量问题，甲方要求乙方予以维修或更换。乙方以甲方的监理人参加了监造与检验并签署了监造与检验报告为由，认为此责任应由甲方自己负责。

（3）在一次合同规定的检查和实验时，监理人因记错了日期而未能按供货方通知的时间到场参加，事后监理人表示不能承认该试验结果并要求供货方应在监理人在场的情况下重新进行该项试验。

【解析】

（1）监理人和乙方的做法都不正确。

按《设备监理合同（示范文本）》通用条件的规定，监理人认为有必要，有权要求乙方进行合同内没有规定的检验，但对该部分应该进行无损探伤试验，而不是破坏性探伤试验。

（2）乙方的做法不正确。按《设备监理合同（示范文本）》通用条件的规定，不论监理人是否参与监造与出厂检验，或者监理人参加了监造与检验并签署了监造与检验报告，都不能视为免除供货方对设备质量应负的责任。

（3）监理人的做法不正确。

本案例主要涉及的是监理工程师在设备制造阶段的监理工作权力和责任问题，本书将在9.3节中做详细讲述。

9.1 建设工程物资采购合同管理

9.1.1 建设工程物资采购合同的概念

建设工程物资采购合同是指具有平等主体的自然人、法人、其他组织之间为实现建设工程物资买卖，设立、变更、终止相互权利义务关系的协议。依照协议，出卖人转移建设工程物资的所有权于买受人，买受人接受该项建设工程物资并支付价款。建设工程物资采购合同一般分为材料采购合同和设备采购合同。

知识拓展

建设工程物资采购合同属于买卖合同，它具有买卖合同的一般特点。

（1）买卖合同以转移财产的所有权为目的。出卖人与买受人之所以订立买卖合同，是为了实现财产所有权的转移。

（2）买卖合同中的买受人取得财产所有权，必须支付相应的价款；出卖人转移财产所有权，必须以买受人支付价款为对价。

（3）买卖合同是双务、有偿合同。所谓双务、有偿是指买卖双方互负一定义务，卖方必须向买方转移财产所有权，买方必须向卖方支付价款，买方不能无偿取得财产的所有权。

（4）买卖合同是诺成合同。除法律有特别规定外，当事人之间意思表示一致买卖合同即可成立，并不以实物的交付为成立要件。

（5）买卖合同是不要式合同。当事人对买卖合同的形式享有很大的自由，除法律有特别规定外，买卖合同的成立和生效并不需要具备特别的形式或履行审批手续。

9.1.2 建设工程物资采购合同的特点

建设工程物资采购合同是依据施工合同订立。物资采购的协商条款是在施工合同中确立的，无论是发包方供应材料和设备，还是承包方供应材料和设备，都应当依据施工合同来采购物资。所需物资的数量是根据施工合同的工程量来确定，并根据施工合同的类别来确定物资的质量要求。因此，施工合同一般是订立建设工程物资采购合同的前提。其特征主要表现在以下几个方面。

1）建设工程物资采购合同的当事人

建设工程物资采购合同的采购人既可以是发包人，也可以是承包人，根据施工合同的承包方式来确定。一般情况下永久性工程的大型设备由发包人采购。施工中使用的建筑材料采购责任按照施工合同专用条款的约定执行，通常分为发包人负责采购供应、承包人负责采购或承包人包工包料承包。

特别提示

采购合同的供货人可以是生产厂家直供，也可以是从事物资流转业务的供应商。

2）建设工程物资采购合同的标的

建设工程物资采购合同的标的品种繁多，供货条件差异也较大。建设工程物资采购合同的标的是建筑材料和设备，包括钢材、木材、水泥和其他辅助材料以及机电成套设备等，在合同中必须对各种所需物质逐一明细，以确保工程施工的需要。

3）建设工程物资采购合同的内容

建设工程物资采购合同以转移财物和支付价款为基本内容。建设工程物资采购合同内容繁多，条款复杂，涉及物资的数量和质量条款、包装条款、运输方式、结算方式等，但最为根本的是双方应尽的义务，即卖方按质、按量、按时地将建设物资的所有权转归买方；买方按时、按量地支付货款。这两项主要义务构成了建设工程物资采购合同的最主要的内容。

知识拓展

　　对于大型设备的采购，除了交货阶段的工作外，往往还需包括设备生产阶段、设备安装调试阶段、设备试运行阶段、设备性能达标检验和保修等方面的条款约定。

　　4）建设工程物资采购合同的货物供货时间

　　建设物资采购合同与施工进度是密切相关的，供货人必须严格按照合同约定的时间交付采购方订购的货物。如果供货人延误交货就将导致工程施工的停工待料，建设项目就不能按期完成并发挥效益。供货人如果提前交货，买受人通常也不同意接受，一方面货物会占用施工现场有限的场地，造成施工不便而影响施工进度，另一方面增加了买受人的仓储保管费用，有时还会造成不必要的损失。

　　5）建设工程物资采购合同采用书面形式

　　根据《合同法》第十条的规定，订立合同依照法律、行政法规或当事人约定采用书面形式的应当采用书面形式。建设工程物资采购合同中的标的物用量大、质量要求复杂且根据工程进度计划分期分批均衡履行，同时还涉及售后维修服务工作，因此合同履行周期长，应当采用书面形式。

9.2　材料采购合同管理

9.2.1　材料采购合同的主要内容

　　按照《合同法》的分类，材料采购合同属于买卖合同。采购建筑材料和通用设备的购销合同，分为约首、合同条款和约尾三部分。约首主要写明采购方和供货方的单位名称、合同编号和签订约地点。约尾是双方当事人就条款内容达成一致后，最终签字盖章使合同生效的有关内容，包括签字的法定代表人或委托代理人姓名、开户银行和账号、合同的有效起止日期等。双方在合同中的权利和义务均由条款部分来约定。国内物资购销合同的示范文本规定，合同条款部分应包括以下几方面内容。

　　（1）产品名称、商标、型号、生产厂家、订购数量、合同金额、供货时间及每次供应数量。

　　（2）质量要求的技术标准、供货方对质量负责的条件和期限。

　　（3）交（提）货地点、方式。

　　（4）运输方式及到站、港和费用的负担责任。

　　（5）合理损耗及计算方法。

　　（6）包装标准、包装物的供应与回收。

　　（7）验收标准、方法及提出异议的期限。

　　（8）随机备品、配件工具数量及供应办法。

（9）结算方式及期限。

（10）如需提供担保，另立合同担保书作为合同附件。

（11）违约责任。

（12）解决合同争议的方法。

（13）其他约定事项。

9.2.2　订购货物的交付

1. 货物的交付方式

货物的供应方式一般分为供货方负责将货物送达指定地点和采购方到合同约定地点自行提货物这两种方式，而供货方送货又可细分为供货方委托运输部门代运货物和将货物负责直接送到现场两种形式。

特别提示

为了明确货物的运输责任，必须在相应条款内写明所采用的交（接）货物的地点、交（提）货方式、接货单位（或接货人）的名称。

2. 货物的交货期限

货物交接的具体时间要求即为货物的交（提）货期限。它既关系到合同是否按期履行，又关系到出现货物意外灭失或损坏时的责任承担问题。合同内应对交（提）货期限写明具体的时间（如年、月、日等）。如果合同内规定分批交货时，还需要注明各批次交货的时间以便明确责任。

合同实际履行过程中，判定是否按期交货或提货的方法依照约定的交（提）货方式的不同，可能有以下几种情况。

（1）供货方送货到现场的交货日期，以采购方接收货物时在货单上签收的日期为准。

（2）供货方负责代运货物，以发货时承运部门签发货单上的戳记日期为准。

合同内约定采用代运方式时，供货方必须根据合同规定的交货期、数量、到站、接货人等，按期编制运输作业计划，办理托运、装车（船）、查验等发货手续并将货运单、合格证等交寄对方，以便采购方在指定车站或码头接货。如果因单证不齐导致采购方无法接货，由此造成的站场存储费和运输罚款等额外支出费用应由供货方承担。

（3）采购方自提产品，以供货方通知提货的日期为准。

在供货方的提货通知中，供货方应给采购方合理地预留必要的途中时间。采购方如果不能按时提货，应承担逾期提货的违约责任。

在供货方早于合同约定日期发出提货通知时，采购方可根据施工的实际需要和仓储保管能力，决定是否按通知的时间提前提货。采购方有权拒绝提前提货，也可以按通知时间提货后仍按合同规定的交货时间付款。

特别提示

如果实际交(提)货日期早于或迟于合同规定的期限，都应当视为提前或逾期交(提)货，由相关方承担相应责任。

9.2.3　交货检验

1. 验收的依据

按照合同的约定，供货方交付产品时可以作为双方验收的依据包括以下内容。

(1) 双方签订的采购合同。

(2) 供货方提供的发货单、计量单、装箱单及其他有关凭证。

(3) 合同内约定的质量标准。应写明执行的标准代号、标准名称。

(4) 产品合格证、检验单。

(5) 图纸、样品或其他技术证明文件。

(6) 双方当事人共同封存的样品。

2. 交货数量的检验

1) 供货方代运货物的到货检验

如果是供货方代运的货物，采购方提货地点是在代运者的站场，采购方应与运输部门共同验货，以便发现灭失、短少、损坏等情况时能分清责任。采购方接收后，运输部门不再负责。属于交运前出现的问题，由供货方负责；运输过程中发生的问题，由运输部门负责。

2) 现场交货的到货检验

(1) 数量验收的方法主要包括以下几种。

① 衡量法。根据各种不同的物资、不同的计量单位进行检尺、检斤，以衡量其长度、面积、体积、重量是否与合同约定一致。例如，管线衡量其长度；钢板衡量其面积及厚度；木材衡量其体积；钢筋衡量其重量等；水泥衡量其袋数或吨数。

② 理论换算法。如管材等各种定尺、倍尺的金属材料，测量其直径和壁厚后，再按理论公式换算验收。换算依据是国家规定标准或当事人合同约定的换算标准。

③ 查点法。采购定量包装的计件物资，只要查点到货数量即可。包装内的产品数量或重量应与包装物标明的一致，否则应由厂家供货方或封装单位负责。

(2) 交货数量的允许增减范围。在合同实际履行过程中，会经常发生实际交货数量与合同约定的交货数量不符或发货数量与实际验收数量不符的情况。其原因可能是运输部门的责任，也可能是供货方的责任，或运输过程中发生的合理损耗。前两种情况要追究有关方的责任。第三种情况则应控制在合理的范围之内。有关行政主管部门对通用的物资和材料规定了货物交接过程中允许的合理磅差和尾差界限，如果合同约定供应的货物无规定可循，也应当在条款内约定合理的差额界限，以免交接验收时发生合同争议。交付货物的数量在合理的尾差和磅差内，不按多交或少交对待，双方互不退补。超过界限范围时，按合同约定的方法计算多交或少交部分的数量。

在合同内对磅差和尾差规定出合理的界限范围，既可以划清责任，又可以为供货方合理组织发运提供灵活变通的条件。如果超过合理范围，则按实际交货数量计算。不足部分由供货方补齐或退回不足部分的货款；采购方同意接受的多交付部分，进一步支付溢出数量货物的货款。但在计算多交或少交数量时，应当按订购数量与实际交货数量比较，不再考虑合理磅差和尾差因素。

3. 交货质量的检验

1) 产品质量责任

无论采用哪种交接方式，采购方都应在合同规定的由供货方对产品质量负责的条件和期限内，对交付产品进行验收和试验。如果某些产品和设备必须是在安装运转后才能发现内在质量缺陷的，应在合同内规定缺陷责任期或保修期限。在此期限内，凡检测不合格的物资或设备，都由供货方负责。如果采购方在规定时间内未提出质量异议，或因其使用、保管、保养不善而造成产品或设备质量下降，则供货方不再负责。

2) 产品质量要求和技术标准

产品质量应满足规定用途的特性和指标，因此合同内必须约定产品应达到的质量标准。约定质量标准的一般原则如下。

（1）按颁布的国家标准执行。

（2）无国家标准而有部颁标准的产品，按部颁标准执行。

（3）没有国家标准和部颁标准作为依据时，可按企业标准执行。

（4）没有上述标准或虽有上述某一标准但采购方有特殊要求时，按双方在合同中商定的技术条件、样品或补充的技术要求执行。

3) 验收方法

在合同内应具体写明检验的内容和方法，以及检测应达到的质量标准。对于抽样检查的产品，还应在合同内约定抽检的比例和取样的方法以及双方共同认可的检测单位。

质量验收可以采用以下方法。

（1）经验鉴别法。通过目测、手触或以常用的检测工具量测后，判定质量是否符合要求。

（2）物理试验。根据对产品的性能检验目的的不同，可以进行压缩试验、拉伸试验、冲击试验、硬度试验及金相试验等。

（3）化学实验。从采购的产品中抽出一部分样品进行定性分析或定量分析的化学试验，以确定其内在质量。

4) 对产品提出异议的时间和办法

在物资采购合同中应具体写明采购方对不合格产品提出异议的时间和拒付货款的条件。采购方提出的书面异议中应说明具体检验情况、出具检验证明和对不符合规定产品提出具体处理意见。凡因为采购方使用、保管、保养不善原因导致的产品质量下降的，供货方不承担责任。在接到采购方的书面异议通知后，供货方应在 10 天内或合同商定的时间内负责处理，否则即视为默认采购方提出的异议和处理意见。

 **特别提示**

当事人双方如果对产品的质量检测、试验结果发生争议，应按《标准化法》的规定请标准化管理部门的质量监督检验机构进行仲裁检验。

9.2.4 材料采购合同的变更或解除

在合同履行过程中，变更合同内容或解除合同都必须依据《合同法》的有关规定办理。一方当事人要求变更或解除合同时，在未达成新的协议前原合同继续有效。要求变更或解除合同一方应当及时将自己的意图通知对方，对方也应当在接到书面通知后的 15 天或合同约定的时间内予以答复，逾期不答复的视为认可。

订购数量的增减、包装物标准的改变、交货时间和地点的变更等方面是物资采购合同变更涉及的主要内容。采购方对合同内约定的订购数量少要或不要，都要承担中途退货的责任。当供货方不能按期交付货物或交付的货物存在严重质量问题而影响工程使用时，采购方如果认为继续履行合同已经没有必要就可以拒收货物，甚至解除合同关系。如果采购方要求变更到货地点或接货人，应当在合同规定的交货期限届满前 40 天通知供货方，以便供货方修改发运计划和组织运输工具。迟于上述规定期限，双方应当立即协商处理。如果已不可能变更或变更后会发生额外费用支出，其后果均应由采购方负责。

 应用案例 9-1

案例概况

甲建筑公司与乙水泥厂签订了水泥买卖合同、约定了交货时间和地点。甲建筑公司按时交付货款后，因为要加快建设速度，需要乙水泥厂提前供货，经与乙水泥厂协商未能达成协议。甲公司只好转而向丙公司购买水泥，同时将其从乙水泥厂购买的水泥转让给丁公司，但未通知乙水泥厂，到约定交货时间，乙水泥厂按照与甲公司的约定将水泥送到甲公司的工地，甲公司以已经将这批水泥转让给丁公司为由要求乙水泥厂将水泥运到丁公司处，遭到乙水泥厂拒绝。

分析

(1) 乙水泥厂的履行适当吗？为什么？

(2) 谁应该对丁公司承担违约责任？为什么？

案例解析

这个问题涉及合同的变更、转让、违约等法律事实。

(1) 甲公司与乙水泥厂的合同合法有效，其合同的约定明确具体，而且因为甲支付了货款，已经开始了履行。甲公司要求乙水泥厂提前履行，未能协商一致通过的情况下，擅自转让合同给丁公司。

乙水泥厂依合同约定履行合同，没有任何违约，这是因为《合同法》规定，合同签订后双方应该依合同的约定和法律规定履行，否则承担违约责任。

(2) 甲公司将乙水泥厂的合同转让给了丁公司且甲未能及时地通知乙水泥厂，致使甲与丁公司之间的转让约定无法履行。甲公司应当对丁公司承担违约责任。根据法律规定，合同的转让须经第三方同意且及时告知对方转让合同的履行时间和地点。甲未能如约履行上述义务：未告知乙水泥厂且未能将与乙水泥厂的权利和责任告知丁公司，致使与丁公司之间的合同违约。甲依法应承担违约责任。

9.2.5 支付结算管理

1. 货款的结算

1）支付货款的条件

材料采购合同内首先需要明确的是验单付款还是验货后付款，然后再约定结算方式和结算时间。验单付款是指委托供货方代运的货物，供货方把货物交付承运部门并将运输单证寄给采购方，采购方在收到单证后合同约定的期限内即应支付的结算方式，尤其对分批交货的物资，每批交付后应在多少天内支付货款也应当在合同中明确注明。

2）结算支付的方式

结算支付可以采用现金支付、转账结算或异地托收承付等方式。现金结算只适用于成交货物数量少且金额小的购销合同；同城市或同地区内的结算可适用转账结算的方式；合同双方不在同一城市的可用托收承付的结算方式。

2. 采购方拒付货款

采购方应当按照中国人民银行结算办法的拒付规定办理拒付货款事项。采用托收承付结算时，采购方如果拒付手续超过承付期，银行则不予受理。采购方对拒付货款的产品首先必须负责接收并妥为保管不准动用。如果发现采购方动用，由银行代供货方扣收货款并按逾期付款对待。

采购方有权部分或全部拒付货款的情况一般包括以下几种。

（1）交付货物的数量少于合同约定的，拒付少交部分的货款。

（2）拒付质量不符合合同要求部分货物的货款。

（3）在承付期内，供货方交付的货物多于合同规定的数量且采购方不同意接收部分的货物，采购方可以拒付。

9.2.6 违约责任

1. 违约金的规定

当事人任何一方不能正确履行合同义务时，都应当以违约金的形式承担违约赔偿责任。签订合同时，双方应当通过协商将具体采用的比例数写在合同条款内。

2. 供货方的违约责任

1）未能按合同约定交付货物

这类违约行为一般包括不能按期供货和不能供货两种情况，由于这两种错误行为给对方造成的损失不同，因此，违约方承担违约责任的形式也不完全一样。

（1）如果导致不能全部或部分交货的原因是供货方造成的，那么应当按照合同约定的违约金比例乘以不能交货部分货款计算违约金。当违约金不足以偿付采购方所受到的实际损失时，可以修改违约金的计算方法，使实际受到的损害能够得到合理的补偿。

（2）供货方不能按期交货的行为，又可以进一步区分为逾期交货和提前交货两种情况。

① 逾期交货。不论合同内规定由采购方自己提货，还是供货方将货物送达指定地点交接，都要按照合同约定，依据逾期交货部分货款总价值计算违约金。对约定由采购方自提货物而供货方不能按期交付时，如果采购方发生其他额外费用，这笔实际费用也应由供货方承担。发生逾期交货事件后，供货方还应在发货前与采购方就发货的有关事宜进行协商。如果采购方仍然需要时，供货方可继续发货照数补齐并承担逾期交货责任；如果采购方表示不再需要，有权在接到发货协商通知后的 15 天内通知供货方办理解除合同手续。采购方逾期不予答复视为同意供货方继续发货。

② 提前交付货物。合同约定由采购方自提货物的，当采购方接到对方发出的提前提货通知后，可根据自己的实际情况拒绝提前提货；对于供货方提前发运或交付的货物，采购方可以按合同规定的时间付款，对多交货部分以及品种、型号、规格、质量等不符合合同规定的产品可代为保管，在代为保管期内实际支出的保管、保养等费用由供货方负责承担。

特别提示

代为保管期内，非采购方保管不善原因导致的损失，应当由供货方负责。

（3）交货数量与合同不符。采购方不同意接受超出合同规定的数量时，可在承付期内拒付多交部分的货款和运杂费。合同双方在同一城市的，采购方可以拒收多交部分；双方不在同一城市的，采购方应当先把货物接收下来并负责保管，然后将详细情况和处理意见在到货后的 10 天内通知供货方。当交付的数量少于合同规定时，采购方凭有关的合法证明在承付期内可以拒付少货部分的货款，并在到货后的 10 天内将详情和处理意见通知对方。供货方接到通知后应在 10 天内答复，否则视为同意对方的处理意见。

2）产品的质量缺陷

供货方交付货物的品种、型号、规格、质量不符合合同规定时，采购方如果同意利用，应当按质论价；如果采购方不同意使用，由供货方负责包换或包修。不能修理或调换的产品，则按供货方不能交货对待。

3）供货方的运输责任

供货方的运输主要涉及包装和发运两个方面的责任。

（1）合理、必要的包装是安全运输货物的重要保障，供货方应当按合同约定的标准对产品进行包装。凡是因为供货方包装不符合规定而造成货物在运输过程中受到损坏或灭失，都由供货方负责赔偿。

（2）如果供货方将货物错发到其他地点或接货人时，除应该负责将货物发到合同规定的到货地点和接货人外，还应承担对方因此多支付的一切实际费用和逾期交货的违约金。在运输路线和运输工具方面，供货方应按合同约定的路线和约定使用的运输工具发运货物，如果未经对方同意私自变更运输工具或路线，要承担由此增加的费用。

3. 采购方的违约责任

1）不按合同约定接受货物

在材料采购合同签订以后或履行过程中，如果采购方要求中途退货，应当向供货方支付按退货部分货款总额计算的违约金。对于实行供货方送货或代运的物资，如果采购方违反合同规定拒绝接收货物，要承担由此造成的一切经济损失。约定为自提的产品，采购方不能按期提货的，采购方除需支付按逾期提货部分货款总值计算延期付款的违约金之外，还应承担逾期提货时间内供货方实际发生的代为保管、保养费用。

2）逾期付款

如果采购方逾期付款，应当按照合同内约定的计算办法给供货方支付逾期付款利息。按照中国人民银行有关延期付款的规定，延期付款利率一般按每天万分之五计算。

3）货物交接地点错误的责任

如果因采购方在合同内错填了到货地点或接货人，或未在约定的时限内及时将变更的到货地点或接货人通知对方，导致供货方送货或代运过程中不能顺利交接货物，由此产生的后果都由采购方承担。此责任范围包括自行运到所需地点或承担供货方及运输部门按采购方要求改变交货地点的一切额外支出。

9.3 大型设备采购合同管理

9.3.1 大型设备采购合同的主要内容

大型设备采购合同是指采购方与供货方为提供工程项目所需的大型复杂设备而签订的合同。采购方一般为业主，有时也可能是承包人，供货方大多为生产厂家，有时也可能是供货商。大型设备采购合同的标的物有可能是非标准产品，需要专门加工制作，也可能虽然为标准产品，但由于技术复杂而市场需求量较小，厂家一般没有现货供应，必须在双方签订合同后由供货方专门进行加工制作，因此大型设备采购合同属于承揽合同的范畴。一个比较完备的大型设备采购合同通常是由合同条款和附件组成。

1. 合同条款的主要内容

当事人双方根据具体订购设备的特点和要求，在合同内约定以下几方面的内容。

（1）合同中的词语定义。

（2）合同标的。

（3）供货范围。

（4）合同价格。

（5）付款。

（6）交货和运输。

（7）包装与标记。

（8）技术服务。

（9）质量监造与检验。

（10）安装、调试、时运和验收。

（11）保证与索赔。

（12）保险。

（13）税费。

（14）分包与外购。

（15）合同的变更、修改、中止和终止。

（16）不可抗力。

（17）合同争议的解决。

（18）其他。

2. 主要附件

如果合同中某些约定条款涉及内容较多，就需要将这部分内容作出更为详细的说明，因此，要编制一些附件作为合同的一个组成部分。

附件通常可能包括以下内容。

（1）技术规范。

（2）供货范围。

（3）技术资料的内容和交付安排。

（4）交货进度。

（5）监造、检验和性能验收试验。

（6）价格表。

（7）技术服务的内容。

（8）分包和外购计划。

（9）大部件说明表等。

9.3.2 承包的工作范围

大型复杂设备的采购，需要在合同内较详细地约定供货方承包的范围，这些范围大致包括以下内容。

（1）按照采购方的要求对生产厂家定型设计图纸的局部修改。

（2）设备制造。

（3）提供配套的辅助设备。

（4）设备运输。

（5）设备安装(或指导安装)。

（6）设备调试和检验。

（7）提供备品、备件。

(8) 对采购方运行的管理和操作人员的技术培训等。

9.3.3 设备监理的主要工作内容

设备制造监理也称设备监造，是指采购方委托有资质的设备监造单位对供货方按合同制造的设备、施工和过程进行监督与协调，但质量监造不能解除供货方对合同设备质量应负的责任。

1. 设备制造前的监理工作

供货方应当在设备制造前向监理提交订购设备的设计和制造、检验的标准，包括与设备监造有关的标准、图纸、资料、工艺等要求。在合同约定的时间内，监理应组织有关方面及人员进行会审后尽快答复供货方。

特别提示

当对生产厂家定型设计的图纸需要作部分改动要求时，对修改后的设计审查要特别慎重。

2. 设备制造阶段的监理工作

1) 设备监造方式

现场见证和文件见证是监理工作对设备制造过程监造的两种重要方式。

(1) 现场见证的形式包括以下内容。

① 以现场巡视的方式监督制造过程及操作工艺是否符合技术规范的要求并对使用的原材料、元件质量是否合格进行检查等。

② 接到供货方的通知后，监理人应当参加合同内规定的中间检查试验和出厂前的检查试验。

③ 监理人认为有必要，有权要求对方进行合同内没有规定的检验。如对某一部分的焊接质量有疑问，可以对该部分进行无损探伤试验。

(2) 文件见证是指监理人认为所进行的检查或检验质量达到合同规定的标准后，在检查或试验记录上签署认可意见以及就制造过程中有关问题发给供货方的相关文件。

2) 对制造质量的监督

(1) 监督检验的内容。

采购方和供货方应当在合同内约定设备监造的具体内容，监理人依据合同的规定进行检查和试验。具体内容可能包括监造的部套，这种情况以订购范围来确定每套的监造的内容、监造方式(这种情况可以是现场见证、文件见证或停工待检之一)、检验的数量等。

(2) 检查和试验的范围包括以下内容。

① 原材料和元器件的进厂检验。

② 部件的加工检验和实验。

③ 出厂前预组装检验。

④ 包装检验。

（3）制造质量责任包括以下内容。

① 监理人在监造中对发现的设备和材料质量问题或不符合规定标准的包装，有权提出改正意见并暂不给以签字时，供货方需要采取相应改进措施确保交货质量。无论监理人是否要求和是否知道设备制造过程中出现的较大的质量缺陷和问题，供货方都有义务主动及时地向监理提供，供货方在监理不知道的情况下不得擅自处理。

② 监造代表发现重大问题要求停工检验时，供货方必须遵照执行。

③ 不论监理人是否参与监造与出厂检验，或者监理人参加了监造与检验并签署了监造与检验报告，都不能被视为免除供方对设备质量应负的责任。

3）监理工作应注意的事项

（1）监理人在制造现场的监造检验和见证工作都应尽量结合供货方工厂实际生产过程进行，不应影响供货方工厂正常的生产进度，但不包括发现重大问题时停工检验的情况。

（2）监理人应当按时参加合同规定的检查和实验。若监理人不能按供货方通知时间及时到场，供货方工厂的试验工作可以正常进行，试验结果有效。但是监理人有权事后了解、查阅、复制检查试验报告和结果，然后转为文件见证。如果供货方未及时通知监造人代表而单独检验，监理人不承认该检验结果时，供货方应在监理人在场的情况下重新进行该项试验。

（3）供货方按照合同约定供应的所有设备、部件，包括分包与外购部分的设备、部件，在生产过程中都需要进行严格的检验和试验，在出厂前还需要进行部套或整机总装试验。所有检验、试验和总装（装配）必须有正式的记录文件，只有以上所有工作完成后才能发运出厂。这些正式记录文件和合格证明都要提交给监理人作为技术资料的一部分存档。此外，供货方还应该在随机文件中提供合格证和质量证明文件。

4）对生产进度的监督

（1）在供货方在合同设备开始投料制造前，监理人必须对供货方提交的整套设备的生产计划进行审查并签字认可。

（2）供货方每个月末都应提供月报表，说明本月包括制造工艺过程和检验记录在内的实际生产进度以及下一月的生产、检验计划。中间检验报告需说明检验的时间、地点、过程、试验记录，以及不一致性原因分析和改进措施。监理人审查同意后作为对制造进度控制和与其他合同及外部关系进行协调的依据。

3. 设备运抵现场的监理工作

1）做好接货的准备工作

（1）供货方应在合同约定的时间、发运前向采购方发出通知，监理人在接到发运通知后应及时组织有关人员做好现场接货的准备工作，这些工作包括通行的道路、储存方案、场地清理、保管工作等。

（2）供货方在每批货物准备好及装运车辆（船）发出 24 小时内，应当以传真将该批货物的如下内容通知采购方：①合同号；②机组号；③货物备妥发运日；④货物名称及编号和价格；⑤货物总毛重、货物总体积；⑥总包装件数；⑦交运车站（码头）的名称、车号（船号）和运单号；⑧重量超过 20t 或尺寸超过 9m×3m×3m 的每件特大型货物的名称、重量、体积和件数；⑨对每件该类设备（部件）必须标明重心和吊点位置，并附有草图。

接到供货方的发运通知后，监理人应该组织做好卸货的准备工作，包括卸货的机械、人员、安全措施、维护保养等。

（3）如果货物是发运到铁路或水运站场的，采购方应组织人员按时到运输部门提货。

（4）由于采购方或现场条件原因要求供货方推迟设备发货时，采购方应及时通知供货方并承担推迟期间的仓储费和必要的保养费。

2）到货的检验

（1）货物检验程序：货物检验应由监理人与供货方代表共同完成。当货物到达目的地后，采购方首先应向供货方发出到货检验通知。

① 货物清点。根据运单和装箱单双方代表共同对货物的外包装、货物外观和货物件数进行清点。如果发现不符之处，经过双方代表确认属于供货方责任后，应由供货方处理解决。

② 开箱检验。货物按合同约定运到现场后，监理人应当尽快与供货方共同进行开箱检验，采购方如果没有通知供货方而自行开箱或每一批设备到达现场后在合同规定时间内不开箱检验，那么由此产生的一切后果均由采购方承担。

双方共同开箱检验货物的数量、规格和质量，检验结果和记录对双方均有效并作为采购方向供货方提出索赔的证据。

（2）因损害、缺陷、缺少而承担的合同责任。

① 如果现场检验时，发现设备是由于供货方原因（包括运输过程）而导致任何损坏、缺陷、短少或不符合合同中规定的质量标准和规范，都应做好记录并由双方代表签字，双方各执一份，采购方以此作为向供货方提出修理或更换索赔的依据。如果采购方同意供货方要求其修理损坏的设备，那么，所有修理设备的费用由供货方承担。

② 如果致使货物损坏或短缺是采购方的责任，那么供货方在接到采购方通知后，应当尽快提供或替换相应的部件，但费用由采购方自负。

③ 供货方如果对采购方提出的修理、更换、索赔要求有异议，应在接到采购方书面通知后、合同约定的时间内提出并派代表赴现场同采购方代表共同复验，否则供货方的上述要求即告成立。

④ 双方代表在对货物共同检验中，如果对检验记录不能取得一致意见，双方可以共同委托第三方权威检验机构进行检验并裁定。裁定的检验结果对双方都有约束力，检验费用由责任方负担。

⑤ 采购方提出索赔通知后，供货方应当按合同约定的时间尽快修理、更换或补发短缺的货物，由此产生的制造、修理和运费及保险费均应由责任方负担。

4. 施工阶段的监理工作

1）监督供货方的现场服务或施工

设备的安装工作可以由供货方负责，也可以在供货方提供必要的技术服务条件下由采购方承担，这主要取决于合同的约定。如果采购方负责设备安装，供货方应当提供现场服务，服务的内容一般包括以下几方面。

（1）派出必要的技术人员到现场。供货方现场技术人员的职责主要包括指导安装和调试工作；处理设备的质量问题以及参加试车和验收试验等工作。

（2）技术交底。供货方的技术人员在安装和调试前应当向采购方安装施工人员进行技术交底，讲解并示范将要进行工作的程序及方法。对于合同约定的重要工序，供货方的技术人员要对施工情况进行确认并签证，否则采购方不能进行下一道工序的安装。经过确认和签证的程序如果因供货方技术人员指导错误而发生问题，则由供货方负责。

2）监督安装、调试的工作

（1）整个安装、调试过程应在供货方现场技术人员指导下进行，重要工序须经监理签字确认。在安装、调试过程中，除设备质量问题外，如果采购方未按供货方的技术资料规定和现场技术人员指导进行操作或未经供货方现场技术人员签字确认而出现问题的，采购方自行负责。除此之外出现问题的，由供货方承担责任。

（2）供货方的技术人员负责的设备安装工作完毕后的调试如果由采购方的技术人员负责，调试工作必须在供货方的技术人员指导下进行。调试中如果出现问题，供货方应当尽快解决，其所需时间不应超过合同约定的时间，否则将视为供货方延误工期。

5. 设备验收阶段的监理工作

1）启动试车

在安装调试完毕后，采购方、供货方应当共同参加启动试车的检验工作。试车分成无负荷运行和带负荷试运行两个步骤。为了检验设备的质量，每一阶段的试车都应当按照技术规范要求的程序进行并保证一定的持续试车时间。试验合格后，监理人及合同双方当事人在验收文件上签字，正式移交给采购方进行生产运行。如果试车检验不合格，若属于设备质量原因，则由供货方负责修理、更换并承担全部费用；如果是由于工程施工质量问题，则由采购方负责拆除并纠正缺陷。

特别提示

无论何种原因试车不合格，在经过修理或更换设备后必须再次按程序要求进行试车试验，直到满足合同规定的试车质量要求为止。

2）性能测试验收

性能验收也称性能指标达标考核。启动试车无法判定设备的各项具体的技术性能指标是否达到供货方在合同内承诺的保证值，启动试车只是检验设备安装完毕后是否能够顺利、安全运行。因此，合同中均要约定设备移交后，试生产稳定运行多少个月后进行性能测试。由于合同规定的性能验收时间采购方已正式投产运行，所以这项验收试验应该由采购方负责，但供货方必须参加。

由采购方负责准备的试验大纲必须经过监理人与供货方讨论方可确定。试验现场和所需的人力、物力由供货方提供。试验所需的测点、一次性元件和装设的试验仪表由监理人组织供货方人员提供并做好技术配合和人员配合工作。

每套设备在性能验收试验完毕达到合同规定的各项性能保证值指标后，监理人可以与采购方和供货方共同签署设备验收的初步验收证书。

当一项或多项性能保证指标经测试检验未能达到合同约定时，监理人应当与采购和供货双方共同协商后，根据供货方在合同内的承诺值偏差与测试缺陷或技术指标试验值程度按以下原则区别对待。

（1）测试缺陷或技术指标试验值仅有个别微小缺陷的，在不影响合同设备安全、可靠运行的前提条件下，监理人可同意签署初步验收证书，但供货方必须在双方商定的时间内免费给予修理。

（2）如果设备的一项或多项性能保证值在第一次性能验收试验中达不到合同规定的指标，监理人应当与采购、供货双方共同分析原因，划清责任，然后由责任一方采取具体措施，在第一次验收试验结束后、合同约定的时间内进行第二次验收试验。如能顺利通过，则监理人签署初步验收证书。

（3）如果有一项或多项指标在第二次性能验收试验后仍未能达到合同规定的性能保证值时，按责任的原因区别对待。

① 如果属于采购方的原因，监理人应当签署初步验收证书，设备初步验收通过。此后供货方仍然有义务与采购方一起采取措施，使设备性能达到保证值。

② 如果属于供货方的原因，则应当按照合同约定的违约金计算方法赔偿采购方的经济损失。

（4）在设备稳定运行规定的时间后，如果由于采购方原因造成性能验收试验的延误致使超过了约定的性能验收试验的期限，则视为初步验收合格，监理人应当签署设备初步验收证书。

初步验收证书不能视为解除供货方对设备中存在的可能引起设备损坏的潜在缺陷所应负责任的证据，它只是证明供货方所提供的设备性能和参数截至出具初步验收证明时可以按合同要求予以接受。

 知识拓展

所谓潜在缺陷是指在正常情况下不能在检测、制造过程中被发现的设备隐患。因此，对于潜在缺陷，供货方应承担纠正缺陷的责任。供货方的设备质量缺陷责任，应该保证到合同规定的保证期终止后或到设备第一次大修时。如果发现这类潜在缺陷时，供货方应当按照合同的规定进行修理或调换。

3）设备的最终验收

（1）设备采购合同内应当约定具体的设备保证期限。保证期从签发初步验收证书之日起开始计算。

（2）在保证期内的任何时间，如果供货方提出由于其责任原因设备性能未达标而需要进行检查、试验、再试验、修理或调换，监理人应当作好安排和组织配合工作，以保证上述工作顺利进行。修理或调换的费用应当由供货方负担并按实际修理或更换使设备停运所延误的时间将质量保证期限作相应延长。

(3) 供货方已完成监理人在保证期满前提出的各项合理要求，设备的运行质量符合合同的约定。合同保证期到期后，监理人应当在合同规定时间内应向供货方出具合同设备最终验收证书。

(4) 如果采购方没有在合同约定的时间内对每套设备的最后一批交货进行试运行和性能验收试验，那么从每套设备最后一批交货到达现场之日起至保证期满即视为通过最终验收。监理应当与采购方和供货方共同协商后签发合同设备的最终验收证书。

应用案例 9-2

案例概况

甲公司与乙建筑工程公司(以下简称乙公司)及丙机械设备有限公司(以下简称丙公司)分别签订建设施工合同和设备采购合同，同时与有资质的设备监造单位丁公司签订了设备监理合同。在设备性能测试验收阶段发生了以下情况。

(1) 在性能测试验收时，甲公司书面通知丙公司来参加，丙公司以没时间且设备已正式投产运行为由没来参加。

(2) 在测试技术指标试验值时发现仅有个别微小的缺陷，监理人同意签署初步验收证书，但要求丙公司必须在规定的时间内免费给予修理。

(3) 在性能测试验收时，设备的多项性能保证值在第一次性能验收试验中达不到合同规定的指标，甲公司与丙公司双方共同分析了原因，查明是丙公司设备参数错误造成的，丙公司采取具体修改措施，在第一次验收试验结束后、合同约定的时间内甲公司又组织进行第二次验收试验。

(4) 在设备稳定运行规定的时间后，由于甲公司忙于生产，造成性能验收试验的延误致使超过了约定的性能验收试验的期限，丙公司拒绝参加性能测试验收。因此，甲公司书面通知监理人不给乙公司签署设备初步验收证书。

分析

结合所学知识分析以上情况中哪些当事人的做法不正确? 说明根据。

案件解析

(1) 丙公司以没时间且设备已正式投产运行为由不来参加性能测试验收的做法不正确。按《设备采购合同(示范文本)》规定，性能测试验收应该由采购方负责，但供货方必须参加。

(2) 监理人的做法不正确。按《设备监理合同(示范文本)》通用条件的规定，测试缺陷或技术指标试验值仅有个别微小缺陷的，在不影响合同设备安全、可靠运行的前提条件下，监理人可同意签署初步验收证书，但供货方必须在双方商定的时间内免费给予修理。

(3) 甲公司与丙公司的做法都不正确。正确的做法是：如果设备的一项或多项性能保证值在第一次性能验收试验中达不到合同规定的指标，监理人应当与采购、供货双方共同分析原因，划清责任，然后由责任一方采取具体措施，在第一次验收试验结束后、合同约定的时间内进行第二次验收试验。如能顺利通过,则监理人签署初步验收证书。

(4)甲公司的做法是错误的。按《设备采购合同(示范文本)》规定,在设备稳定运行规定的时间后,如果由于采购方原因造成性能验收试验的延误致使超过了约定的性能验收试验的期限,则视为初步验收合格,监理人应当签署设备初步验收证书。

9.3.4 设备采购合同的价格与支付

1. 合同价格

设备采购合同通常采用固定的总价合同,在合同交货期内为不变价格。合同价内包括合同设备(含备品备件、专用工具)、技术资料、技术服务等费用,此外还包括合同设备的税费、运杂费、保险费等与合同有关的其他费用。

2. 付款

应在合同内具体约定设备款支付的条件、设备款支付的时间及费用内容。目前大型设备采购合同中的付款较多采用如下方式。

1)支付条件

在合同生效后,供货方应当提交金额为约定的合同设备价格某一百分比不可撤销的履约保函,作为采购方支付合同款的先决条件。

2)支付程序

(1)合同设备款的支付。订购设备的货款一般分3次支付给供货方。

① 设备制造前供货方提交履约保函和金额为订购设备价格10%的商业发票后,采购方支付订购设备价格的10%作为预付款。

② 供货方按交货顺序在规定的时间内将每批设备或部组件运到交货地点并将该批设备的商业发票、清单、质量检验合格证明、货运提单提供给采购方,采购方支付该批设备价格80%的货款。

③ 剩余订购设备价格的10%作为设备保证金,待每套设备保证期满没有问题、采购方签发设备最终验收证书后再支付给供货方。

(2)技术服务费的支付。合同约定的技术服务费采购方一般分2次支付给供货方。

① 第一批设备交货后,采购方支付给供货方该套合同设备技术服务费的30%。

② 每套合同设备通过该套机组性能验收试验、初步验收证书签署后,采购方支付该套合同设备技术服务费的70%。

(3)运杂费的支付。在设备交货时由供货方分批向采购方结算运杂费,结算总额为合同规定的运杂费。

3)采购方的支付责任

付款时间以采购方银行承付日期为实际支付日期,若此日期晚于规定的付款日期,即从规定的日期开始,按合同约定计算迟付款违约金。

9.3.5　违约责任

在前述条款中虽然已说明责任的划分，如修理、置换、补足短少部件等规定，但为了保证合同双方的合法权益，还应当在合同内约定承担违约责任的条件、违约金的计算办法和违约金的最高赔偿限额。违约金通常包括以下几方面内容。

1. 供货方的违约责任

1）延误责任的违约金

（1）设备延误到货的违约金计算办法。

（2）未能按合同规定时间交付严重影响施工的关键技术资料的违约金的计算办法。

（3）因技术服务的延误、疏忽或错误导致工程延误违约金的计算办法。

2）质量责任的违约金

经过两次性能试验后一项或多项性能指标仍达不到保证指标时，各项具体性能指标违约金的计算办法。

3）由于供货方责任采购方人员的返工费

供货方如果委托采购方施工人员进行加工、修理、更换设备或因供货方设计图纸错误以及因供货方技术服务人员的指导错误造成返工，供货方应承担因此所发生合理费用的责任。向采购方支付的费用可按发生时的费率水平用如下公式计算

$$P = ah + M + cm$$

式中：P——总费用（元）；

　　　a——人工费[元/（小时·人）]；

　　　h——人员工时（小时·人）；

　　　M——材料费（元）；

　　　c——机械台班数（台·班）；

　　　m——每台机械设备的台班费[元/（台·班）]。

4）不能供货的违约金

如果在合同履行过程中因供货方原因不能交货，按不能交货部分设备约定价格的某一百分比计算违约金。

2. 采购方的违约责任

（1）延期付款违约金的计算办法。

（2）延期付款利息的计算办法。

（3）如果采购方中途要求退货，按退货部分设备约定价格的某一个百分比计算违约金。

 知识拓展

在违约责任条款内还应当分别列明任何一方严重违约时对方可以单方面终止合同的条件、终止程序和终止后果责任。

9.4 加工承揽合同

9.4.1 加工承揽合同概念

加工承揽合同是指承揽方按照定作方提出的要求完成一定的工作，定作方接受承揽方完成的工作成果并给付约定报酬而订立的合同。提出加工任务的一方，称为定作方；接受并完成加工任务的一方，称为承揽方。

9.4.2 加工承揽合同的特点

前面所述的材料采购合同与物资采购合同都属于买卖合同，属于物资采购的范畴，而加工承揽合同与物资采购合同有着本质的区别，两者最大的不同在于加工承揽合同是以完成一定的工作为目的的合同，而物资采购合同则是以转移物资所有权为目的的合同。在加工承揽合同中，双方当事人的权利义务所指向的对象主要是一定的行为，而在物资采购合同中，双方当事人的权利义务所指向的对象都是一定的物。

具体而言，加工承揽合同的特点有以下几个方面。

(1) 承揽合同属于完成工作的合同。承揽合同以完成一定工作并提供工作成果为目的，定作人所关注的并非是承揽人的工作过程而是最终实现的工作成果。承揽人只有提供符合定作人要求的工作成果，才能取得定作人给付的报酬。也就是说，定作人给付的报酬并非是对承揽人提供劳务的对价，而是对承揽人完成特定工作成果的对价。

(2) 承揽合同的标的是特定的工作成果。承揽合同的标的具有特定性。一方面，它既不是一般的财产，也不是单纯的劳务，而是特定的工作成果；另一方面，它又是定作人要求承揽人完成并交付的工作成果，而这一工作成果能否实现在订立合同时还尚不确定。

(3) 承揽人独立完成工作并承担风险。承揽合同具有人身信任性质。一般地，承揽人应当以自己的条件亲自、独立地完成工作，并承担完成工作的风险，对工作成果负全部责任。定作人不得干预、妨碍承揽人的工作。

(4) 承揽合同是双务、有偿合同。在承揽合同中，承揽人完成工作成果，由定作方向其支付报酬，双方互相享有权利承担义务，体现了双务、有偿特点。

(5) 承揽合同是诺成合同、不要式合同。承揽合同一般为不要式合同，当事人可以选择合同的具体形式。

9.4.3 加工承揽合同的材料供应方式

加工定做物所需的材料，主要有以下两种供应方式。

(1) 来料加工即由定作方提供原材料，承揽方完成加工工作。

（2）承揽方提供材料，定作方仅需提出所需定作物的数量、质量要求，双方商定价格，由承揽方全面负责材料供应和加工工作。

9.4.4 加工承揽合同的主要内容

根据加工承揽合同示范文本，一般需在合同中明确以下方面。

（1）定作物的名称或项目。

（2）定作物的数量和质量要求。

（3）包装和加工的方法。

（4）生产监督方法。

（5）原材料的提供、规格、质量和数量。

（6）加工价款或酬金。

（7）合同履行的期限、地点和方式。

（8）成品的验收标准和方法。

（9）结算方式。

（10）违约责任。

（11）双方商定的其他条款。

9.4.5 违约责任

1. 定作方变更和废止合同

定作方中途变更定作物的数量、规格、质量或设计，应赔偿承揽方因此造成的损失。针对两种不同的原材料供应方式，中途终止合同的赔偿有以下两种情况。

（1）由承揽方提供原材料的，定作方应偿付承揽方未履行部分价款总值的 $10\%\sim30\%$ 违约金。

（2）不用承揽方原材料加工的，定作方应偿付承揽方未履行部分酬金总额 $20\%\sim60\%$ 违约金，违约金的比例应在合同中具体规定。

2. 定作方提供资源及提货违约

定作方未按合同规定的时间和要求向承揽方提供原材料、技术材料等，或未完成必要的准备工作，承揽方有权解除合同，定作方应当赔偿由此造成的损失。

3. 定作方拒收定作物及预期付款

定作方无故拒绝接受定作物，应当赔偿承揽方由此造成的损失；变更交付定作物地点或接受单位，要承担承揽方由此多支付的费用；超过合同规定日期付款，应偿付违约金。

4. 承揽方交货违约

承揽方交付的定作物数量少于合同规定数量的，应当依照合同约定数量补齐，补交部分按逾期交付处理。

交付的定作物不符合合同规定的质量，如果定作方愿意接收，应当按质论价；若定作方不同意接收，承揽方应当负责修正或调换并承担逾期交付的责任。

承揽方逾期交付定作物，应当按照合同规定向定作方支付违约金。未经定作方同意提前交付定作物，定作方有权拒收。承揽方不能交付定作物或不能完成工作，应向定作方偿付违约金。

5. 包装违约

未按合同规定包装定作物，承揽方应当负责返修或重新包装并承担相应费用。因包装不符合合同规定造成定作物损毁、灭失，由承揽方赔偿损失。异地交付的定作物不符合合同规定应暂由定作方代为保管，承揽方应支付实际支出的保管费和保养费。

6. 运输违约

由合同规定代运或送货的定作物错发到达地点或接收单位，承揽方应按合同规定负责改运到指定地点或接收单位并承担因此产生的额外的运杂费以及交付违约金。

7. 保管违约

承揽方由于保管不善致使定作方提供的原材料、设备、包装或其他物品损毁、灭失，应赔偿定作方因此造成的损失。

8. 材料检验

对定作方提供的原材料，未按合同规定的方法和期限进行检验，或经检验发现不符合要求，但未按合同规定的期限通知定作方调换、补充，由承揽方承担责任。擅自调换定作方提供的原材料或修理物的零部件，定作方有权拒收，承揽方应赔偿相应损失。

9.4.6 合同免责

在合同履行期间，由于不可抗力致使定作物或原材料损毁、灭失，承揽方在取得合法证明后，可免于承担违约责任，但承揽方应采取积极措施减少损失。如在合同规定的履约期限以外发生不可抗力事件，则不得免责。在定作方迟缓接收或无故拒收期间发生不可抗力事件，定作方应当承担相应责任并赔偿承揽方由此造成的损失。

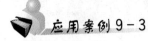

应用案例 9-3

案例概况

A 建筑公司因承建 B 企业的厂房建筑工程需要，于 2011 年 4 月 1 日向 C 电器公司定制 50 万元的配电箱，双方签订加工承揽合同，A 建筑公司向 C 电器公司交付了配电箱的箱体尺寸和通用的配电箱内部电子设备规格型号要求，并预付了 30％计 15 万元预付款。合同签订后，C 电器公司交付了部分配电箱的箱体。2011 年 4 月 30 日，A 建筑公司电话得知 C 电器公司尚未准备配电箱内部电子设备，于第二日以 C 电器公司交付配电箱的进度无法满足自己施工进度要求为由书面通知 C 电器公司解除加工承揽合同并将该通知送达 C 电器公司。2011 年 6 月 1 日，C 电器公司持采购 35 万元的配电箱内部电子设备的采购合同，将 A 建筑公司起诉到法院要求建筑公司赔偿损失 35 万元。

分析

（1）A建筑公司与C电器公司的承揽加工合同是否已经解除？

（2）A建筑公司是否应向C电器公司赔偿损失？

案件解析

（1）A建筑公司与C电器公司加工承揽合同已经解除。《合同法》第二百六十八条规定："定作人可以随时解除承揽合同，造成承揽人损失的，应当赔偿损失。"该条法律规定赋予了定作人对承揽合同的随时解除权。由于合同解除权系形成权，合同自解除通知到达对方时解除，故承揽合同在电器公司收到建筑公司发出的解除函件时已解除。

（2）A建筑公司不应向C电器公司赔偿损失。《合同法》第二百六十八条除规定定作人对承揽合同有随时解除权外，还规定解除行为造成承揽人损失的，应当赔偿损失。但本案例中A建筑公司不应向C电器公司赔偿损失的理由有以下几点。

① 承揽合同没有约定价值50万元的配电箱中内部电子设备的价格就是35万元，无法确定生产50万元的配电箱就需要35万元的电子设备。

② 因C电器公司有生产配电箱的生产能力和市场需要，其采购配电箱内部电子设备的行为不能排除是其自身生产经营的需要。

③ C电器公司仅有采购电子设备的合同而无其收取他方配电箱内部电子设备的单据及对他方付款的凭证，C电器公司没能证明采购合同已经得到实际履行。

④ 承揽合同解除后，C电器公司负有减少损失的法定义务，即便C电器公司采购了电子设备也应能自身消化，不会给其造成损失。

因此，C电器公司要求赔偿35万元的损失不能成立。

9.5　技 术 合 同

9.5.1　技术合同的概念、特点及分类

技术合同是当事人就技术开发、转让、咨询或者服务订立的确立相互之间权利和义务的合同。订立技术合同，应当有利于科学技术的进步，加速科学技术成果的转化、应用和推广。技术合同主要具有以下特点。

（1）技术合同的标的与技术有密切联系，不同类型的技术合同有不同的技术内容。技术转让合同的标的是特定的技术成果，技术服务与技术咨询合同的标的是特定的技术行为，技术开发合同的标的具有技术成果与技术行为的双重内容。

（2）技术合同履行环节多，履行期限长，价款、报酬或使用费的计算较为复杂，一些技术合同的风险性很大。

（3）技术合同的法律调整具有多样性。技术合同标的物是人类智力活动的成果，这些技术成果中许多是《中华人民共和国知识产权法》调整的对象，涉及技术权益的归属、技术风险的承担、技术专利权的获得、技术产品的商业标记、技术的保密、技术的表现形式

等，受《中华人民共和国专利法》、《中华人民共和国商标法》、《反不正当竞争法》、《中华人民共和国著作权法》等法律的调整。

（4）当事人一方具有特定性，通常应当是具有一定专业知识或技能的技术人员。

（5）技术合同是双务、有偿合同。

技术合同一般分为技术开发合同、技术转让合同、技术咨询合同和技术服务合同。

① 技术开发合同。技术开发合同是指当事人之间就新技术、新产品、新工艺或者新材料及其系统的研究开发所订立的合同。技术开发合同包括委托开发合同和合作开发合同。技术开发合同应当采用书面形式。当事人之间就具有产业应用价值的科技成果实施转化订立的合同，参照技术开发合同的规定。

② 技术转让合同。技术转让合同包括专利权转让、专利申请权转让、技术秘密转让、专利实施许可合同。技术转让合同应当采用书面形式。技术转让合同可以约定让与人和受让人实施专利或者使用技术秘密的范围，但不得限制技术竞争和技术发展。

③ 技术咨询合同。技术咨询合同包括就特定技术项目提供可行性论证、技术预测、专题技术调查、分析评价报告等合同。技术咨询合同是指当事人一方以技术知识为另一方解决特定技术问题所订立的合同，不包括建设工程合同和承揽合同。

④ 技术服务合同。技术服务合同的委托人应当按照约定提供工作条件，完成配合事项，接受工作成果并支付报酬。技术服务合同的受托人应当按照约定完成服务项目，解决技术问题，保证工作质量并传授解决技术问题的知识。

9.5.2 技术合同的内容

1. 技术合同的内容由当事人约定

技术合同的内容一般包括以下条款。

（1）项目名称。

（2）标的的内容、范围和要求。

（3）履行的计划、进度、期限、地点、地域和方式。

（4）技术情报和资料的保密。

（5）风险责任的承担。

（6）技术成果的归属和效益的分成办法。

（7）验收标准和方法。

（8）价款、报酬或者使用费及其支付方式。

（9）违约金或者损失赔偿的计算方法。

（10）解决争议的方法。

（11）名词和术语的解释。

2. 合同法对技术合同的主要条款作的示范性规定

合同法对技术合同的主要条款作的示范性规定包括项目名称、标的、履行、保密、风险责任、成果，以及收益分配、验收、价款、违约责任、争议解决方法和专门术语的解释等条款。

体现技术合同特殊性的条款如下。

1）保密条款

保守技术秘密是技术合同中的一个重要问题。在订立合同之前，当事人应当就保密问题达成订约前的保密协议，在合同的具体内容中更要对保密事项、保密范围、保密期限及保密责任等问题作出约定，防止因泄密而造成侵犯技术权益与技术贬值的情况。

2）成果归属条款

合同履行过程中产生的发明、发现或其他技术成果应定明归谁所有、如何使用和分享。对于后续改进技术的分享办法，当事人可以按照互利的原则在技术转让合同中明确约定，没有约定或约定不明确的，可以达成补充协议；不能达成补充协议的，参考合同相关条款及交易习惯确定；如果仍不能确定的，一方后续改进的技术成果，他方无权分享。

3）特殊的价金或报酬支付方式条款

如采取收入提成方式支付价金的，合同应对按产值还是利润为基数、提成的比例等作出约定。

4）专门名词和术语的解释条款

由于技术合同专业性较强，当事人应对合同中出现的关键性名词或双方当事人认为有必要明确其范围、意义的术语，以及因在合同文本中重复出现而被简化了的略语作出解释，避免事后纠纷。

9.5.3 技术合同的履行

1. 价款结算

技术合同价款、报酬或者使用费的支付方式由当事人约定，可以采取一次总算、一次总付或者一次总算、分期支付，也可以采取提成支付或者提成支付附加预付入门费的方式。约定提成支付的，可以按照产品价格、实施专利和使用技术秘密后新增的产值、利润或者产品销售额的一定比例提成，也可以按照约定的其他方式计算。提成支付的比例可以采取固定比例、逐年递增比例或者逐年递减比例。

特别提示

约定提成支付的，当事人应当在合同中约定查阅有关会计账目的办法。

2. 技术成果的使用权和转让权

技术成果的使用权、转让权属于法人或者其他组织的，法人或者其他组织可以就该项职务技术成果订立技术合同。法人或者其他组织应当从使用和转让该项职务技术成果所取得的收益中提取一定比例，对完成该项职务技术成果的个人给予奖励或者报酬。

法人或者其他组织订立技术合同转让职务技术成果时，职务技术成果的完成人享有以同等条件下优先受让的权利。

职务技术成果是执行法人或者其他组织的工作任务，或者主要利用法人或者其他组织的物质技术条件所完成的技术成果。

复习思考题

一、单项选择题

1. 材料采购合同属于（　　）。

A. 转移财产合同　　　　B. 工作性合同　　　　C. 实践性合同　　　　D. 劳务合同

2. 材料采购在交货清点数量时发现，交货数量少于订购的数量，但数量的短少在合同约定的允许磅差范围内。采购方应（　　）。

　　A. 拒付货款并索赔　　　　　　　　　　B. 按照订购数量及时付款

　　C. 按照实际交货数量及时付款　　　　　D. 待供货方补足数量后再付

3. 某工程的大型设备通过国际招标采用国外承包商制造的设备。外商提交的设备制造图纸及设备的基础土建设计文件应由（　　）进行审查认可。

　　A. 承包总体工程设计的设计单位　　　　B. 发包人

　　C. 监理工程师　　　　　　　　　　　　D. 设备安装承包商

4. 某材料采购合同中，双方约定的违约金是 10 万元，由于供货方违约不能交货，采购方为避免停工待料不得不以较高价格紧急采购，为此多付价款 20 万元（无其他损失），若停工待料采购方的损失为 50 万元。供货方应支付的违约金应为（　　）万元。

　　A. 10　　　　　　　　B. 20　　　　　　　　C. 30　　　　　　　　D. 50

5. 对于建设工程物资采购合同的效力有争议的，当事人应当请求（　　）确认无效。

　　A. 人民法院　　　　　　　　　　　　　B. 监理单位

　　C. 建设行政主管部门　　　　　　　　　D. 建设单位

6. 承包人负责采购的材料和设备，应由（　　）。

　　A. 发包人负责检验试验，费用发包人承担

　　B. 发包人负责检验试验，费用承包人承担

　　C. 承包人负责检验试验，费用承包人承担

　　D. 承包人负责检验试验，费用发包人承担

7. 设备安装工程中，具备联动无负荷试车条件时，应由（　　）组织试车。

　　A. 发包人　　　　　　B. 承包人　　　　　　C. 监理人　　　　　　D. 设备供应人

8. 材料采购合同履行中，供货方提前将订购的材料发运到工程所在地且交付数量远多于合同约定，采购方应该（　　）。

　　A. 提取全部材料，按实际交付数量付款

　　B. 按合同订购的数量提货，也按合同订购数量付款

　　C. 拒绝提前提货，拒付货款

　　D. 提取全部材料，按订购数量付款

二、多项选择题

1. 供货方比合同约定的交货日期提前 1 个月将订购的钢材发运到工程所在地的铁路货站，采购方接到提货通知后应（　　）。

A. 拒绝提货

B. 将钢材发运回供货方

C. 及时提货

D. 通知对方要求其承担提前期间的保管费用

E. 不承担提前期间保管不善导致的货物损失

2. 下列属材料采购合同主要条款的有（　　）。

A. 技术标准和质量要求　　　　　　　B. 材料数量及计量方法

C. 担保　　　　　　　　　　　　　　D. 保险

3. 订购 50t 钢材的合同，现场交货时发现供货方由于货源短缺，所交付的钢材中有 10t 与合同约定的型号、规格不符。为了不耽误施工，采购方只能以高于合同订购的价格紧急从另一供货商处采购了 10t 钢材。对此事件采购方应（　　）。

A. 及时将违约行为和处理意见通知供货方　　B. 要求对方将不合格钢材运出工地

C. 按 50t 钢材不能按时交货对待　　　　　　D. 按 10t 钢材不能按时交货对待

E. 要求供货方承担 10t 钢材采购差价的损失

4. 建设工程物资采购合同的当事人可以是（　　）。

A. 发包人　　　　　　　　　　　　　B. 承包人

C. 生产厂家　　　　　　　　　　　　D. 监理工程师

E. 供应商

5. 供货方的违约责任有（　　）。

A. 逾期付款　　　　　　　　　　　　B. 产品的质量缺陷

C. 供货方的运输责任　　　　　　　　D. 不按合同约定接受货物

E. 未能按合同约定交付货物

6. 材料采购合同中，采购方的违约责任有（　　）。

A. 不按合同约定接收货物　　　　　　B. 产品的质量缺陷

C. 货物交接地点错误的责任　　　　　D. 逾期付款

E. 未能按合同约定交付货物

7. 大型设备采购合同中，采购方的违约责任有（　　）。

A. 延误责任的违约金　　　　　　　　B. 量责任的违约金

C. 延期付款违约金的计算方法　　　　D. 延期付款利息的计算方法

E. 如果采购方中途要求退货，按退货部分设备约定价格的某一百分比计算违约金

8. 设备验收阶段的监理工作有（　　）。

A. 启车试驾　　　　　　　　　　　　B. 性能验收

C. 最终验收　　　　　　　　　　　　D. 监督供货方的施工或现场服务

E. 监督安装、调试的工序

9. 按照《建设工程施工合同(示范文本)》规定，当发包人供应材料设备时，(　　　)。

A. 发包人应在材料到货前 24 小时书面通知承包人，由双方共同清点

B. 清点后承包人承担材料质量和保管责任

C. 材料保管费应由发包人承担

D. 材料使用前由承包人承担检验试验工作及费用

E. 材料检验通过后不解除发包人供应材料存在的质量缺陷责任

10. 设备制造阶段的监理工作包括(　　　)。

A. 原材料和元器件的进厂检验　　　　　B. 部件的加工检验和试验

C. 出厂前的预组装检验　　　　　　　　D. 包装检验

E. 施工现场的到货开箱检验

三、案例分析题

甲建筑工程公司(以下称采购方)与乙水泥厂(以下称供货方)签订了水泥供货合同。在合同履行过程中发生了以下情况。

(1) 供货方供应袋装水泥，在采购方与供货方进行现场交货的数量检验时，采购方要求采用衡量法计算交货数量。

(2) 水泥由供货方代运，采购方在建筑工地接货。在与运输部门共同验货时，发现水泥数量少于订购数量，采购方要求由供货方承担全部责任。

(3) 按水泥采购合同现场交货时，发现实际供货数量少于合同内约定的订购数量，但差额在合理的尾差范围内，采购方按订购数量支付了货款，但要求供货方收到货款后补足数量。

(4) 在合同履行过程中，供货方提前 1 个月通过铁路运输部门将水泥运抵项目所在地的车站且交付数量多于合同约定的尾差，采购方拒绝提货。

问题

分析采购方的以上做法是否妥当？说明理由。

第 10 章

FIDIC 合同条件

学习目标

学习 FIDIC《施工合同条件》下施工合同中的部分重要概念，FIDIC《施工合同条件》下在施工阶段、竣工阶段与缺陷通知期阶段的合同管理；了解施工合同文件的组成、合同担保、合同价格；熟悉合同履行涉及的几个期限概念、工程变更管理、分包合同的管理，FIDIC 合同条件下交钥匙工程的合同管理与分包工程的合同管理内容；掌握风险责任的划分、施工进度管理、施工质量管理、进度款的支付管理、竣工验收管理，为学生将来从事 FIDIC 合同条件下的合同管理打下坚实的理论基础和实践基础。

学习要求

能力目标	知识要点	权重
了解相关知识	施工合同文件的组成、合同担保、合同价格	10%
熟练掌握知识点	(1) 合同履行涉及的几个期限概念、工程变更管理、分包合同的管理 (2) FIDIC《施工合同条件》下交钥匙工程的合同管理与分包工程的合同管理内容 (3) 风险责任的划分、施工进度管理、施工质量管理、进度款的支付管理、竣工验收管理	60%
运用知识分析案例	风险责任的划分	30%

案例分析与内容导读

【案例背景】

某大型企业在一工业开发区内建厂房和办公楼,采用 FIDIC《施工合同条件》的合同,在施工质量管理过程中,工程师对承包人施工设备控制方面采取了以下措施。

(1)承包人自有的施工机械、设备、物资的运输车辆在运抵施工现场后就被视为专门为本合同工程施工专用。工程师规定未经其批准,任何人不能将其中的任何一部分运出施工现场。

(2)工程师要求承包人在租赁他人施工设备的租赁协议中规定,在协议有效期内发生因承包人违约而解除设备租赁合同时,设备所有人应以相同的条件将该施工设备转租给发包人或发包人邀请承包本合同的其他承包人。

(3)工程师发现承包人使用的施工设备在数量和功能上影响了工程进度和施工质量,要求承包人增加和更换施工设备,由此增加的费用让承包人自己承担,延误的工期可以给予顺延。

【分析】

分析以上工程师的做法有哪些不妥之处?

【解析】

(1)第(1)条中工程师的做法不妥。承包人自有的施工机械、设备、临时工程和材料,一经运抵施工现场后就被视为专门为本合同工程施工之用,但运送承包人人员和物资的运输车辆除外。其他施工机械和设备虽然承包人拥有所有权和使用权,但未经过工程师的批准是不能将其中的任何一部分运出施工现场的,但并非绝对不允许在施工期内承包人将自有设备运出工地。某些使用台班数较少的施工机械在现场闲置期间,如果承包人的其他合同工程需要使用时,可以向工程师申请暂时运出。当工程师依据施工计划考虑该部分机械暂时不用而同意运出时,应当同时指示承包人在本工程需用时必须及时运回,以保证本工程的施工之用,承包人必须遵照执行。对于后期施工不再使用的设备,竣工前经过工程师批准后,承包人可以提前撤出工地。

(2)第(2)条中工程师的做法不妥。应是"发包人"要求承包人在租赁协议中规定,而不是"工程师"要求承包人在租赁施工设备的租赁协议中规定,

(3)第(3)条中工程师的做法不妥。《施工合同条件》中关于对承包商设备的控制规定,若工程师发现承包商使用的施工设备影响了工程进度或施工质量时,有权要求承包商增加或更换施工设备,由此增加的费用和工期延误责任由承包商承担。

本案例所涉及的是施工阶段如何对承包人的设备控制的管理问题,本书将在 10.1 节中做详细讲述。

10.1 施工合同条件的管理

10.1.1 《施工合同条件》简介

FIDIC 是"国际咨询工程师联合会"(Fédération Internationale Des Ingénieurs Conseils)的法文缩写。FIDIC 的本义是指国际咨询工程师联合会这一独立的国际组织,习惯

上有时也指 FIDIC 条款或 FIDIC 方法。为了保证交易的顺利进行，多数国家或地区政府、社会团体和国际组织都制订了标准的招投标程序、合同文件、工程量计算规则和仲裁方式告示。使用这些标准的招投标程序、合同文件，便于投标人熟悉合同条款，减少编制投标文件时所考虑的潜在风险，以降低报价。发生争议的时候，可以执行合同文件所附带的争议解决条款来处理纠纷。标准的合同条件能够公平合理地在合同双方之间分配风险和责任，明确规定了双方的权利、义务，很大程度上避免了因不认真履行合同造成的额外费用支出和相关争议。

国际工程承包行业涉及的 FIDIC 合同包括四种：首先是土木工程施工方面的，正式名称为《土木工程施工合同条件》，封面是红色的，国际上常叫做红皮 FIDIC 合同；其次是黄色的封面，是机电工程方面的，正式名称为《机电工程合同条件》，常叫做黄皮 FIDIC 合同；第三就是白色封面的，是设计咨询方面的，正式名称为《业主与咨询工程师服务模式协议》，也叫做白皮 FIDIC 合同；第四是橙色封面的，是交钥匙项目专有的合同，正式名称为《设计、施工的交钥匙合同条件》，属带资承包，其主要特点参考黄皮 FIDIC 合同且稍有改动。

FIDIC 合同的最大特点是：程序公开、机会均等。这是它的合理性，对任何人都不持偏见。这种开放公平及高透明度的工作原则亦符合世界贸易组织采购协议的原则，所以 FIDIC 合同在国际工程中得到了广泛的应用。

《施工合同条件》范本是 FIDIC（国际咨询工程师联合会）在 1999 年出版的。新范本在维持《土木工程施工合同条件》（1988 年第 4 版）基本原则的基础上，对合同结构和条款内容作了较大修订。下面主要说明新版 FIDIC 的《施工合同条件》的特点。

1. 在内容上

（1）在《土木工程施工合同条件》基础上编制的《施工合同条件》不仅适用于建筑工程施工，也可以用于安装工程施工。

（2）合同共定义了 58 个关键词，并将定义的关键词分为六大类编排，条理清晰，其中 30 个关键词是原来没有的。

（3）条款内容作了较大的改动与补充，条款顺序也重新进行了合理调整。新版的 FIDIC 合同中完全采用原有内容的只有 33 款，对条款内容作了补充或较大补充的改动有 68 款，新编写的条款有 62 款。

（4）对雇主和承包人双方的职责和义务，以及工程师的职权都作了更为严格而明确的规定。

（5）在现在的通用条件中写得多一些。人们可以在采用时加以选择，不用的可以删除，这样就比以往用户在专用条款中自己编写附加条文更为方便。因此，新版 FIDIC 一方面将过去放在专用条件中的一些内容，如预付款、调价公式、有关劳务工的一些规定等都写入通用条件，另一方面在通用条件中加入了不少操作细节，这样人们在不需要时，只要在专用条件中注明删除的条款和段落即可。

（6）表现了更多的灵活性。例如，以前《施工合同条件》中一直坚持用户拥有条件履约保函，但世界银行一直不接受这一点，而新版 FIDIC 合同中规定履约保证采用专用条件中规定的格式或雇主批准的其他格式，这样既符合了世界银行的要求，也给了雇主比较大的周转余地。

2. 对业主职责、权利和义务的新规定

1）合同设置了"雇主的资金安排"条款

该条款规定"在接到承包人的请求后，雇主应在 28 天内提供合理的证据，表明他已做出了资金安排……并能使雇主按照第 14 条的规定支付合同价格的款额"。如果雇主不执行这一条，承包人可暂停工作或降低工作速度。

此外，新版 FIDIC 合同在专用条件中加入了一段"承包人融资情况下的范例条款"，该条款中规定雇主方应向承包人提交"支付保函"，在专用条件之后还附有此保函格式。

雇主在合同中应尽的最大义务就是支付。新版 FIDIC 合同中的这些条款对业主方的资金安排和支付提出了合理的要求，这是保障承包人利益的重要举措。

2）合同对支付时间及补偿作了更明确的规定

（1）工程师在收到承包人的报表和证明文件后 28 天内，应向雇主签发期中支付证书。

（2）在工程师收到期中支付报表和证明文件 56 天内，雇主应向承包人支付。

（3）如果未按规定日期支付，承包人有权就未付款额按月计复利收取延期利息作为融资费。这些规定防止了工程师签发期中支付证书的延误，又确定了较高的融资费以防止雇主任意拖延支付。

3）合同对雇主方违约作了更严格的规定

按照新版 FIDIC 合同，当雇主方不执行合同时，承包人可以分两步采取措施。

（1）有权暂停工作。当工程师不按规定开具支付证书，或业主不提供资金安排证据；或业主不按规定日期支付时，承包人可提前 21 天通知雇主，暂停工作或降低工作速度。承包人有权索赔由此引起的工期延误、费用和利润损失。

（2）在新版 FIDIC 合同中，构成雇主违约的情况比原版中增加了 3 条。

① 在采取暂停措施向雇主发出警告后 42 天内，承包人仍未收到雇主资金安排的证据。

② 工程师收到报表和证明材料 56 天内未颁发支付证书。

③ 雇主未按《合同协议书》及"转让"的规定执行。

由之可见，新版 FIDIC 合同对雇主方的要求更严格了。

3. 新版 FIDIC 合同对承包人的工作也提出了更严格、更具体的要求

（1）要求承包人按照合同建立一套质量保证体系，在每一项工程的设计和实施阶段开始之前，均应将所有程序的细节和执行文件提交工程师。

（2）在工程施工期间，承包人应每个月向工程师提交月进度报告。此报告应随着支付报表的申请一起提交。月进度报告包括的内容很全面，主要有：①进度图表和详细说明；②照片；③工程设备制造、加工进度和其他情况；④承包人的人员和设备数量；⑤质量保证文件、材料检验结果；⑥双方索赔通知；⑦安全情况；⑧实际进度与计划进度对比。

这份月进度报告对承包人各方面的管理工作提出了更高的要求，既有利于承包人每月认真检查、总结自己的工作，也有利于业主和工程师了解和检查承包人的工作。

（3）对雇主在什么条件下可以没收履约保证做出更明确规定。

① 承包人不按规定延长履约保证的有效期，雇主可没收履约保证全部金额。

② 如果已就业主向承包人的索赔达成协议或作出决定后 42 天，承包人不支付此应付的款额。

③ 雇主要求修补缺陷后 42 天承包人未进行修补。

④ 按"雇主有权终止合同"中的任意一条规定。

（4）对工程的检验和维修提出了更高的要求，这些要求虽是针对检验和维修提出的，实质上还是对承包人的施工质量提出更高的要求，以保护雇主的权益。

4. 对工程师的职权规定得更为明确

FIDIC《施工合同条件》通用条件内明确规定，工程师应履行施工合同中赋予他的职责，行使合同中明确规定的或必然隐含的赋予他的权力。

如果要求工程师在行使施工合同中某些规定权力之前需先获得业主的批准，则应在业主与承包人签订合同的专用条件的相应条款内注明。合同履行过程中业主或承包人的各类要求均应提交工程师，由其作出"决定"；除非按照解决合同争议的条款将该事件提交争端裁决委员会或仲裁机构解决外，对工程师作出的每一项决定各方均应遵守。业主与承包人协商达成一致以前，不得对工程师的权力加以进一步限制。通用条件的相关条款同时规定，每当工程师需要对某一事项作出商定或决定时，应首先与合同双方协商并尽力达成一致，如果不能达成一致，则应按照合同规定并适当考虑所有有关情况后再作出公正的决定。

5. 索赔争端与仲裁方式规定的变化

可以索赔的条款一般分为明示条款和默示条款两大类。明示的索赔条款即在条款中直接指出可索赔的内容。新版 FIDIC 合同中的这一类条款明显比原版 FIDIC 合同中多，仅承包人向雇主可索赔的明示条款就有 20 余条，这些条款不但明确地列出了可索赔的工期和费用，而且还列出了在某些情况下可以索赔的利润。对于默示的索赔条款则需依据用户对合同的深入理解而定。

新版 FIDIC 合同中索赔的基本程序与原版 FIDIC 合同中的大致相同，但有一点非常重要的变化，在收到承包人的索赔详细报告（包括索赔依据、索赔工期和金额等）之后 42 天内（或在工程师可能建议但由承包人批准的时间内），工程师应对承包人的索赔表示批准或不批准，不批准时要给予详细的评价并可能要求进一步的详细报告。这比原版 FIDIC 合同中只要求承包人及时上交索赔意向书及详细报告，而对工程师的答复日期没有任何限制合理多了。

6. 加入了争端裁决委员会(DAB)的工作步骤

尽管合同条件要求工程师公正处理各种问题，但由于工程师是雇主聘用的，不少工程师做不到这一点，因此，FIDIC 吸收了美国和世界银行解决争端的经验，加入了 DAB 工作的程序，即由雇主方和承包人方各提名一位 DAB 委员，由对方批准，合同双方再与这二人协商确定第 3 位委员（作为主席）共同组成 DAB。DAB 委员会的报酬由双方平均支付。

如果工程师关于某一争端的解决方案被一方拒绝后，在原版 FIDIC 合同中要求再次提交工程师解决，这在实际工作中很难奏效。新版 FIDIC 合同中规定，在此情况下，把争端提交 DAB，由 DAB 在 84 天内提出裁决意见，争端双方如同意此裁决意见，则双方应立即着手执行，如有一方不同意(或 DAB 在 84 天不能拿出裁决意见)，则可提交仲裁。但仲裁必须经过 56 天的友好解决期后才能开始。如双方在同意 DAB 的裁决意见后而其中一方又不执行，则另一方可要求直接仲裁。

在新版 FIDIC 合同中附有"争端裁决协议书的通用条件"和"程序规划"。

10.1.2 施工合同中的部分重要概念

1. 合同文件

在通用条件的条款规定中，业主和承包人双方关于工程的所有约定均是合同的有效组成部分。

对业主和承包人有约束力的合同文件包括以下几方面的内容。

(1) 施工合同协议书。业主发出中标函的 28 天内，接到承包人提交的有效履约保证后，双方签署的法律性标准化格式文件。为了避免履行合同过程中产生争议，专用条件指南中最好注明接受的合同价格、基准日期和开工日期。

(2) 投标书及附件。承包人填写并签字的法律性投标函和投标函附录，包括报价和对招标文件及合同条款的确认文件。

(3) 中标通知书。业主签署的对投标书的正式接受函，可能包含作为备忘录记载的合同签订前谈判时可能达成一致并共同签署的补遗文件。

(4) 施工合同专用条款。

(5) 施工合同通用条款。

(6) 标准、规范及有关技术文件。指承包人履行合同义务期间应遵循的准则，也是工程师进行合同管理的依据，即合同管理中通常所称的技术条款。

(7) 图纸。

(8) 工程量清单。

(9) 工程报价单或预算书。

由于合同繁杂，难免存在含义或解释不一致的地方，因此双方必须确定文件的优先适用顺序。一般而言，其先后适用顺序如上述所列。但有时建设方为更好地维护其自身的利益，往往约定合同的专用条款、通用条款的效力高于投标书及附件的效力，甚至约定招标文件是合同的组成部分，招标文件的效力优于投标书及附件的效力。

 知识拓展

工程合同除了包含各主要部位施工应达到的技术标准和规范以外，还可以包括以下方面的内容。

(1) 对承包人文件的要求。

（2）应由业主获得的许可。

（3）对基础、结构、工程设备、通行手段的阶段性占有。

（4）承包人的设计。

（5）放线的基准点、基准线和参考标高。

（6）合同涉及的第三方。

（7）环境限制。

（8）电、水、气和其他现场供应的设施。

（9）业主的设备和免费提供的材料。

（10）指定分包商。

（11）合同内规定承包人应为业主提供的人员和设施。

（12）承包人负责采购材料和设备需提供的样本。

（13）制造和施工过程中的检验。

（14）竣工检验。

（15）暂列金额等。

2. 合同担保

1）承包人提供的担保

在合同条款中应当规定，承包人在签订施工合同时应提供履约担保，承包人接受预付款前应提供预付款担保。在示范范本中给出了担保书的具体格式，担保书分为企业法人提供的保证书和金融机构提供的保函两类格式。保函均为不需承包人确认违约的无条件担保形式。

（1）施工合同履约保证。施工合同的履约保证是为了保证施工合同的顺利履行而要求承包人提供的担保。承包人应在收到中标函 28 天内向雇主提交履约担保，并向工程师送一份副本。在建设项目的施工招标中，履约担保的方式可以是提交一定数额的履约保证金；也可以提供第三人的信用担保（保证），一般是由银行或者担保公司向招标人出具履约保函或者保证书。

 知识拓展

履约保函或者保证书是承包人通过银行或者担保公司向发包人开具的保证，是在合同执行期间按合同规定履行其义务的经济担保书。保证金额一般为合同总额的 5%～10%。

履约保证的担保责任，主要是担保投标人中标后，将按照合同规定在工程全过程按期限按质量履行其义务。

履约保证的有效期限从提交履约保证起，到项目竣工并验收合格止。如果工程拖期，不论何种原因，承包人都应与发包人协商并通知保证人延长保证有效期，防止发包人借故提款。

（2）预付款担保。预付款担保是指承包人和发包人签订合同后，承包人正确、合理使用发包人支付的预付款的担保。

建设工程合同签订以后，发包人给承包人一定比例的预付款，一般为合同金额的

10%，但需由承包人的开户银行向发包人开具预付款担保。这主要是用于保证承包人能够按合同规定进行施工，偿还发包人已支付的全部预付金额。如果承包人中途毁约，中止工程，使发包人不能在规定期限内从应付工程款中扣除全部预付款，则发包人作为保函的受益人有权凭预付款担保向银行索赔该保函的担保金额作为补偿。

知识拓展

预付款担保的最主要形式就是银行保函。若承包人不能提供预付款保函，业主可以取消预付款。采用这种办法既可以有效保障业主的合法权益，又可对施工企业提高资本有机构成形成一种激励机制，促使企业合理配置资金、立足长远、增强企业活力，逐步改变"打工性质"的企业经营机制，为"优胜劣汰"打下经济基石。预付款银行保函随着业主按照工程进度支付工程款并逐步扣回，预付款担保责任随之逐渐降低直至最终消失。

2）业主提供的担保

在大型工程建设资金的融资过程中，业主的融资可能包括从某些国际援助机构、开发银行等筹集的款项，这些机构往往都要求业主应保证履行给承包人付款的义务，因此在专用条件范例中增加了业主应向承包人提交"支付保函"的可选择性使用的条款，并附有保函格式。业主提供的支付保函担保金额可以按合同总价或分项合同价的某一个百分比计算，担保期限为缺陷通知期满后 6 个月截止，并且为无条件的担保，这样合同双方当事人的担保义务就对等了。

知识拓展

一般通用条件的条款中未明确规定业主必须向承包人提供支付保函，在具体工程的合同中是否包括此项条款，取决于业主主动选用或者融资机构的强制性规定。

3. 合同履行中涉及的几个期限的概念

1）合同工期

合同工期在合同条件中称为"竣工时间"，合同工期是判定、衡量承包人提前或延误竣工的标准。总时间为合同内注明的完成全部工程的时间，加上合同履行过程中因非承包人应负责原因导致变更和索赔事件发生后经工程师批准顺延工期。

特别提示

如有分部移交工程，也需在专用条件的条款内明确约定。

2）承包人的施工期

施工期是指承包人的实际施工时间，从工程师按合同约定发布的"开工令"中指明的应开工之日起，至工程接收证书注明的竣工日止的日历天数为承包人的施工期。

3）缺陷通知期

缺陷通知期就是国内施工文本所称的工程保修期，自工程接收证书中写明的竣工日开始，至工程师颁发履约证书为止的日历上的天数，应在专用条件内具体约定。缺陷通知期主要是考验工程在动态条件下是否达到合同要求的技术规范。次要部位工程的缺陷通知期通常为半年，主要工程及设备大多为一年，个别重要设备也可以约定为一年半至两年。

4）合同有效期

合同有效期至承包人提交给业主的"结清单"生效日止。颁发履约证书表示承包的施工义务终止，但合同约定的权利义务并未完全结束。"结清单"生效是指业主已按工程师签发的最终支付证书中的金额付款并退还承包人履约保函，此时承包的索赔权终止。

4. 合同价格调整的原因

接受的合同款额指业主在"中标函"中对实施、完成和修复工程缺陷所接受的金额，此金额来源于承包人的投标报价并对其确认。承包人完成建造和保修任务后，对所有合格工程有权获得全部工程款。

最终结算的合同价可能与中标函中注明的接受的合同款额不一定相等，就其原因，涉及以下几方面因素的影响。

1）合同类型特点

FIDIC《施工合同条件》适用于大型复杂工程采用单价合同的承包方式。为了缩短建设周期，往往在初步设计完成后就开始施工招标，在保证不影响施工进度的前提下陆续发放施工图。因此，承包人据以报价的工程量清单中，各项工作内容项下的工程量一般为估计工程量。所以在合同履行过程中，承包人实际完成的工程量可能多于或少于清单中的估计量。单价合同的支付原则是，按承包人实际完成工程量乘以清单中相应工作内容的单价，结算该部分工作的工程款项。

 知识拓展

因为大型复杂工程的施工期较长，所以通用条件中已包含了合同工期内因物价变化而对施工成本产生影响后计算调价费用的相关条款，每次支付工程进度款时都要考虑约定的可调价范围内项目在当地市场价格的涨落情况。而这笔调价款事先是没有包含在中标价格内的，仅在合同条款中约定了调价原则和调价费用的计算方法。

2）发生应由业主承担责任的事件导致合同价格增加

在合同履行过程中，有可能因业主的行为或业主应当承担风险责任的事件发生而导致承包人施工成本增加，因此合同中规定了对承包人受到的实际损害给予补偿的相应条款。

3）因承包人的质量责任导致合同价格减少

在合同履行过程中，如果承包人没有完全地或正确地履行其合同义务，导致业主受到损失，业主就可以凭工程师出具的证明，从承包人应得工程款内扣减该部分的款项。

（1）如果承包人不能在工程师限定的时间内将其不合格的材料或设备移出施工现场或在限定时间内没有或无能力修复缺陷工程，业主就可以雇佣其他人来完成，该项费用应从承包人处扣回。

（2）承包人要承担因使用不合格材料和因此所造成工程重复检验的费用。承包人采购的材料和施工的工程通过检验后，工程师发现其质量未达到合同规定的标准时，承包人应自费改正并在相同条件下进行重复试验，重复检验所发生的一切额外费用均由承包人承担。

（3）如果某项处于非关键部位的工程施工质量未达到合同规定的标准，业主和工程师经过认真考虑，如果确信该部分的质量缺陷不会影响总体工程的运行安全，业主为了保证工程按期发挥效益，可以与承包人协商后折价接收。

4）承包人延误工期或提前竣工

（1）在签订施工合同时，业主和承包人需要约定日拖期赔偿额和最高赔偿限额。

① 如果是因承包人的责任导致竣工时间迟于合同工期，则按日拖期赔偿额乘以延误天数来计算承包人拖期违约的赔偿金，但以合同中约定的最高赔偿额度为限。最高赔偿额度是指因承包人延误工期致使业主延迟发挥工程效益的最高款额。专用条款中的日拖期赔偿额视施工合同金额的大小多少而定，一般可在 $0.03\%\sim0.2\%$ 合同价的范围内约定具体数额或百分比，最高赔偿限额一般不超过合同价的 10%。

② 如果合同内有分阶段移交工程的规定，在整个工程竣工日期以前，如果工程师已经对分阶段移交的部分工程颁发了工程接收证书，且证书中注明的该部分工程竣工日期未超过约定的分阶段竣工时间，则全部工程剩余部分的日拖期违约赔偿额应相应折减。折减的原则是，以拖延竣工部分的合同金额除以整个合同工程的总金额所得比例乘以日拖期赔偿额，但不影响约定的最高赔偿限额。即

折减的误期损害赔偿金/天＝（合同约定的误期损害赔偿金/天数）×（拖期部分工程的合同金额/合同工程总金额）

误期损害赔偿总金额＝折减的误期损害赔偿金/天数×延误天数(≤最高赔偿限额)

（2）提前竣工。在施工合同条件中列入工程提前竣工是否可得到奖励的可选择性条款。在订立施工合同时业主要看提前竣工的工程或区段是否能让其得到提前使用的收益，从而决定该条款的取舍。

当合同内一旦约定有部分分项工程的竣工时间和奖励办法时，为了使业主能够在完成全部工程之前占有并启用工程的某些部分而提前发挥效益，约定的分项工程完工日期应当固定不变。即使该部分工程施工过程中出现非承包人应负责原因，工程师也不能批准该部分工程的顺延合同工期，除非合同中另有规定。

5）暂列金额

（1）暂列金额的定义。暂列金额是"招标人在工程量清单中暂定并包括在合同价款中的一笔款项。用于施工合同签订时尚未确定或者不可预见的所需材料、设备、服务的采购，施工中可能发生的工程变更、合同约定调整因素出现时的工程价款调整以及发生的索赔、现场签证确认等的费用"。

（2）暂列金额的设置目的。暂列金额的设置目的是要合理确定和有效控制工程造价。

（3）暂列金额的性质。暂列金额包括在施工合同价格之内，但并不直接属于承包人所有、而是由发包人暂定并掌握使用的一笔款项。

包含在合同价格之内的暂列金额实际上是一笔业主方的备用金，用于招标时对尚未确

定或不可预见项目的储备金额。施工过程中业主有权依据工程进度的实际需要，用于施工或提供物资、设备，以及技术服务等内容的开支，也可以作为意外用途的开支。业主有权全部使用、部分使用或完全不用。

（4）暂列金额的使用。暂列金额只能按照监理人的指示使用，并对价格进行相应调整。某些项目的工程量清单中包括有"暂列金额"款项，尽管这笔款额计入合同价格内，但其使用却归工程师控制。监理工程师只有经过请示业主同意后方可有权动用。

工程师根据需要可以发布指示，要求承包人或其他人完成暂列金额项内开支的工作内容。因此，只有当承包人按照工程师的指示完成暂列金额项内开支的工作任务后，才能从其中获得相应支付。

 知识拓展

暂列金额是用于招标文件规定承包人必须完成的承包工作之外的费用，因此承包人报价时没将承包范围内发生的间接费、利润、税金等摊入其中，所以未获得暂列金额内的支付并不损害其利益。承包人接受工程师的指示完成暂列金额项内支付的工作时，应按工程师的要求提供有关凭证，包括报价单、发票、收据等结算支付的证明材料。

5. 指定分包商

1）指定分包商的概念

指定分包商是指总承包人根据发包人或工程师的指令，将承包工程中的某些专业部分交由发包人（或工程师）选择或指定的分包人来完成的特殊分包商。发包人（或工程师）指定分包的专业工程包含在总承包人的承包范围之内，指定分包合同由总承包人和指定分包人签订或与发包人签订三方合同。现阶段我国法律对指定分包尚没有明确定义。根据合同条款的规定，业主有权将部分工程项目的施工任务或涉及提供材料、设备、服务等工作内容发包给指定分包商实施。

合同内之所以规定有指定分包商，原因主要是业主在招标阶段划分合同包时，考虑到某部分施工的工作内容有较强的专业技术要求，总承包单位不具备相应的能力。但如果以一个单独的承包合同对待，又限于现场的施工条件或合同管理的复杂性，工程师无法合理地进行协调管理，因此为避免各独立合同之间的干扰，只能将这部分工作发包给指定分包商实施。

由于指定分包商是与承包人签订的分包合同，因而在合同关系和管理关系方面与一般分包商处于同等地位，对指定分包商施工过程中的监督、协调工作纳入总承包人的管理之中。指定分包工作内容可能包括部分工程的施工，以及供应工程所需的货物、材料、设备和设计、提供技术服务等。

2）指定分包商的特点

指定分包商与一般分包商虽然处于相同的合同地位，但二者并不完全一致，主要差别体现在以下几个方面。

（1）选择分包单位的权利不同。指定分包商是由业主或工程师选定，而一般分包商则由承包人直接选择。

（2）分包合同的工作内容不同。指定分包工作属于承包人无专业能力完成的，不属于合同约定范围之内的应由承包人必须完成的工作，即承包人投标报价时没有摊入间接费、管理费、利润、税金的工作，因此不损害承包人的合法权益。而一般分包商的工作则为承包人承包工作范围的一部分。

（3）工程款的支付开支项目不同。为了保证承包人的利益不损害，给指定分包商的付款从暂列金额内支付，而对一般分包商的付款，则从工程量清单中相应工作内容项内支付。因为业主选定的指定分包商要与总承包人签订分包合同，并需指派专职人员负责施工过程中的监督、协调、管理工作，所以应当在分包合同内具体约定总承包人与指定分包商的权利和义务，明确收取分包管理费的标准和方法。如果施工中需要指定分包商，在招标文件中必须给予较详细说明，承包人在投标书中填写收取分包合同价的某一百分比作为协调管理费。该费用包括现场管理费、公司管理费和利润等。

（4）业主对分包商利益的保护不同。虽然指定分包商与承包人签订分包合同后，按照权利义务关系指定分包商直接对承包人负责。但是，指定分包商毕竟是业主直接选定的，而且其工程款的支付从暂列金额内开支，所以，在合同条款内列有保护指定分包商的条款。

 知识拓展

FIDIC《施工合同条件》通用条款规定，承包人在每个月末报送工程进度款支付报表时，工程师有权要求其出示以前已按指定分包合同给指定分包商付款的相关证明。如果承包人没有合法理由而扣押了指定分包商上个月应得工程款的话，业主有权按工程师出具的证明从本月应得款内扣除这笔金额直接付给指定分包商。对于一般分包商则无此类规定，业主和工程师是不介入一般分包合同履行的监督。

（5）承包人对分包商违约行为承担责任的范围不同。除非由于承包人向指定分包商发布了错误的指示要承担责任外，对指定分包商的其他任何违约行为给业主或第三者造成损害而导致索赔或诉讼，承包人不承担任何责任。如果是一般分包商的违约行为，业主将其视为承包人的违约行为，按照主合同的规定追究承包人的责任。

3）指定分包商的选择

特殊专项工作的实施要求指定分包商拥有这方面的专业技术或具有专门的施工设备和独特的施工方法。业主和工程师往往根据所积累的资料、信息选择，也可能依据以前与之交往的经验，对其信誉、技术能力、财务能力等比较了解，通过议标方式选择。若没有理想的合作者，也可以就这部分承包人不善于实施的工作内容，采用招标方式选择指定分包商。

 知识拓展

招标文件中规定某项工作将由指定分包商负责实施并由承包人在投标时认可的，承包人不能反对该项工作由指定分包商完成，并负责协调管理工作。业主必须保护承包人合法利益不受侵害是选择指定分包商的基本原则，因此当承包人有合法理由时，有权拒绝某一单位作为指定分包商。为了确保工程施工的顺利进行，业主选择指定分包商应当首先征求承包人的意见，不能强行要求承包人接受承包人有理由反对的，或是拒绝与承包人签订保障承包人利益不受损害的分包合同的指定分包商。

6. 解决合同争议的方式

仲裁或诉讼都是解决合同争议的途径，但是仲裁或诉讼解决一方面往往会导致合同关系的破裂，另一方面解决起来费力、费时并且对双方的信誉都有不利的影响。所以，为了解决工程师的决定是否处理得公正的问题，FIDIC《施工合同条件》中增加了"争端裁决委员会"处理合同争议的程序。

1）解决合同争议的方式

（1）提交工程师决定。合同履行过程中建立以工程师为核心的项目管理模式，是 FIDIC 编制《施工合同条件》的基本出发点之一。所以，无论是承包人的索赔还是业主的索赔都应当首先提交给工程师。任何一方要求工程师作出决定时，工程师应当与双方协商并尽量达成一致。如果不能达成一致，工程师则应按照合同规定并综合考虑有关情况后作出公平的决定。

（2）提交争端裁决委员会决定。双方对于合同的任何争端，包括对工程师签发的证书、作出的决定、指示、意见或估价不同意接受时，都可将争议提交合同争端裁决委员会，同时将副本送交对方和工程师。裁决委员会在收到提交的争议文件后 84 天内作出合理的裁决。作出裁决后的 28 天内，任何一方未提出不满意裁决的通知，此裁决即为最终的决定。

（3）双方协商。任何一方对裁决委员会的裁决不满意或裁决委员会在 84 天内未能作出裁决，在 84 天期限后的 28 天内应当将争议提交仲裁。仲裁机构在收到申请后的 56 天后才开始审理，在这一时间双方应当尽力以友好的方式协商解决好合同争议。

（4）仲裁。如果双方未能通过协商解决争议，则只能由合同约定的仲裁机构最终解决。

2）争端裁决委员会

（1）争端裁决委员会的组成。在签订合同时，业主与承包人通过协商组成裁决委员会。裁决委员会可选定为 1 名或 3 名成员，一般由 3 名成员组成，供合同当事人双方选择，合同当事人每一方应提名 1 位成员，并由对方批准。双方应与这两名成员共同商定第三位成员，第三位成员作为主席。

（2）争端裁决委员会的性质。属于非强制性但具有法律效力的行为，相当于我国法律中解决合同争议的调解，但其性质则属于个人委托。争端裁决委员成员应满足以下要求。

① 对承包合同的履行有经验。

② 在合同的解释方面有经验。

③ 能流利地使用合同中规定的交流语言。

（3）争端裁决委员的工作。由于裁决委员会的主要任务是解决合同争议，因此不同于工程师需要常驻工地。

① 平时工作。裁决委员会的成员对工程的实施定期进行现场考察，了解施工进度和实际潜在的问题。一般在关键施工作业期间到现场考察，但两次考察的间隔时间不少于140天，离开现场前，应向业主和承包人提交考察报告。

② 解决合同争议的工作。接到任何一方申请后，在工地或其他选定的地点处理争议的有关问题。

（4）争端裁决委员的报酬。付给委员的酬金分为月聘请费和日酬金两部分，由业主与承包人平均负担。裁决委员会到现场考察和处理合同争议的时间按日酬金计算，相当于咨询费。

（5）争端裁决委员成员的义务。保证公正处理合同争议是其最基本义务，虽然当事人双方各提名1位成员，但他不能代表任何一方的单方利益，因此合同有以下规定。

① 在业主与承包人双方同意的任何时候，他们可以共同将事宜提交给争端裁决委员会，请他们提出意见。没有另一方的同意，任何一方不得就任何事宜向争端裁决委员会征求建议。

② 裁决委员会或其中的任何成员不应从业主、承包人或工程师处单方获得任何经济利益或其他利益。

③ 不得在业主、承包人或工程师处担任咨询顾问或其他职务。

④ 合同争议提交仲裁时，不能被任命为仲裁人，只能作为证人向仲裁提供争端证据。

3）争端裁决程序

（1）裁决委员会在接到业主或承包人任何一方的请求后，就会确定会议的时间和地点。解决争议的地点可以在工地或其他地点进行。

（2）裁决委员会成员审阅各方提交的材料。

（3）召开听证会，充分听取各方的陈述并审阅证明材料。

（4）调解合同争议并作出决定。

10.1.3 风险责任的划分

在合同履行过程中不可避免会发生的某些风险，在准备投标时即使有经验的承包人也是无法合理预见的。所以，业主不应当要求承包人在其报价中计入这些不可合理预见风险的损害补偿费，以取得有竞争性的合理报价。因此风险责任的划分的基本原则是：①通用条件内以投标截止日期前第28天定义为"基准日"作为业主与承包人划分合同风险的时间点；②在此日期后发生的作为一个有经验承包人在投标阶段不可能合理预见的风险事件，按承包人受到的实际影响给予补偿。若业主获得好处，也应取得相应的利益；③某一不利于承包人的风险损害是否应给予补偿，工程师不是简单看承包人的报价内包括或未包括对此事件的费用，而是以作为有经验的承包人在投标阶段能否合理预见作为判定准则。

1. 业主应承担的风险义务

1）合同条件规定的业主风险

属于业主的风险包括以下几个方面。

（1）战争、敌对行动、入侵、外敌行动。

（2）工程所在国内发生的叛乱、革命、暴动或军事政变、篡夺政权或内战（在我国实施的工程均不采用此条款）。

（3）不属于承包人施工原因造成的爆炸、核废料辐射或放射性污染等。

（4）超音速或亚音速飞行物产生的压力波。

（5）暴乱、骚乱或混乱，但不包括承包人及分包商的雇员因执行合同而引起的行为。

（6）因业主在合同规定以外使用或占用永久工程的某一区段或某一部分而造成的损失或损害。

（7）业主提供的设计不当造成的损失。

（8）一个有经验的承包人通常无法预测和防范的任何自然力作用。

前5种风险是业主或承包人都无法预测、防范和控制而保险公司又不承保的事件，而其损害后果又相当严重，业主应对承包人受到的实际损失（不包括利润损失）给予补偿。

2）不可预见的物质条件

（1）不可预见物质条件的范围。除气候条件外，承包人施工过程中遇到的不可预见物质条件的范围有以下内容。

① 不利于施工的外界自然条件、人为干扰。

② 招标文件和图纸均未说明的外界障碍物、污染物的影响。

③ 招标文件未提供或提供资料与实际情况不一致的地表以下的地质和水文条件。

（2）承包人及时发出通知。遇到上述情况后，承包人递交给工程师的通知中应当具体描述该外界条件的具体情况，并说明为什么认为是不可预见的原因。发生这类情况后承包人应继续实施工程，采用在此外界条件下合适且合理的措施，同时应当该遵守工程师给予的任何指示。

（3）工程师与承包人进行协商并作出决定。其判定原则有下面几条。

① 分析承包人在多大程度上对该外界条件不可预见。事件的原因可能属于业主风险或有经验的承包人应该合理预见的情况，也有可能双方都应负有一定责任，工程师应当合理划分双方的责任或责任限度。

② 不属于承包人的责任事件的影响程度，评定其损害或损失的额度。

③ 工程师在与业主和承包人协商或决定补偿之前，还应当审查是否在工程类似部分上出现过其他外界条件比承包人在提交投标书时合理预见的物质条件更为有利的情况。如果在一定程度上承包人遇到过此类更为有利的条件，工程师还应确定补偿时对因此有利条件而应支付费用的扣除与承包人作出商定或决定并且加入合同价格和支付证书中（作为扣除）。

④ 由于工程类似部分遇到的所有外界有利条件而作出对已支付工程款的调整结果不应当导致合同价格的减少，即如果承包人不依据"不可预见的物质条件"提出索赔时，不考虑类似情况下有利条件承包人所得到的好处，另外对有利部分的扣减不应超过对不利补偿的金额。

3）其他不能合理预见的风险

这些情况可能包括以下几方面。

（1）汇率的变化影响外币支付的部分。当合同内约定给承包人的全部或部分付款为某种外币，或约定整个合同期内始终以基准日承包人报价所依据的投标汇率为不变汇率按约定百分比支付某种外币时，汇率的实际变化对支付外币的计算不产生影响。若合同内规定按支付日当天中央银行公布的汇率为标准，则支付时需随汇率的市场浮动进行换算。因为合同期内汇率的浮动变化是双方签约时无法预计的情况，无论采用何种方式，业主都应当承担汇率实际变化对工程总造价影响的风险，可能对其有利，也可能不利。

（2）法律法规、政策变化对工程成本的影响。如果基准日后由于法律法规、法令和政策变化引起承包人实际投入成本的增加，这种情况下应当由业主给予补偿。如果导致施工成本的减少，当然由业主获得其中的好处，如在施工期内国家或地方对税收的减免等。

2. 承包人应承担的风险义务

风险发生在施工现场，属于不包括在保险范围内的，因为承包人的施工管理等失误或违约行为导致工程、业主人员的伤害及财产损失，承包人应当承担责任。依据合同通用条款的规定有以下几种情况。

（1）承包人对业主的全部责任赔偿的最高限额不应超过专用条款的约定。

（2）若未约定，则不应超过中标的合同金额。

（3）承包人因欺骗、有意违约或轻率的不当行为给业主造成的损失，赔偿的责任限度不受限额的限制。

 应用案例 10 - 1

案例概况

某大学（业主）与某建筑工程公司（承包人）按照 FIDIC《施工合同条件》签订了校体育馆的工程施工承包合同，同时该大学也通过招标与某监理公司签订了委托监理合同，该监理公司派了监理工程师到施工现场负责具体的监理工作。下面是在合同履行过程中出现的部分情况。

（1）工程师根据需要向承包人发布指示，要求承包人完成暂列金额项内开支的若干工作内容。承包人要求工程师先预付此项工作的 50% 费用，但工程师只同意了先预付 30% 的费用，其余 70% 在完成全部工作后一次结清，承包人同意。

（2）在合同争议提交仲裁时，当初合同当事人各自选定的一名争端裁决委员会成员被任命为仲裁人，双方又共同在仲裁委员会提供的仲裁员名单中选了一名仲裁员作为首席仲裁员。

（3）在施工现场，由于承包人的施工管理等失误行为导致了工程、业主人员的伤害及财产损失。在合同中未约定赔偿最高限额的情况下，业主要求承包人赔偿全部损失加违约金。

分析

用相关知识分析以上情况中当事人的做法有哪些不妥之处，并指出依据。

案例解析

（1）承包人的要求不合理，工程师的做法错误。按照 FIDIC《施工合同条件》暂列金额的使用规定：监理工程师在请示发包人同意后有权动用暂列金。工程师根据需要可以发布指示，要求承包人或其他人完成暂列金额项内开支的工作内容。但是，只有当承包人按照工程师的指示完成暂列金额项内开支的工作任务后，才能从其中获得相应支付。

（2）将争端裁决委员会成员被任命为仲裁人的做法是错误的。按 FIDIC 的《施工合同条件》中的规定，合同争议提交仲裁时，争端裁决委员会成员不能被任命为仲裁人，只能作为证人向仲裁提供争端证据。

（3）业主要求承包人赔偿全部损失加违约金的做法不正确。承包人的赔偿应以中标的合同金额为限。

按照 FIDIC《施工合同条件》通用条款的规定，在施工现场属于不包括在保险范围内的，由于承包商的施工管理等失误或违约行为导致工程、业主人员的伤害及财产损失，承包商应承担责任。依据合同通用条款的规定，承包商对业主的全部责任不应超过专用条款约定的赔偿最高限额，若未约定，则不应超过中标的合同金额。

10.1.4　施工阶段的合同管理

1. 施工进度管理

施工进度管理是指在项目建设过程中按经审批的工程进度计划，采用适当的方法定期跟踪、检查工程实际进度状况，与计划进度对照、比较找出两者之间的偏差，并对产生偏差的各种因素及影响工程目标的程度进行分析与评估，以及组织、指导、协调、监督监理单位、承包人及相关单位，及时采取有效措施调整工程进度计划。使工程进度在计划执行中不断循环往复，直至按设定的工期目标(项目竣工)即按合同约定的工期如期完成，或在保证工程质量和不增加工程造价的条件下提前完成为止。

1）施工计划

（1）认可承包人编制的施工进度计划。要求承包人收到开工通知后的 28 天内，按工程师要求的格式和详细程度提交施工进度计划，说明为完成施工任务而打算采用的施工方法、施工组织方案、进度计划安排，以及按季度列出根据合同预计应支付给承包人费用的资金估算表。

（2）进度计划的内容应包括以下几方面。

① 实施工程的计划进度。视承包工程的任务范围不同，可能还涉及设计进度(如果包括部分工程的施工图设计的话)；材料采购计划；永久工程设备的制造、运到现场、施工、安装、调试和检验各个阶段的预期时间(永久工程设备包括在承包范围内的话)。

② 每个指定分包商施工各阶段的安排。

③ 合同中规定的重要检查、检验的次序和时间。

④ 保证计划实施的说明文件。保证计划实施的说明文件包括承包人在各施工阶段准备采用的方法和主要阶段的总体描述，以及各主要阶段承包人准备投入的人员和设备数量的计划等。

（3）施工进度计划的确认。工程师不应当干预承包人按照他认为最合理的方法进行组织施工的权力。工程师对承包人提交的施工计划的审查主要涉及以下三个方面。

① 工程实施计划的总工期和重要阶段的里程碑工期是否与合同的约定一致。

② 承包人各阶段准备投入的人力资源和机械计划能否保证计划的实现。

③ 承包人拟采用的施工方案与同时实施的其他合同是否有冲突或干扰等。

　　上述情况如果出现，工程师就有权要求承包人修改计划方案。编制计划和按计划施工是承包人的基本义务之一，但承包人将计划提交的 21 天内工程师未提出需修改计划的通知，即认为该计划已被工程师认可。

　　2）工程师对施工进度的监督

　　（1）承包人每个月都应当向工程师提交施工进度报告，说明前一阶段的施工进度情况和施工中存在的问题，以及下一阶段的实施计划和准备采取的相应措施。报告包括以下几方面的内容。

　　① 设计（如有时）、承包人的文件、采购、制造、货物运达现场、施工、安装和调试的每一个阶段，以及指定分包商实施工程的这些阶段进展情况的图表与详细说明。

　　② 表明制造（如有时）和现场进展状况的照片。

　　③ 与每项主要永久设备和材料制造有关的制造商名称、制造地点、进度百分比，以及开始制造、承包人的检查、检验、运输和到达现场的实际或预期日期。

　　④ 说明承包人在现场的施工人员和各类施工设备数量。

　　⑤ 若干份质量保证文件、材料的检验结果及证书。

　　⑥ 安全统计。包括涉及环境和公共关系方面的任何危险事件与活动的详情。

　　⑦ 实际进度与计划进度的对比，包括可能影响按照合同完工的任何事件和情况的详情，以及为消除延误而正在（或准备）采取的措施等。

　　（2）实际进度与计划进度不符时要求承包人修改进度计划。不论实际进度是超前还是滞后于计划进度，为了使进度计划有实际指导意义，工程师随时有权指示承包人编制改进的施工进度计划并再次提交工程师认可后执行，新进度计划将代替原来的计划。

　　3）顺延合同工期

　　通用条件的条款中规定，非承包人应负责原因导致施工进度延误，应给予合理顺延合同工期，通常可能包括以下几种情况。

　　（1）延误发放图纸。

　　（2）延误移交施工现场。

　　（3）承包人依据工程师提供的错误数据导致放线错误。

　　（4）不可预见的外界条件。

　　（5）施工中遇到文物和古迹而对施工进度的干扰。

　　（6）非承包人原因检验导致施工的延误。

　　（7）发生变更或合同中实际工程量与计划工程量出现实质性变化。

　　（8）施工中遇到有经验的承包人不能合理预见的异常不利气候条件影响。

　　（9）由于传染病或政府行为导致工期的延误。

　　（10）施工中受到业主或其他承包人的干扰。

　　（11）施工涉及有关公共部门原因引起的延误。

　　（12）业主提前占用工程导致对后续施工的延误。

　　（13）非承包人原因使竣工检验不能按计划正常进行。

　　（14）后续法规调整引起的延误。

　　（15）发生不可抗力事件的影响。

2. 施工质量管理

1）承包人的质量体系

工程质量管理是建设项目管理中的重要内容。作为建设项目的主要建设者和管理者，总承包人需要建立完备的组织机构、相关制度来保证质量管理的顺利进行。

通用条件规定，为保证施工符合合同要求，承包人应当按照合同的要求建立一套质量管理体系。在每一项工作阶段开始实施之前，承包人应当将所有工作程序的细节和执行文件提交工程师，供其参考。工程师有权审查月进度报告中包含的质量文件以及质量体系中的任何方面，对不完善的地方可以提出改进意见和要求。因为保证工程的质量是承包人的基本义务，当其遵守工程师认可的质量体系施工并不能解除依据合同应承担的任何职责、义务和责任。

2）现场资料

投标书表明承包人在投标阶段对招标文件中提供的图纸、资料和数据，进行过认真审查和核对，现场实地考察和质疑，表明承包人已取得了对工程可能产生影响的有关风险、意外事故及其他情况的全部必要的资料，即对施工中涉及的以下相关事宜的资料承包人应当有了充分的了解。

（1）现场的现状和性质，包括资料提供的地表以下条件。

（2）水文和气候条件。

（3）为实施和完成工程及修复工程缺陷约定的工作范围和性质。

（4）工程所在地的法律、法规和雇佣劳务的习惯作法。

（5）承包人要求的通行道路、食宿、设施、人员、电力、交通、供水及其他服务。

3）业主同样有义务向承包人提供基准日后得到的所有相关资料和数据

业主除了对承包人自己依据资料的理解、解释或推论导致的错误不承担责任外，其他无论是在招标阶段提供的资料还是后续提供的资料，业主都应对资料和数据的真实性和正确性负责。

4）工程质量的检查和检验

为了确保工程的质量，工程师除了按照合同规定进行正常的检验外，还可以在他认为必要时依据变更程序，指示承包人变更规定检验的位置或细节、进行附加检验或试验等。因为额外检查和试验是基准日前承包人无法合理预见的情况，所以，涉及的费用和工期变化，视检验结果是否合格来划分责任。检验结果合格，费用由业主负责，工期顺延；检验结果不合格，费用由承包人负责，工期不予顺延。

5）对承包人设备的控制

施工进度的快慢及工程质量的好坏，在很大程度上取决于承包人投入施工的机械设备、临时工程在数量和型号上的满足程度。因而业主在决标时考虑的主要因素中就包括承包人在投标书中报送的设备计划。所以，通用条款规定了以下几点。

（1）承包人自有的施工设备。承包人自有的施工机械、设备、临时工程和材料，一经运抵施工现场就被视为专门为本合同工程施工之用。除了运送承包人人员和物资的运输车辆以外，其他施工机具和设备虽然承包人拥有所有权和使用权，但未经过工程师的批准，不能将其中的任何一部分运出施工现场。作出上述规定的目的是为了保证本工程施工顺利进行，但也并非绝对不允许在施工期内承包人将自有设备运出工地。某些使用台班数较少的施工机械在现场闲置期间，如果承包人的其他合同工程需要使用时，可以向工程师申请暂时运出。当工程师依据施工计划考虑该部分机械暂时不用而同意运出时，应当同时指示承包人在本工程需用时必须及时运回，以保证本工程的施工之用，承包人必须遵照执行。对于后期施工不再使用的设备，竣工前经过工程师批准后，承包人可以提前撤出工地。

（2）承包人租赁的施工设备。如果施工设备是承包租赁其他人处的，发包人应要求承包人在租赁协议中规定，在协议有效期内发生因承包人违约而解除设备租赁合同时，设备所有人应以相同的条件将该施工设备转租给发包人或发包人邀请承包本合同的其他承包人。

（3）要求承包工程增加或更换施工设备。如果工程师发现承包人使用的施工设备在数量和功能上影响了工程进度或施工质量时，工程师有权要求承包人增加或更换施工设备，由此增加的费用和工期延误责任由承包人自己承担。

6）环境保护

承包人在施工时应当遵守环境保护的相关法律、法规的规定，积极采取一切合理措施保护施工场地内外的环境，把因施工作业引起的污染、噪音或其他对公众人身和财产造成的损害及妨碍降到最低。施工产生的散发物、地面排水和排污不能超过环保规定的数值。

3. 工程变更管理

工程变更是指施工过程中出现了与签订合同时的预计条件不一致的情况，需要改变原定施工承包范围内的某些工作内容。工程变更与合同变更不同，前者对合同条件内约定的业主和承包人的权利义务没有实质性变动，只是对施工方法、内容作局部性的改动，属于正常的合同管理，只需按照合同的约定由工程师发布变更指令即可；而后者则属于对原合同需进行实质性改动，必须由业主和承包人通过协商达成一致后，以补充协议的方式变更。因为土建工程受自然条件等外界的影响较大，工程情况比较复杂且在招标阶段依据初步设计图纸招标。所以，在施工合同履行过程中不可避免地会发生一些变更。

1）工程变更的范围

FIDIC 条款中的工程变更是指设计文件或技术规范个性而引起的合同变更。它在特点上具有一定的强制性，且以监理工程师签发的工程变更为必要条件。在表现形式上它有以下范围的变更类型。

（1）因设计变更或工程规模变化而引起的工程量增减。由于招标文件中的工程量清单中所列的工程量是依据初步设计概算的量值，是为承包人编制投标书时合理进行施工组织设计和报价之用，因此在实施过程中会出现计划值与实际工程量不符的情况。为了便于合同管理，当事人双方应当在专用条款内约定工程量变化较大时可以调整单价的百分比，此百分比视工程的具体情况，可在15%～25%范围内确定。

（2）因设计变更或技术规范改变而导致的工程质量、性质或类型的改变，如在强制性标准外提高或者降低质量标准。

（3）因设计变更而导致的工程任何部分的标高、位置、尺寸的改变。这方面的改变无疑会增加或者减少工程量，所以也属于工程变更。

（4）因设计变更而使得某些工程内容被取消。因为删减掉的任何合同约定的工作内容意味着此工作内容应当是不再需要的工程，所以，绝对不允许用变更指令的方式将承包范围内的工作变更给其他承包人实施。

（5）为使工程竣工而实施的任何种类的附加工作。除承包人同意此项附加工作按变更对待外，一般应将新增工程按一个单独的合同来对待。因为，对于进行永久工程所必需的任何附加工作、永久设备、材料供应或其他服务，以及任何联合竣工检验、钻孔和其他检验及勘察工作，像这种变更指令实质上是增加与合同工作范围性质一致的新增工作内容，所以，对这类的附加工作不应当以变更指令的形式要求承包人使用超过他目前正在使用或计划使用的施工设备范围去完成新增工程。

（6）因规范变更而使得工程任何部分规定的施工顺序或时间安排发生改变。此类变更实际属于合同工期的变更，有可能是工程师为了协调几个承包人施工的干扰而发布的变更指示，也可能是基于增加工程量、增加工作内容等情况发布的。

2）工程变更程序

工程师可以在颁发工程接收证书前的任何时间，通过发布变更指示或以要求承包人递交建议书的任何一种方式提出工程变更。

（1）指示变更。工程师在业主授权范围内，在认为确实需要时根据施工现场的实际情况有权向承包人发布变更指示。指示的内容应当包括详细的变更的内容、变更的工程量、变更项目的施工技术要求和有关部门的文件图纸，以及变更处理的原则。

（2）工程师要求承包人递交建议书后再确定的变更具体程序如下。

① 由工程师将计划变更事项通知承包人并要求承包人递交实施变更的建议书。

② 承包人应当尽快予以回复。一种情况可能是承包人由于受到某些非自身原因的限制而回复工程师无法执行此项变更，那么工程师就应根据实际情况和工程的需要再次发出取消、确认或修改变更指示的通知。另一种情况是承包人依据工程师的指示递交实施此项变更的说明，其内容包括以下几方面。

其一，将要实施的工作的说明书以及该工作实施的进度计划。其二，承包人依据合同规定对进度计划和竣工时间作出任何必要修改的建议，提出工期顺延要求。其三，承包人对变更估价的建议，提出变更费用的要求。

③ 工程师作出是否变更的决定，应当尽快通知承包人说明批准与否或提出意见。

④ 承包人在等待答复期间不应当延误任何工作。

⑤ 工程师发出每一项实施变更的指示，都应当要求承包人记录支出的费用。

⑥ 承包人提出的变更建议书，工程师只是将其作为决定是否实施变更的参考。除了工程师作出指示或批准以总价方式支付的情况外，每一项变更应当依据计量工程量进行估价和支付。

3）工程变更估价

（1）变更估价的原则。实践中，承包人按照工程师的变更指示实施变更工作后，往往会涉及对变更工程的估价问题。变更工程的价格或费率，往往又是双方协商时的焦点。

计算变更工程应采用的费率或价格，一般可分为三种情况。

① 实施变更工作未导致工程施工组织和施工方法发生实质性变动，不应当调整该项目的单价。变更工作在工程量表中有同种工作内容的单价，应当以该费率计算变更工程费用。

② 虽然工程量表中列有同类工作的单价或价格，但对具体变更工作而言已不适用，应在原单价和价格的基础上制定合理的新单价或价格。

③ 变更工作的内容在工程量表中没有同类工作的费率和价格，应当按照与合同单价水平相一致的原则，确定新的费率或价格。任何一方不能以工程量表中没有此项价格为借口，将变更工作的单价定得过低或过高。

（2）可以调整合同工作单价的原则。允许对某一项工作规定的费率或价格加以调整时，必须具备以下条件。

① 此项工作实际测量的工程量比工程量表或其他报表中规定的工程量的变动大于10%。

② 工程量的变更与对该项工作规定的具体费率的乘积超过了接受的合同款额的0.01%。

③ 由此工程量的变更直接造成的该项工作每单位工程量费用的变动超过1%。

（3）删减原定工作后对承包人的补偿。工程师发布删减工作的变更指示后，承包人就不再实施此部分的工作，合同价格中包括的直接费部分没有受到损害，但摊销在该部分的间接费用、税金和利润实际上就不能合理回收。因此承包人可以就其损失向工程师发出通知并提供具体的证明材料，工程师与合同双方协商后确定一笔补偿金额加入合同价内。

4）承包人申请的工程变更

承包人根据工程施工过程中的具体情况，可以向工程师提出对合同内任何一个项目或工作的详细变更请求报告。但是在工程师批准之前承包人不得擅自变更，如果工程师同意，则按工程师发布的变更指示的程序执行。

（1）承包人提出变更建议。承包人认为如果采纳其建议将可能达到以下效果时，可以随时向工程师提交一份书面建议。

① 加速完工。

② 降低业主实施、维护或运行工程的费用。

③ 对业主而言能提高竣工工程的效率或价值。

④ 为业主带来其他利益。

（2）承包人应当自费编制此类建议书。

（3）承包人建议包括一项对部分永久工程的设计的改变如果是工程师批准的，而双方又没有其他协议的情况下，通用条款中规定设计该部分工程的任务应由承包人负责。如果承包人不具备设计资质，可以委托有资质单位进行分包，但分包人承担的变更设计工作应按合同中承包人负责设计的规定标准执行，具体要求包括以下几方面。

① 承包人应当按照合同中说明的程序向工程师提交工程变更部分的承包人的文件。

② 承包人的文件必须符合规范和图纸的要求。

③ 承包人应当对该部分工程负责，并且该部分工程完工后应适合于合同中规定的工程的预期目的。

④ 在开始竣工检验之前，承包人应当按照规范规定向工程师提交竣工文件，以及操

作和维修手册。

(4) 接受变更建议的估价。

① 如果此变更造成该部分工程的合同价格降低，工程师应与承包人商定或决定一笔费用并将之加入到合同价格中，这笔费用应是以下金额差额的 50%。

其一，合同价格的减少。由此变更造成的合同价值的减少，不包括依据后续政策法规变化作出的调整和因物价浮动调价所作的调整。其二，变更对使用功能的影响。考虑到质量、预期寿命或运行效率的降低，对业主而言已变更工作价值上的减少。

② 如果降低工程功能的价值大于减少合同价格对业主的好处，则没有该笔奖励费用。

4. 工程进度款的支付管理

1) 预付款

预付款是业主为了帮助承包人解决施工前期开展工作时的资金短缺而从将来要给付承包人的工程款中提前支付的一笔款项。合同工程是否有预付款以及预付款的金额多少、分期支付的次数及时间和扣还方式等都要在专用条款内事先约定。通用条件特别针对预付款金额不少于合同价 20% 的情况规定了如下管理程序。

(1) 承包人需首先将银行出具的履约保函和预付款保函交给业主并且通知工程师，工程师应在 21 天内签发"预付款支付证书"，业主按合同约定的数额和外币比例支付预付款。预付款保函金额始终保持与预付款等额，即随着承包人对预付款的偿还逐渐递减保函金额。

(2) 预付款在分期支付工程进度款的支付中是按百分比扣减的方式偿还。自承包人获得工程进度款累计总额达到合同总价 10% 那个月起扣，但是工程进度款累计总额不包括预付款的支付和保留金的扣减，合同总价是减去暂定金额后的数额。

(3) 本月证书中承包人应获得的合同款额(不包括预付款及保留金的扣减)中扣除 25% 作为预付款的偿还，直至还清全部预付款。即

每次扣还金额＝(本次支付证书中承包人应获得的款额－本次应扣的保留金)×25%

2) 用于永久工程的设备和材料款预付

由于合同条件中的承包是针对包工包料的单价合同编制的，因此规定由承包人自筹资金采购工程材料和设备，如果承包人想将这部分费用计入到工程进度款内结算支付，那么只有当这些材料和设备用于永久工程之后才可实现。通用条件的条款规定，为了帮助承包人解决因订购大宗主要材料和设备所占用资金的周转，订购物资在经工程师确认合格后，按照发票上价值 80% 的比例作为材料预付的款额支付给承包人，包括在当月应支付的工程进度款内。业主和承包人也可以在专用条款内修改这个百分比，目前施工合同中约定的这个百分比通常为 60%～90%。

(1) 承包人申请支付材料预付款。专用条款中规定的工程材料的采购满足以下条件后，承包人向工程师提交预付材料款的支付清单。

① 材料的质量和储存条件符合技术条款的要求。

② 材料已到达工地并经承包人和工程师共同验点入库。

③ 承包人按要求提交了订货单、收据价格证明文件、运至现场的费用证明。

(2) 工程师核查承包人提交的证明材料。材料预付款的金额是经工程师审核后实际

材料价值乘以合同中约定的百分比并包括在月进度付款签证中。

（3）预付材料款的扣还。材料最好不要大宗采购后在工地上储存时间过久，以避免材料锈蚀或变质，采购来的材料应尽快用于工程。通用条款中规定，当已预付款项的材料或设备用于永久工程后，便构成永久工程合同价格的一部分，在计量承包人工程量的应得款内扣除预付的款项，扣除金额与预付金额的计算方法相同。但专用条款内双方也可以约定其他的扣除方式。

3）业主的资金安排

通用条件内规定，为了保障承包人按时获得工程款的支付，如果合同内没有约定支付表，当承包人提出要求时，业主应当提供资金安排计划。

（1）承包人根据施工计划向业主提供不具约束力的各阶段资金需求计划。

① 接到工程开工通知的 28 天内，承包人应当向工程师提交每一个总价承包项目的价格分解建议表；资金需求估价单应在开工日期后 42 天之内提交。

② 根据施工的实际进展，承包人应当按季度提交修正的估价单，直到工程的接收证书已经颁发为止。

（2）业主应按照承包人的实施计划做好资金安排。通用条件作了如下规定。

① 接到承包人的请求后，应当在 28 天内提供合理的证据，表明已作出了资金安排并将一直坚持实施这种安排。此安排能够使业主按照合同规定支付合同价格的款额，但是此价格应当是按照当时的估算值。

② 如果业主想对工程款资金安排作出任何实质性变更，都应当向承包人发出通知并提供详细资料。

（3）业主如果未能按照资金安排计划和支付的规定执行，承包人可提前 21 天以上通知业主，将要暂停工作或降低工作速度。

4）保留金

保留金是双方按照合同的约定，业主从承包人应得的工程进度款中扣减的一笔相应金额保留在手中，作为约束承包人严格履行合同义务的措施之一。当承包人有一般违约行为使业主受到损失时，业主可从保留金额内直接扣除损害赔偿费。例如，承包人未能在工程师规定的时间内修复缺陷工程部位，业主可以雇用其他人来完成修复并支付其费用，事后这笔费用业主可从保留金中扣除。

（1）保留金的约定和扣除。承包人在投标书附录中按招标文件提供的信息和要求确认每次扣留保留金的百分比和保留金限额。每次月进度款支付时扣留的百分比一般为 5%～10%，累计扣留的最高限额为合同价的 2.5%～5%。从首次支付工程进度款开始，用该月承包人完成合格工程应得款加上因后续法规政策变化的调整和市场价格浮动变化的调价款为基数，乘以合同约定保留金的百分比作为本次支付时应扣留的保留金。逐月累计扣到合同约定的保留金最高限额为止。

（2）保留金的返还。扣留的保留金分两次返还给承包人。

第一次，颁发工程接收证书后的返还。颁发了整个工程的接收证书时，将保留金的前一半支付给承包人。如果颁发的接收证书只是限于某单位工程或部分工程，则

$$返还金额＝保留金总额×\frac{颁发接收证书的单位工程或部分工程的合同价值}{最终合同价格的估算值}×40\%$$

第二次，保修期满颁发履约证书后将剩余保留金返还。整个合同的缺陷通知期满，返还剩余的保留金。如果某单位工程颁发了接收证书，则在该单位工程的缺陷通知期满后，并不全部返还该部分剩余的保留金

$$返还金额＝保留金总额×\frac{颁发接收证书的单位工程的合同价值}{最终合同价格的估算值}×40\%$$

第二次支付后剩余的保留金应在各缺陷通知期限的最末一个期满日期后一次性返还。

合同内以履约保函和保留金两种手段作为约束承包人忠实履行合同义务的措施，当承包人严重违约而使合同不能继续顺利履行时，业主可以凭履约保函向银行获取损害赔偿；而因承包人的一般违约行为令业主蒙受损失时，通常利用保留金补偿损失。履约保函和保留金的约束期均是承包人负有施工义务的责任期限（包括施工期和保修期）。

保留金保函代换保留金。当保留金已累计扣留到保留金限额的60%时，为了使承包人有较充裕的流动资金用于工程施工，可以允许承包人提交保留金保函代换保留金。

业主返还保留金限额的50%，剩余部分待颁发履约证书后再返还。保函金额在颁发接收证书后不递减。

5）物价浮动对合同价的调整

（1）对于施工期较长的合同，为了合理分担市场价格浮动变化对施工成本影响的风险，在合同内要约定调价的方法。通用条款内规定为公式法调价。

$$P_n＝a＋b×\frac{L_n}{L_0}＋c×\frac{M_n}{M_0}＋d×\frac{E_n}{E_0}＋\cdots$$

公式中，P_n 为第 n 期内所完成工作以相应货币所估算的合同价值所采用的调整倍数，此期间通常是1个月，除非投标函附录中另有规定；a 为在数据调整表中规定的一个系数，代表合同支付中不调整的部分；b、c、d 为数据调整表中规定的系数，代表与实施工程有关的每项费用因素的估算比例，如劳务、设备和材料；L_n、E_n、M_n 为第 n 期内使用的现行费用指数或参照价格，以该期间（具体的支付证书的相关期限）最后一日之前第49天当天对于相关表中的费用因素适用的费用指数或参照价格确定；L_0、E_0、M_0 为基本费用参数或参照价格。

（2）可调整的内容和基价。承包人在投标书内填写并在签订合同前的谈判中确定，见表 10-1。

表 10-1　专用条款内可调价项目和系数的约定表

系数指数范围	来源国家 指出对应货币	指数来源 名称／定义	说明日期的价值	
			价值	日期
$a＝0.10$ 固定费				
$b＝$				
$c＝$				
……				

（3）延误竣工分为以下两种情况。

① 非承包人原因应负责任的延误。在工程竣工前每一次支付时，调价公式继续有效。

② 承包人应负责原因的延误。在后续支付时，要分别计算应竣工日和实际支付日的调价款，经过对比后按照对业主有利的原则执行。

6）基准日后政策、法规变化引起的价格调整

在投标截止日期前的第 28 天以后，国家的法律、行政法规或国务院有关部门的规章，以及工程所在地的省、自治区、直辖市的地方性法规或规章发生了变化，导致施工所需的工程费用发生增加或减少的情况，工程师与当事人双方协商后可以调整合同金额。如果导致变化的费用包括在调价公式中，则不再予以考虑。较多的情况是发生在工程建设期内承包人需交纳的税费变化，这是当事人双方在签订合同时不可能预见的合理情况，因此可以调整相应的费用。

7）工程进度款的支付程序

（1）工程量计量。工程量清单中所列的工程量仅是对工程的估算量，不能作为承包人完成合同规定施工义务的结算依据。每次支付工程月进度款前，均需通过测量来核实实际完成的工程量，以计量值作为支付依据。

采用单价合同的施工工作内容应当以计量的数量作为支付进度款的依据，而总价合同或单价包干混合式合同中，按总价承包的部分可以按图纸工程量作为支付依据，仅对变更部分予以计量。

（2）承包人提供报表。每个月的月末承包人应当按工程师规定的格式提交一式 6 份该月支付报表。内容包括提出该月已完成合格工程的应付款要求和对应扣款的确认，一般包括以下 7 个方面。

① 该月完成的工程量清单中工程项目及其他项目的应付金额（包括变更）。

② 政策、法规变化引起的调整应增加和减扣的任何款额。

③ 作为保留金扣减的任何款额。

④ 预付款的支付（分期支付的预付款）和扣还应增加和减扣的任何款额。

⑤ 承包人采购用于永久工程的设备和材料应预付和扣减款额。

⑥ 根据合同或其他规定（包括索赔、争端裁决和仲裁）应付的任何其他应增加和扣减的款额。

⑦ 对所有以前的支付证书中证明的款额的扣除或减少（对已付款支付证书的修正）。

（3）工程师签证。工程师接到报表后，对承包人完成的工程形象、项目、质量、数量以及各项价款的计算进行核查。如果有疑问，可以要求承包人共同复核工程量。在收到承包人的支付报表后 28 天内，工程师按核查结果以及总价承包分解表中核实的实际完成情况签发支付证书。工程师可以不签发证书或扣减承包人报表中部分金额，具体包括以下情况。

① 合同内约定有工程师签证的最小金额时，当月应签发的金额小于签证的最小金额，工程师不出具月进度款的支付证书。当月应付款额接转下月，待超过最小签证金额后一并支付。

② 承包人提供的货物或施工的工程不符合合同要求，可扣发修正或重置相应的费用，直至修整或重置工作完成后再支付。

③ 承包人未能按合同规定进行工作或履行义务，并且工程师已经通知了承包人，则

可以扣留该工作或义务的价值，直至承包人的工作或义务履行为止。

工程进度款支付证书属于临时支付证书，工程师有权对以前签发过的证书中发现的错、漏或重复更改或修正，承包人也有权提出更改或修正，经双方复核同意后，将增加或扣减的金额纳入本次签证中。

（4）业主支付。承包人的报表经过工程师认可并签发工程进度款的支付证书后，业主应当在接到证书后及时给承包人付款。业主的付款时间不应超过工程师收到承包人的月进度付款申请单后的 56 天。如果业主逾期支付将承担延期付款的违约责任，延期付款的利息按银行贷款利率加 3‰ 计算。

10.1.5 竣工验收阶段的合同管理

1. 竣工检验和移交工程

1）竣工检验

如果承包人完成工程并准备好竣工报告所需报送的资料后，应当提前 21 天将某一确定的日期通知工程师，说明此日后已准备好进行竣工检验。工程师应指示在该日期后 14 天内的某日进行。此项规定同样适用于按合同规定分部移交的工程。

2）颁发工程接收证书

基本竣工是指工程已经通过竣工检验，能够按照预定目的交给业主占用或使用，而非完成了合同规定的包括扫尾、清理施工现场及不影响工程使用的某些次要部位缺陷修复工作后的最终竣工，剩余工作允许承包人在缺陷通知期内继续完成。这样规定有助于准确判定承包人是否按合同规定的工期完成了施工义务，也有利于业主尽早使用或占有工程，及时发挥工程效益。当工程通过竣工检验达到了合同规定的"基本竣工"要求后，承包人在其认为可以完成移交工作前 14 天以书面形式向工程师申请颁发接收证书。

工程师接到承包人申请后的 28 天内，如果认为已满足竣工条件，即可颁发工程接收证书；如果不满意，则应当书面通知承包人，指出还需完成哪些工作后才能达到基本竣工条件。工程接收证书中包括确认工程达到竣工的具体日期。颁发工程接收证书后承包人对此部分的施工义务已经完成，今后对工程的看护责任由业主负责。

在以下两种特殊情况下，虽未经过竣工检验，工程师也应颁发工程接收证书。

（1）业主提前占用工程。工程师应及时颁发工程接收证书，并确认业主占用日为竣工日。提前占用或使用表明该部分工程已达到竣工要求，对工程照管责任也相应转移给业主，但承包人对该部分工程的施工质量缺陷仍负有责任。工程师颁发接收证书后，应尽快给承包人采取必要措施完成竣工检验的机会。

（2）因非承包人原因导致不能进行规定的竣工检验，工程师应在本该进行竣工检验日签发工程接收证书，将这部分工程移交给业主照管和使用。工程虽已接收，仍应在缺陷通知期内进行补充检验。当竣工检验条件具备后，承包人应在接到工程师指示进行竣工试验通知的 14 天内完成检验工作。由于非承包人原因导致缺陷通知期内进行的补检，属于承包人在投标。

2. 未能通过竣工检验

1）重新检验

当整个工程或工程的某区段未能通过竣工检验时，承包人必须对缺陷进行修复和改正，然后在相同条件下重复进行此类未通过的试验和对任何相关工作的竣工检验。

2）重复检验仍未能通过

当承包人对缺陷进行修复和改正后，重新按照检验条款的规定进行竣工检验，如果重复检验仍未能通过，那么工程师应有权按照缺陷的实际情况选择以下任何一种处理方法。

（1）指示再进行一次重复的竣工检验。

（2）如果由于该工程缺陷致使业主基本上无法享用该工程或该区段所带来的全部利益而拒收整个工程或该区段（视情况而定），在这种情况下，业主有权获得承包人的赔偿，包括拆除工程、清理现场及将永久设备和材料退还给承包人所支付的费用；业主为整个工程或该部分工程（视情况而定）所支付的全部费用及融资费用。

（3）颁发一份接收证书（如果业主同意的话），折价接收该部分工程。合同价格应当按照可以适当弥补由于此类失误而给业主造成的减少的价值数额予以扣减。

3. 竣工结算

1）承包人报送竣工报表

承包人必须在颁发工程接收证书后的 84 天内，按照工程师规定的格式报送竣工报表。报表内容包括以下几方面。

（1）到工程接收证书中指明的竣工日止，根据合同完成全部工作的最终价值。

（2）承包商认为应该支付的其他款项，如要求的索赔款、应退还的部分保留金等。

（3）承包商认为根据合同应支付的估算总额。估算总额应在竣工结算报表中单独列出，以便工程师签发支付证书。所谓"估算总额"，是指这笔金额还未经过工程师审核同意。

2）竣工结算与支付

工程师在接到竣工报表后，应当对照竣工图进行工程量详细核算，对其他支付要求进行逐一审查，然后再依据检查结果签署竣工结算的支付证书。此项签证工作，工程师必须在收到竣工报表后 28 天内完成。业主依据工程师的签证给承包人以支付。

10.1.6 缺陷通知期阶段的合同管理

1. 工程缺陷责任

1）承包人在缺陷通知期内应当承担的义务

工程师在缺陷通知期内可就以下事项向承包人发布指示。

（1）将不符合合同规定的永久设备或材料替换并从现场移走。

（2）将不符合合同规定的工程拆除并重建。

（3）实施任何因保护工程安全而需进行的紧急工作，无论此项工作是起因于事故还是不可预见事件或者是其他事件。

2）承包人的补救义务

承包人必须在工程师指示的合理时间内完成上述工作。如果承包人未能遵守工程师的指示，业主有权雇佣其他人实施并给予付款。若承包人未能遵守工程师指示的原因是属于承包人应当承担的责任范围，业主有权按照业主索赔的程序向承包人追偿。

2. 履约证书

履约证书是证明承包人已经按合同规定完成全部施工义务的文件。因此，该证书颁发后工程师就无权再指示承包人进行任何施工工作了，承包人即可办理最终结算手续。

如果缺陷通知期内工程圆满地通过运行考验，工程师应当在期满后的 28 天内，向业主签发解除承包人承担工程缺陷责任的证书并将副本送给承包人。但此时仅意味承包人与合同有关的实际义务已经完成而合同尚未终止，剩余的双方合同义务只限于财务和管理方面的内容。业主应在证书颁发后的 14 天内，退还承包人的履约保证书。

📚 **特别提示**

缺陷通知期满时，工程师如果认为还存在影响工程运行或使用的较大缺陷，可以延长缺陷通知期、推迟颁发证书，但缺陷通知期的延长不应超过竣工日后的 2 年。

10.1.7 最终结算

最终结算是在颁发履约证书后对承包人完成全部工作价值的详细结算，以及根据合同条件对应付给承包人的其他费用进行核实，确定最终合同的价格。

在履约证书颁发后的 56 天内，承包人应当向工程师提交最终报表草案，以及工程师要求提交的其他有关资料。最终报表草案要求详细说明根据合同完成的全部工程价值和承包人依据合同认为还应支付给他的任何进一步款项，例如剩余的保留金及缺陷通知期内发生的索赔费用等。

工程师在审核后要与承包人协商，对最终报表草案进行适当的补充或修改后形成最终报表。承包人将最终报表送交工程师的同时，还需要向业主提交一份"结清单"，进一步证实最终报表中的支付总额，作为同意与业主终止合同关系的书面文件。

在接到最终报表和结清单附件后的 28 天内，工程师签发最终支付证书，业主应当在收到证书后的 56 天内支付。只有当业主按照最终支付证书的金额予以支付并退还履约保函后，结清单才生效，承包人的索赔权也即行终止。

10.2 交钥匙工程合同条件的管理

10.2.1 概述

FIDIC 1999 年出版了《设计采购施工（EPC）/交钥匙工程合同条件》，EPC 为 Engineering Procurement and Construction 或 Engineer, Procure and Construct 的缩写，可译

为设计—采购—施工(交钥匙)项目合同条件。一般情况下由承包人实施所有的设计、采购和建造工作，完全负责项目的设备和施工，雇主基本不参与工作，即在"交钥匙"时，提供一个配套完整、可以运行的设施。它适用于项目建设总承包的合同。

交钥匙工程多用于在确定地点实施的具体工业项目，在发展中国家修建酒精厂、粮食加工厂、屠宰场、发电厂和废料处理等经常采用这种方式。这种方式很少在有很多不确定因素或困难的情况下采用。通常在交钥匙工程中涉及先进技术和加工许可的转让，这样能参与投标的竞争者就受到限制，这类先进技术不仅涉及工程施工还涉及工程的运作。通常情况下资本所有者或赞助商不具有这种专项技术的所有权，也很难找到能提供此类设计的设计商。

交钥匙工程当中，在工程启动和钥匙交付以前，理论上招标人并不参与工作，但是在实际操作中并非如此，因为几乎所有公司在工程执行中都不同程度地有所参与，但承包人仍负有责任，因为在统一结算交钥匙工程中必须规定各自在工程设计监督、工程施工、启动试验中的责任和义务。下面仅就其与《施工合同条件》的主要区别予以介绍。

10.2.2 合同管理的主要特点

1. 合同的主要特点

1) 承包的工作范围

交钥匙工程就是建筑设计公司、工程承包人、工程公司或建筑公司统一承担工程的设计，规划，采购交接，施工和启动，以及操作和维护工作。即业主招标时发包的工作范围为建设一揽子发包，如果业主将部分的设计、设备采购委托给其他承包人，则属于指定分包商的性质，仍由承包人负责协调管理。

2) 业主对项目建设的意图

在招标文件组成部分的合同条件中，业主必须在"业主要求"条款内明确说明对项目的设计要求和功能要求等，诸如工程的设计标准、范围、目标及其他应当达到的标准等具体内容和风险责任的划分，投标人将以这些要求作为依据来编制方案进行投标。在招标阶段业主与承包人可以就技术问题和承包条件进行探讨，所有达成的协议将作为合同的组成部分。

3) 承包方式

交钥匙工程合同是采用固定最终价格及固定竣工日期的方式承包。设计、施工和保修及建设期内的设备采购和材料供应均由承包人负责，业主只是提出项目的建设意图和要求，对承包人的工作只是进行有限的控制，而不进行干预，承包人按照选择的方案和措施进行工作，只要最终结果满足业主规定的功能标准即可。

2. 参与合同管理的有关各方

1) 合同当事人

交钥匙合同的当事人是业主和承包人，因为交钥匙工程的合同不允许转让，所以不存在任何一方的受让人。合同中的权利义务设定仅为当事人之间的关系。

2) 参与合同管理的有关方

交钥匙工程的合同管理工作主要由业主代表和承包人代表负责，合同中没有对工程师的专门定义。另外，业主选择的指定分包商和承包人选择的分包商也要参与合同履行过程中相关方面的管理工作。

(1) 业主代表。合同的履行管理工作由业主任命的代表负责，可以行使除了因承包人严重违约而决定终止合同以外合同规定的全部权力。业主可以雇用工程师作为其代表，也可以委派本企业的员工作为业主代表。如果业主任命一位工程师作为独立的代表，那么鉴于工程师在工作中需要遵循职业道德的要求，业主应当在专用条款内予以说明，以便承包人在投标阶段知晓。

(2) 承包人代表。承包人任命并授权代表自己负责合同履行管理的代表，需要经过业主同意。承包人代表可以是总承包单位分立出的管理机构，也可以聘用工程师作为代表。合同条件规定的职责包括以下内容。

① 以其全部时间指导施工文件的编制和工程的实施。

② 受理合同范围内的所有通知、指示、同意、批准、证书签证、决定及其他联络。

③ 对设计和施工进行一切必要的监督。

④ 负责协调管理，包括现场与业主签订合同的其他承包人之间的工作。

(3) 分包商。因为承包范围较广、内容较多，工作的性质又有很大的差别，所以，分包商承担的工作内容可能有设计、施工、材料供应、设备制造或机组调试等。通用条件内对分包作了以下两方面的规定：一是承包人不得将整个工程都分包出去；二是业主接受并在专用条款中约定的分包工作，承包人应当在 28 天以前将其选择的分包商的有关资质、经验等详细资料，以及分包商开始工作的时间通知业主，经业主认可后，分包商才可以开始分包工作。

3. 合同文件

1) 合同文件的组成

对业主与承包人有约束力的总承包合同文件包括以下几个方面的内容。

(1) 合同协议书。

(2) 合同专用条件。

(3) 合同通用条件。

(4) 业主的要求。

(5) 投标书和构成合同组成部分的其他文件。

各文件之间如果出现矛盾或歧义时，以上的排列即为解释的优先次序，业主和承包人应当尽可能通过协商达成一致。如果达不成一致意见，业主应当对相关情况给予全面考虑后作出公平的确定。

2) 业主的要求文件

"业主要求"标题的文件相当于《施工合同条件》中"规范"的作用，它既是承包人作为投标报价的基础，又是合同管理的主要依据，一般包括以下几方面的规定。

(1) 工程在功能方面的特定要求。

（2）发包的工作范围及质量标准。

（3）有关的信息。可能涉及业主已（或将要）取得的规划、建筑许可；现场的使用权和进入方法；现场可能同时工作的其他承包人；放线的基准资料和数据；现场可能提供的电、水、气和其他服务；业主可以提供的施工设备和免费提供的材料；保证设计和施工业主应提供的数据和资料等。

（4）对承包人的要求。如按照法律法规的规定承包人履行合同期间应许可、批准、纳税；环保要求；要求送审的承包人文件；为业主人员的操作培训；编制操作和维修手册的要求等。

（5）质量检验要求。如对检验样品的规定；在现场以外试验检测机构进行的检测试验；竣工试验和竣工后试验的要求等。

4. 风险责任

1）承包人承担的风险

此类合同属于固定价格合同，合同的主要风险由承包人承担。承包人应当被认为在投标阶段已获得了对工程可能产生影响的意外事件、有关风险和其他情况的全部必要的资料。通过签订合同，承包人接受并承担在工程实施过程中应当预见到的所有困难和费用的全部责任。所以，合同价格对任何未预见到的困难和费用都不应考虑调整。

2）业主承担的风险

业主主要承担的是因社会环境和人为事件导致损害且保险公司不承保的事件，这些风险包括以下内容。

（1）战争、敌对行动、入侵、外敌行动。

（2）工程所在国内的叛乱、恐怖活动、革命、暴动、军事政变或篡夺政权、内战。

（3）承包人人员和分包商以外人员在工程所在国内发生的骚动、罢工或停工。

（4）工程所在国内的不属于承包人使用的军火、爆炸物资、电辐射或放射性污染引起的损害。

（5）由于飞行物或装置所产生的压力波造成的损害。

3）不可抗力及保险

（1）不可抗力。合同中定义的"不可抗力"，除了业主承担的五种风险外还包括自然灾害造成的损害。

（2）保险。合同中可以约定业主或承包人任何一方为工程、生产设备、材料和承包人文件办理保险，保险金额不低于包括拆除运走废弃物的费用以及专业费用和利润，保险期限应保持到颁发履约证书前且持续有效。

（3）不可抗力的后果。属于业主风险的事件，应当给予承包人工期顺延和费用补偿，而对于自然灾害的损害，只给予承包人工期顺延，费用损失通过保险索赔获得。

10.2.3 工程质量管理

承包人交钥匙工程的工作是从工程设计开始一直到完成保修责任后的全部义务。在此过程中，业主只提出工程的功能、设计准则等基本要求，因此工作内容不如单独施工合同那样明确、具体。承包人只有在完成设计后才能确定工程实施的细节，进而编制施工计划再开始并完成施工。

1. 承包人的质量保证体系

承包人应当按合同的要求编制工程质量保证体系。在每一设计及施工阶段开始前，承包人应当将所有工作程序的执行文件提交给业主代表，并遵照合同约定的细节要求对施工质量保证措施向业主代表予以说明。业主代表有权审查和检查其中的任何方面，对不满意之处可令其修改。

2. 设计的质量责任

1) 业主的义务

业主应当提供相应的施工资料作为承包人施工设计的依据，这些资料包括在"业主要求"文件中写明的或合同履行阶段陆续提供的，并对提供的以下几方面数据及资料的正确性负责。

（1）合同中规定由业主负责的和不可变部分的数据及资料。

（2）对工程或其他任何部分的预期目的说明。

（3）竣工工程的试验和性能标准。

（4）除合同另有说明外，承包人无法核实的部分、数据和资料。

2) 业主代表对设计的监督

（1）对设计人员的监督。如果承包人的设计人员或设计分包人未在合同专用条件中注明，那么他们在承担工程任何部分的设计任务前必须征得业主代表的同意。

（2）保证设计效果符合业主的建设意图。交钥匙工程合同中设计人员或设计分包者不直接与业主发生合同关系，但是承包人应当保证他们在合理时间内能随时参与业主代表组织的设计讨论。

（3）对设计质量的控制。为了加快工程建设缩短工程的建设周期，交钥匙工程合同并不是严格要求承包人完成整个工程的初步设计或施工图设计后再开始施工。合同允许某一部分工程的施工文件编制完成后，经过业主代表批准即可开始实施。业主代表有权对设计的质量进行控制，主要表现在以下几个方面。

① 批准施工文件。承包人应当遵守规范的标准，足够详细地编制施工文件，除设计文件外，在文件内容中还应当包括对供货商和施工人员实施工程提供的必要指导以及对竣工后工程运行情况的描述。当施工文件的每一部分编制完毕提交审查时，业主代表应在合同约定的审核期内完成批准手续，审核期一般不超过 21 天。

② 监督施工文件的执行。任何施工文件在获得批准前或审核期限届满前，都不得开始该项工程部分的施工。

在施工时应当严格按施工文件进行。如果承包人要求对已批准文件加以修改，应当及时通知业主代表，随后按审核程序再次获得批准后才可以施工。

③ 对竣工资料的审查。在竣工检验前，承包人应当向业主提交竣工图纸，工程至竣

工的全部记录资料、操作及维修手册，请业主代表审查。

3）承包人的义务

在业主提供的资料中大多数是供承包人参考的数据和资料。由于工程的设计是由承包人负责的工作，因此承包人对从业主或其他方面获得的任何资料都要认真核实。业主除了应对上述"业主责任"中的四条负责情况外，不对所提供资料中的其他任何错误、不准确或遗漏负责。承包人使用来自业主或其他方面错误资料进行的设计和施工，不解除承包人的义务。

4）承包人应保证设计质量

（1）"业主要求"中提出的项目建设意图承包人应当予以充分理解，依据业主提供及自行勘测现场的基本资料和数据，按照设计规范要求完成设计工作。

（2）承包人的合同责任不因业主代表对设计文件的批准而解除。

（3）承包人应当保证不因其自身行为侵犯他人专利权而使业主受到损害。

3. 对施工的质量控制

交钥匙工程的施工和竣工阶段的质量控制条款与《施工合同条件》的规定基本相同，只是增加了竣工检验的内容。

1）竣工试验

交钥匙工程的竣工试验是包括生产设备在内的试验，具体应按如下程序进行。

（1）启动前试验。为了证明每台生产设备都能承受下一阶段的试验，启动前试验应包括适当的性能试验和检验。

（2）启动试验。为了证明工程或分项工程能根据规定在所有可应用的操作条件下安全的运行，启动试验应当包括规定的运行试验。

（3）试运行。为了证明运行可靠且符合合同要求，工程或分项工程在稳定运行时，还需要进行各种性能的试验。

2）竣工后试验

工业项目中往往包括一些大型生产设备，这就需要进行竣工后的试验。如果合同中规定了竣工后的试验，那么为了证明质量符合"业主要求"中规定的标准和承包人的"保证表"中规定的性能指标，当工程达到稳定运行条件并运行了一段合理时间后，还需要进行各种性能的试验。

在大型工业项目在工程或区段竣工满负荷运行一段时间后，还要继续检验工程或设备的各项技术指标、参数是否达到"业主要求"中规定和承包人提供的"保证表"中承诺的可接受"最低性能标准"。

3）延误检验与检验不合格

（1）延误检验。业主在设备运行期间无故拖延约定的竣工后检验致使承包人产生附加费用，应连同利润加入到合同价格内。

（2）检验不合格。竣工后检验不合格分为以下两种情况。

① 如果未能通过竣工后检验，承包人应当首先向业主提交调整和修复的建议。只有业主同意并认为在合适的时间可以中断工程运行，承包人方可进行这类调整或修复工作并

在相同条件下重复检验工作。

② 竣工后的检验如果未能达到规定可接受的最低性能标准，那么就按专用条件内约定的违约金计算办法，由承包人向业主赔偿该部分工程的相应损失。

10.2.4　合同的支付管理

1. 合同计价类型

交钥匙合同通常采用的是不可调价的总价合同，因此税费的变化、市场物价的浮动等都不影响合同价格的变动，只有当合同履行过程中因法律法规调整而对工程成本产生影响后，双方才可协商调整合同价格。如果具体工程的实施期限很长，也允许业主与承包人在专用条件内约定物价增长后合同价格的调整方法来代换通用条件中的规定。

2. 预付款

业主如果要支付承包人用于动员和设计的预付款，那么业主就要在专用条款内明确约定以下内容。

(1) 预付款的数额。

(2) 分期付款的次数和时间安排的计划。如果没有约定此表，那么业主就应一次性支付给承包人全部预付款。

业主的工程如果要求承包人提供多项生产设备，在生产制造期内需要业主分阶段付款的话，由于设备不可能运到现场让业主获得所有权，因此这种支付也是一种预付的性质。除了在专用条件内约定与制造阶段衔接的付款计划外，业主还可以要求承包人为此类支付预先提交与预付款保函格式相同的担保。

(3) 预付款分期扣还的比例。专用条件内如果未约定其他的扣还方式，则应采取每次中期付款时，将本次应支付承包人的款额乘以约定的比例计算本次应扣还金额，最后在颁发工程接收证书前全部扣清。分期扣还比例可按下式计算

$$分期扣还比例 = 预付款总款 / (合同价格 - 暂列金额) \times 100\%$$

3. 工程进度款的支付

1) 支付程序

交钥匙工程合同内可以约定工程进度款按月支付或分阶段支付中任何一种方式，因此合同内必须包括分期支付的付款计划表。在合同约定的日期，承包人可以直接向业主提交期中付款申请的支付报表，业主除了审查付款的内容外，还要参照付款计划表检查实际进度是否符合合同约定。当业主发现工程的实际进度落后于计划时，业主可与承包人协商后按照滞后的程度确定修改此次分期付款额并要求承包人修改付款计划表。

2) 申请工程进度款支付证书的主要内容

(1) 截止到月末已实施的工程和已提出的承包人文件的估算合同价值(包括变更)。

(2) 由于法律改变和市场价格浮动对成本的影响(如果合同有约定)应增减的任何款项。

（3）应扣留的保留金数额。

（4）按照预付款的约定应进一步支付和扣减的数额。

（5）按照业主索赔、承包人索赔、争端、仲裁等条款确定的应补偿或扣减的款项。

（6）包括在以前已支付报表中可能存在的减少额。

3）竣工结算和最终付款

这两个阶段的支付程序和内容与《施工合同条件》规定的内容基本相同。

10.2.5　工程的进度控制

1. 工程进度计划

1）工程计划安排

在工程开工后 28 天内承包人提交的工程进度计划应包括以下内容。

（1）计划实施工程的顺序，包括工程各主要阶段的预期时间安排。

（2）合同规定承包人负责编制的有关技术文件审核时间及期限。

（3）合同规定各项检验和试验的顺序及时间安排。

（4）上述计划说明报告的内容包括以下两方面。

① 工程各阶段实施中拟采用方法的描述。

② 各阶段准备投入的人员和设备的计划。

业主代表在接到计划的 21 天内如果未提出异议，视为认可承包人的计划。

2）工程进度报告

承包人在每个月末都需要提交进度报告，内容包括以下几方面。

（1）设计、承包人文件、采购、制造、货物运到现场、施工、安装、试验、投产准备和运行等每一阶段进展情况的图表及详细说明。

（2）反映制造情况及现场进展情况的照片。

（3）工程设备的制造情况。包括制造商名称、制造地点、进度的百分比，以及开始制造、承包人的检验、制造期间的主要试验、发货及运抵现场的实际或预计时间安排。

（4）承包人本月投入实施合同工程的人员及设备记录。

（5）工程材料的质量保证文件、试验结果及合格证的副本。

（6）本月按照变更和索赔程序业主和承包人发出的通知清单。

（7）安全情况。

（8）工程实际进度与工程计划进度的对比。包括可能影响竣工时间的事件详情，以及消除延误影响准备采取的措施。

3）工程修改进度计划

工程实际进度与工程计划进度不论是超前或滞后出现较大偏离时，承包人都应修改进度计划提交业主认可。

2. 工程合同工期的延长

虽然 EPC 合同属于固定工期的承包方式，但非承包人责任导致工程进度延误时，业主应给予延长竣工的时间。这些情况大致包括以下几点。

（1）不可抗力造成的延误。

（2）业主指示暂时停工造成的延误。

（3）变更导致承包人施工期限的延长。

（4）业主应承担责任的事件对施工进度的干扰。

（5）因项目所在单位行政当局原因造成的延误等。

10.2.6　工程计划的变更

1. 出现变更的原因

因为 EPC 合同的承包范围较大，所以涉及变更的范围要比《施工合同条件》简单。

1）业主要求的变更

业主要求的变更一般源于改变预期功能，提高部分工程的标准或因法律法规政策性调整。

2）承包人提出的变更建议

实施过程中承包人提出对原实施计划的变更建议，此类的执行要求与《施工合同条件》相同。承包人提出对原实施计划的变更建议经过业主同意后也可以变更。

2. 变更条款的有关规定

通用条件中对变更作出了以下几方面的明确规定。

（1）不允许业主以变更的方式删减部分工作而交给其他承包人完成，但由指定承包人完成的工作不属于此范畴。

（2）不仅要求承包人在变更工作开始前必需编制和提交变更计划书，而且还要求其在实施过程中作好变更工作的各项费用记录。

（3）业主接到承包人提出的延长工期要求，应对以前所作出过的确定进行审查。合同工期可以延长，但不得减少总的延长时间，此规定的含义是：如果删减部分原定的工作，对约定的总工期以前已批准延长的总工期不得减少。这是确定延长竣工时间的基本原则。

10.3　分包合同条件的管理

FIDIC 编制的《土木工程施工分包合同条件》是与《土木工程施工合同条件》配套使用的分包合同文本。分包合同条件适用于承包人与其选定的分包商，或者与业主选择的指定分包商签订的合同。分包合同条件的主要特点是，既要保持与总包合同条件中分包工程部分规定的权利义务约定一致，又要区分负责实施分包工作当事人改变后两个合同之间的差异。

FIDIC《土木工程施工分包合同条件》包括以下内容。

第一部分——通用条件：①定义及解释；②一般义务；③分包合同条件；④主合同；

⑤临时工程、承包人的设备和(或)其他设施(如有时);⑥现场工作和通道;⑦开工和竣工;⑧指示和决定;⑨变更;⑩变更的估价;⑪通知和索赔;⑫分包商的设备、临时工程和材料;⑬保障;⑭未完成的工作和缺陷;⑮保险;⑯支付;⑰主合同的终止;⑱分包商的违约;⑲争端的解决;⑳通知和指示;㉑费用及法规的变更;㉒货币及汇率。

第二部分——特殊应用条件编制指南(附报价书及协议书格式)。

FIDIC 土木工程施工分包合同通用条件和特殊应用条件与对应的条款编号相联系,共同构成了决定分包合同各方权利和义务的分包合同条件。为适应每一具体的分包合同,特殊应用条件必须特别拟定。特殊应用条件编制指南旨在为各个条款提供适宜的选择方案以帮助进行此项工作。

在第二部分中的条款,需特别注明以下内容。

(1) 凡第一部分措词特别要求在第二部分中包含进一步的信息,而第二部分如果没有这些信息,那么分包合同条件不完整。

(2) 凡第一部分中的措词提到在第二部分可能包含有补充材料,但第二部分若没有这些材料,合同条件仍不失为完整。

(3) 分包工程的类型、环境或所在地区,要求须增加的条款(如分包商由雇主指定的情况)。

(4) 所在国法律或特殊环境要求第一部分所含条款有所变动。此类变动应如此进行:在第二部分中说明第一部分的某条款或删除某条款的一部分,并根据具体情况给出适用的替代条款,或者条款的替代部分。

10.3.1 分包合同订立阶段的管理

1. 分包工程的合同责任

分包工程实质上属于承包人对业主承担的部分工作交给了分包商去实施完成,承包人与分包商在合同中约定相互之间的权利义务,但分包工程是主合同的一部分,分包商仅对承包人承担合同责任。由于分包工程同时存在于总承包合同与分包合同内的特点,总承包人又居于两个合同当事人的特殊地位,因此承包人会将总包合同中对分包工程承担的风险合理地转移给分包商。

2. 分包工程的合同价格

承包人可以采用邀请招标或议标方式选择分包商。承包人采用邀请招标或议标方式选择分包商时,通常要求对方就分包工程进行报价,然后与其协商而形成合同。

特别提示

分包合同的价格应为承包人发出"中标通知书"中指明的价格。

3. 分包合同的订立

在邀请分包商报价及签订合同时,为了能让分包商合理预计分包工程施工中可能承担的风险，以及分包工程的施工满足总包合同要求顺利进行，应使分包商充分了解在分包合同中应承担的义务。

承包人除了提供分包工程的合同条件、图纸、技术规范和工程量清单外，还应提供总包合同的投标书附录、专用条件的副本及通用条件中任何不同于标准化范本条款规定的细节文件。承包人应允许分包商查阅总包合同，或应分包商要求提供一份总包合同副本。

但以上允许查阅和提供的文件不包括总包合同中承包人的工程量报价单及报价细节。因为在总包合同中分包工程的价格是承包人合理预计风险后，在自己的施工组织方案基础上对业主进行的报价，而分包商则应根据对分包合同的理解向承包人报价。

 知识拓展

承包人在分包合同履行过程中负有对分包商的施工进行监督、管理、协调的责任，应收取相应的分包管理费，并非将总包合同中该部分工程的价格都转付给分包商，因此分包合同的价格不一定等于总包合同中所约定的该部分工程价格。

4. 划分分包合同责任的基本原则

在分包合同通用条件中明确规定了当事人双方履行合同过程中应当遵守的基本原则。

1）保护承包人的合法权益不受损害

（1）分包商应当承担并履行与分包工程有关的总包合同规定的承包人的所有义务和责任，保障承包人免于承担由于分包商的违约行为、业主根据总包合同要求承包人负责的损害赔偿或任何第三方的索赔。如果发生此类情况，承包人可以从应付给分包商的款项中扣除这笔金额且不排除采用其他方法弥补所受到的损失。

（2）不论是承包人选择的分包商，还是业主选定的指定分包商都不允许与业主有任何私下约定。

（3）为了能约束分包商忠实履行合同义务，承包人可以要求分包商提供相应的履约保函。在工程师颁发缺陷责任证书后的 28 天内，将保函退还分包商。

（4）没有征得承包人同意，分包商不得将任何部分转让或分包出去。但分包合同条件也明确规定，属于提供劳务和按合同规定标准采购材料的分包行为，可以不经过承包人批准。

2）保护分包商合法权益的规定

（1）任何不应由分包商承担责任事件导致竣工期限延长、施工成本的增加和修复缺陷的费用，均应由承包人给予补偿。

（2）承包人应保障分包商免于承担非分包商责任引起的索赔、诉讼或损害赔偿，保障程度应与业主按总包合同保障承包人的程度相类似（但不超过此程度）。

10.3.2　分包合同的履行管理

分包工程的施工涉及两个合同，因此管理较为复杂。

1. 业主对分包合同的管理

由于分包合同只是总承包人与分包商的协议，从法律的角度讲，业主与分包商之间没有契约关系，业主对分包商可以说既无合同权利又无合同义务。业主和分包商的关系与业主和总承包人的关系有着本质的区别。除非合同另有明确的规定，分包商不能就付款、索赔和工期等问题直接与业主交涉，一切与业主的往来均须通过总承包人进行。业主作为工程项目的投资方和施工合同的当事人，对分包合同的管理主要体现在对分包工程的批准权上。

2. 工程师对分包合同的管理

监理工程师的任务是在项目的实施过程中进行监督管理，即通过投资控制、质量控制、进度控制、合同管理、信息管理和组织协调实现项目的最优目标。正如业主和分包商之间没有契约关系一样，受业主委托的监理工程师和分包商之间没有直接的法律责任、义务和权利关系，仅与承包人之间建立监理与被监理的关系。但是分包合同是以总承包合同为背景和条件的，因此，分包合同从签订到施行都离不开监理工程师。

（1）工程师对分包商在现场的施工不承担协调管理义务。

（2）工程师只是依据主合同对分包工作内容及分包商的资质进行审查，行使确认权或否定权。

（3）工程师对分包商使用的材料、施工工艺、工程质量进行监督管理。

（4）为了准确地区分合同责任，工程师就分包工程施工发布的任何指示均应发给承包人。

（5）分包合同内明确规定，分包商接到工程师的指示后不能立即执行，需得到承包人同意才可实施。

3. 承包人对分包合同的管理

承包人作为两个合同的当事人，不仅对业主承担整个合同工程按预期目标实现的义务，而且对分包工程的实施负有全面管理责任，主要有以下三方面。

（1）承包人需委派代表对分包商的施工进行监督、管理和协调，承担如同主合同履行过程中工程师的职责。

（2）承包人的管理工作主要通过发布一系列指示来实现，接到工程师就分包工程发布的指示后，应将其要求列入自己的管理工作内容并及时以书面确认的形式转发给分包商令其遵照执行。

（3）承包人也可以根据现场的实际情况自主地发布有关的协调、管理指令。

10.3.3　分包工程的支付、变更及索赔管理

1. 分包工程的支付管理

分包工程是总工程其中的一部分，因此它的施工进度和质量管理的内容与施工合同管理基本一致，但支付管理由于涉及发包人与承包人、承包人与分包人两个合同的管

理，与施工合同不尽相同。发包人与分包人不直接发生关系，因此，无论是施工期内的阶段支付，还是竣工后的结算支付，承包人分别要与发包人及分包人进行两个合同的支付管理。

1）承包人代表对支付报表的审查

（1）接到分包商的支付报表后，承包人代表首先对照分包合同工程量清单中的工作项目、单价或价格复核取费的合理性和计算的正确性，并依据分包合同的约定扣除预付款、保留金、对分包施工支援的实际应收款项、分包管理费等后，核准该阶段应付给分包商的金额。

（2）分包工程完成工作的项目内容及工程量按主合同工程量清单中的取费标准计算，填入到向工程师报送的支付报表内。

2）分包合同款的支付

承包人代表在审核分包商按合同约定的日期报送该阶段施工的支付报表后，将分包商的支付报表列入主合同的支付报表内一并提交工程师批准。承包人应当在分包合同约定的时间内向分包商支付分包工程款，逾期支付时要计算拖期利息。

3）承包人不承担逾期付款责任的情况

对于工程师不认可分包商报表中的某些款项，业主拖延支付给承包人的经过工程师签证后的应付款，分包商与承包人或与业主之间因涉及工程量或报表中某些支付要求发生争议这三种情况，承包人代表在应付款日之前及时将扣发或缓发分包工程款的理由通知分包商，则不承担逾期付款责任。

2. 分包工程变更管理

承包人代表接到工程师依据主合同发布的涉及分包工程变更指令后，以书面确认方式通知分包商，也有权根据工程的实际进展情况自主发布有关变更指令。

1）承包人依据主合同发布变更指令

承包人执行了工程师发布的变更指令，进行变更工程量计量及对变更工程进行估价时应请分包商参加，以便合理确定分包商应获得的补偿款额和工期延长时间。

2）承包人依据分包合同单独发布变更指令

承包人依据分包合同单独发布的指令大多与主合同没有关系，通常属于增加或减少分包合同规定的部分工作内容，为了整个合同工程的顺利实施，改变分包商原定的施工方法、作业次序或时间等。

（1）若变更指令的起因不属于分包商的责任，承包人应给分包商相应的费用补偿和分包合同工期的顺延。

（2）如果工期不能顺延，则要考虑赶工措施费用。

（3）进行变更工程估价时，应参考分包合同工程量表中相同或类似工作的费率来核定。

如果没有可参考项目或表中的价格不适用于变更工程时，应通过协商确定一个公平合理的费用加到分包合同价格内。

3. 分包合同的索赔管理

当分包商认为在分包合同履行过程中自己的合法权益受到损害时，无论事件起因是业主或工程师的责任，还是承包人应当承担的义务，分包商都只能向承包人提出索赔要求，并保持影响事件发生后的现场同期记录。

1）应当业主承担责任的索赔事件

在施工过程中，当分包商认为索赔事件发生时，应当及时向承包人提出索赔要求。承包人应当首先分析事件的起因及影响，并依据两个合同判明责任。承包人如果认为分包商的索赔要求合理，且索赔原因属于主合同约定应由业主承担风险责任或行为责任的事件，要及时按照主合同规定的索赔程序，以承包人的名义就该事件向工程师递交索赔报告。承包人应定期将该阶段为此项索赔所采取的步骤和进展情况通报分包商。这类事件可能是以下几种。

（1）应由业主承担风险的事件，如施工图纸有错误等。

（2）是业主的违约行为所致，如拖延支付工程款等。

（3）工程师的失职行为，如发布错误的指令等。

（4）执行工程师指令后对补偿不满意，如认为变更工程的估价过少等。

当事件的影响仅使分包商受到损害时，承包人的行为属于代为索赔。若承包人就同一事件也受到了损害，分包商的索赔就作为承包人索赔要求的一部分。索赔获得批准顺延的工期加到分包合同工期上去，得到支付的索赔款按照公平合理的原则转交给分包商。

承包人处理这类分包商索赔时应当注意两个基本原则：①从业主处获得批准的索赔款为承包人就该索赔对分包商承担责任的先决条件；②分包商没有按规定的程序及时提出索赔，导致承包人不能按总包合同规定的程序提出索赔不仅不承担责任，而且为了减小事件影响使承包人为分包商采取的任何补救措施费用由分包商承担。

2）应当承包人承担责任的事件

这类事件产生于承包人与分包商之间的索赔，工程师不参与此类的索赔的处理，由承包人与分包商通过协商解决。产生承包人与分包商索赔的原因往往是由于承包人的违约行为或分包商执行承包人代表指令导致。分包商按规定程序提出索赔后，承包人代表应当客观地分析事件的起因和产生的实际损害，然后依据分包合同分清责任。

 应用案例 10-2

案例概况

某工程施工阶段，当事人双方按照 FIDIC《施工合同条件》签订了施工总承包合同。在施工过程中出现了以下事件。

事件1：在施工过程中，分包商私自将塑钢窗的加工安装，以及按合同规定标准采购材料的部分分别包给了他人。

事件2：在施工过程中，工程师发现分包工程的施工方式存在技术问题，如此下去将会影响整个工程的质量，为了节省时间，不耽误施工进度，工程师就将指示直接发给了分包商。

事件 3：在分包合同履行过程中，由于业主提供的施工图纸有错误，导致分包商分包的部分工程返工，因此分包商多支出了一笔很大的工程款，于是分包商持影响事件发生后的现场同期记录，经工程师签字确认后，向业主提出了索赔。

事件 4：在分包合同履行过程中，工程师发布了一项变更工程估价的指令，此指令既涉及承包人承担的工程部分又涉及分包人承担的工程部分，双方都认为估价过低。于是承包人与分包人分别就此项索赔向工程师递交了索赔报告。

分析

以上发生的事件中哪些是正确的做法？哪些是错误的做法？

案例解析

事件 1：分包商私自将塑钢窗的加工安装又包给他人的做法是错误的，但将按合同规定标准采购材料分包给了他人是可以的。

依据 FIDIC《分包合同条件》的规定，没有征得承包人同意，分包商不得将任何部分转让或分包出去。但《分包合同条件》也明确规定，属于提供劳务和按合同规定标准采购材料的分包行为，可以不经过承包人批准。

事件 2：工程师将指示直接发给了分包商的做法不正确。

依据 FIDIC《分包合同条件》规定，为了准确地区分合同责任，工程师就分包工程施工发布的任何指示均应发给承包人。

事件 3：分包商的做法不正确。分包商应该向承包人提出索赔要求。

依据 FIDIC《分包合同条件》，当分包商认为在分包合同履行过程中自己的合法权益受到损害时，无论事件起因于业主或工程师的责任，还是承包人应当承担的义务，分包商都只能向承包人提出索赔要求，并保持影响事件发生后的现场同期记录。

事件 4：承包人与分包人分别就此项索赔向工程师递交了索赔报告的做法不正确。

承包人应将分包商的索赔作为自己索赔要求的一部分，以自己的名义向工程师递交索赔报告。

依据 FIDIC《分包合同条件》，当事件的影响仅使分包商受到损害时，承包人的行为属于代为索赔。若承包人就同一事件也受到了损害，分包商的索赔就作为承包人索赔要求的一部分。索赔获得批准顺延的工期加到分包合同工期上去，得到支付的索赔款按照公平合理的原则转交给分包商。

复习思考题

一、单项选择题

1. FIDIC《施工合同条件》的"缺陷通知期"指（　　　）。

A. 工程保修期

B. 承包商的施工期

C. 工程师在施工过程中发出改正质量缺陷通知的时限

D. 工程师在施工过程中对承包商改正缺陷限定的时间

2. FIDIC《施工合同条件》规定，用从（　　　）之日止的持续时间为缺陷通知期，承包商负有修复质量缺陷的义务。

A. 开工日起至颁布发接收证书

B. 开工令要求的开工日起至颁布发接收证书中指明的竣工

C. 颁发接收证书日起至颁发履约证书

D. 接收证书中指明的竣工日起至颁发履约证书

3. 按照 FIDIC《施工合同条件》规定，合同有效期的结束时间为（　　　）。

A. 颁发工程接收证书日　　　　　　　B. 颁发履约证书日

C. 结清单生效　　　　　　　　　　　D. 签发最终支付证书日

4. 在 FIDIC《施工合同条件》中，作为业主与承包商划分合同风险的时间点是以（　　　）为基准日。

A. 投标截止日期的同一天　　　　　　B. 签订合同之日

C. 监理工程师发布开工会之日　　　　D. 投标截止日前第 28 天

5. 承包商的施工虽已达到竣工的条件，但由于受非承包商原因的外部客观条件影响而不能进行竣工试验，对该部分工程工程师应认为（　　　）。

A. 已经竣工不需再进行竣工试验　　　B. 已经竣工但还需进行竣工试验

C. 需经试验后才能判定是否竣工　　　D. 尚未竣工

6. 在 FIDIC《施工合同条件》中，承包商不可提出工期索赔的情况是（　　　）。

A. 公共行为引起的延误　　　　　　　B. 对竣工检验的干扰

C. 业主提前占用工程　　　　　　　　D. 施工中遇到古迹

7. 在 FIDIC《施工合同条件》中，颁发履约证书表示（　　　）。

A. 承包的施工义务终止　　　　　　　B. 合同终止

C. 结清单失效　　　　　　　　　　　D. 合同约定的权利义务已完全结束

8. 组成 FIDIC《施工合同文件》的以下几部分可以互为解释，互为说明，当出现含糊不清或矛盾时，具有第一优先解释顺序的文件是（　　　）。

A. 合同专用条件　　　　　　　　　　B. 投标书

C. 合同协议书　　　　　　　　　　　D. 合同通用条件

9. FIDIC《交钥匙工程合同条件》规定，合同实施过程中承包商提出对原实施计划的变更建议，经过（　　　）同意后也可以变更。

A. 工程师　　　　　　　　　　　　　B. 业主代表

C. 业主　　　　　　　　　　　　　　D. 政府当局

10. 工程师直接向分包商发布了错误指令，分包人经承包人确认后实施，但该错误指令导致分包工程返工，为此发包人向承包人提出费用索赔，承包人（　　　）。

A. 以不属于自己的原因拒绝索赔要求

B. 认为要求合理，先行支付后再向业主索赔

C. 不予支付，以自己的名义向工程师提交索赔报告

D. 不予支付，以分包商的名义向工程师提交索赔报告

11. FIDIC《施工合同条件》规定，在颁发整个工程接收证书后 84 天内，承包商应向工程师报送（　　　）。

 A. 最终报表   B. 竣工报表

 C. 结清单   D. 临时支付报表

12. 为了正确区分合同风险的责任归属，FIDIC 施工合同条件中定义的"基准日"是指（　　　）。

 A. 投标截止日   B. 风险事件发生日

 C. 投标截止日前第 28 天   D. 承包商接到中标通知书日

13. 工程分包的说法错误的为（　　　）。

 A. 是违法的

 B. 是允许的

 C. 是从工程承包人承担的工程中承包部分工程的行为

 D. 非发包人同意，承包人不得将承包工程的任何部分分包

14. 按照 FIDIC《施工合同条件》规定，由于业主原因使分包商受到损失，分包商向承包商提出索赔时，承包商（　　　）。

 A. 可以拒绝索赔   B. 应承担全部责任

 C. 先行赔偿再向业主追索   D. 代替分包商向工程师递交索赔报告

15. 在 FIDIC《施工合同条件》中，按照合同各条款的约定，承包商完成建筑和保修任务后，对所有合格工程有权获得的全部工程款是指（　　　）。

 A. 承包商的投标报价   B. 合同价格

 C. 接受的合同款额   D. 最终结算款减去索赔款

16. 依据 FIDIC《施工合同条件》，动员预付款的扣还应当（　　　）。

 A. 在首次支付工程进度款时起扣

 B. 自承包人获得工程进度款累计总额达到合同总价 10% 那个月起扣

 C. 自承包人获得工程进度款累计总额达到减去暂列金额的合同总价 10% 那个月起扣

 D. 自承包人获得工程进度款累计总额达到动员预付款的金额那个月起扣

17. 某采用 FIDIC《施工合同条件》的工程，未经竣工检验，业主提前占用工程。工程师应及时颁发工程接收证书，但应当（　　　）。

 A. 以颁发工程接收证书日为竣工日，承包人不再对工程质量缺陷承担责任

 B. 以颁发工程接收证书日为竣工日，承包人对工程质量缺陷仍承担责任

 C. 以业主占用日为竣工日，承包人不再对工程质量缺陷承担责任

 D. 以业主占用日为竣工日，承包人对工程质量缺陷仍承担责任

18. 某采用 FIDIC《施工合同条件》的合同中，约定的工程竣工时间为 5 月 1 日，承包人在 4 月 15 日就完成了施工并提前通知了工程师，要求在该日期进行竣工检验。但由于外部配合条件不具备竣工检验的要求，直到 5 月 15 日工程师才发出竣工检验的通知。经过 3 天试验后表明质量合格，到 5 月 18 日有关各方在验收记录上签字。工程师颁发工程接收证书中注明的竣工日期应为（　　　）。

A. 4 月 15 日　　　　　　　　　　B. 5 月 1 日

C. 5 月 15 日　　　　　　　　　　D. 5 月 18 日

二、多项选择题

1. FIDIC 在 1999 年出版的《施工合同条件》可适用于（　　）。

A. 建筑工程施工　　　　　　　　B. 安装工程施工

C. 土木工程施工　　　　　　　　D. 项目建设总承包

E. 小型工程施工

2. 指定分包商的特点表现为（　　）。

A. 由业主选定实施单位　　　　　B. 与业主签订合同

C. 总承包人负责施工中的协调管理　　D. 工程师负责施工中的协调管理

E. 完成工作内容不属于总包商的承包工作

3. FIDIC《施工合同条件》规定，解决合同争议的方法包括（　　）。

A. 由工程师确定　　　　　　　　B. 提交争端裁决委员会决定

C. 双方协商　　　　　　　　　　D. 提交仲裁机构裁决

E. 通过诉讼解决

4. FIDIC《施工合同条件》规定，付给争端裁决委员会的酬金分为（　　）。

A. 裁决费　　　　　　　　　　　B. 月聘请费

C. 日酬金　　　　　　　　　　　D. 年聘请费

E. 现场考察费

5. 在 FIDIC《施工合同条件》中，（　　）属雇主（业主）的风险。

A. 战争、动乱等

B. 工伤事故

C. 正常的恶劣天气

D. 雇主（业主）提前使用永久工程一部分造成的破坏和损失

E. 有经验承包人无法预测和防范的自然力的作用

6. 采用 FIDIC《施工合同条件》的工程，进度计划的内容一般包括（　　）等。

A. 实施工程的计划进度　　　　　B. 分包商在施工阶段的安排

C. 重要检查检验的次序和时间　　D. 保证计划实施的说明文件

E. 滞后于进度计划的责任

7. 工程师对承包人提交的施工计划的审查主要涉及（　　）几个方面。

A. 计划实施工程的总工期和重要阶段的里程碑工期是否与合同的约定一致

B. 承包人各阶段准备投入的机械和人力资源计划能否保证计划的实现

C. 承包人拟采用的施工方案与同时实施的其他合同是否有冲突或干扰等

D. 合同中规定的重要检查、检验的次序和时间

E. 工程师对修改后进度计划的批准，并不意味着承包人可以摆脱合同规定应承担的责任

8. FIDIC《施工合同条件》规定，属于（　　）的情况，承包人可以获得工期顺延。

A. 施工中受到业主或其他承包人的干扰

B. 后续法规调整引起的工期延误

C. 不利施工的自然条件或障碍影响

D. 增加合同外的施工项目

E. 暂时停工

9. 采用 FIDIC《施工合同条件》的工程，工程师发布变更指令的范围应限于（　　）等方面。

A. 对合同中任何工程量的改变

B. 工程任何部分标高的改变

C. 改变已认可的承包人施工时间和顺序安排

D. 删减部分约定的承包工作交给其他人完成

E. 改变违约责任的承担方式

10. 对于工程变更可以调整合同单价的原则有（　　）。

A. 由此工程量的变更直接造成的该项工作每单位工程量费用的变动超过 1%

B. 由此工程量的变更直接造成的该项工作每单位工程量费用的变动超过 10%

C. 工程量的变更与对该项工作规定的具体费率的乘积超过了接受的合同款额的 0.01%

D. 此项工作实际测量的工程量比工程量表或其他报表中规定的工程量的变动大于 10%

E. 此项工作实际测量的工程量比工程量表或其他报表中规定的工程量的变动大于 1%

11. 工程师有权签发（　　）。

A. 工程接收证书　　　　　　B. 履约证书

C. 最终支付证书　　　　　　D. 结清单

E. 最终报表

12. FIDIC《施工合同条件》中规定，工程师在缺陷通知期内，可就（　　）事项向承包人发出指示。

A. 清理施工现场

B. 移走并替换不符合合同规定的永久设备

C. 将不符合合同规定的工程拆除并重建

D. 保管已建工程

E. 移走并替换不符合合同规定的材料

13. FIDIC《交钥匙工程合同条件》规定，构成合同的文件应包括（　　）。

A. 合同协议书　　　　　　　B. 投标书

C. 业主的要求　　　　　　　D. 标准、规范

E. 图纸

14. FIDIC《交钥匙工程合同条件》下，业主应对（　　）等方面所提供的资料和数据的正确性负责。

A. 对工程或其任何部分的预期目的说明

B. 竣工工程的试验和性能标准

C. 施工文件

D. 工程的初步设计

E. 操作和维修手册

15. 对分包合同叙述正确的是(　　)。

A. FIDIC《分包合同条件》只能适用于一般分包商同承包人签订的分包合同

B. 分包合同是主合同的一部分

C. 分包商对分包合同中的工作,仅对承包人负责

D. FIDIC《分包合同条件》适用于指定分包商同承包人签订的分包合同

E. 分包商完成的工程,由分包商对业主负责

16. 为了让分包商充分了解主合同中对分包工程所约定的义务,承包人应(　　)。

A. 向分包商提供分包工程的合同条件、图纸和技术规范

B. 向分包商提供分包工程的工程量清单

C. 向分包商提供主合同的工程量清单

D. 向分包商提供主合同的副本

E. 向分包商提供主合同的投标书附录、专用条件的副本及通用条件中任何不同于标准化范本条款规定的细节

17. FIDIC《施工合同条件》规定,对承包商索赔同时给予工期、费用、利润补偿的情况有(　　)。

A. 延误移交施工现场　　　　　　B. 不可预见的外界条件

C. 非承包人原因导致施工的延误　　D. 业主提前占用工程

E. 不可抗力事件造成的损失

18. FIDIC 合同中指定分包商与一般分包商的差异主要表现为(　　)。

A. 选择分包单位的权利不同　　　　B. 分包合同的工作内容不同

C. 工程款的支付开支项目不同　　　D. 业主对分包商利益的保护不同

E. 承包商对分包商违约行为承担责任的范围不同

19. 工程师对分包合同的管理表现在(　　)。

A. 对分包工程的批准　　　　　　B. 对分包工程的内容审查

C. 对分包商的资质进行审查　　　D. 对分包商选定有确认权或否定权

E. 对分包商使用的材料、工艺和工程质量进行监督管理

三、案例分析题

某高校在所在城市江北开发区建一个新校区,通过公开招标,某建筑工程公司中标,当事人双方按照 FIDIC《施工合同条件》签订了施工总承包合同。在施工过程中出现了以下情况。

情况1:在基准日后,由于国家宏观调控政策发生变化,引起承包人实际投入成本的增加,在这种情况,业主要求承包人自己承担。

情况 2：工程师在例行检查时，发现工程的某部位存在严重的质量缺陷，要求承包人在 7 天内修复。但承包人因忙于其他事务，未能在工程师规定的时间内修复缺陷工程部位，于是业主就雇用其他人来完成修复并支付了费用，事后业主从给承包人的预付款中扣除了这笔费用。

情况 3：在施工过程由于受到台风的影响，承包人不但设备遭受损坏且停工数天，事后业主只给了承包人工期顺延。

情况 4：工程师在例行检查时，发现分包工程的某部位存在严重的质量缺陷，于是向分包商书面下达了返工的指示，分包商接到工程师的指示后立即执行，事后分包商将工程师的指示及自己完成返工的情况书面上报给了承包商。

情况 5：在施工过程中，由于工程师的疏忽大意，发布了一项错误的指令，导致分包商损失很大，分包商及时向承包人提出了索赔要求。承包人首先分析事件的起因及影响，并依据两个合同判明责任不在分包商。认为分包商的索赔要求合理，索赔原因属于主合同约定应由业主承担的行为责任事件。于是承包人以自己和分包商的名义就该事件向工程师递交索赔报告。

问题

分析以上发生的情况中，当事人的做法哪些是正确的？哪些是错误的？

第 11 章

建设工程施工索赔

学习目标

学习施工索赔的概念及特征；了解施工索赔产生的根源；熟悉索赔程序；掌握工程师的索赔管理，为将来在工作中正确处理施工索赔奠定坚实的理论基础和实践技能。

学习要求

能力目标	知识要点	权重
了解相关知识	施工索赔产生的根源	20%
熟练掌握知识点	(1) 索赔程序 (2) 工程师的索赔管理	40%
运用知识分析案例	索赔程序	40%

 案例分析与内容导读

【案例背景】

某工程施工阶段，当事人双方按照 FIDIC《施工合同条件》签订了施工总承包合同。在施工过程中，由于连日降雨，导致土方工程持续时间延长 12 天，窝工损失 12 万元。地基基础完工后，特大暴雨引发洪水，造成人员、施工机械损失共计 5 万元，导致部分地基基础工程需要返修，返修费为 5 万元，延误工期 5 天。为此承包商提出经济补偿 27 万元与延长工期 17 天的索赔申请。

【问题】

工程师应如何按 FIDIC《施工合同条件》处理承包商的索赔申请？

【解析】

（1）工程师应该认为15万的费用索赔和5天的工期索赔合法；应提交业主批准。待业主批准后，让施工单位提交索赔报告。

（2）12天的工期索赔不合理，12万元的窝工损失也应该由施工方自己承担。

连日降雨属于自然条件的变化；应该属于施工方需要承担的风险，造成的窝工的损失应该计算在施工方的不可预见费里；影响的工期应该由施工方负责；但如果合同中有具体约定的按照约定处理。

（3）特大暴雨属于不可预测风险，应该由业主承担这个风险。

因此，支持因为特大暴雨引发的损失5万元和返工费用赔偿5万元，共计15万元以及造成工期延迟的5天工期补偿。

本案例涉及的是施工索赔相关知识，工程师如何确定索赔事件中哪些应该赔、哪些不应该赔？本书将在11.1节中做详细讲述。

11.1　建设工程施工索赔概述

工程索赔是建筑工程管理和建筑经济活动中承发包双方之间经常发生的管理业务，正确处理索赔对有效地确定、控制工程造价，保证工程顺利进行有着重要意义。另外，索赔也是承发包双方维护各自利益的重要手段，国外建筑企业管理人员大都能熟练掌握、运用索赔的方法与技巧。

11.1.1　施工索赔的概念及特征

1. 施工索赔的概念

施工索赔是在施工过程中，承包人根据合同和法律的规定，对并非由于自己的过错所造成的损失或承担了合同规定之外的工作所付的额外支出，承包人向业主提出在经济或时间上要求补偿的权利。从广义上讲，施工索赔还包括业主对承包人的索赔，通常称为反索赔。

对施工合同的双方来说，索赔是维护双方合法利益的权利，依据双方约定的合同责任构成严密的合同制约关系。承包人可以向业主提出索赔；业主也可以向承包人提出索赔。

特别提示

在工程建设的各个阶段都有可能发生索赔，但在施工阶段索赔发生较多。

2. 施工索赔的特征

从施工索赔的基本含义，可以看出施工索赔具有以下基本特征。

（1）只有在经济受到损失或权利受到损害的事实发生之后，一方才可以向对方进行施工索赔。

经济损失是指因对方原因造成合同外的额外费用支出，如机械费、材料费、人工费、管理费等额外费用的开支；权利损害是指虽然没有经济方面的损失，但给对方造成了权利方面的损害，例如因为恶劣气候条件对施工进度的不利影响，承包人有权要求业主给予延长工期等。因此，一方提出施工索赔的一个基本前提条件是发生了实际的经济损失或权利损害。有时权利损害或经济损失同时存在，例如发包人未及时交付给承包人合格的施工现场，这既侵犯了承包人的工期权利，又造成承包人的经济损失，因此，承包人既可以要求工期延长，又可以要求经济赔偿；有时权利损害或经济损失单独存在，例如不可抗力事件或恶劣气候条件影响等，承包人根据合同规定或惯例只能要求工期延长，不应要求经济补偿。

（2）施工索赔是双向的，不只是承包人可以向发包人索赔，发包人同样也可以向承包人进行施工索赔。

因为在实践中发包人向承包人进行施工索赔发生的频率相对较低，而且在施工索赔的处理中，发包人对承包人的违约行为可以直接从应付工程款中扣抵、扣留保留金或通过履约保函向银行索赔来实现自己的索赔要求，所以发包人始终处于主动和有利地位。

 知识拓展

在工程实践中发生较多的、处理较困难的是承包人向发包人的索赔，因此，处理索赔的工作也是工程师进行合同管理的重要内容之一。承包人的索赔范围是非常广泛的，一般情况下，只要非因承包人自身责任造成其工期延长或成本增加，承包人都可以向发包人提出施工索赔。

（3）索赔是一种未经对方确认的单方行为，它与工程签证不同。在施工过程中的签证是承包人与发包人就额外费用补偿或工期延长等达成一致的书面证明材料和补充协议，它可以直接作为工程款结算或最终增减工程造价的依据，而施工索赔则是单方面的行为，对对方尚未形成约束力，这种索赔要求必须要通过双方协商、谈判、调解、仲裁或诉讼后才能实现。但大部分索赔都可以通过协商谈判和调解等方式获得解决，只有在双方坚持己见而无法达成一致时，才会提交仲裁或诉诸法院求得解决，即使诉诸法律程序，也应当被看成是遵法守约的正当行为。

（4）索赔是一种合法的正当权利要求，不是无理争利。它是依据合同和法律的规定，向承担责任方索回不应该由自己承担的损失，这完全是合理合法的。

11.1.2 施工索赔的分类

施工索赔分类的方法很多，从不同的角度，有不同的分类方法。如按索赔的有关当事人可分为：承包人同业主之间的索赔、承包人同分包商之间的索赔、承包人同供货商之间的索赔、承包人向保险公司索赔。按索赔的业务范围分类可分为施工索赔，即在施工过程中的索赔；商务索赔，指在物资采购、运输过程中的索赔。按索赔的对象分类可分为索赔和反索赔等。本书主要介绍与处理索赔有关的几种分类方法。

1. 按索赔的目的，索赔可分为工期索赔和经济索赔

这种分类方法是施工索赔业务中通用的。当提出索赔时，要明确提出是工期索赔还是

经济索赔，前者要求得到工期的延长，后者要求得到经济补偿。当然，在索赔报告论证的文件中，也为达此目的提出论证材料和合同依据。

2. 按索赔处理方式和处理时间不同，可分为单项索赔和一揽子索赔

1）单项索赔

单项索赔是指在工程实施过程中出现了干扰原合同的索赔事件，承包人为此事件提出的索赔。如业主发出设计变更指令，造成承包人成本增加、工期延长，承包人为变更设计这一事件提出索赔要求，就可能是单项索赔。应当注意，单项索赔往往按合同中规定必须在索赔有效期内完成，即在索赔有效期内提出索赔报告，经监理工程师审核后交业主批准。如果超过规定的索赔有效期，则该索赔无效。因此对于单项索赔，必须有合同管理人员对日常的每一个合同事件跟踪，一旦发现问题即应迅速研究是否对此提出索赔要求。

单项索赔由于涉及的合同事件比较简单，责任分析和索赔值计算不太复杂，金额也不会太大，双方往往容易达成协议，获得成功。

2）一揽子索赔

一揽子索赔，又称总索赔，是指承包人在工程竣工前后，将施工过程中已提出但未解决的索赔汇总在一起，向业主提出一份总索赔报告的索赔。

这种索赔是在合同实施过程中，一些单项索赔问题比较复杂，不能立即解决，经双方协商同意留待以后解决。有的是业主对索赔迟迟不作答复，采取拖延的办法，使索赔谈判旷日持久，或有的承包人合同管理的水平差，平时没有注意对索赔的管理，忙于工程施工，当工程快完工时，发现自己亏了本或业主不付款时，才准备进行索赔，甚至提出仲裁或诉讼。

由于以上原因，在处理一揽子索赔时，许多干扰事件交织在一起，影响因素比较复杂，有些证据已事过境迁，责任分析和索赔值的计算比较困难，使索赔处理和谈判很艰难，加上一揽子索赔的金额较大，往往需要承包人作出较大让步才能解决。

因此，承包人在进行施工索赔时，一定要掌握索赔的有利时机，力争单项索赔，使索赔在施工过程中一项一项地解决。对于实在不能单项解决需要一揽子索赔的，也应力争在施工建成移交之前完成主要的谈判与付款。如果业主无理拒绝和拖延索赔，承包人还有约束业主的合同"武器"。否则，工程移交后，承包人就失去了约束业主的"王牌"，业主就有可能"赖账"，使索赔长期得不到解决。

 知识拓展

对于一个有索赔经验的承包人来说，一般从投标开始就可能发现索赔机会，至工程建成一半时，就会发现更多的索赔机会，工程建成一半后发现的索赔，往往来不及得到彻底的处理。在工程建成 $1/4 \sim 3/4$ 这阶段应大量、有效地处理索赔事件，承包人应抓紧时间，把索赔争端在这一阶段内基本解决。整个项目的索赔谈判和解决阶段应该争取在工程竣工验收或移交之前解决，这是最理想的解决索赔方案。

3. 按索赔发生的原因分类

按索赔发生的原因分类会有很多种类。尽管每种索赔都有独特的原因，但可以把这些原因按其特征归纳为四类：延期索赔、工程变更索赔、施工加速索赔和不利现场条件索赔。

1）延期索赔

延期索赔主要表现在由于业主的原因不能按原定计划的时间进行施工所引起的索赔。

由于材料和设备价格的上涨，为了控制建设的成本，业主往往把材料和设备自己直接订货，再供应给施工的承包人，这样业主要承担因不能按时供货而导致工程延期的风险。设计图纸和规范的错误和遗漏、设计者不能及时提交审查或批准图纸，引起延期索赔的事件更是屡见不鲜。

2）工程变更索赔

工程变更索赔是指对合同中规定工作范围的变化而引起的索赔。其责任和损失不如延期索赔那么容易确定，如某分项工程所包含的详细工作内容和技术要求、施工要求很难在合同文件中用语言描述清楚，设计图纸也很难将每一个施工细节的要求都说得清清楚楚。另外设计的错误和遗漏，或业主和设计者主观意志的改变都会向承包人发布变更设计的命令从而引起索赔。

设计变更引起的工作量和技术要求的变化都可能被认为是工作范围的变化，为完成这些变化更可能增加时间并影响原计划工作的执行，从而可能导致工期和费用的增加。

3）施工加速索赔

施工加速索赔经常是延期或工程变更索赔的结果，有时也被称为"赶工索赔"，而施工加速索赔与劳动生产率的降低关系极大，因此又称为劳动生产率损失索赔。

有时，业主要求承包人比合同规定的工期提前，或者因工程前段的工期拖延要求后一阶段工程弥补已经损失的工期，使整个工程按期完工。这样，承包人可以因施工加速成本超过原计划的成本而提出索赔，其索赔的费用一般应考虑加班工资、雇用额外劳动力、采用额外设备、改变施工方法、提供额外监督管理人员以及由于拥挤、干扰加班引起的疲劳的劳动生产率损失所引起的费用的增加。

 知识拓展

在国外的许多索赔案例中对劳动生产率损失的索赔通常数量很大，但一般不易被业主接受。这就要求承包人在提交的施工加速索赔报告中提供施工加速对劳动生产率的消极影响的证据。

4）不利现场条件索赔

不利的现场条件是指合同的图纸和技术规范中所描述的条件与实际情况有实质性的不同或虽合同中未作描述，但是一个有经验的承包人无法预料的，一般是地下的水文地质条件，也包括某些隐藏着的不可知的地面条件。有人认为，因为现场条件不可能确切预知，是施工项目中的固有风险因素，承包人应把此种风险包括在投标报价中，出现了不利的现场条件应由承包人负责。因此，几乎所有的业主都会在合同中写入某些"开脱责任条款"，如有的合同中写道："因合同工作的性质或施工过程中遇到的不可预见情况所造成的一切损失均由承包人自己承担"。但实际上，如果承包人证明业主没有给出某地段的现场资料，或所给的资料与实际相差甚远，或所遇到的现场条件是一个有经验的承包人不能预料的，那么承包人对不利现场条件的索赔应能成功。

 知识拓展

不利现场条件索赔近似于工程变更索赔，然而又不像大多数工程变更索赔。不利现场条件索赔应归咎于确实不易预知的某个事实。如现场的水文、地质条件在设计时全部弄得一清二楚几乎是不可能的，只能根据某些地质钻孔和土样试验资料来分析和判断。要对现场进行彻底全面的调查将会耗费大量的时间成本，一般业主不会这样做，承包人在短短的投标报价时间内更不可能做这种现场调查工作。这种不利现场条件的风险由业主来承担是合理的。

4. 按索赔的合同依据分类

1) 合同中明示条款的索赔

合同中明示条款的索赔是指承包人所提出的索赔要求，在该工程项目的合同文件中能找到文字依据，这些在合同文件中有文字规定的合同条款称为明示条款。承包人可以据此向发包人提出索赔要求并取得经济补偿。

2) 合同中默示条款的索赔

合同中默示条款的索赔是指承包人的该项索赔要求虽然在工程项目的合同条款中没有专门的文字表述，但可以根据该合同的某些条款的含义推论出承包人有索赔权。这种有经济补偿含义的条款，在合同管理工作中被称为"默示条款"或称为"隐含条款"。承包人据此提出索赔要求，同样有法律效力，承包人有权利得到相应的经济补偿。

 知识拓展

默示条款是一个很广泛的合同概念，它虽然没有明文写入合同中，但其含义却包含在合同明示条款内，它符合双方签订合同时设想的愿望和当时环境条件的一切条款。这些默示条款或是从明示条款所表述的设想愿望中引申出来，或是从合同双方在法律上的合同关系引申出来，经合同双方协商一致或被法律和法规所指明，都成为合同文件的有效条款，要求合同双方遵照履行。

 应用案例 11-1

案例概况

某建筑公司(乙方)于某年4月20日与某企业(甲方)签订了修建建筑面积为3000m² 工业厂房(带地下室)的施工合同。乙方编制的施工方案和进度计划已获监理工程师批准。该工程的基坑开挖土方量为4500m³，假设直接费单价为4.2元/平方米，综合费费率为直接费的20%。该基坑施工方案规定：土方工程采用租赁一台斗容量为1m³ 的反铲挖掘机施工(租赁费450元/台班)。

甲、乙双方合同约定5月11日开工，5月20日完工。在实际施工中发生了如下几项事件。

事件1：因租赁的挖掘机大修，晚开工2天，造成人员窝工10个工日。

事件2：施工过程中，因遇软土层，接到监理工程师5月15日停工的指令，进行地质复查，配合用工15个工日。

事件3：5月19日接到监理工程师于5月20日复工的复工令，同时提出基坑开挖深度加深2m的设计变更通知单，由此增加土方开挖量900m³。

事件4：5月20日—22日，因下大雨迫使基坑开挖暂停，造成人员窝工10个工日。

事件5：5月23日用30个工日修复冲坏的永久道路，5月24日恢复挖掘工作，最终基坑于5月30日挖坑完毕。

分析

说明建筑公司对上述哪些事件可以向企业要求索赔，哪些事件不可以要求索赔并说明原因。

案例解析

事件1：索赔不成立。因此事件发生原因属承包商自身责任。

事件2：索赔成立。因该施工地质条件的变化是一个有经验的承包商所无法合理预见的。

事件3：索赔成立。这是因设计变更引发的索赔。

事件4：索赔成立。这是因特殊反常的恶劣天气造成的工程延误。

事件5：索赔成立。因恶劣的自然条件或不可抗力引起的工程损坏及修复应由业主承担责任。

11.1.3 施工索赔产生的根源

在工程实施过程中施工索赔的发生是必然的，并且有越来越多的趋势，这是由工程自身的属性所决定的。从客观上来讲有以下几方面原因。

1. 工程项目的特殊性

现在建筑工程规模越来越大、技术含量越来越高、投资额越来越大、工期长、材料设备价格变化快，工程项目彼此的差异性很大、投资风险大，因此，工程项目在实施过程中存在着很多不确定因素，而施工合同是在工程开始前签订的，所以，施工合同不可能对工程项目所有的问题都能作出合理的预见和规定，而且发包人在实施过程中还会有许多新的决策，这一切使得施工合同变更极度频繁，而施工合同变更必然会导致项目工期和成本的变化。

2. 工程项目内外部环境的复杂性和多变性

工程项目的周围环境变化，诸如地质条件变化、材料价格上涨、货币贬值、国家政策、法规的变化等，都会在工程实施过程中经常发生，这样使得工程的计划实施过程与实际情况不一致，这些因素必然会导致工程工期和费用的变化。

3. 参与工程建设主体的多元性

工程参与单位多，一个工程项目往往会有发包人、总包人、工程师、分包人、指定分包人、材料设备供应商等众多参加单位。各方面的技术、经济关系错综复杂，相互联系又相互影响，只要一方失误，不仅会造成自己的损失，而且会影响其他合作者，造成他人损失，从而导致争执和索赔。

4. 工程合同的复杂性及易出错性

建设工程合同文件多而且复杂，出现措词不当、缺陷、图纸错误是常有的事情，合同文件前后自相矛盾或者可作不同解释等问题很容易造成合同双方对合同文件理解不一致，从而出现索赔。以上这些问题会随着工程的逐步开展而不断暴露出来，必然导致工程项目受到影响，从而导致工程项目成本和工期的变化，这就是索赔形成的根源。因此，索赔的发生不仅是一个索赔意识或合同观念的问题，从本质上讲，索赔也是一种客观存在。

 知识拓展

从主观上讲工程合同的复杂性及易出错性的原因有以下几方面。

（1）业主负责起草合同。每个合同专用条件内的具体条款，是由业主自己或委托工程师、咨询单位编写后列入招标文件，编制过程中承包商没有发言权只能被动接受，虽然承包商在投标书的致函内和与业主进行谈判过程中可以要求修改某些对其风险较大条款的内容，但不能要求修改的条款数目过多，否则就构成对招标文件实质上的背离而被业主拒绝。

（2）投标的竞争性。承包商在投标阶段以具有竞争性的报价取得合同。为了降低报价，一个有经验的承包商对招标文件进行认真分析后，对实施阶段有可能通过索赔获得补偿的风险部分，往往不预留风险基金，待施工阶段发生这部分损害事件时通过索赔获得补偿。此外，由于通过索赔而获得的费用属于合同价格之外的支付，这就必然促使他寻找一切索赔的机会来减轻自己所承担的风险。

（3）合同双方在签约时的认识水平限制，工程项目在施工阶段由于工期长、技术复杂、必然存在众多签约阶段不可能合理预见的事件发生。尽管合同准备工作非常细致，合同条款内容严谨、全面，业主和承包商在合同履行过程中也非常守信誉，但由于工程项目施工的复杂性和人的预见能力有限，仍然或多或少地会发生索赔。

以上这些问题会随着工程的逐步开展而不断暴露出来，必然使工程项目受到影响，导致工程项目成本和工期的变化，这就是索赔形成的根源。

11.2 建设工程索赔程序

11.2.1 承包人的索赔

承包人的索赔程序通常可分为以下几个步骤。

1. 承包人提出索赔要求

1）索赔意向通知

在索赔事件发生后，承包人应抓住索赔机会迅速作出反应。承包人应当在索赔事件发生后的28天内向工程师递交索赔意向通知，声明将对此事件提出索赔。该意向通知是承包人就具体的索赔事件向工程师和业主表示的索赔愿望和要求。如果超过这个期限，工程师和业主有权拒绝承包人的索赔要求。

📖 **特别提示**

索赔事件发生以后，承包人有义务做好现场施工的同期记录工作，工程师有权随时检查和调阅现场施工的同期记录，从而判断索赔事件造成的实际损害。

2）递交索赔报告

在索赔意向通知提交以后的 28 天内或者经工程师同意的在其他合理的时间内，承包人应当向工程师递送正式的索赔报告。索赔报告的内容应当包括以下几方面。

（1）总论部分。一般包括序言、索赔事项概述、具体索赔要求、索赔报告编写及审核人员名单。文中首先应概要地论述索赔事件的发生日期与过程；施工单位为该索赔事件所付出的努力和附加开支；施工单位的具体索赔要求。在总论部分，还应附上索赔报告编写组主要人员及审核人员的名单，注明有关人员的职称、职务及施工经验，以表示该索赔报告的严肃性和权威性。总论部分的阐述要简明扼要，说明问题。

（2）根据部分。本部分主要是说明自己具有的索赔权利，这是索赔能否成立的关键。根据部分的内容主要来自该工程项目的合同文件并参照有关法律规定。该部分中施工单位应引用合同中的具体条款，说明自己理应获得经济补偿或工期延长。

根据部分的篇幅可能很大，其具体内容随各个索赔事件的特点而不同。一般地说，根据部分应包括以下内容：索赔事件的发生情况；已递交索赔意向书的情况；索赔事件的处理过程；索赔要求的合同根据；所附的证据资料。在写法结构上，按照索赔事件发生、发展、处理和最终解决的过程编写并明确全文引用有关的合同条款，使建设单位和监理工程师能历史地、逻辑地了解索赔事件的始末并充分认识该项索赔的合理性和合法性。

（3）计算部分。索赔计算的目的是以具体的计算方法和过程，说明自己应得经济补偿的款额或延长时间。如果说根据部分的任务是解决索赔能否成立，则计算部分的任务就是决定应得到多少索赔款额和工期。前者是定性的后者是定量的。

在款额计算部分，施工单位必须阐明下列问题：①索赔款的要求总额；②各项索赔款的计算，如额外开支的人工费、材料费、管理费和所失利润；③指明各项开支的计算依据及证据资料，施工单位应注意采用合适的计价方法。至于采用哪一种计价法，应根据索赔事件的特点及自己所掌握的证据资料等因素来确定。其次，应注意每项开支款的合理性并指出相应的证据资料的名称及编号。

（4）证据部分。证据部分包括该索赔事件所涉及的一切证据资料以及对这些证据的说明，证据是索赔报告的重要组成部分，没有翔实可靠的证据，索赔是不能成功的。

在实践中索赔事件的影响往往是持续存在的，如果承包人 28 天内还不能算出索赔额和工期展延天数时，他应按照工程师合理要求的时间间隔（一般为 28 天）定期陆续向工程师报出每一个时间段内的索赔证据资料和索赔要求。在该项索赔事件的影响结束后的 28 天内，承包人报出最终详细报告，提供索赔论证资料和提出累计索赔额。

索赔意向通知发出后，承包人可以在工程师指示的其他合理时间内再报送具体的索赔报告，如果事件发生时现场施工非常紧张，工程师不希望立即处理索赔而分散各方抓施工管理的精力，可通知承包人将索赔的处理留待施工不太紧张时再去解决。也就是说，工程师在索赔事件发生后有权不马上处理该项索赔，但承包人的索赔意向通知必须在事件发生后的 28 天内提出，包括因对变更估价双方不能取得一致意见而先按工程师单方面决定的单价或价格执行时，承包人提出的保留索赔权利的意向通知。如果承包人未能按时间规定提出索赔意向和索赔报告，他就失去了就该项事件索赔的权力。此时他所受到损害的补偿将不会超过工程师认为应主动给予的补偿额。这种情况下，即使承包人把该事件损害提交仲裁解决，仲裁机构也只依据合同和同期记录可以证明的损害补偿额予以裁定。承包人的正常的利益将受到损失，索赔权利也将受到限制。

2. 工程师审核索赔报告

1) 工程师审核承包人的索赔申请

(1) 接到承包人的索赔意向通知后，工程师应当建立自己的索赔档案、密切关注事件的影响，检查承包人的同期记录时，随时就记录内容提出他的不同意见或他希望应予以增加的记录项目。

(2) 在接到正式索赔报告以后，认真研究承包人报送的索赔资料。

首先，在不确认责任归属的情况下，客观分析事件发生的原因，重温合同的有关条款，研究承包人的索赔证据并检查他的同期记录。其次，通过对事件的分析，工程师再依据合同条款划清责任界限，必要时还可以要求承包人进一步提供补充资料。尤其是对承包人与发包人或工程师都负有一定责任的事件影响，更应划出各方应该承担合同责任的比例。最后再审查承包人提出的索赔补偿要求，剔除其中的不合理部分，拟定自己计算的合理索赔款额和工期顺延天数。

 知识拓展

《建设工程施工合同(示范文本)》规定，工程师收到承包人递交的索赔报告和有关资料后，应在 28 天内给予答复或要求承包人进一步补充索赔理由和证据。如果在 28 天内既未予答复，也未对承包人作进一步要求的话，则视为承包人提出的该项索赔要求已经认可。

2) 判定承包人索赔成立的原则

工程师判定承包人索赔成立的条件为以下四个。

(1) 与合同相对照，事件已造成了承包人施工成本的额外支出或总工期延误。

(2) 造成费用增加或工期延误的原因，按合同约定不属于承包人应承担的责任。

(3) 按合同约定不应由承包商承担的行为责任或风险责任。

(4) 承包人按合同规定的程序提交了书面索赔意向通知和索赔报告。

上述四个条件没有先后主次之分，应当同时具备。只有工程师认定索赔成立后，才处理应给予承包人的补偿额。

3) 对索赔报告的审查

(1) 事态调查，即寻找索赔机会。通过对合同实施的跟踪、分析、诊断、发现了索赔机会，则应对它进行详细的调查和跟踪，以了解事件经过、前因后果，掌握事件详细情况。

（2）损害事件原因分析，即分析这些损害事件是由谁引起的，它的责任应由谁来承担。一般只有非承包人责任的损害事件才有可能提出索赔。在实际工作中，损害事件的责任常常是多方面的，故必须进行责任分解，划分责任范围，按责任大小承担损失。这里特别容易引起合同双方争执。

（3）分析索赔理由，主要指合同文件。必须按合同判明这些索赔事件是否违反合同，是否在合同规定的赔偿范围之内。只有符合合同规定的索赔要求才有合法性、才能成立。例如，某合同规定，在工程总价 5% 的范围内的工程变更属于承包人承担的风险。则业主指令引起的增加工程量在这个范围内时，承包人不能提出索赔。

（4）损失调查，即为索赔事件的影响分析。它主要表现为工期的延长和费用的增加。如果索赔事件不造成损失，则无索赔可言。损失调查的重点是收集、分析、对比实际和计划的施工进度，工程成本和费用方面的资料，在此基础上计算索赔值。

（5）收集证据。索赔事件发生，承包人就应抓紧收集证据并在索赔事件持续期间一直保持有完整的当时记录。同样，这也是索赔要求有效的前提条件。如果在索赔报告中提不出证明其索赔理由、索赔事件的影响、索赔值的计算等方面的详细资料，索赔要求是不能成立的。在实际工程中，许多索赔要求都因没有或缺少书面证据而得不到合理的解决。所以承包人必须对这个问题有足够的重视。通常，承包人应按工程师的要求做好并保持当时记录，接受工程师的审查。

（6）起草索赔报告。索赔报告是上述各项工作的结果和总括。它表达了承包人的索赔要求和支持这个要求的详细依据。它决定了承包人索赔的地位，是索赔要求能否获得有利和合理解决的关键。

3. 确定合理的补偿额

1）工程师与承包人协商补偿

工程师对索赔报告核查后初步确定给予承包人补偿的额度往往会与承包人的索赔报告中要求的额度不一致，甚至差额较大。这里的主要原因多数是对事件损害责任的承担界限划分不一致、索赔计算的依据和方法分歧较大、索赔证据不充分等，因此双方必须进行协商。

对于持续影响时间超过 28 天以上的工期延误事件，如果工期索赔条件成立时，工程师对承包人每隔 28 天报送的阶段索赔临时报告审查后，每次都应作出批准临时延长工期的决定并在事件影响结束后 28 天内、承包人提出最终的索赔报告后，再批准顺延工期总天数。

特别提示

工程师最终批准的总顺延天数不应少于以前各阶段已同意顺延天数之和。为了使使工程师能及时根据同期记录批准该阶段应予顺延工期的天数，承包人必须在事件影响期间每隔 28 天提出一次阶段索赔报告，以避免事件影响时间太长而不能准确确定索赔值。

2）工程师对索赔处理的决定

（1）工程师在经过认真分析研究并与承包人、发包人广泛讨论后，应当向发包人和承包人提出自己对索赔处理的决定。

（2）工程师收到承包人送交的索赔报告和有关资料后，于 28 天内给予答复或要求承包人进一步补充索赔理由和证据。

（3）《建设工程施工合同（示范文本）》规定，工程师收到承包人递交的索赔报告和有关资料后，如果在 28 天内既未予答复，也未对承包人作进一步要求的话，则视为承包人提出的该项索赔要求已经被认可。

（4）工程师在"工程延期审批表"和"费用索赔审批表"中应该简明地叙述索赔事项、理由和建议给予补偿的金额及延长的工期，论述承包人索赔的合理方面及不合理方面。

（5）通过协商达不成共识时，承包人仅有权得到所提供的证据满足工程师认为索赔成立那部分的付款和工期顺延。

（6）不论工程师与承包人协商达到一致还是工程师单方面作出的处理决定，批准给予补偿的款额和顺延工期的天数如果在授权范围之内，则可将此结果通知承包人并抄送发包人。补偿款将计入下月支付工程进度款的支付证书内，顺延的工期加到原合同工期中去。如果批准的额度超过工程师权限，则应报请发包人批准。

特别提示

工程师的处理决定不是终局性的，对发包人和承包人都不具有强制性的约束力。承包人对工程师的决定不满意，可以按合同中的争议条款提交约定的仲裁机构仲裁或诉讼。

4. 发包人审查索赔处理

当工程师确定给承包人的索赔额超过自己权限范围时，必须报请发包人批准。发包人决定是否同意工程师处理意见的依据，要综合考虑以下几方面的因素。

（1）事件发生的原因、责任范围。

（2）合同条款审核承包人的索赔申请和工程师的处理报告。

（3）依据工程建设的目的、投资控制、竣工投产日期要求以及针对承包人在施工中的缺陷或违反合同规定等的有关情况，决定是否同意工程师的处理意见。例如，承包人某项索赔理由成立，工程师根据相应条款规定既同意给予一定的费用补偿，也批准顺延相应的工期。但发包人权衡了施工的实际情况和外部条件的要求后，可能不同意顺延工期，而宁可给承包人增加费用补偿额，要求他采取赶工措施，按期或提前完工。这样的决定只有发包人才有权作出。

特别提示

索赔报告经发包人批准同意后，工程师即可签发有关证书。

5. 承包人是否接受最终索赔处理

承包人接受最终的索赔处理决定，索赔事件的处理即告处理结束。如果承包人不同意最终的索赔处理结果，就将导致合同争议。双方通过协商达成互谅互让的解决方案是处理争议的最理想方式。如达不成谅解，那么承包人有权提交仲裁或诉讼解决。

图 11.1 是索赔工作程序。

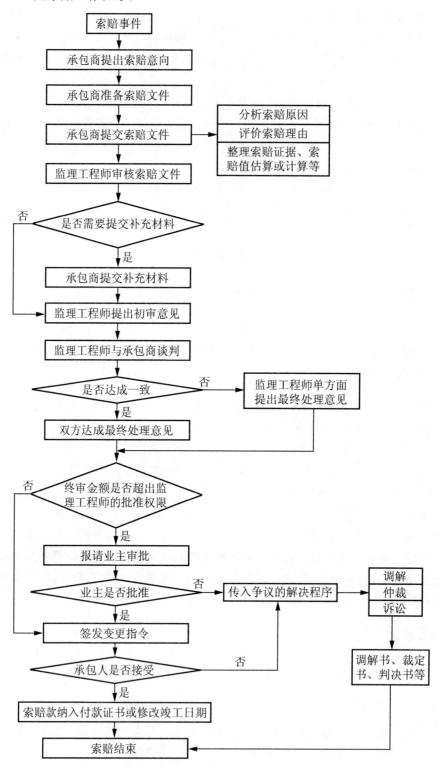

图 11.1　索赔工作程序

应用案例 11-2

案例概况

某工程建设场地原为农田。按设计要求在建造时工程地坪范围内的耕植土应清除，基础必须埋在老土层下3.00m处。为此，业主在"三通一平"阶段就委任土方施工公司清除了耕植土并用新土回填压实至一定设计标高，故在施工招标文件中指出，施工单位无须再考虑清除耕植土问题。然而，开工后，施工单位在开挖基坑（槽）时发现，相当一部分基础开挖深度虽已达到设计标高，但仍未见老土，且在基础和场地范围内仍有一部分深层的耕植土和池塘淤泥等必须清除。

分析

（1）承包商索赔成立的条件是什么？

（2）承包商在工程中遇到地基条件与原设计所依据的地质资料不符时，应该怎么办？

（3）在工程施工中出现变更工期和工程价款的事件之后，甲、乙双方需要注意哪些时效性问题？

（4）承包商根据修改的设计图纸，发现基础开挖要加深、加大，因此提出了变更工程价格和展延工期的要求，该要求是否合理？为什么？

案例解析

（1）承包商的索赔要求成立条件。

① 与合同相对照，事件已造成了承包人施工成本的额外支出或总工期延误。

② 造成费用增加或工期延误的原因，按合同约定不属于承包人应承担的责任。

③ 按合同约定不应由承包商承担的行为责任或风险责任。

④ 承包人按合同规定的程序提交了书面索赔意向通知和索赔报告。

上述4个条件没有先后主次之分，应当同时具备。

（2）首先，根据《建设工程施工合同（示范文本）》的规定，在工程中遇到地基条件与原设计所依据的地质资料不符时，承包方应立刻通知甲方或监理工程师，要求对原设计进行变更，办理相应变更手续。然后，在建设工程施工合同文件规定的时限内向甲方或监理工程师提出设计变更价款和工期顺延要求。甲方如同意，则调整合同；甲方如不同意，则双方进行协商。若协商不成，按合同约定的争议处理办法处理。

（3）在出现变更工程价款和工期事件之后，主要应注意以下几点。

① 乙方提出索赔意向和索赔报告的时间。

② 甲方确认的时间。

③ 双方不能达成一致意见时的解决办法和时间。

（4）承包商的要求合理。因为工程地质条件的变化不是一个有经验的承包商能够合理预见到的，属于业主风险。基础开挖加深、加大必然增加费用和延长工期，因此提出变更工程价格和展延工期的要求是合理的。

11.2.2 发包人的索赔

《建设工程施工合同（示范文本）》规定，承包人未能按合同约定履行自己的各项义务或发生错误而给发包人造成损失时，发包人也应按合同约定向承包人提出索赔。

FIDIC《施工合同条件》中，业主的索赔主要限于施工质量缺陷和拖延工期等违约行为导致的业主损失。合同内规定业主可以索赔的条款涉及以下方面，见表 11-1。

表 11-1　合同内规定业主可以索赔的条款

序号	条款号	内　　容
1	2.5	业主为承包人提供的电、气、水等应收款项
2	7.5	拒收不合格的材料和工程
3	7.6	承包人未能按照工程师的指示完成缺陷补救工作
4	8.6	由于承包人的原因修改进度计划导致业主有额外投入
5	8.7	拖期违约赔偿
6	9.4	未能通过竣工检验
7	11.3	缺陷通知期的延长
8	11.4	未能补救缺陷
9	15.4	承包人违约终止合同后的支付
10	1.82	承包人办理保险未能获得补偿的部分

 应用案例 11-3

案例概况

某公司(以下称甲方)投资建设一幢地下一层、地上五层的框架结构商场工程，某施工企业(以下称乙方)中标后，双方采用《建设工程施工合同(示范文本)》[GF—1999—0201]签订了合同。合同采用固定总价承包方式。合同工期为 405 天并约定提前或逾期竣工的奖罚标准为每天 5 万元。

合同履行中出现了以下事件。

事件 1：乙方施工至首层框架柱钢筋绑扎时，甲方书面通知将首层及以上各层由原设计层高 4.30 米变更为 4.80 米，当日乙方停工，25 天后甲方才提供正式变更图纸，工程恢复施工，复工当日乙方立即提出停工损失 150 万元和顺延工期 25 天的书面报告及相关索赔资料，但甲方收到后始终未予答复。

事件 2：在工程装修阶段，乙方收到了经甲方确认的设计变更文件，调整了部分装修材料的品种和档次。乙方在施工完毕 3 个月后的结算中申请了该项设计变更增加费 80 万元。但遭到甲方的拒绝。

事件 3：从甲方下达开工令起至竣工验收合格止，本工程历时 425 天。甲方以乙方逾期竣工为由从应付款中扣减了违约金 100 万元，乙方认为逾期竣工的责任在于甲方。

分析

依据相关规定分析以下问题。

(1) 事件 1 中，乙方的索赔是否生效？结合合同索赔条款说明理由。

（2）事件 2 中，乙方申报设计变更增加费是否符合约定？结合合同变更条款说明理由。

（3）事件 3 中，乙方是否逾期竣工？说明理由并计算奖罚金额。

案例解析

（1）事件 1 中，乙方的索赔生效。该事件是由非承包单位所引起，承包人按照通用合同条款的约定，在索赔事件发生后 28 天内提交了索赔意向通知及相关索取资料，提出费用和工期索赔要求并说明了索赔事件的理由。

《建设工程施工合同（示范文本）》规定，工程师收到承包人递交的索赔报告和有关资料后，如果在 28 天内既未予答复，也未对承包人作进一步要求的话，则视为承包人提出的该项索赔要求已经被认可。

（2）乙方申报设计变更增加费不符合约定。理由：乙方已过索赔权利的时效，根据有关规定，乙方必须在发生索赔事项 28 天内经过工程师同意，提交索赔报告，但本案例 3 个月后才提，超出索赔时效，丧失要求索赔的权利，所以甲方可不赔偿。

（3）乙方不是逾期竣工。理由：因为造成工程延期 25 天是由于建设单位变更图纸延误引起的，非施工单位责任，乙方已有效提出索赔要求，所以甲方应给予工期补偿，甲方给乙方的费用索赔为 20×5＝100 万元，延长工期 20 天。

11.3 工程师的索赔管理

11.3.1 工程师对工程索赔的影响

在处理和解决发包人与承包人之间索赔事件的过程中，工程师是个核心焦点。在整个合同的形成和实施过程中，工程师对工程索赔有如下影响。

1. 工程师受发包人委托进行工程项目管理

工程师在工作中如果出现失误或行使施工合同赋予的权力时给承包人造成的损失，应当由发包人承担合同规定的相应赔偿责任。承包人索赔有相当一部分是由工程师引起的。

2. 工程师有处理索赔问题的权力

（1）承包人提出索赔意向通知以后，工程师有权利检查承包人的现场同期记录。

（2）对承包人的索赔报告进行审查分析，反驳承包人不合理的索赔要求或索赔要求中不合理的部分。可指令承包人作出进一步解释或进一步补充资料，提出审查意见或审查报告。

（3）在工程师与承包人共同协商确定给承包人的工期和费用的补偿量达不成一致时，工程师有权利单方面作出处理决定。

（4）对合理的索赔要求，工程师有权将它纳入工程进度付款中，出具付款证书，发包人应在合同规定的期限内支付。

3. 作为索赔争议的调解人

如果发包人和承包人就索赔的解决达不成一致，有一方或双方不满意工程师的决定且双方都不让步，产生索赔争执。双方都可以将争执再次提交工程师，请求作出调解，工程师应在合同规定的期限内作出调解决定。

4. 在仲裁和诉讼过程中作为见证人

如果合同一方或双方对工程师的调解解决不满意，则可以按合同规定提交仲裁，也可以按法律程序提出诉讼。在仲裁或诉讼过程中，工程师作为工程全过程的参与者和管理者，可以作为见证人提供证据和做答辩。

所以，在一个工程中，索赔的频率、索赔要求和索赔的解决结果等与工程师的工作能力、经验、工作的完备性、立场的公正性等有直接的关系。所以在工程项目施工过程中，工程师也必须有"风险意识"，必须重视索赔问题。

11.3.2 工程师的索赔管理任务

索赔管理是工程师进行工程项目管理的重要任务之一。其基本目标是，尽量减少索赔事件的发生，公平合理地解决索赔问题。具体地说，其索赔管理的任务包括以下内容。

1. 预测和分析导致索赔的原因和可能性

在施工合同的形成和实施的过程中，大量具体的技术、组织和管理工作都是工程师为发包人承担的，如果在这些工作中出现疏漏，对承包人施工造成了干扰，索赔就会产生。承包人的合同管理人员也会注意并发现这些疏漏，寻找索赔机会。所以工程师在工作中应当能预测到自己行为的后果，避免或及时堵塞这些漏洞。在起草文件、下达指令、作出决定、答复请示时都应当注意到其完备性和严密性。在颁发图纸、作出计划和实施方案时都应考虑其正确性和周密性。

2. 通过有效的合同管理减少索赔事件发生

为了给发包人和承包人提供良好的服务，工程师应以积极的态度和主动的精神管理好工程。在施工过程中，工程师作为双方的桥梁和纽带应做好协调和缓冲工作，为双方建立一个良好的合作气氛。实践中，合同实施得越顺利，双方合作得越好，索赔事件就越少，也就越易于解决。

工程师必须对合同实施进行有效的控制，这是他的主要工作。通过对合同的监督和跟踪，不仅可以及早发现干扰事件，也可以及早采取措施降低干扰事件的影响，减少双方损失，还可以及早了解情况，为合理地解决索赔提供条件。

3. 公正地处理和解决索赔

合理解决发包人和承包人之间的索赔纠纷，不仅符合工程师的工作目标，使承包人按合同得到支付，而且也符合工程总目标。索赔的合理解决是指承包人得到按合同规定的合理补偿而又不使发包人投资失控，合同双方都心悦诚服，对解决结果满意，今后继续保持友好的合作关系。

11.3.3　工程师索赔管理的原则

要使索赔得到公平合理的解决，工程师在工作中必须遵守以下原则。

1. 公正原则

工程师是施工合同管理的核心，他必须秉公做事。由于施工合同双方的利益和立场存在不一致，会时常出现各种矛盾或冲突，这时工程师就起着缓冲、协调的作用。因此，工程师要以没有偏见的方式解释和履行合同，独立地作出自己的判断，行使自己的权力。工程师公正性的基本点体现在以下几个方面。

（1）工程师必须从工程的整体效益、工程总目标的角度出发作出判断或采取行动。使合同风险分配、干扰事件责任分担，索赔的处理和解决不损害工程整体效益和不违背工程总目标，在这个基本点上，双方常常是一致的。

（2）按照合同约定办事。双方签订的合同是施工过程中的最高行为准则。作为工程师必须按照合同办事，在索赔的处理过程中应始终把准确理解、正确执行合同放在首位。

（3）从事实出发，实事求是。按照合同的实际实施过程、干扰事件的真实情况、承包人的实际损失及所提供的证据作出判断。

2. 及时履行职责原则

在工程施工过程中，工程师必须及时地（有的合同规定具体的时间，或"在合理的时间内"）行使权力，作出决定，下达通知、指令、表示认可等。这样做的重要作用有以下几个。

（1）可以减少承包人的索赔几率。因为如果工程师不能迅速及时地发现或解决问题，造成承包人的损失，必须给予承包人工期或费用的补偿。

（2）防止干扰事件影响的扩大。若不及时处理问题会造成承包人停工处理指令，如果承包人继续施工，会造成更大范围的影响和损失。

（3）在收到承包人的索赔意向通知后工程师应迅速作出反应、认真研究、密切注意干扰事件的发展。这样做的好处是一方面可以及时采取措施来降低损失；另一方面可以掌握干扰事件发生和发展的过程，掌握第一手资料，为分析、评价承包人的索赔做准备。所以工程师也应鼓励并要求承包人及时向他通报情况并及时提出索赔要求。

（4）如果工程师不能及时地解决索赔问题将会加深双方的不理解、不一致和矛盾。索赔问题如果不能及时解决，将会导致承包人资金周转困难，积极性受到影响，施工进度放慢，导致承包人对工程师和发包人缺乏信任感；而发包人又会抱怨承包人拖延工期，不积极履约。

（5）工程师如果不及时处理，事后会造成索赔解决的困难。单个索赔集中起来，索赔额积累起来，这样不仅给分析、评价带来困难，而且会带来新的问题，使问题和处理过程复杂化。

3. 尽可能通过协商达成一致

工程师在处理和解决索赔问题时，应与发包人和承包人及时沟通，保持经常性的联系。在作出决定，特别是作出调整价格、决定工期和费用补偿决定前，应当充分地与合同双方协商，争取达成一致，取得共识。这是避免索赔争议的最有效的办法。工程师必须认识到，如果他的协调不成功使索赔争议升级，则对合同双方都是损失，将会严重影响工程项目的整体效益。

特别提示

在工作中，工程师切记不可滥用权力，特别对承包人不能随便以合同处罚相威胁或盛气凌人。

4. 诚实信用

在工程管理过程中工程师有很大的权力，对工程的整体效益起着关键性的作用。发包人出于信任，将工程管理的任务交给工程师。承包人也希望他能公正行事。但工程师的经济责任较小，缺少对他的制约机制。所以工程师的工作在很大程度上依靠他自身的工作积极性、责任心，他的诚实和信用靠他的职业道德来维持。

11.3.4 工程师对索赔的审查

1. 审查索赔证据

工程师对索赔报告审查时，首先要判断承包人的索赔要求是否有理、有据。所谓有理，是指承包人索赔要求与合同条款或有关法规是否一致，受到的损失应属于非承包人责任原因所造成。所谓有据，是指承包人提供的证据证明索赔要求成立。承包人可以提供的证据包括下列证明材料。

(1) 合同文件中相应条款的约定。

(2) 经工程师批准的施工进度计划。

(3) 合同履行过程中的来往函件。

(4) 施工现场记录。

(5) 施工会议记录。

(6) 工程照片。

(7) 工程师发布的各种书面指令。

(8) 中期支付工程进度款的单证。

(9) 检查和试验记录。

(10) 汇率变化表。

(11) 各类财务凭证。

(12) 其他有关资料。

2. 审查工期顺延要求

1）对索赔报告中要求顺延的工期，在审核中应当注意以下情况。

（1）划清施工进度拖延的责任。因承包人的原因造成施工进度滞后属于不可原谅的延期，只有当延误的任何责任不应由承包人承担时，才是可原谅的延期。有时工期延期的原因中可能包含有双方责任，此时工程师应进行详细分析、分清责任比例，只有承包人可原谅的延期部分才能批准顺延合同工期。可原谅延期，又可细分为可原谅并给予补偿费用的延期和可原谅但不给与补偿费用的延期。后者是指非承包人责任的影响并未导致施工成本的额外支出，大多属于发包人应承担风险责任事件的影响，如异常恶劣的气候条件造成的停工等。

（2）被延误的工作应是处于施工进度计划关键线路上的施工内容。只有当位于关键线路上工作内容的滞后，才会影响到竣工日期。但有时也要具体问题具体分析，既要看被延误的工作是否在批准进度计划的关键路线上，又要详细分析非关键路线上的延误对后续工作的可能影响。因为若对非关键路线工作的影响时间较长，超过了承包人对该工作可用于自由支配的时间，也会导致进度计划中非关键路线转化为关键路线，其滞后将会导致总工期的拖延。此时，应充分考虑该工作的自由时间，给予相应的工期顺延并要求承包人修改施工进度计划。

（3）无权要求承包人缩短合同工期。工程师有审核、批准承包人顺延工期的权力，但他无权要求承包人缩短合同工期。即工程师有权指示承包人删减掉某些合同内规定的工作内容，但不能要求他相应缩短合同工期。如果要求提前竣工的话，这项工作就属于合同的变更了。

2）审查工期索赔计算

工期索赔的计算主要有网络图分析和比例计算法两种。

（1）网络图分析法是利用进度计划的网络图，分析其关键线路。如果延误的工作为关键工作，则总延误的时间为批准顺延的工期；如果延误的工作为非关键工作，当该工作由于延误超过时差限制而成为关键工作时，可以批准延误时间与时差的差值；若该工作延误后仍为非关键工作，则不存在工期索赔问题。

（2）比例计算法的公式。

对于已知部分工程的延期的时间

$$工期索赔值 = \frac{受干扰部分工程的合同价}{原合同总价} \times 该受干扰部分工期拖延时间$$

对于已知额外增加工程量的价格

$$工期索赔值 = \frac{额外增加的工程量的价格}{原合同价格} \times 原合同总工期$$

比例计算法简单方便，但有时不尽符合实际情况，比例计算法不适用于变更施工顺序、加速施工、删减工程量等事件的索赔。

3. 审查费用索赔要求

承包人对费用索赔的原因可能是与工期索赔相同的内容，即属于可原谅并应予以费用补偿的索赔，也可能是与工期索赔无关的理由。工程师在审核索赔的过程中，除了划清合同责任以外，还应注意索赔计算的取费合理性和计算的正确性。

1）承包人可索赔的费用

费用内容一般可以包括以下几个方面。

（1）人工费。包括增加工作内容的人工费、停工损失费和工作效率降低的损失费等累计，但不能简单地用计日工费计算。

（2）设备费。可采用机械台班费、机械折旧费、设备租赁费等几种形式。

（3）材料费。

（4）保函手续费。工程延期时，保函手续费相应增加，反之，取消部分工程且发包人与承包人达成提前竣工协议时，承包人的保函金额相应折减，则计入合同价内的保函手续费也应扣减。

（5）贷款利息。

（6）保险费。

（7）利润。

（8）管理费。此项又可分为现场管理费和公司管理费两部分，由于二者的计算方法不一样，所以在审核过程中应区别对待。

2）审核索赔取费的合理性

承包人费用索赔涉及的款项较多、内容也较庞杂。承包人都是从维护自身利益的角度解释合同条款，进而申请索赔额。工程师应公平地审核索赔报告申请，挑出不合理的取费项目或费率。就某一特定索赔时间而言，可能涉及上述 8 种费用的某几项，所以应检查取费项目的合理性。

FIDIC《施工合同条件》中，按照引起承包人损失事件原因的不同，对承包人索赔可能给予合理补偿工期、费用和利润的情况分别作出了相应的规定，见表 11-2。

表 11-2 可以合理补偿承包人索赔的条款

序号	条款号	主要内容	可补偿内容		
			工期	费用	利率
1	1.9	延误发放图纸	√	√	√
2	2.1	延误移交施工现场	√	√	√
3	4.7	承包人依据工程师提供的错误数据导致放线错误	√	√	√
4	4.12	不可预见的外界条件	√	√	
5	4.24	施工中遇见的文物和古迹	√	√	
6	7.4	非承包人原因检验导致施工延误	√	√	√
7	8.4(a)	变更导致竣工时间延长	√		
8	(c)	异常不利的气候条件	√		
9	(d)	由于传染病或其他政府行为导致的工期延误	√		

序号	条款号	主要内容	可补偿内容		
			工期	费用	利率
10	(e)	业主或其他承包人的干扰	√		
11	8.5	公共当局引起的延误	√		
12	10.2	业主提前占用工程		√	√
13	10.3	对竣工检验的干扰	√	√	√
14	13.7	后续法规的调整	√	√	
15	18.1	业主办理的保险未能从保险公司获得赔偿部分		√	
16	19.4	不可抗力事件造成的损害	√	√	

3）审核索赔计算的正确性

（1）这里不单指承包人的索赔计算中是否有数学计算错误，更应关注所采用的费率是否合理、适度，主要注意的问题包括以下几方面。

其一，工程量表中的单价是综合单价，不仅含有直接费，还包括间接费、风险费、辅助施工机械费、公司管理费和利润等项目的摊销成本。因此，在索赔计算中不应当有重复取费。其二，在计算停工损失时，不应当以计日工费计算。闲置人员在此期间的奖金、福利等报酬不应计算在内。通常采取的是人工单价乘以折算系数的计算方式。停驶的机械费补偿应当按照机械折旧费或设备租赁费来计算，不应当包括运转操作费用。

（2）正确区分停工损失与因工程师临时改变工作内容或作业方法的功效降低损失的区别。凡可改作其他工作的，不应当按停工损失计算，但可以适当补偿功效降低损失。

11.3.5　工程师对索赔的反驳

所谓索赔反驳就是指承包商提出不合理索赔或索赔的不合理部分，对其进行反驳，而绝不是偏袒业主、设法不给予或少给予承包商补偿。索赔反驳是在尊重工程事实的情况下，站在科学的、合理的计价角度上确定工程造价，保证双方利益。

工程师对索赔报告的审查应该有理有据、审定过程应全面参阅合同文件中所有有关条款及有关法规文件，客观地、实事求是地肯定或否定索赔要求，不能草率，否则有可能导致合同争端升级。在处理施工索赔的实践中，工程师可从以下几方面进行索赔反驳。

1. 审查论证索赔证据是否合理

（1）索赔理由是否与合同条款、有关法规文件相抵触，论述索赔理由是否有理有据、具有说服力，索赔依据是否充分合理。

（2）索赔事项发生是承包商责任、业主自身责任，还是双方责任，或是第三方责任？划分责任范围各负其责。同时，索赔事项发生时承包商是否采取有效措施，制止事态扩大，以防造成更大损失。

（3）承包商是否按照法定期限提供索赔报告、索赔依据、索赔费用。

2. 审查论证费用索赔要求、计价办法是否合理

（1）索赔费用计算内容一般包括人工费、材料费、机械使用费、保函手续费、贷款利息、保险费、利润、管理费。工程师应严格审查其款项，公正合理地审查其索赔报告申请，剔出不合理费项，确定合理费项。

（2）确定索赔合理的计价方式。索赔计价方法通常有实际费用法、总费用法、修正费用法。人们必须采用合理的计价方式才能避免计价重复，如工程量表中的单价是综合单价，已包含许多费项，若计价方式不合理很容易使一些费项重复。

（3）停工损失费计取。停工不应计日工费用计算，通常应采取人工单价乘以折算系数计算，停工机械补偿应按机械折旧费或设备租赁费计，但不包含运转操作费用。

（4）正确区分停工损失费和作业方法降效费。凡是改做其他工作都不能计停工损失费，但可以计适当的补偿降效损失。然而由于承包商引起工期滞后而加速赶工期的也不应计增效费用。

3. 审查论证工期顺延要求是否合理

（1）划清工期拖延的责任，分清是承包商、还是发包商、或是第三方责任，是否给予工期补偿和费用补偿。

（2）确定工期补偿是否为在施工网络中的关键线路上的施工内容。否则，对非关键线路上工期影响应考虑自由时差情况，然后再考虑相应工期调整情况。

（3）承包商是否有明示和暗示放弃施工工期索赔的要求。

工程师要尽可能参与全施工过程，预料索赔有可能发生的情况，及时要求承包商采取有效预防措施，降低不必要的损失，并且工程师应尽可能避免返工，减免材料浪费、施工成本加大，从而减轻承包商心理压力，减少承包商因成本上升而造成的利润损失。

总之索赔反驳应做到公正合理，正确反映工程造价，更好地维护双方利益、维护国家和人民的利益。

11.3.6 工程师对索赔的预防和减少

在实践中索赔虽然不可能完全避免，但是通过努力可以减少索赔的发生。

1. 正确理解合同规定

合同规定了双方当事人的权利和义务。因此，正确理解合同的各项条款规定是双方公平、公正、顺利履行合同的前提条件。但由于施工合同往往比较复杂，因而"理解合同规定"必然会有一定的困难。双方各自站在自己的利益角度，对合同规定的条款理解往往会有不一致的时候，必然或多或少地存在一些分歧。这种分歧经常是产生索赔的重要原因之一，所以发包人、工程师和承包人都应该认真研究合同的各项条款规定，以便尽可能在诚信的基础上正确、一致地理解合同的规定，减少索赔的发生。

2. 做好日常监理工作，随时与承包人保持协调

毫无疑问，工程师做好日常监理工作是减少索赔的重要手段。工程师应该善于预见、发现和解决施工中遇到的问题，能够及时发现并纠正对工程产生额外成本或其他不良影响的事件，就可以避免发生与此有关的索赔。因此，现场检查作为工程师监理工作的第一个环节，应该发挥其应有的作用。对于工程质量、完工工作量等，工程师应当尽可能在日常工作中与承包人随时保持协调，每天或每周对当天或本周的情况进行会签、取得一致意见，而不要等到需要付款时再一次处理。这样就比较容易取得一致意见，可以避免不必要的分歧。

3. 尽量为承包人提供力所能及的帮助

虽然从合同上讲，工程师没有义务向承包人提供帮助。但当承包人在施工过程中遇到一些困难的时候，工程师要从共同努力建设好工程这一点出发，还应该尽可能地给承包人提供一些帮助。这样，双方可以少遭损失，从而避免或减少索赔。当承包人遇到某些似是而非、模棱两可的索赔机会时，就可能基于友好考虑而主动放弃。

4. 建立和维护工程师处理合同事务的威信

作为工程师自身必须有公正的立场、良好的合作精神和处理问题的能力，这是建立和维护工程师威信的基础。发包人应当积极支持工程师独立、公平地处理合同事务，不要过多干涉；承包人也应该充分尊重工程师的工作，接受工程师的协调和监督，与工程师保持良好的工作关系。如果承包人认为工程师明显偏袒发包人或处理问题能力较差，就会提出更多的索赔而不考虑是否有足够的依据，以求"以量取胜"或"蒙混过关"。如果工程师处理合同事务立场公正，有丰富的经验知识和较高的威信，就会促使承包人在提出索赔前认真做好准备工作，只提出那些有充足依据的索赔、"以质取胜"，从而减少提出索赔的数量。因此，发包人、工程师和承包人应该从一开始就努力建立和维持相互关系的良性循环，这对合同顺利实施、双方的共同利益是非常重要的。

复习思考题

一、单项选择题

1. 工程师要求的暂停施工的赔偿与责任的说法错误的为（   ）。

A. 停工责任在发包人，由发包人承担所发生的追加合同价款，赔偿承包商由此造成的损失，相应顺延工期

B. 停工责任在承包人，由承包人承担发生的费用，相应顺延工期

C. 停工责任在承包人，因为工程师不及时做出答复，导致承包人无法复工，由发包人承担违约责任

D. 停工责任在承包人，由承包人承担发生的费用，工期不予顺延

2. 根据施工索赔的规定，可以认为（   ）。

A. 只限承包商向业主索赔　　　　　B. 业主无权向承包商索赔

C. 业主与承包商之间可以双向索赔　D. 不包括承包商与分包商之间的索赔

3. 某工程设计合同，双方约定设计费为 10 万元，定金为 2 万元。当设计人完成设计工作 30% 时，发包人由于工程停建要求解除合同，此时发包人应进一步支付设计人（   ）。

A. 3 万元　　　　B. 5 万元　　　　C. 7 万元　　　　D. 10 万元

4. 设计合同履行过程中，设计审批部门拖延对设计文件审批的损失应由（   ）。

A. 发包人承担　　　　　　　　　　B. 设计人承担

C. 双方各自承担　　　　　　　　　D. 设计审批部门承担

5. 发包人逾期支付设计人设计费应承担应支付金额（   ）的逾期违约金。

A. 2%　　　　　B. 2 倍　　　　　C. 5%　　　　　D. 5 倍

6. 设计合同生效后，设计人要求终止或解除合同，设计人应（   ）。

A. 退还定金　　　　　　　　　　　B. 退还定金并赔偿发包人损失

C. 双倍返还定金　　　　　　　　　D. 支付设计费的 2% 的违约金

7. 依据《建设工程设计合同（示范文本）》规定，下列有关设计错误后果责任的说法中，不正确的是（   ）。

A. 由于设计人错误造成损失应免收直接受损部分的设计费

B. 损失严重的应向发包人支付赔偿金

C. 累计赔偿总额不应超过设计费用总额

D. 赔偿责任按工程实际损失的百分比计算

8. 设计人有权向发包人提出索赔的是（   ）。

A. 发包人将设计人交付的设计文件用于本合同外的项目

B. 发包人要求设计人进行设计变更

C. 施工图设计未达到设计深度

D. 设计人对外商的设计资料进行审查

9. 将施工索赔分为合同中明示的索赔和合同中默示的索赔，这是按照（   ）进行的分类。

A. 合同目的　　　　　　　　　　　B. 索赔起因

C. 索赔的合同依据　　　　　　　　D. 索赔事件的性质

10. 承包人在索赔事项发生后的（   ）天以内，应向工程师正式提出索赔意向通知。

A. 14　　　　　B. 7　　　　　C. 28　　　　　D. 21

11. 下列关于建设工程索赔的说法，正确的是（   ）。

A. 承包人可以向发包人索赔，发包人不可以向承包人索赔

B. 索赔按处理方式的不同分为工期索赔和费用索赔

C. 工程师在收到承包人送交的索赔报告的有关资料后 28 天未予答复或未对承包人作进一步要求，视为该项索赔已经认可

D. 索赔意向通知发出后的 14 天内，承包人必须向工程师提交索赔报告及有关资料

12. 索赔是指在合同的实施过程中，（　　）因对方不履行或未能正确履行合同所规定的义务或未能保证承诺的合同条件实现而遭受损失后，向对方提出的补偿要求。

　　A. 业主方　　　　　　　B. 第三方　　　　C. 承包商　　　　D. 合同中的一方

13. 在施工过程中，由于发包人或工程师指令修改设计、修改实施计划、变更施工顺序，造成工期延长和费用损失，承包商可提出索赔。这种索赔属于（　　）引起的索赔。

　　A. 地质条件的变化　　B. 不可抗力　　　　C. 工程变更　　　　D. 业主风险

14. 索赔可以从不同角度分类，如按索赔事件的影响分类，可分为（　　）。

　　A. 单项索赔和综合索赔

　　B. 工期拖延索赔和工程变更索赔

　　C. 工期索赔和费用索赔

　　D. 发包人和承包人、承包人与分包人之间的索赔

15. （　　）是索赔处理的最主要依据。

　　A. 合同文件　　　　　B. 工程变更　　　　C. 结算资料　　　　D. 市场价格

16. 下列关于索赔和反索赔的说法，正确的是（　　）。

　　A. 索赔实际上是一种经济惩罚行为

　　B. 索赔和反索赔具有同时性

　　C. 只有发包人可以针对承包人的索赔提出反索赔

　　D. 索赔单指承包人向发包人的索赔

17. 当监理工程师与承包人就索赔问题经过谈判不能达成一致意见时，应（　　）。

　　A. 由监理工程师单方面决定一个他认为合理的单价或价格

　　B. 由业主自行决定索赔的处理意见

　　C. 由业主协调监理工程师与承包人的意见，形成一个都能接受的结果

　　D. 提请仲裁机关处理

18. 索赔证据必须是事件发生时的（　　）。

　　A. 书面文件　　　　　B. 口头承诺　　　　C. 口头协议　　　　D. 监理口头指示

19. （　　）不能作为索赔的证据。

　　A. 各种会议纪要　　　　　　　　　　B. 双方的往来信件

　　C. 口头形式的承诺　　　　　　　　　D. 施工现场记录

20. 依据 FIDIC《施工合同条件》，工程师审查承包人的索赔报告时，对因（　　）提出的索赔，不应计入利润损失补偿。

　　A. 延误移交施工现场

　　B. 设计图错误返工

　　C. 施工中遇到有文物价值的古迹所作的保护工作

　　D. 业主提前占用部分工程导致承包人后续施工的损失

二、多项选择题

1. 索赔的特征有（　　）。

　　A. 索赔是单向的

B. 索赔是双向的

C. 只有一方实际发生了经济损失或权利损害，才能向对方索赔

D. 索赔只是对费用的主张

E. 索赔是未经对方确认的单方行为

2. 按索赔的合同依据进行分类，索赔可以分为（　　）。

A. 工程加速索赔　　　　　　　　　B. 工程变更索赔

C. 合同中明示的索赔　　　　　　　D. 合同中默示的索赔

E. 合同外的索赔

3. 索赔按目的划分，可以分成（　　）。

A. 明示索赔　　　　　　　　　　　B. 暗示索赔

C. 工期索赔　　　　　　　　　　　D. 费用索赔

E. 变更索赔

4. 工程师对承包商施工索赔的处理决定，承包商（　　）。

A. 必须执行　　　　　　　　　　　B. 可以不予理睬

C. 可以执行　　　　　　　　　　　D. 可以要求工程师重新考虑

E. 可以依据合同提交仲裁

5. 建设工程索赔按所依据的理由不同可分为（　　）。

A. 合同内索赔　　　　　　　　　　B. 工期索赔

C. 费用索赔　　　　　　　　　　　D. 合同外索赔

E. 道义索赔

6. 承包商向业主索赔成立的条件包括（　　）。

A. 由于业主原因造成费用增加和工期损失

B. 由于工程师原因造成费用增加和工期损失

C. 由于分包商原因造成费用增加和工期损失

D. 按合同规定的程序提交了索赔意向

E. 提交了索赔报告

7. 承包商可以就下列事件的发生向业主提出索赔的有（　　）。

A. 施工中遇到地下文物被迫停工　　B. 施工机械大修

C. 材料供应商延期交货　　　　　　D. 业主要求提前竣工，导致工程成本增加

E. 设计图纸错误，造成返工

8. 由于设计人员错误造成工程质量事故损失时，根据损失的严重程度，设计人应负责（　　）。

A. 全部损失　　　　　　　　　　　B. 采取补救措施

C. 免收直接受损失部分的设计费　　D. 向发包人支付赔偿金

E. 工程质量事故的调查

9. 在 FIDIC《施工合同条件》中，承包人可以同时提出工期和费用索赔的事件包括（　　）等。

A. 不可预见的外界条件　　　　B. 施工中遇到文物和古迹

C. 异常不利的气候条件　　　　D. 业主或其他承包人的干扰

E. 后续法规的调整

三、案例分析题

某一汽车企业在新厂房建设施工中，承包土方工程的承包人在合同中标明有松软石的地方没有遇到松软石，因此工期提前 30 天。但在合同中另一未标明有坚硬岩石的地方遇到更多的坚硬岩石，开挖工作变得更加困难，由此造成了实际生产率比原计划低得多，经测算影响工期 93 天。由于施工速度减慢，使得部分施工任务拖到雨季进行，按一般公认标准推算，又影响工期 62 天。为此承包商准备提出索赔。

问题

（1）该项施工索赔能否成立？为什么？

（2）在该索赔事件中，应提出的索赔内容包括哪两方面？

（3）在工程施工中，通常可以提供的索赔证据有哪些？

（4）承包商应提供的索赔文件有哪些？请协助承包商拟订一份索赔通知。

参 考 文 献

［1］法律出版社法规中心．中华人民共和国合同法：注释本［Z］．北京：法律出版社，2006．

［2］全国人民代表大会常务委员会法制工作委员会．中华人民共和国合同法释义［Z］．北京：人民法院出版社，1999．

［3］刘力，钱雅丽．建设工程合同管理与索赔［M］．北京：机械工业出版社，2008．

［4］中国建设监理行业协会．建设工程合同管理［M］．北京：知识产权出版社，2009．

［5］张正勤．建设工程施工合同(示范文本)解读大全［M］．北京：中国建筑工业出版社，2012．

［6］标准文件编制组．中华人民共和国标准施工招标文件(2012年版)［S］．北京：中国计划出版社，2012．

［7］［比利时］国际咨询工程师联合会．土木工程施工分包合同条件［M］．刘英，等译．北京：中国建筑工业出版社，1996．

［8］［比利时］国际咨询工程师联合会．设计采购施工(EPC)/交钥匙工程合同条件［M］．中国工程咨询协会，编译．北京：机械工业出版社，2002．

［9］中华人民共和国建设部政策法规司．建设系统合同示范文本汇编［G］．北京：中国建筑工业出版社，2001．

［10］曲修山．建设工程招标代理法律制度［M］．北京：中国计划出版社，2002．

［11］黄文杰．建设工程招标实务［M］．北京：中国计划出版社，2002．

［12］何红锋．工程建设中的合同法与招标投标法［M］．北京：中国计划出版社，2002．

［13］张宜松．建设工程合同管理［M］．北京：化学工业出版社，2010．

北京大学出版社高职高专土建系列规划教材

序号	书名	书号	编著者	定价	出版时间	印次	配套情况	
		基础课程						
1	工程建设法律与制度	978-7-301-14158-8	唐茂华	26.00	2012.7	6	ppt/pdf	
2	建设工程法规	978-7-301-16731-1	高玉兰	30.00	2013.5	12	ppt/pdf/答案/素材	★
3	建筑工程法规实务	978-7-301-19321-1	杨陈慧等	43.00	2012.1	3	ppt/pdf	★
4	建筑法规	978-7-301-19371-6	董伟等	39.00	2013.1	4	ppt/pdf	★
5	建设工程法规	978-7-301-20912-7	王先恕	32.00	2012.7	1	ppt/pdf	
6	AutoCAD 建筑制图教程(第 2 版)(新规范)	978-7-301-21095-6	郭慧	38.00	2013.3	1	ppt/pdf/素材	★
7	AutoCAD 建筑绘图教程(2010 版)	978-7-301-19234-4	唐英敏等	41.00	2011.7	2	ppt/pdf	★
8	建筑 CAD 项目教程(2010 版)	978-7-301-20979-0	郭慧	38.00	2012.9	1	pdf/素材	
9	建筑工程专业英语	978-7-301-15376-5	吴承霞	20.00	2012.11	7	ppt/pdf	★
10	建筑工程专业英语	978-7-301-20003-2	韩薇等	24.00	2012.1	1	ppt/pdf	★
11	建筑工程应用文写作	978-7-301-18962-7	赵立等	40.00	2012.6	3	ppt/pdf	★
12	建筑构造与识图	978-7-301-14465-7	郑贵超等	45.00	2013.5	13	ppt/pdf/答案	★
13	建筑构造(新规范)	978-7-301-21267-7	肖芳	34.00	2013.5	2	ppt/pdf	
14	房屋建筑构造	978-7-301-19883-4	李少红	26.00	2012.1	2	ppt/pdf	★
15	建筑工程制图与识图	978-7-301-15443-4	白丽红	25.00	2012.8	8	ppt/pdf/答案	★
16	建筑制图习题集	978-7-301-15404-5	白丽红	25.00	2013.1	7	pdf	
17	建筑制图(第 2 版)(新规范)	978-7-301-21146-5	高丽荣	32.00	2013.2	1	ppt/pdf	★
18	建筑制图习题集(第 2 版)(新规范)	978-7-301-21288-2	高丽荣	28.00	2013.1	1	pdf	
19	建筑工程制图(第 2 版)(附习题册)(新规范)	978-7-301-21120-5	肖明和	48.00	2012.8	5	ppt/pdf	
20	建筑制图与识图	978-7-301-18806-4	曹雪梅等	24.00	2012.2	5	ppt/pdf	★
21	建筑制图与识图习题册	978-7-301-18652-7	曹雪梅等	30.00	2012.4	4	pdf	★
22	建筑制图与识图(新规范)	978-7-301-20070-4	李元玲	28.00	2012.8	2	ppt/pdf	★
23	建筑制图与识图习题集(新规范)	978-7-301-20425-2	李元玲	24.00	2012.3	2	ppt/pdf	★
24	新编建筑工程制图(新规范)	978-7-301-21140-3	方筱松	30.00	2012.8	1	ppt/pdf	★
25	新编建筑工程制图习题集(新规范)	978-7-301-16834-9	方筱松	22.00	2012.9	1	pdf	
26	建筑识图(新规范)	978-7-301-21893-8	邓志勇等	35.00	2013.1	1	ppt/pdf	★
		建筑施工类						
1	建筑工程测量	978-7-301-16727-4	赵景利	30.00	2013.5	9	ppt/pdf/答案	★
2	建筑工程测量(第 2 版)(新规范)	978-7-301-22002-3	张敬伟	37.00	2013.5	2	ppt/pdf/答案	★
3	建筑工程测量	978-7-301-19992-3	潘益民	38.00	2012.2	1	ppt/pdf	★
4	建筑工程测量实验与实习指导	978-7-301-15548-6	张敬伟	20.00	2012.4	7	pdf/答案	
5	建筑工程测量	978-7-301-13578-5	王金玲等	26.00	2011.8	3	pdf	
6	建筑工程测量实训	978-7-301-19329-7	杨凤华	27.00	2013.5	4	pdf	★
7	建筑工程测量(含实验指导手册)	978-7-301-19364-8	石东等	43.00	2012.6	2	ppt/pdf/答案	★
8	建筑工程测量	978-7-301-22485-4	景铎等	34.00	2013.6	1	ppt/pdf	
9	数字测图技术(新规范)	978-7-301-22656-8	赵红	36.00	2013.6	1	ppt/pdf	★
10	建筑施工技术(新规范)	978-7-301-21209-7	陈雄辉	39.00	2013.2	2	ppt/pdf	★
11	建筑施工技术	978-7-301-12336-2	朱永祥等	38.00	2012.4	7	ppt/pdf	
12	建筑施工技术	978-7-301-16726-7	叶雯等	44.00	2013.5	5	ppt/pdf/素材	
13	建筑施工技术	978-7-301-19499-7	董伟等	42.00	2011.9	2	ppt/pdf	
14	建筑施工技术	978-7-301-19997-8	苏小梅	38.00	2013.5	3	ppt/pdf	
15	建筑工程施工技术(第 2 版)(新规范)	978-7-301-21093-2	钟汉华	48.00	2013.1	8	ppt/pdf	★
16	基础工程施工(新规范)	978-7-301-20917-2	董伟等	35.00	2012.7	1	ppt/pdf	★
17	建筑施工技术实训	978-7-301-14477-0	周晓龙	21.00	2013.1	6	pdf	★
18	建筑力学(第 2 版)(新规范)	978-7-301-21695-8	石立安	46.00	2013.3	2	ppt/pdf	★

序号	书名	书号	编著者	定价	出版时间	印次	配套情况	
19	土木工程实用力学	978-7-301-15598-1	马景善	30.00	2013.1	4	pdf/ppt	★
20	土木工程力学	978-7-301-16864-6	吴明军	38.00	2011.11	2	ppt/pdf	★
21	PKPM软件的应用	978-7-301-15215-7	王 娜	27.00	2012.4	4	pdf	★
22	建筑结构(第2版)(上册)(新规范)	978-7-301-21106-9	徐锡权	41.00	2013.4	1	ppt/pdf/答案	★
23	建筑结构(第2版)(下册)(新规范)	978-7-301-22584-4	徐锡权	42.00	2013.6	1	ppt/pdf/答案	★
24	建筑结构	978-7-301-19171-2	唐春平等	41.00	2012.6	3	ppt/pdf	
25	建筑结构基础(新规范)	978-7-301-21125-0	王中发	36.00	2012.8	1	ppt/pdf	★
26	建筑结构原理及应用	978-7-301-18732-6	史美东	45.00	2012.8	1	ppt/pdf	★
27	建筑力学与结构(第2版)(新规范)	978-7-301-22148-8	吴承霞等	49.00	2013.4	1	ppt/pdf/答案	★
28	建筑力学与结构(少学时版)	978-7-301-21730-6	吴承霞	34.00	2013.2	1	ppt/pdf/答案	★
29	建筑力学与结构	978-7-301-20988-2	陈水广	32.00	2012.8	1	pdf/ppt	
30	建筑结构与施工图(新规范)	978-7-301-22188-4	朱希文等	35.00	2013.3	1	ppt/pdf	★
31	生态建筑材料	978-7-301-19588-2	陈剑峰等	38.00	2013.5	2	ppt/pdf	
32	建筑材料	978-7-301-13576-1	林祖宏	35.00	2012.6	9	ppt/pdf	
33	建筑材料与检测	978-7-301-16728-1	梅 杨等	26.00	2012.11	8	ppt/pdf/答案	★
34	建筑材料检测试验指导	978-7-301-16729-8	王美芬等	18.00	2012.4	4	pdf	
35	建筑材料与检测	978-7-301-19261-0	王 辉	35.00	2012.6	3	ppt/pdf	★
36	建筑材料与检测试验指导	978-7-301-20045-2	王 辉	20.00	2013.1	2	ppt/pdf	★
37	建筑材料选择与应用	978-7-301-21948-5	申淑荣等	39.00	2013.3	1	ppt/pdf	★
38	建筑材料检测实训	978-7-301-22317-8	申淑荣等	24.00	2013.4	1	pdf	
39	建设工程监理概论(第2版)(新规范)	978-7-301-20854-0	徐锡权等	43.00	2013.1	2	ppt/pdf/答案	
40	建设工程监理	978-7-301-15017-7	斯 庆	26.00	2013.1	6	ppt/pdf/答案	★
41	建设工程监理概论	978-7-301-15518-9	曾庆军等	24.00	2012.12	5	ppt/pdf	
42	工程建设监理案例分析教程	978-7-301-18984-9	刘志麟等	38.00	2013.2	2	ppt/pdf	★
43	地基与基础	978-7-301-14471-8	肖明和	39.00	2012.4	7	ppt/pdf/答案	★
44	地基与基础	978-7-301-16130-2	孙平平等	26.00	2013.2	3	ppt/pdf	
45	建筑工程质量事故分析	978-7-301-16905-6	郑文新	25.00	2012.10	4	ppt/pdf	★
46	建筑工程施工组织设计	978-7-301-18512-4	李源清	26.00	2013.5	5	ppt/pdf	★
47	建筑工程施工组织实训	978-7-301-18961-0	李源清	40.00	2012.11	3	ppt/pdf	★
48	建筑施工组织与进度控制(新规范)	978-7-301-21223-3	张廷瑞	36.00	2012.9	1	ppt/pdf	★
49	建筑施工组织项目式教程	978-7-301-19901-5	杨红玉	44.00	2012.1	1	ppt/pdf/答案	
50	钢筋混凝土工程施工与组织	978-7-301-19587-1	高 雁	32.00	2012.5	1	ppt/pdf	
51	钢筋混凝土工程施工与组织实训指导(学生工作页)	978-7-301-21208-0	高 雁	20.00	2012.9	1	ppt	
工 程 管 理 类								
1	建筑工程经济	978-7-301-15449-6	杨庆丰等	24.00	2013.1	11	ppt/pdf/答案	★
2	建筑工程经济	978-7-301-20855-7	赵小娥等	32.00	2012.8	1	ppt/pdf	
3	施工企业会计	978-7-301-15614-8	辛艳红等	26.00	2013.1	5	ppt/pdf/答案	★
4	建筑工程项目管理	978-7-301-12335-5	范红岩等	30.00	2012.4	9	ppt/pdf	★
5	建设工程项目管理	978-7-301-16730-4	王 辉	32.00	2013.5	5	ppt/pdf/答案	★
6	建设工程项目管理	978-7-301-19335-8	冯松山等	38.00	2012.8	2	pdf/ppt	
7	建设工程招投标与合同管理(第2版)(新规范)	978-7-301-21002-4	宋春岩	38.00	2013.5	3	ppt/pdf/答案/试题/教案	★
8	建筑工程招投标与合同管理(新规范)	978-7-301-16802-8	程超胜	30.00	2012.9	2	pdf/ppt	
9	建筑工程商务标编制实训	978-7-301-20804-5	钟振宇	35.00	2012.7	1	ppt	★
10	工程招投标与合同管理实务	978-7-301-19035-7	杨甲奇等	48.00	2011.8	2	pdf	★
11	工程招投标与合同管理实务	978-7-301-19290-0	郑文新等	43.00	2012.4	2	ppt/pdf	★
12	建设工程招投标与合同管理实务	978-7-301-20404-7	杨云会等	42.00	2012.4	1	ppt/pdf/答案/习题库	
13	工程招投标与合同管理(新规范)	978-7-301-17455-5	文新平	37.00	2012.9	1	ppt/pdf	★
14	工程项目招投标与合同管理	978-7-301-15549-3	李洪军等	30.00	2012.11	6	ppt	★

序号	书名	书号	编著者	定价	出版时间	印次	配套情况	
15	工程项目招投标与合同管理	978-7-301-16732-8	杨庆丰	28.00	2013.1	6	ppt	★
16	建筑工程安全管理	978-7-301-19455-3	宋 健等	36.00	2013.5	3	ppt/pdf	
17	建筑工程质量与安全管理	978-7-301-16070-1	周连起	35.00	2013.2	5	ppt/pdf/答案	
18	施工项目质量与安全管理	978-7-301-21275-2	钟汉华	45.00	2012.10	1	ppt/pdf	
19	工程造价控制	978-7-301-14466-4	斯 庆	26.00	2012.11	8	ppt/pdf	★
20	工程造价管理	978-7-301-20655-3	徐锡权等	33.00	2012.7	1	ppt/pdf	
21	工程造价控制与管理	978-7-301-19366-2	胡新萍等	30.00	2013.1	2	ppt/pdf	★
22	建筑工程造价管理	978-7-301-20360-6	柴 琦等	27.00	2013.1	2	ppt/pdf	
23	建筑工程造价管理	978-7-301-15517-2	李茂英等	24.00	2012.1	4	pdf	
24	建筑工程造价	978-7-301-21892-1	孙咏梅	40.00	2013.2	1	ppt/pdf	★
25	建筑工程计量与计价(第2版)	978-7-301-22078-8	肖明和等	58.00	2013.3	1	pdf/ppt	★
26	建筑工程计量与计价实训	978-7-301-15516-5	肖明和等	20.00	2012.11	6	pdf	
27	建筑工程计量与计价——透过案例学造价	978-7-301-16071-8	张 强	50.00	2013.5	6	ppt/pdf	★
28	安装工程计量与计价 (第2版)	978-7-301-22140-2	冯钢等	50.00	2013.3	12	pdf/ppt	★
29	安装工程计量与计价实训	978-7-301-19336-5	景巧玲等	36.00	2013.5	3	pdf/素材	★
30	建筑水电安装工程计量与计价(新规范)	978-7-301-21198-4	陈连姝	36.00	2012.9	1	ppt/pdf	★
31	建筑与装饰装修工程工程量清单	978-7-301-17331-2	翟丽旻等	25.00	2012.8	3	pdf/ppt/答案	
32	建筑工程清单编制	978-7-301-19387-7	叶晓容	24.00	2011.8	1	ppt/pdf	★
33	建设项目评估	978-7-301-20068-1	高志云等	32.00	2013.6	2	ppt/pdf	★
34	钢筋工程清单编制	978-7-301-20114-5	贾莲英	36.00	2012.2	1	ppt / pdf	
35	混凝土工程清单编制	978-7-301-20384-2	顾 娟	28.00	2012.5	1	ppt / pdf	
36	建筑装饰工程预算	978-7-301-20567-9	范菊雨	38.00	2013.6	2	pdf/ppt	★
37	建设工程安全监理(新规范)	978-7-301-20802-1	沈万岳	28.00	2012.7	1	pdf/ppt	★
38	建筑工程安全技术与管理实务(新规范)	978-7-301-21187-8	沈万岳	48.00	2012.9	1	pdf/ppt	★
39	建筑工程资料管理	978-7-301-17456-2	孙 刚等	36.00	2013.1	2	pdf/ppt	
40	建筑施工组织与管理(第2版)(新规范)	978-7-301-22149-5	翟丽旻等	43.00	2013.4	1	ppt/pdf/答案	★
41	建设工程合同管理	978-7-301-22612-4	刘庭江	46.00	2013.6	1	ppt/pdf/答案	★
	建 筑 设 计 类							
1	中外建筑史	978-7-301-15606-3	袁新华	30.00	2012.11	7	ppt/pdf	★
2	建筑室内空间历程	978-7-301-19338-9	张伟孝	53.00	2011.8	1	pdf	★
3	建筑装饰CAD项目教程(新规范)	978-7-301-20950-9	郭 慧	35.00	2013.1	1	ppt/素材	
4	室内设计基础	978-7-301-15613-1	李书青	32.00	2013.5	3	ppt/pdf	
5	建筑装饰构造	978-7-301-15687-2	赵志文等	27.00	2012.11	5	ppt/pdf/答案	★
6	建筑装饰材料(第2版)	978-7-301-22356-7	焦 涛等	34.00	2013.5	4	ppt/pdf	
7	建筑装饰施工技术	978-7-301-15439-7	王 军等	30.00	2012.11	5	ppt/pdf	★
8	装饰材料与施工	978-7-301-15677-3	宋志春等	30.00	2010.8	2	ppt/pdf/答案	★
9	设计构成	978-7-301-15504-2	戴碧锋	30.00	2012.10	2	ppt/pdf	
10	基础色彩	978-7-301-16072-5	张 军	42.00	2011.9	2	pdf	★
11	设计色彩	978-7-301-21211-0	龙黎黎	46.00	2012.9	1	ppt	★
12	设计素描	978-7-301-22391-8	司马金桃	29.00	2013.4	1	ppt	★
13	建筑素描表现与创意	978-7-301-15541-7	于修国	25.00	2012.11	3	pdf	★
14	3ds Max 室内设计表现方法	978-7-301-17762-4	徐海军	32.00	2010.9	1	pdf	
15	3ds Max2011室内设计案例教程(第2版)	978-7-301-15693-3	伍福军等	39.00	2011.9	1	ppt/pdf	
16	Photoshop效果图后期制作	978-7-301-16073-2	脱忠伟等	52.00	2011.1	1	素材/pdf	★
17	建筑表现技法	978-7-301-19216-0	张 峰	32.00	2013.1	2	ppt/pdf	
18	建筑速写	978-7-301-20441-2	张 峰	30.00	2012.4	1	pdf	★
19	建筑装饰设计	978-7-301-20022-3	杨丽君	36.00	2012.2	1	ppt/素材	
20	装饰施工读图与识图	978-7-301-19991-6	杨丽君	33.00	2012.5	1	ppt	
	规 划 园 林 类							
1	居住区景观设计	978-7-301-20587-7	张群成	47.00	2012.5	1	ppt	★
2	居住区规划设计	978-7-301-21031-4	张 燕	48.00	2012.8	1	ppt	★

序号	书名	书号	编著者	定价	出版时间	印次	配套情况	
3	园林植物识别与应用(新规范)	978-7-301-17485-2	潘利等	34.00	2012.9	1	ppt	★
4	城市规划原理与设计	978-7-301-21505-0	谭婧婧等	35.00	2013.1	1	ppt/pdf	★
5	园林工程施工组织管理(新规范)	978-7-301-22364-2	潘利等	35.00	2013.4	1	ppt/pdf	★
房 地 产 类								
1	房地产开发与经营	978-7-301-14467-1	张建中等	30.00	2013.2	6	ppt/pdf/答案	★
2	房地产估价	978-7-301-15817-3	黄 晔等	30.00	2011.8	3	ppt/pdf	★
3	房地产估价理论与实务	978-7-301-19327-3	褚菁晶	35.00	2011.8	1	ppt/pdf/答案	★
4	物业管理理论与实务	978-7-301-19354-9	裴艳慧	52.00	2011.9	1	ppt/pdf	★
5	房地产营销与策划(新规范)	978-7-301-18731-9	应佐萍	42.00	2012.8	1	ppt/pdf	★
市 政 路 桥 类								
1	市政工程计量与计价(第2版)	978-7-301-20564-8	郭良娟等	42.00	2013.1	2	pdf/ppt	
2	市政工程计价	978-7-301-22117-4	彭以舟等	39.00	2013.2	1	ppt/pdf	★
3	市政桥梁工程	978-7-301-16688-8	刘 江等	42.00	2012.10	2	ppt/pdf/素材	
4	市政工程材料	978-7-301-22452-6	郑晓国	37.00	2013.5	1	ppt/pdf	★
5	路基路面工程	978-7-301-19299-3	偶昌宝等	34.00	2011.8	1	ppt/pdf/素材	
6	道路工程技术	978-7-301-19363-1	刘 雨等	33.00	2011.12	1	ppt/pdf	
7	城市道路设计与施工(新规范)	978-7-301-21947-8	吴颖峰	39.00	2013.1	1	ppt/pdf	★
8	建筑给水排水工程	978-7-301-20047-6	叶巧云	38.00	2012.2	1	ppt/pdf	
9	市政工程测量(含技能训练手册)	978-7-301-20474-0	刘宗波等	41.00	2012.5	1	ppt/pdf	
10	公路工程任务承揽与合同管理	978-7-301-21133-5	邱 兰等	30.00	2012.9	1	ppt/pdf/答案	
11	道桥工程材料	978-7-301-21170-0	刘水林等	43.00	2012.9	1	ppt/pdf	
12	工程地质与土力学(新规范)	978-7-301-20723-9	杨仲元	40.00	2012.6	1	ppt/pdf	★
13	数字测图技术应用教程	978-7-301-20334-7	刘宗波	36.00	2012.8	1	ppt	
14	水泵与水泵站技术	978-7-301-22510-3	刘振华	40.00	2013.5	1	ppt/pdf	★
15	道路工程测量(含技能训练手册)	978-7-301-21967-6	田树涛等	45.00	2013.2	1	ppt/pdf	
建 筑 设 备 类								
1	建筑设备基础知识与识图	978-7-301-16716-8	靳慧征	34.00	2013.5	9	ppt/pdf	★
2	建筑设备识图与施工工艺	978-7-301-19377-8	周业梅	38.00	2011.8	2	ppt/pdf	★
3	建筑施工机械	978-7-301-19365-5	吴志强	30.00	2013.1	2	pdf/ppt	★
4	智能建筑环境设备自动化(新规范)	978-7-301-21090-1	余志强	40.00	2012.8	1	pdf/ppt	★

相关教学资源如电子课件、电子教材、习题答案等可以登录 www.pup6.com 下载或在线阅读。

扑六知识网(www.pup6.com)有海量的相关教学资源和电子教材供阅读及下载(包括北京大学出版社第六事业部的相关资源)，同时欢迎您将教学课件、视频、教案、素材、习题、试卷、辅导材料、课改成果、设计作品、论文等教学资源上传到 pup6.com，与全国高校师生分享您的教学成就与经验，并可自由设定价格，知识也能创造财富。具体情况请登录网站查询。

如您需要免费纸质样书用于教学，欢迎登录第六事业部门户网(www.pup6.cn)填表申请，并欢迎在线登记选题以到北京大学出版社来出版您的大作，也可下载相关表格填写后发到我们的邮箱，我们将及时与您取得联系并做好全方位的服务。

扑六知识网将打造成全国最大的教育资源共享平台，欢迎您的加入——让知识有价值，让教学无界限，让学习更轻松。

联系方式：010-62750667，yangxinglu@126.com，linzhangbo@126.com，欢迎来电来信咨询。